A temperatura média global subiu cerca de **1,2°C** desde a época pré-industrial.[1]

2021

No relatório de 2021 do Painel Intergovernamental sobre Mudanças Climáticas (IPCC, na sigla em inglês), 234 importantes cientistas de 66 países concluíram que "a influência humana no aquecimento da atmosfera, dos oceanos e da terra é inequívoca. Já ocorreram mudanças rápidas e generalizadas na atmosfera, nos oceanos, na criosfera e na biosfera".

Anomalia na temperatura global

1850

[1] Às vezes os especialistas citam números distintos para o aumento da temperatura global, que variam de 1°C a 1,3°C. Isso acontece pois os cientistas usam anos diferentes para marcar o início da era industrial, alguns cálculos são feitos com base na temperatura média da última década, e existem ainda pequenas flutuações de temperatura de um ano para outro.

As emissões de gases do efeito estufa — que incluem dióxido de carbono, metano, óxido nitroso e gases fluorados — decorrentes de atividades humanas alcançaram níveis de concentração atmosférica que não são registrados há milhões de anos, desde uma época em que havia árvores no polo Sul e o nível dos oceanos era vinte metros mais alto do que hoje.

~420 ppm 2022

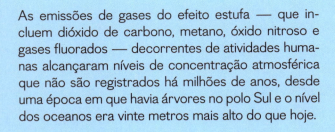

Concentração atmosférica de co₂, em partes por milhão (ppm)

Surgimento do *Homo sapiens*

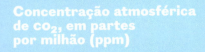

~199 ppm
por volta de **800 mil anos atrás**

Apesar dos avisos alarmantes nas décadas de 1980 e 1990, emitimos mais CO₂ desde 1991 do que em todo o resto da história humana.

Segundo estimativas do IPCC, no início de 2020, o orçamento de carbono remanescente para que haja uma probabilidade de 67% de restringir o aquecimento a 1,5°C era de quatrocentas gigatoneladas.[2] Se mantivermos o nível atual de emissões, vamos ultrapassar esse orçamento de carbono antes de 2030.

2021

1990

Emissões globais anuais de co₂ decorrentes da queima de combustíveis fósseis

1750

785 Gtco₂ emitidas

948 Gtco₂ emitidas

Alguns países são muito mais responsáveis historicamente pelas emissões do que outros; os maiores emissores lançaram na atmosfera centenas de bilhões de toneladas de CO_2 entre 1850 e 2021.

420,0 Gt_{CO_2}	**EUA**
241,8	**China**
117,3	Rússia
93,1	Alemanha
74,9	Reino Unido
66,7	Japão
57,1	Índia
38,5	França
34,2	Canadá
30,0	Ucrânia

Em 2015, quase todos os países do mundo — são 195 no total — assinaram o Acordo de Paris, cujo objetivo é limitar o aquecimento global a bem menos de 2°C, idealmente a menos de 1,5°C, em comparação com os níveis pré-industriais.

O mundo não caminha para alcançar esse objetivo. Há uma enorme defasagem entre as promessas dos governos e as medidas que foram tomadas nesse sentido. Muitas emissões — como as causadas pelos transportes aéreo e marítimo internacionais, bem como as associadas ao setor militar — não foram registradas nem levadas em conta.

Mantidas as políticas atuais, o IPCC estima que o aquecimento global pode chegar a 3,2°C em 2100.

2 **O orçamento de carbono** é a quantidade máxima de CO_2 que a humanidade pode emitir para que tenha uma chance de limitar o aquecimento a 1,5°C ou 2°C.

Greta Thunberg nasceu em 2003. Em agosto de 2018, diante do Parlamento sueco, deu início a uma greve escolar em prol de medidas contra as mudanças climáticas. Desde então, suas ideias se espalharam por todo o mundo. Ela é ativista do movimento Fridays for Future [Sextas-Feiras pelo Futuro] e discursou em protestos a favor do clima ao redor do globo, bem como no Fórum Econômico Mundial em Davos, no Congresso americano e nas Nações Unidas.

CRIADO POR
GRETA THUNBERG

O LIVRO DO CLIMA

Tradução
Claudio Alves Marcondes

Copyright da organização © 2022 by Greta Thunberg
Copyright dos artigos © 2022 by autores individuais

Primeira publicação no Reino Unido, em inglês, em 2022, por Allen Lane, um selo da Penguin Press, parte do grupo Penguin Random House.

Grafia atualizada segundo o Acordo Ortográfico da Língua Portuguesa de 1990, que entrou em vigor no Brasil em 2009.

Título original
The Climate Book

Imagem de capa
Warming Stripes, de Ed Hawkins

Preparação
Julia Passos

Revisão
Angela das Neves
Jane Pessoa

Dados Internacionais de Catalogação na Publicação (CIP)
(Câmara Brasileira do Livro, SP, Brasil)

Thunberg, Greta
 O livro do clima / criado por Greta Thunberg ; tradução Claudio Alves Marcondes. — 1ª ed. — São Paulo : Companhia das Letras, 2023.

 Título original : The Climate Book
 ISBN 978-65-5921-560-7

 1. Aquecimento global – Política governamental 2. Aquecimento global – Prevenção 3. Clima – Mudanças 4. Ecossistemas 5. Energia – Fontes alternativas 6. Meio ambiente – Conservação e Proteção 7. Recursos hídricos – Conservação I. Título.

23-149499   CDD-363.73874

Índice para catálogo sistemático:
1. Mudanças climáticas : Problemas ambientais 363.73874

Eliane de Freitas Leite – Bibliotecária – CRB 8/8415

ESTA OBRA FOI COMPOSTA POR OSMANE GARCIA FILHO EM BASKERVILLE E FIGGINS SANS E IMPRESSA PELA GEOGRÁFICA EM OFSETE SOBRE PAPEL ALTA ALVURA DA SUZANO S.A. PARA A EDITORA SCHWARCZ EM JUNHO DE 2023.

Todos os direitos desta edição reservados à
EDITORA SCHWARCZ S.A.
Rua Bandeira Paulista, 702, cj. 32
04532-002 — São Paulo — SP
Telefone: (11) 3707-3500
www.companhiadasletras.com.br
www.blogdacompanhia.com.br
facebook.com/companhiadasletras
instagram.com/companhiadasletras
twitter.com/cialetras

A marca FSC® é a garantia de que a madeira utilizada na fabricação do papel deste livro provêm de florestas que foram gerenciadas de maneira ambientalmente correta, socialmente justa e economicamente viável, além de outras fontes de origem controlada.

PARTE I /

Como funciona o clima

1

1.1 **"Para resolver esse problema, precisamos entendê-lo"** / Greta Thunberg

2

1.2 **A história profunda do dióxido de carbono**
Peter Brannen / jornalista científico, colaborador da revista
The Atlantic e autor de *Os fins do mundo*.

6

1.3 **O impacto da nossa evolução**
Beth Shapiro / biologista especializada em evolução molecular, professora de ecologia
e biologia evolutiva na Universidade da Califórnia, em Santa Cruz, pesquisadora
no Instituto Médico Howard Hughes e autora de *Life as We Made It*.

9

1.4 **Civilização e extinção**
Elizabeth Kolbert / redatora da revista *The New Yorker* e autora, entre outros livros,
de *Sob um céu branco: A natureza no futuro*.

11

1.5 **"Não há nada mais sólido do que a ciência"** / Greta Thunberg

18

1.6 **A descoberta das mudanças climáticas**
Michael Oppenheimer / cientista atmosférico e especialista nos impactos do clima,
professor de geociências e assuntos internacionais da Universidade de Princeton,
e autor veterano dos relatórios do IPCC.

23

1.7 **Por que não fizeram nada?**
Naomi Oreskes / professora de história da ciência e professora afiliada
de geociências e planetologia na Universidade Harvard.

29

1.8 **Pontos de inflexão e processos realimentados**
Johan Rockström / diretor do Instituto Potsdam de Pesquisas
sobre o Impacto Climático e professor na Universidade de Potsdam.

32

1.9 **"Não há hoje no mundo nenhuma outra história mais importante"** /
Greta Thunberg

41

PARTE II /

Como o planeta está mudando

44

2.1 **"O clima parece ter tomado anabolizante"** / Greta Thunberg

48

2.2 **Calor**
Katharine Hayhoe / professora titular e emérita na Universidade de Tecnologia
do Texas e autora de *Saving Us*.

50

2.3 **O metano e outros gases**
Zeke Hausfather / principal climatólogo da empresa Stripe e pesquisador científico
da Berkeley Earth.

53

2.4 Poluição do ar e aerossóis 57

Bjørn H. Samset / pesquisador sênior no Centro Internacional de Pesquisa Climática (Cicero, na sigla em inglês), um dos principais autores dos relatórios do IPCC e especialista nos efeitos das emissões de gases distintos do CO2.

2.5 Nuvens 60

Paulo Ceppi / professor de climatologia no Grantham Institute e no Departamento de Física do Imperial College London.

2.6 Aquecimento do Ártico e correntes de jato 62

Jennifer Francis / professora sênior de climatologia no Woodwell Climate Research Center e, anteriormente, professora e pesquisadora no Departamento de Oceanografia da Universidade Rutgers.

2.7 Tempo ameaçador 67

Friederike Otto / professora sênior de climatologia no Grantham Institute do Imperial College London e codiretora do projeto World Weather Attribution.

2.8 "A bola de neve já está rolando" / Greta Thunberg 72

2.9 Secas e inundações 74

Kate Marvel / climatóloga no Centro de Pesquisa do Sistema Climático da Universidade Columbia e no Goddard Institute for Space Studies da Nasa.

2.10 Mantos de gelo, plataformas de gelo e geleiras 76

Ricarda Winkelmann / professora de análise de sistemas climáticos no Instituto Potsdam de Pesquisas sobre o Impacto Climático e na Universidade de Potsdam, além de ter contribuído para o 5º Relatório do IPCC, escrevendo sobre o nível dos mares.

2.11 Aquecimento dos oceanos e elevação do nível dos mares 78

Stefan Rahmstorf / chefe do Departamento de Análise do Sistema Terrestre no Instituto Potsdam de Pesquisas sobre o Impacto Climático e professor de física dos oceanos na Universidade de Potsdam.

2.12 Acidificação e ecossistemas marinhos 84

Hans-Otto Pörtner / climatólogo, fisiólogo, professor e chefe do Departamento de Ecofisiologia Integrativa no Instituto Alfred Wegener.

2.13 Microplásticos 86

Karin Kvale / pesquisadora sênior no GNS Science e especialista em modelagem do papel da ecologia marinha nos ciclos biogeoquímicos globais.

2.14 Água doce 88

Peter H. Gleick / hidroclimatólogo, cofundador e presidente emérito do Pacific Institute e membro da Academia Nacional de Ciências dos Estados Unidos.

2.15 "A crise está muito mais perto de nós do que imaginamos" / Greta Thunberg 90

2.16 Incêndios florestais 96

Joëlle Gergis / professora sênior de climatologia na Universidade Nacional Australiana e uma das principais autoras do 6º Relatório de Avaliação do IPCC.

2.17 A Amazônia 99

Carlos A. Nobre / cientista de sistema terrestre, presidente do Painel Científico para a Amazônia e coordenador do projeto Amazônia 4.0.
Julia Arieira / cientista especializada em ecologia vegetal e sistema terrestre, vinculada à Universidade Federal do Espírito Santo.
Nathália Nascimento / geógrafa e especialista em sistema terrestre, vinculada à Universidade Federal do Espírito Santo.

2.18 Florestas boreais e temperadas 102
Beverly E. Law / professora emérita de biologia das mudanças globais e ciência dos sistemas terrestres na Universidade Estadual do Oregon.

2.19 Biodiversidade terrestre 106
Adriana De Palma / jovem cientista do Fórum Econômico Mundial e pesquisadora sênior no Museu de História Natural de Londres.
Andy Purvis / pesquisador de biodiversidade no Museu de História Natural de Londres e autor de um capítulo do primeiro Relatório Global de Biodiversidade e Serviços de Ecossistemas da IPBES.

2.20 Insetos 110
Dave Goulson / professor de biologia na Universidade de Sussex, com mais de quatrocentos artigos publicados sobre a ecologia dos insetos, e autor, entre outros, de *Silent Earth*.

2.21 O calendário da natureza 113
Keith W. Larson / ecologista e pesquisador das mudanças ambientais no Ártico e diretor do Centro do Ártico na Universidade de Umeå, na Suécia.

2.22 Solos 116
Jennifer L. Soong / cientista especializada em carbono do solo na empresa Corteva, vinculada à Universidade Estadual do Colorado e ao Laboratório Nacional Lawrence Berkeley.

2.23 Permafrost 118
Örjan Gustafsson / professor de biogeoquímica na Universidade de Estocolmo e membro da Academia Real de Ciências da Suécia.

2.24 Como fica o mundo com um aquecimento de 1,5°C, 2°C e 4°C? 122
Tamsin Edwards / climatóloga no King's College London, uma das principais autoras dos relatórios do IPCC e divulgadora científica especializada nas incertezas associadas ao aumento do nível dos mares.

PARTE III /

Como somos afetados 128

3.1 "O mundo está com febre" / Greta Thunberg 132

3.2 Saúde e clima 134
Tedros Adhanom Ghebreyesus / diretor-geral da Organização Mundial da Saúde.

3.3 Calor e doença 137
Ana M. Vicedo-Cabrera / epidemiologista ambiental e pesquisadora-chefe do grupo Mudança Climática e Saúde, na Universidade de Berna.

3.4 Poluição atmosférica 140
Drew Shindell / climatologista e professor emérito na Nicholas School of the Environment da Universidade Duke; colaborador em vários relatórios do IPCC.

3.5 Doenças transmissíveis por vetores 143
Felipe J. Colón-González / professor assistente do Departamento de Epidemiologia de Doenças Transmissíveis na Escola de Higiene e Medicina Tropical de Londres.

3.6 Resistência aos antibióticos 147

John Brownstein / diretor de inovação no Hospital Infantil de Boston e professor
no Departamento de Informática Biomédica e Pediatria, na Escola de Medicina de Harvard.
Derek MacFadden / cientista clínico no Hospital de Ottawa e pesquisador na Universidade
de Ottawa, no Canadá.
Sarah McGough / epidemiologista de doenças transmissíveis na Harvard T. H.
Chan School of Public Health.
Mauricio Santillana / professor de física na Northeastern University e professor adjunto
de epidemiologia na Harvard T. H. Chan School of Public Health.

3.7 Alimentos e nutrição 149

Samuel S. Myers / pesquisador-chefe na Harvard T. H. Chan School of Public Health
e diretor da Aliança de Saúde Planetária.

3.8 "Não estamos todos no mesmo barco" / Greta Thunberg 154

3.9 A vida no mundo 1,1°C mais quente 158

Saleemul Huq / diretor do Centro Internacional de Mudanças Climáticas
e Desenvolvimento, na Independent University, em Bangladesh.

3.10 Racismo ambiental 162

Jacqueline Patterson / fundadora e diretora-executiva do Chisholm Legacy Project,
um centro de recursos para lideranças negras de ponta na área de justiça climática.

3.11 Refugiados do clima 165

Abrahm Lustgarten / repórter investigativo e colaborador da ProPublica
e da *New York Times Magazine*, e autor de um livro no prelo sobre a migração
por motivos climáticos nos Estados Unidos.

3.12 A elevação do nível do mar e as ilhas menores 169

Michael Taylor / climatologista caribenho, um dos principais autores dos relatórios
do ipcc, professor e decano da Faculdade de Ciências e Tecnologia da Universidade
das Índias Ocidentais, em Mona, na Jamaica.

3.13 Chuva no Sahel 171

Hindou Oumarou Ibrahim / geógrafa e coordenadora da Associação de Mulheres Fula
e Povos Autóctones do Chade (afpat, na sigla em francês) e defensora dos Objetivos
de Desenvolvimento Sustentável da onu.

3.14 Inverno em Sápmi 173

Elin Anna Labba / jornalista e escritora sámi especializada em literaturas indígenas
no centro Tjállegoahte, em Jokkmokk, na Suécia.

3.15 Lutando pela floresta 176

Sonia Guajajara / ativista, política e ambientalista indígena, coordenadora da Articulação
dos Povos Indígenas do Brasil e ministra dos Povos Indígenas do Brasil.

3.16 "Desafios imensos nos aguardam" / Greta Thunberg 180

3.17 Aquecimento e desigualdade 182

Solomon Hsiang / cientista e economista, professor e diretor do Global Policy Laboratory,
da Universidade da Califórnia em Berkeley, e cofundador do Climate Impact Lab.

3.18 Escassez de água 186

Taikan Oki / hidrologista global, ex-vice reitor sênior da Universidade das Nações Unidas,
autor e um dos coordenadores dos relatórios do ipcc.

3.19 Conflitos climáticos 188

Marshall Burke / professor associado no Departamento de Ciência do Sistema Terrestre na Universidade Stanford e cofundador da Atlas AI.

3.20 O custo real das mudanças climáticas 191

Eugene Linden / jornalista e escritor; sua obra mais recente sobre mudanças climáticas é *Fire and Flood*. Seu livro *The Winds of Change* recebeu o prêmio Grantham.

PARTE IV /

O que fizemos até agora

196

4.1 "Como podemos corrigir as nossas falhas se nem sequer admitimos que falhamos?" / Greta Thunberg 200

4.2 O novo negacionismo 204

Kevin Anderson / professor de energia e mudanças climáticas nas universidades de Manchester, Uppsala e Bergen.

4.3 A verdade sobre as metas climáticas governamentais 210

Alexandra Urisman Otto / repórter especializada em clima no jornal sueco *Dagens Nyheter* e coautora de *Gretas Resa*.

4.4 "Não estamos avançando na direção certa" / Greta Thunberg 216

4.5 A persistência dos combustíveis fósseis 219

Bill McKibben / fundador das organizações ambientalistas 350.org e Third Act e autor de mais de uma dezena de livros, entre os quais *O fim da natureza* e *Earth*.

4.6 A ascensão da energia renovável 224

Glen Peters / diretor de pesquisa no Centro Internacional de Pesquisa Climática (Cicero, na sigla em inglês), em Oslo, membro da equipe executiva do Global Carbon Budget e um dos principais autores dos relatórios do IPCC.

4.7 Como as florestas podem nos ajudar? 230

Karl-Heinz Erb / diretor do Instituto de Ecologia Social, e professor associado de uso da terra e mudança global na Universidade de Recursos Naturais e Ciências da Vida, em Viena, e um dos principais autores do relatório especial do IPCC sobre mudança climática e terra. **Simone Gingrich /** professora assistente no Instituto de Ecologia Social, na Universidade de Recursos Naturais e Ciências da Vida, em Viena.

4.8 Perspectivas da geoengenharia 233

Niclas Hällström / diretor do WhatNext?, presidente do grupo ETC e membro sênior do Centre for Environment and Development Studies na Universidade de Uppsala. **Jennie C. Stephens /** professora de ciência e políticas de sustentabilidade na Northeastern University e autora de *Diversifying Power*. **Isak Stoddard /** doutorando em recursos naturais e desenvolvimento sustentável no Departamento de Geociências da Universidade de Uppsala.

4.9 Tecnologias de mitigação 235

Rob Jackson / geocientista na Universidade Stanford e presidente do Global Carbon Project.

4.10 "Uma forma de pensar completamente nova" / Greta Thunberg 240

4.11 Nosso impacto no planeta 244

Alexander Popp / cientista sênior no Instituto Potsdam de Pesquisa do Impacto Climático e orientador de um grupo de pesquisa sobre gestão do uso da terra.

4.12 A questão das calorias 248

Michael Clark / cientista ambiental na Universidade Oxford, especializado em sistemas alimentares e sua contribuição para o clima, a biodiversidade e o bem-estar.

4.13 O projeto de novos sistemas alimentares 252

Sonja Vermeulen / diretora de programas do CGIAR e membro da Chatham House.

4.14 O mapeamento das emissões no mundo industrializado 256

John Barrett / professor de energia e política climática na Universidade de Leeds, assessor governamental no Defra e um dos principais autores dos relatórios do IPCC.
Alice Garvey / pesquisadora no Sustainability Research Institute, da Universidade de Leeds.

4.15 O obstáculo técnico 260

Ketan Joshi / escritor, analista e consultor de comunicações que já trabalhou para diversas organizações climáticas australianas e europeias.

4.16 Desafios no setor de transportes 265

Alice Larkin / vice-reitora e diretora da Escola de Engenharia e professora de climatologia e política energética no Tyndall Centre for Climate Change Research, na Universidade de Manchester.

4.17 O futuro é elétrico? 271

Jillian Anable / codiretora do centro de pesquisa sobre soluções para a demanda de energia (Creds, na sigla em inglês).
Christian Brand / codiretor do UK Energy Research Centre e professor associado da Universidade Oxford. Autor de *Personal Travel and Climate Change*.

4.18 "Eles continuam dizendo uma coisa e fazendo outra" / Greta Thunberg 278

4.19 O custo do consumismo 281

Annie Lowrey / redatora da revista *The Atlantic*, especialista em políticas econômicas e autora de *Give People Money*.

4.20 Como (não) comprar 285

Mike Berners-Lee / professor do Environment Centre da Universidade de Lancaster, diretor da Small World Consulting Ltd. e autor de *Não há planeta B* e *How Bad are Bananas?*.

4.21 Os resíduos ao redor do mundo 290

Silpa Kaza / especialista sênior em desenvolvimento urbano no Urban, Disaster Risk Management Resilience and Land Global Practice do Banco Mundial.

4.22 O mito da reciclagem 295

Nina Schrank / ativista sênior no setor de plásticos do Greenpeace UK.

4.23 **"É aqui que traçamos o limite"** / Greta Thunberg   **301**

4.24 Emissões e crescimento   **306**
Nicholas Stern / professor de economia e políticas públicas, presidente do Grantham Research Institute on Climate Change and the Environment, na London School of Economics and Political Science.

4.25 Equidade   **308**
Sunita Narain / diretora-geral do Centre for Science and Environment, uma organização sem fins lucrativos de defesa e pesquisa de temas de interesse público de Nova Delhi.

4.26 Decrescimento   **310**
Jason Hickel / antropólogo econômico, autor e membro da Royal Society of Arts. Professor no Institut de Ciència i Tecnologia Ambientals, da Universidade Autônoma de Barcelona.

4.27 O descompasso na percepção   **313**
Amitav Ghosh / autor de dezesseis obras de ficção e não ficção e o primeiro escritor de língua inglesa a receber a mais alta honraria literária da Índia, o prêmio Jnanpith.

PARTE V /

O que precisamos fazer agora   **320**

5.1 **"A forma mais eficaz de sairmos dessa confusão é nos informando"** / Greta Thunberg   **324**

5.2 Ação individual, transformação social   **328**
Stuart Capstick / cientista social especialista em meio ambiente vinculado à Universidade de Cardiff e vice-diretor do Centre for Climate Change and Social Transformations.
Lorraine Whitmarsh / professora de psicologia ambiental na Universidade de Bath e diretora do Centre for Climate Change and Social Transformations.

5.3 Rumo aos modos de vida adaptados à meta de 1,5°C   **331**
Kate Raworth / cofundadora do Doughnut Economics Action Lab e membro sênior do Environmental Change Institute da Universidade Oxford.

5.4 Superando a apatia diante das mudanças climáticas   **337**
Per Espen Stoknes / psicólogo, conferencista no TEDGlobal e codiretor do Centre for Sustainability, da BI Norwegian Business School.

5.5 Alterando as nossas dietas   **340**
Gidon Eshel / professor de física ambiental no Bard College, em Nova York.

5.6 Lembrando do mar   **344**
Ayana Elizabeth Johnson / bióloga marinha, cofundadora do Urban Ocean Lab, coeditora do livro *All We Can Save* e uma das criadoras do podcast *How to Save a Planet*.

5.7 Regenerar a natureza 348
George Monbiot / escritor, cineasta e ativista ambiental, tem uma coluna semanal no jornal *The Guardian*, além de ser autor de vários livros e vídeos.
Rebecca Wrigley / fundadora e principal executiva da Rewilding Britain, há três décadas se dedica à preservação ambiental e ao desenvolvimento comunitário no Reino Unido, no México e no Pacífico.

5.8 "Agora temos de tentar o que parece impossível" / Greta Thunberg 354

5.9 Utopias pragmáticas 360
Margaret Atwood / escritora laureada com o prêmio Booker e autora de mais de cinquenta obras de ficção, poesia e ensaios críticos.

5.10 Poder popular 364
Erica Chenoweth / cientista política e professora na Universidade Harvard.

5.11 Mudando o discurso da imprensa 369
George Monbiot / escritor, cineasta e ativista ambiental, colunista do jornal *The Guardian* e autor de vários livros e vídeos.

5.12 Resistindo ao novo negacionismo 372
Michael E. Mann / professor de ciência atmosférica na Penn State, colaborador do IPCC e autor de várias obras, entre as quais *The New Climate War*.

5.13 Uma resposta efetiva à emergência 375
Seth Klein / chefe de equipe na Climate Emergency Unit e autor de *A Good War: Mobilizing Canada for the Climate Emergency*.

5.14 As lições da pandemia 378
David Wallace-Wells / repórter da *New York Times Magazine* e autor do livro *A Terra inabitável: Uma história do futuro*.

5.15 "Honestidade, solidariedade, integridade e justiça climática" /
Greta Thunberg 386

5.16 Uma transição justa 390
Naomi Klein / jornalista e escritora de êxito internacional, professora de justiça climática e codiretora e fundadora do Centre for Climate Justice, na Universidade da Columbia Britânica.

5.17 O que equidade significa para você? 396
Nicki Becker / estudante de direito e ativista da justiça climática na Argentina. Cofundadora de Jóvenes por el Clima e participante do movimento Fridays for Future MAPA.
Disha A. Ravi / escritora indiana e ativista de justiça ambiental e climática.
Hilda Flavia Nakabuye / ativista de direitos climáticos e ambientais e fundadora do movimento Fridays for Future em Uganda.
Laura Verónica Muñoz / ecofeminista originária dos Andes colombianos, participante dos movimentos Fridays for Future, Pacto x el Clima e Unite for Climate Action.
Ina Maria Shikongo / mãe, ativista de justiça climática e poeta, participante do movimento Fridays for Future International.
Ayisha Siddiqa / contadora de histórias paquistanesa radicada nos Estados Unidos, defensora da justiça climática e cofundadora da Polluters Out e da Fossil Free University.
Mitzi Jonelle Tan / militante filipina por justiça climática em tempo integral, participante dos movimentos Youth Advocates for Climate Action Philippines e Fridays for Future.

5.18 As mulheres e a crise climática   402
Wanjira Mathai / ambientalista e ativista queniana, vice-presidente e diretora regional para a África do World Resources Institute.

5.19 Sem redistribuição não há descarbonização   405
Lucas Chancel / codiretor do World Inequality Lab, na Escola de Economia de Paris e professor vinculado à SciencesPo.
Thomas Piketty / professor na EHESS e na Escola de Economia de Paris, codiretor do World Inequality Lab e da World Inequality Database e autor de *O capital no século XXI* e *Capital e ideologia*.

5.20 Reparações climáticas   410
Olúfẹ́mi O. Táíwò / professor assistente de filosofia na Georgetown University e autor de *Reconsidering Reparations* e *Elite Capture*.

5.21 Reparando o nosso relacionamento com a Terra   415
Robin Wall Kimmerer / professora de biologia ambiental na Universidade Estadual de Nova York (Suny, na sigla em inglês), fundadora e diretora do Center for Native Peoples and the Environment.

5.22 "Esperança é algo que você precisa merecer" / Greta Thunberg   421

O que fazer agora?   424

Índice remissivo   437

Créditos das ilustrações   444

Nota sobre a capa   446
Ed Hawkins / professor de meteorologia na Universidade de Reading.

Os colaboradores reuniram milhares de referências e citações para os seus capítulos em *O livro do clima*. Como essas notas são numerosas demais para serem incluídas neste livro, elas podem ser consultadas em **theclimatebook.org** (em inglês).

Páginas seguintes:
Bolhas de metano congeladas no lago Baikal, na Rússia.

PARTE I /

Como funciona o clima

"Ouçam a ciência. Antes que seja tarde demais"

1.1

Para resolver esse problema, precisamos entendê-lo

Greta Thunberg

A crise climática e ecológica é a maior ameaça já enfrentada pela humanidade. Sem dúvida, essa é a questão que vai definir e moldar a nossa vida cotidiana no futuro. Isso está dolorosamente claro. Nos últimos anos, o modo como encaramos e lidamos com a crise começou a mudar. Porém, como desperdiçamos muitas décadas ignorando e menosprezando a escalada dessa emergência, as nossas sociedades ainda estão em estado de negação. Afinal, estamos na era das comunicações, na qual facilmente o que dizemos se sobrepõe ao que fazemos. É assim que, hoje, acabamos por ter tantos países que são importantes produtores — e emissores — de combustíveis fósseis atribuindo a si mesmos o título de "líderes climáticos", mesmo sem terem tomado nenhuma medida convincente de mitigação. Pois estamos também na era da grande máquina de *greenwashing*.

Na vida, os problemas não são preto no branco. As respostas tampouco são categóricas. Tudo está sujeito a debates e ajustes intermináveis. Esse é um dos princípios básicos da sociedade atual, que, no que se refere à sustentabilidade, tem muitas contas a prestar. Porque esse princípio básico está errado. Na verdade, *existem* questões que são simples. No planeta e na sociedade, há limites que de fato não devemos cruzar. Por exemplo, achamos que as nossas sociedades podem ser um pouco menos ou um pouco mais sustentáveis. A longo prazo, contudo, não dá para ser apenas um pouco sustentável — é algo que ou somos ou não somos. É como andar sobre gelo fino — ou ele aguenta o seu peso, ou não. Ou você chega à outra margem, ou cai na água profunda, escura e gelada. E se isso acontecer conosco, não haverá nenhum planeta vizinho para nos salvar. Estamos completamente por nossa conta.

Acredito de verdade que a única maneira de evitar as piores consequências dessa crise existencial que está surgindo depende de uma massa crítica de pessoas que exijam as mudanças necessárias. Para isso, precisamos ampliar o quanto antes o que se sabe sobre o tema, pois a população em geral ainda não tem boa parte do conhecimento básico para entender a gravidade da nossa situação. E o que mais quero é contribuir para mudar isso.

Decidi usar a minha influência para criar um livro que traz os melhores conhecimentos científicos disponíveis — que aborda a crise climática, ecológica e da sustentabilidade de forma integral. Pois a crise climática é, claramente, apenas sintoma de uma crise bem maior de sustentabilidade. Espero que este livro vire uma espécie de manual de referência para entender essas crises, que são distintas, mas estão estreitamente interconectadas.

Em 2021, convidei diversos cientistas e especialistas, bem como ativistas, autores e narradores importantes para que contribuíssem com seus conhecimentos. Este livro é o resultado dessas colaborações: uma coletânea de fatos, narrativas, gráficos e fotos abrangente que mostra aspectos distintos da crise de sustentabilidade, dando especial enfoque ao clima e à ecologia.

Aqui serão abordados os aspectos mais diversos, do derretimento das plataformas de gelo à economia, da moda descartável à extinção das espécies, da pandemia às ilhas que correm o risco de desaparecer, do desmatamento à perda dos solos cultiváveis, da falta de água à soberania indígena, da produção de alimentos no futuro aos orçamentos de carbono — e serão expostas as ações dos responsáveis e as falhas de quem deveria ter compartilhado essas informações com os cidadãos do mundo.

Ainda temos algum tempo para evitar o pior. Ainda há esperança, mas apenas se mudarmos de rumo agora. Para resolver esse problema, precisamos entendê-lo — e compreender que ele é, por definição, uma série de problemas interligados. Temos de expor os fatos e apresentar exatamente a situação em que estamos. A ciência é uma ferramenta, e todos nós temos de aprender a usá-la.

Também precisamos responder a algumas questões fundamentais. Do tipo: em primeiro lugar, o que exatamente queremos resolver? Qual é o nosso objetivo? É reduzir as emissões ou preservar o nosso modo de vida atual? Queremos garantir que haja condições para a vida presente e futura, ou manter um modo de vida baseado no consumo excessivo? Existe algo como um crescimento sustentável? É possível haver crescimento econômico infinito num planeta finito?

Hoje, muitos de nós precisam de esperança. Mas o que é esperança? E para quem? Esperança para quem criou o problema ou para quem já está sofrendo as consequências? E se o nosso desejo de transmitir esse sentimento impedir a nossa ação e, com isso, aumentar o risco de fazermos mais mal do que bem?

O grupo dos 1% mais ricos da população mundial é responsável por mais que o dobro da poluição por carbono do que todas as pessoas que constituem a metade mais pobre da humanidade.

Se você é um dos 19 milhões de cidadãos americanos ou um dos 4 milhões de chineses que pertencem a esse 1% — ao lado de todos aqueles cuja riqueza supera os 1 055 337 dólares —, então talvez não precise tanto de esperança assim. Pelo menos não de uma perspectiva objetiva.

3 COMO FUNCIONA O CLIMA

Claro, o que nos dizem é que as coisas estão avançando. Algumas nações e regiões relatam reduções surpreendentes na emissão de CO_2 — pelo menos nestes últimos anos, desde que foram negociados os parâmetros para o manejo das estatísticas. Mas como ficam essas reduções quando levamos em conta o total de emissões, em vez de estatísticas territoriais cuidadosamente controladas? Em outras palavras, as emissões que, de forma bem-sucedida, foram excluídas desses números. Por exemplo, ao transferir a produção industrial para regiões remotas do planeta e excluir das nossas estatísticas as emissões dos transportes aéreos e marítimos — o que significa que não só fabricamos nossos produtos graças à mão de obra barata e através da exploração dessas pessoas, como também apagamos as emissões associadas. Essas emissões, na verdade, só aumentaram. Isso pode ser considerado um avanço?

Para alcançarmos as metas climáticas globais precisamos reduzir as emissões per capita para algo em torno de uma tonelada de dióxido de carbono por ano. Na Suécia, esse número atualmente gira em torno de nove toneladas, quando incluímos o consumo de bens importados. Nos Estados Unidos, são 17,1 toneladas; no Canadá, 15,4 toneladas; na Austrália, 14,9 toneladas; e, na China, 6,6 toneladas. Quando são acrescentadas as emissões biogênicas — como as ocasionadas pela queima de madeira e vegetação —, esses números são em muitos casos ainda mais altos. E em países com florestas, como a Suécia e o Canadá, acentuadamente mais altos.

Manter as emissões abaixo de uma tonelada per capita por ano não vai ser um problema para a grande maioria da população mundial, uma vez que essas pessoas já vivem dentro dos limites planetários. Em muitos casos, elas poderiam até aumentar as suas emissões de modo substancial.

Renda global e emissões decorrentes do modo de vida

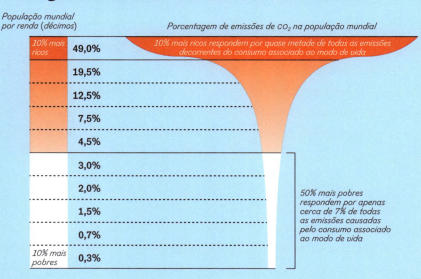

No entanto, é ingenuidade achar que países como Alemanha, Itália, Suíça, Nova Zelândia, Noruega e outros vão ser capazes de implementar reduções tão grandes em uma ou duas décadas sem realizar mudanças sistêmicas importantes. Contudo, é exatamente isso o que as lideranças do chamado Norte Global insistem que vai acontecer. Na parte IV deste livro, vamos examinar em que medida esse avanço está ocorrendo.

Algumas pessoas acreditam que, caso se juntem agora aos movimentos pelo clima, estariam entre as últimas a fazer isso. Mas não há nada mais longe da verdade. Efetivamente, todos os que decidirem fazer algo agora continuam sendo pioneiros. A parte final deste livro aborda soluções e medidas que estão ao nosso alcance e que podem fazer uma diferença efetiva, desde pequenas ações individuais até mudanças sistêmicas globais.

Este livro pretende ser democrático, pois a democracia é o melhor instrumento de que dispomos para solucionar a crise. É possível que existam discordâncias sutis entre quem está escrevendo na linha de frente. Cada colaborador deste livro fala a partir da sua própria perspectiva, e muitos podem chegar a conclusões distintas. No entanto, todos nós vamos precisar dessa sabedoria coletiva se quisermos mobilizar a enorme pressão pública necessária para desencadear a mudança. E, em vez de termos um ou dois "especialistas em comunicações" ou cientistas extraindo todas as conclusões para você, leitor, a ideia por trás deste livro é que, tomados em conjunto, os conhecimentos deles em suas respectivas áreas de saber permitam que você mesmo possa começar a ligar os pontos. Isso é, pelo menos, o que eu espero. Pois acredito que ainda não chegamos às conclusões mais importantes — e torço para que sejam alcançadas com a sua ajuda.

1.2

A história profunda do dióxido de carbono

Peter Brannen

Toda a vida emerge a partir do CO_2. Esse é o truque de mágica original, do qual decorre tudo o que existe no mundo vivo. Na superfície da Terra, apenas com luz solar e água, o dióxido de carbono se transforma em matéria viva por meio da fotossíntese, que libera oxigênio durante o processo. Em seguida, esse carbono vegetal circula por animais e ecossistemas antes de retornar de novo como CO_2 aos oceanos e à atmosfera. No entanto, parte desse carbono escapa por completo desse circuito na superfície e se incorpora ao subsolo — como calcário ou como lama carbonatada, adormecida nas profundezas da crosta terrestre durante centenas de milhões de anos. Se não ficar enterrada, essa matéria vegetal logo é queimada na superfície terrestre nas fornalhas do metabolismo, por animais, fungos e bactérias. Dessa maneira, a vida consome até 99,99% do oxigênio produzido pela fotossíntese, e o usaria todo, não fosse por esse vazamento infinitesimal de matéria vegetal nas rochas. No entanto, graças a isso é que o planeta acabou recebendo seu estranho excedente de oxigênio. Em outras palavras, a atmosfera respirável da Terra não é o legado das florestas e dos redemoinhos de plâncton hoje existentes, mas do CO_2 capturado pela vida durante toda a história do planeta e incorporado à crosta terrestre como combustíveis fósseis.

Se a história parasse aí, e o CO_2 fosse *apenas* o substrato fundamental de todos os seres vivos da Terra e fonte indireta do oxigênio que sustenta a vida, já seria bastante interessante. Mas ocorre que essa mesma molécula discreta também desempenha a função crucial de modular não só a temperatura do planeta, como também a química dos oceanos. Quando esse equilíbrio químico é rompido, o mundo dos seres vivos se desestrutura, o termostato deixa de funcionar, os oceanos se acidificam e coisas morrem. Essa importância impressionante do dióxido de carbono para todos os componentes do sistema terrestre é o motivo pelo qual ele não é apenas mais um poluente industrial nocivo a ser regulamentado, como os clorofluorcarbonetos ou o chumbo. Na verdade, ele é "a substância mais importante da biosfera", como escreveu o oceanógrafo Roger Revelle em 1985.

Algo tão relevante não pode ser tratado de forma descuidada. A circulação do CO_2 — ao ser exalado dos vulcões e se misturar ao ar e aos oceanos, ele rodopia pelos turbilhões da vida e volta a ser absorvido pelas rochas — é precisamente o que faz a Terra ser a *Terra*. Esse é o "ciclo do carbono", do qual depende de forma crucial a vida no planeta e a manutenção de um equilíbrio delicado, ainda que dinâmico. Ao mesmo tempo que o CO_2 é liberado de modo constante pelos vulcões (num ritmo cem vezes menor que o das emissões humanas) e os organismos vivos o absorvem e o liberam de maneira frenética na superfície terrestre, o planeta também está constantemente retirando-o do sistema, e é isso que impede uma catástrofe climática. Os mecanismos de realimentação que retiram o CO_2 — desde a erosão de cadeias montanhosas até o acúmulo de plâncton rico em carbono no fundo dos oceanos — contribuem para manter uma espécie de equilíbrio planetário. Na maior parte do tempo. Vivemos num mundo improvável e miraculoso, que de forma imprudente não valorizamos o suficiente.

Entretanto, em alguns momentos do registro geológico o planeta foi empurrado para além de um limiar. O sistema terrestre pode se adaptar até certo ponto; mas se esse limite for ultrapassado, ele também pode se romper. E por vezes — em episódios muito raros, e muito catastróficos, enterrados nas profundezas da história da Terra — o ciclo do carbono foi completamente transtornado, desarticulando-se e tornando-se descontrolado. E a consequência inevitável foram as extinções em massa.

O que aconteceria se, digamos, vulcões de escala continental, consumindo imensas jazidas de calcário rico em carbono e enormes depósitos subterrâneos de carvão e gás natural, lançassem na atmosfera milhares de gigatoneladas de CO_2 — isso tudo sendo expelido de caldeiras explosivas e de vastidões fumegantes e incandescentes de lava basáltica? Essa foi a difícil situação que tiveram de enfrentar as desafortunadas criaturas que viviam há 251,9 milhões de anos, nos momentos anteriores à maior extinção em massa na história da vida no planeta. No final do período permiano, 90% dos seres vivos tiveram de arcar com o custo fatal de um ciclo de carbono todo perturbado pelo excesso de dióxido de carbono.

Na extinção em massa do permiano tardio, o dióxido de carbono arrojado pelos vulcões siberianos durante milhares de anos quase impôs um fim ao projeto da vida complexa. Todas as proteções normais do ciclo de carbono cederam e falharam nesse que foi o pior episódio isolado em todo o registro geológico. A temperatura subiu 10°C, o planeta ficou convulsionado com o calor letal, os oceanos se acidificaram e surgiram florescências de algas sinistras que retiraram o oxigênio das suas águas antigas. Esse oceano anóxido, por sua vez, acabou repleto de sulfeto de hidrogênio tóxico, enquanto mais acima rugiam furacões de intensidade sobrenatural. Em seguida, quando a febre afinal amainou, quem percorresse o mundo não avistaria nenhuma árvore, enquanto todos os recifes de coral haviam sido substituídos por um lodo bacteriano — o registro fóssil emudeceu e o planeta levou quase 10 milhões de anos para se recuperar. Graças, em grande parte, à queima de combustíveis fósseis.

Todas as extinções em massa na história da Terra foram marcadas por rupturas maciças do ciclo global de carbono, e deixaram nas rochas marcas que foram

COMO FUNCIONA O CLIMA

identificadas por geoquímicos. Dada a importância fundamental do CO_2 para a biosfera, não deveria ser nenhuma surpresa a constatação de que forçar esse sistema para além do seu ponto de equilíbrio tem como consequência inevitável a devastação do planeta.

Agora, o que aconteceria se uma linhagem do primata *Homo* tentasse obter exatamente o mesmo efeito produzido por esses vulcões há centenas de milhões de anos? O que aconteceria se queimassem essas mesmas jazidas imensas de carbono no subsolo — enterradas ali pelas formas de vida fotossintetizantes ao longo de toda a história da Terra —, não por meio de uma explosão natural que rompe a crosta como um supervulcão, mas extraindo de forma deliberada esse carbono das profundezas e queimando-o na superfície numa espécie de erupção difusa, a fim de mover os pistões e as forjas da modernidade… e num ritmo dez vezes maior do que o das antigas extinções em massa? Essa é a questão absurda que hoje o mundo deve responder.

O clima não reage a slogans políticos, e tampouco a modelos econômicos. Ele responde apenas à física. Ele não sabe, nem se importa, se o excesso de CO_2 na atmosfera provém de um evento vulcânico que ocorre uma vez a cada 100 milhões de anos ou de uma civilização industrial única na história da vida. O clima vai reagir do mesmo modo. E podemos ver nas rochas um alerta inequívoco — um registro fóssil repleto de lápides de apocalipses anteriores. A boa notícia é que ainda estamos longe de reproduzir as terríveis intensificações daqueles cataclismos passados. E talvez até seja o caso de que o planeta esteja mais resiliente aos impactos no ciclo do carbono do que naquelas épocas antigas terríveis. Nada nos condena a incluir os nossos nomes na lista infame dos piores eventos já ocorridos na história do planeta. No entanto, se as rochas nos dizem algo, é que estamos interferindo nos mecanismos mais poderosos do sistema terrestre, e não se faz isso de forma impune. /

Vivemos num mundo improvável e miraculoso, que de forma imprudente não valorizamos o suficiente.

1.3
O impacto da nossa evolução
Beth Shapiro

O indício mais antigo de que os seres humanos eram uma força evolutiva foi encontrado nos resquícios fossilizados recuperados nos primeiros assentamentos humanos espalhados por continentes e ilhas do planeta. Há mais de 50 mil anos, à medida que as pessoas saíram da África e se espalharam pelo mundo, as comunidades que formaram começaram a mudar. Espécies de animais, sobretudo a megafauna, incluindo vombates enormes, rinocerontes lanudos e preguiças gigantes, começaram a se extinguir. Os nossos antepassados eram predadores eficientes, armados de tecnologias estritamente humanas — ferramentas que aumentavam a probabilidade de caçadas bem-sucedidas, além de uma capacidade de comunicação e de rápido aperfeiçoamento desses utensílios. A coincidência cronológica da extinção da megafauna e do aparecimento dos humanos modernos está inscrita nos registros fósseis de todos os continentes, com exceção da África. Mas a coincidência não implica necessariamente causalidade. Na Europa, na Ásia e na América, a chegada dos humanos e a extinção da megafauna local ocorreram durante períodos de convulsão climática, desencadeando décadas de debates sobre a relativa culpabilidade dessas duas forças para o segundo fato. A comprovação da nossa culpa provém, contudo, tanto da Austrália, onde foram registradas as extinções mais antigas associadas aos seres humanos, como de determinadas ilhas, onde ocorreram algumas das extinções mais recentes provocadas por humanos — o moa de Aotearoa (Nova Zelândia) e o dodó das ilhas Maurício padeceram nos últimos séculos. Essas extinções, tanto na Austrália como mais recentemente nessas ilhas, não se deram em períodos de grandes mudanças climáticas — e não há indício de que nenhuma tenha ocorrido durante eventos climáticos mais antigos. Em vez disso, tais extinções, como as ocorridas em outros continentes, são consequência de alterações nos hábitats locais por conta da presença humana. Desde essa etapa primordial da nossa interação com a fauna selvagem, começamos a influir no destino evolutivo de outras espécies.

Por volta de 15 mil anos atrás, teve início mais uma fase da interação dos humanos com outras espécies. Os lobos, que haviam sido atraídos aos assentamentos humanos como fonte de alimento, se transformaram em cães domesticados, e tanto esses animais como os humanos passaram a se beneficiar desse relacionamento cada

COMO FUNCIONA O CLIMA

vez mais próximo. Com o fim da última era glacial e do clima inóspito, os assentamentos humanos em expansão necessitavam de fontes confiáveis de alimento, roupas e abrigo. Por volta de 10 mil anos atrás, as pessoas passaram a adotar estratégias de caça que preservavam as populações de presas e evitavam a sua extinção. Alguns caçadores abatiam apenas machos ou fêmeas estéreis, e mais tarde começaram a encurralar algumas espécies e a mantê-las perto dos assentamentos. Não demorou para que as pessoas passassem a selecionar os animais que seriam os genitores da geração seguinte, e os que não podiam ser domesticados eram consumidos como alimento. Contudo, tais experimentos não se restringiam a animais. Os humanos também passaram a plantar sementes, escolhendo aquelas que produziam mais alimento por planta ou que amadureciam para a colheita junto com outras. Também criaram sistemas de irrigação e adestraram animais que ajudavam no desmatamento para a abertura de áreas de cultivo. À medida que se transformaram de caçadores em pastores, e de coletores em agricultores, os nossos antepassados modificaram a terra em que viviam e as espécies das quais dependiam cada vez mais.

Na virada do século xx, o êxito dos nossos ancestrais como pastores e agricultores passou a ameaçar a estabilidade das sociedades que eles criaram. Áreas silvestres foram substituídas por lavouras e pastos, e sofreram degradação devido ao uso contínuo. Além disso, declinou a qualidade do ar e da água. O ritmo das extinções voltou a crescer. Dessa vez, porém, a devastação era mais óbvia; as pessoas, mais ricas; e a tecnologia, mais avançada. Quando espécies que antes eram muito disseminadas se tornaram escassas, surgiu a vontade de salvá-las, junto com os espaços selvagens remanescentes. E de novo os nossos antepassados inauguraram uma nova etapa em seu relacionamento com outros animais: eles passaram a proteger as espécies e os hábitats ameaçados pelos perigos do mundo natural e cada vez mais humano. Com essa transição, os seres humanos se tornaram uma força evolutiva capaz de decidir o destino de todas as espécies, bem como dos hábitats em que vivem. /

Somos a força evolutiva que vai decidir o destino de todas as espécies, bem como dos hábitats em que vivem.

1.4
Civilização e extinção
Elizabeth Kolbert

O começo dessa história está envolto em mistério.

Cerca de 200 mil anos atrás, surgiu na África uma nova espécie de hominídeo. Ninguém sabe bem onde isso ocorreu ou quem eram os seus antepassados imediatos. Os membros dessa espécie, hoje chamada de "humanos anatomicamente modernos", ou *Homo sapiens*, ou simplesmente a gente, se distinguiam por crânios arredondados e queixos protuberantes. Eles pesavam menos que seus parentes e tinham dentes menores. Embora pouco atraentes fisicamente, se revelaram muito inteligentes. E produziram ferramentas a princípio rudimentares, mas que aos poucos foram sendo aperfeiçoadas. Eles podiam se comunicar não apenas através do espaço, mas também do tempo. Eram capazes de sobreviver nos climas mais variados e, talvez o mais importante, conseguiam se adaptar a dietas diferentes. Onde havia abundância de animais para serem caçados, era isso que eles faziam; e onde havia frutos do mar, era disso que se alimentavam.

Tudo isso aconteceu durante o Plistoceno, um período de glaciações recorrentes, que recobriam grande parte do mundo com imensos mantos de gelo. Mesmo assim, cerca de 120 mil anos atrás — talvez até antes —, a nossa espécie, nessa altura não mais recente, começou a avançar para o norte. Os humanos modernos chegaram ao Oriente Médio há 100 mil anos; à Austrália, aproximadamente 60 mil anos atrás; à Europa, há 40 mil anos; e à América, há 20 mil anos. Em algum ponto nesse caminho — provavelmente no Oriente Médio —, os *Homo sapiens* toparam com os seus primos mais atarracados, conhecidos como neandertais, ou *Homo neanderthalensis*. Os humanos e os neandertais mantiveram relações sexuais uns com os outros — não há como saber se foram consensuais ou forçadas —, e dessas relações nasceram crianças. Pelo menos algumas delas sobreviveram por tempo suficiente para terem filhos, e isso seguiu assim através das gerações, pois atualmente a maioria das pessoas na Terra ainda guarda resquícios de genes dos neandertais. Então, algo ocorreu, e os neandertais desapareceram. É possível que tenham sido ativamente eliminados pelos humanos. Ou talvez estes apenas se mostraram mais competentes do que os neandertais. Ou, como recentemente sugeriu um grupo de pesquisadores da Universidade Stanford, os humanos transmitiram doenças tropicais para as quais os seus primos, acostumados a viver no frio, não tinham resistência. Seja como for, quase sem dúvida os humanos tiveram algo a ver com o fim dos neandertais. Como me disse certa vez Svante Pääbo, um pesquisador sueco cuja equipe decifrou o genoma neandertal, "eles tiveram o azar de nos encontrar".

A experiência dos neandertais iria se mostrar pouco notável. Quando os humanos chegaram à Austrália, o continente ainda abrigava uma miscelânea de animais de porte extraordinariamente grande. Entre eles, os "leões marsupiais" (*Thylacoleo*), que considerando o peso tinham a mordida mais forte de todos os mamíferos conhecidos; os Megalania, os maiores lagartos-monitores do planeta, e os diprotodontes, também conhecidos como rinocerontes-vombates. No decorrer dos milênios seguintes, todas essas criaturas gigantescas desapareceram. Na América do Norte, os humanos também encontraram uma grande variedade de animais enormes, incluindo mastodontes, mamutes e castores que mediam até 2,5 metros e pesavam quase cem quilos. Eles também acabaram extintos. O mesmo ocorreu com os gigantes da América do Sul — preguiças enormes, imensos animais semelhantes a tatus conhecidos como gliptodontes, e um gênero de herbívoros, grandes como rinocerontes, conhecidos como toxodontes. A perda de tantas espécies de grande porte num período curto (em termos geológicos) foi tão dramática que ainda era perceptível na época de Darwin. "Vivemos num mundo zoologicamente empobrecido, do qual todas as formas maiores, mais ferozes e mais estranhas desapareceram há pouco tempo", comentou, em 1876, Alfred Russel Wallace, o rival de Darwin.

Desde então os cientistas vêm discutindo sobre a causa da extinção dessa megafauna. Sabemos hoje que isso ocorreu em épocas distintas em cada continente, e que a ordem em que as espécies desapareceram corresponde a quando surgiram ali assentamentos humanos. Em outras palavras, "elas tiveram o azar de nos encontrar". Os pesquisadores que criaram modelos do momento em que os caminhos dos humanos e da megafauna se cruzaram constataram que, mesmo se bandos de caçadores abatessem um mamute ou uma preguiça gigante apenas uma vez por ano, ao longo de vários séculos isso teria sido suficiente para acabar com essas espécies de reprodução lenta. John Alroy, um professor de biologia na Universidade Macquarie, na Austrália, descreveu a extinção da megafauna como "uma catástrofe ecológica instantânea em termos geológicos, mas gradual demais para ser notada por aqueles que a causaram".

Ao mesmo tempo, os humanos continuaram a se espalhar pelo mundo. A última grande massa terrestre a ter assentamentos foi a Nova Zelândia. Os polinésios chegaram ali por volta do ano 1300, provavelmente vindos das ilhas da Sociedade. Nessa altura, as ilhas Norte e Sul da Nova Zelândia abrigavam nove espécies de moas — aves parecidas com avestruzes que se tornaram quase tão grandes quanto girafas. Alguns séculos depois, todas os moas haviam sumido. Nesse caso, a causa da extinção é conhecida: elas foram massacradas. Há um ditado maori que diz: *Kua ngaro I te ngaro o te moa*, ou seja, "estar perdido como a moa se perdeu".

Quando os europeus começaram a colonizar o mundo, no final do século xv, isso só aumentou o ritmo das extinções. O dodó, nativo das ilhas Maurício, foi avistado pela primeira vez por marinheiros holandeses em 1598; na década de 1670 não restava mais nenhuma dessas aves. Isso se deve, de um lado, a terem sido abatidas e, de outro, à introdução de espécies forasteiras. Em todos os lugares aonde chegavam, os europeus levavam ratos, no caso eram os ratos das embarcações. Às vezes de maneira intencional, os europeus também introduziam outros predadores, como gatos e raposas, que perseguiam espécies que não interessavam aos ratos. Desde o desembarque dos primeiros colonos europeus na Austrália, em 1788, dezenas de animais foram exterminados por espécies não nativas, entre os quais o roedor *Notomys macrotis*, dizimado por gatos, e a lebre-wallaby-do-leste, possivelmente exterminada pelo mesmo animal. Após a chegada dos britânicos à Nova Zelândia, por volta de 1800, duas dezenas de espécies de aves desapareceram, incluindo o pinguim das ilhas Chatham, a galinha-d'água *Hypotaenidia dieffenbachii* e a cotovia-da-ilha-stephen. Segundo um estudo recente publicado na revista *Current Biology*, seriam necessários 50 milhões de anos de evolução para que a diversidade aviária da Nova Zelândia recuperasse os níveis que existiam antes da ocupação humana.

Todo esse dano foi provocado com ferramentas relativamente simples — porretes, barcos a vela, mosquetões — e a introdução de algumas poucas espécies bastante prolíficas. Só depois veio a matança mecanizada. No final do século xix, caçadores equipados com canhões portáteis, que podiam disparar quase meio quilo de pelotas de chumbo a cada tiro, conseguiram eliminar o pombo-passageiro, uma ave norte-americana cuja população chegava a bilhões de indivíduos. Mais ou menos na mesma época, disparando de trens, caçadores quase eliminaram por completo o bisão americano, uma espécie antes tão numerosa que as suas manadas foram descritas como "mais densas do que… as estrelas no céu".

As nossas armas mais perigosas seriam a modernidade e o seu fiel parceiro, o capitalismo tardio. No século xx, os impactos humanos começaram a se intensificar num ritmo não apenas linear, mas exponencial. As décadas seguintes à Segunda Guerra Mundial testemunharam, ao mesmo tempo, um crescimento sem precedentes da população e do consumo. Entre 1945 e 2000, a população mundial triplicou, a captura de peixes nos mares aumentou sete vezes, e o uso de fertilizantes decuplicou. A maior parte desse crescimento demográfico ocorreu no chamado Sul global. Já o consumo foi impulsionado pelos Estados Unidos e pela Europa.

Essa "Grande Aceleração", como costuma ser chamada, transformou o planeta de modo radical. Como observou o historiador ambiental J. R. McNeill, isso não se deu porque as pessoas passaram a fazer algo novo, mas apenas porque passaram a fazer muito mais do mesmo. "Às vezes um salto na quantidade leva a um salto qualitativo", afirma McNeill. "Foi o que aconteceu no caso das mudanças ambientais do século xx." No começo do século passado, a agricultura ocupava cerca de 8 milhões de quilômetros quadrados em todo o mundo. Nessa altura, as pessoas cultivavam a terra havia cerca de 10 mil anos. A maioria das grandes florestas da Europa já havia desaparecido fazia muito tempo, assim como grande parte das florestas e pradarias dos Estados Unidos. Quando o século chegou ao fim, mais de 15 milhões de quilômetros quadrados estavam sendo cultivados, o

COMO FUNCIONA O CLIMA

que significa que, em apenas dez décadas, os seres humanos haviam transforma-do em terras aráveis uma área equivalente à que tinham ocupado nos dez milê-nios anteriores. Essa expansão implicou o desmatamento de trechos enormes das florestas úmidas na Amazônia e na Indonésia, exatamente as áreas com maiores concentrações de biodiversidade. Não há como saber quantas espécies se perde-ram nesse processo; muitas provavelmente foram extintas antes mesmo de serem identificadas. Entre os animais comprovadamente desaparecidos estão o tigre--de-java (hoje extinto) e a ararinha-azul (agora extinta em condições naturais).

Os seres humanos não começaram a usar combustíveis fósseis no século xx — já na Idade do Bronze os chineses queimavam carvão mineral —, mas, para todos os efeitos, foi nessa época que surgiu o problema das mudanças climáti-cas. Em 1900, as emissões acumuladas de dióxido de carbono somavam cerca de 45 bilhões de toneladas. Um século depois, essa quantidade tinha saltado para mil gigatoneladas, e desde 2000 — de forma assustadora — cresceu para 1,7 mil gigatoneladas. Que proporção da flora e da fauna mundiais vai conseguir sobre-viver num mundo cuja temperatura aumenta rapidamente é uma das grandes questões — e talvez *a* grande questão — da nossa época.

A maioria das espécies que existem hoje sobreviveu a inúmeras eras glaciais; não resta dúvida de que tinham a capacidade de tolerar temperaturas globais mais baixas. Não está claro, porém, se vão conseguir se adaptar a temperaturas mais altas; há milhões de anos o mundo não registra temperaturas tão elevadas como as atuais. Durante o Plistoceno, até mesmo criaturas muito pequenas, como os besouros, mi-graram centenas de quilômetros para acompanhar o clima. Hoje, incontáveis espé-cies estão de novo se deslocando, mas ao contrário do que ocorreu nas eras glaciais, muitas vezes o caminho delas está bloqueado por cidades, rodovias e plantações de soja. "Sem dúvida, o que sabemos sobre como reagiram no passado talvez não sir-va de nada para prever as reações futuras às mudanças no clima, pois impusemos restrições completamente novas à mobilidade [das espécies]", escreveu o paleocli-matologista britânico Russell Coope. "Mudamos de forma inconveniente as traves dos gols e começamos um jogo com regras completamente novas."

Claro que também existem aquelas espécies que simplesmente não podem se mover. Em 2014, pesquisadores australianos fizeram um levantamento deta-lhado de Bramble Cay, um minúsculo atol no estreito de Torres. O atol abrigava uma espécie nativa de roedor, um animal parecido com um rato, o *Melomys rubi-cola*, único mamífero conhecido endêmico na Grande Barreira de Corais. Com o aumento do nível do mar, o atol estava diminuindo, e os pesquisadores queriam saber se ainda restava ali algum desses roedores. Não encontraram nada e, em 2019, o governo australiano declarou a espécie extinta. Esse foi o primeiro registro de uma extinção causada pelas mudanças no clima, embora seja quase certo que várias outras tenham ocorrido antes, ainda que não documentadas.

Os próprios recifes de coral são muito vulneráveis às alterações climáticas. Os corais que erguem os recifes são animais gelatinosos minúsculos, cuja colora-ção é conferida por algas simbióticas ainda menores que vivem no interior de suas

Páginas seguintes: Lagoa de Hardy Reef, Queensland. A Grande Barreira de Corais australiana é a maior estrutura viva da Terra, servindo como hábitat para cerca de 9 mil espécies marinhas.

células. Quando há um aumento repentino da temperatura, o relacionamento simbiótico entre corais e algas é rompido. Os corais expelem as algas e perdem a cor; daí o fenômeno conhecido como "branqueamento dos corais". Sem os simbiontes, os corais deixam de receber nutrientes. Se o fenômeno não dura muito, eles conseguem se recuperar, mas as temperaturas oceânicas estão aumentando de forma rápida, tornando os eventos de branqueamento mais frequentes e mais longos. Um estudo realizado em 2020 por pesquisadores australianos constatou que a cobertura de recifes na Grande Barreira de Corais havia diminuído pela metade desde 1995. Segundo outro estudo de 2020, feito por cientistas americanos, no decorrer dos últimos cinquenta anos a maioria dos recifes no Caribe se transformou em hábitats dominados por algas e esponjas. Um estudo de 2021 alertou que os recifes coralinos da região oeste do oceano Índico estão "ameaçados pelo colapso do ecossistema". Há estimativas de que, caso isso ocorra, será o fim de milhões de espécies que estão associadas a eles.

Ninguém sabe, evidentemente, qual é o final dessa história. Nos últimos 500 milhões de anos, ocorreram cinco extinções em massa, cada qual levando ao desaparecimento de cerca de três quartos das espécies do planeta. Os cientistas alertam que agora estamos a caminho de mais uma dessas extinções, a Sexta Extinção. Esse evento se distingue pelo fato de ser o primeiro causado por um agente biológico — nós, os seres humanos. Será que vamos ser rápidos o bastante para evitar isso? /

A maioria das espécies que existem hoje sobreviveu a inúmeras eras glaciais; não resta dúvida de que tinham a capacidade de tolerar temperaturas globais mais baixas. Não está claro, porém, se vão conseguir se adaptar a temperaturas mais altas.

COMO FUNCIONA O CLIMA

1.5

Não há nada mais sólido do que a ciência

Greta Thunberg

A extraordinária estabilidade climatológica do Holoceno permitiu que a nossa espécie — *Homo sapiens* — deixasse de ser caçadora-coletora para passar a cultivar a terra. O Holoceno começou há cerca de 11700 anos, quando chegou ao fim a última era glacial. Nesse período relativamente breve, transformamos por completo o nosso mundo — "nosso", ou seja, "o mundo dos seres humanos". "Nosso mundo", ou seja, um mundo que pertence a uma espécie determinada — a nossa espécie.

Nós aperfeiçoamos a agricultura, construímos casas, criamos línguas, a escrita, a matemática, ferramentas, moedas, religiões, armas, artes e estruturas hierárquicas. A sociedade humana se expandiu num ritmo, de uma perspectiva geológica, incrivelmente rápido. Em seguida veio a Revolução Industrial, que assinalou o início da chamada "Grande Aceleração". E passamos de uma fase de desenvolvimento incrivelmente rápido para algo diverso — algo espantoso.

Se a história do mundo fosse reduzida ao intervalo de um único ano, a Revolução Industrial teria ocorrido mais ou menos um segundo e meio antes da meia-noite na véspera do Ano-Novo. Desde o início da civilização humana, derrubamos metade das árvores existentes no planeta, eliminamos mais de dois terços da fauna selvagem e atulhamos de plástico os oceanos, desencadeando uma potencial extinção em massa e uma catástrofe climática. Começamos a desestabilizar os próprios sistemas de manutenção da vida sem os quais não podemos existir. Estamos, em outras palavras, serrando o galho em que estamos sentados.

No entanto, a grande maioria de nós ainda não tem plena consciência do que está ocorrendo, e muitos simplesmente parecem não se importar. Isso se deve a vários fatores, alguns dos quais serão examinados neste livro. Um deles pode ser designado como "síndrome de critérios mutantes", ou "amnésia geracional", numa referência ao modo como nos habituamos ao novo e começamos a ver o mundo a partir de outra perspectiva. Um entroncamento rodoviário de oito pistas provavelmente seria algo inimaginável para os meus bisavós, mas para a minha geração não passa de algo normal. Para alguns de nós, ele pode até mesmo ser algo natural, seguro e reconfortante, dependendo das circunstâncias. As luzes distantes de uma metrópole, uma refinaria de petróleo cintilante à margem de uma via expressa escura e as luzes brilhantes das pistas de um aeroporto iluminando o céu noturno são visões a que estamos de tal modo acostumados que a sua ausência causa estranheza para muita gente.

O mesmo se dá com o conforto encontrado por alguns no consumo desenfreado, entre outras coisas. O que antes era impensável pode muito rápido se tornar um elemento natural — e até insubstituível — de nossas vidas. E à medida que vamos nos afastando da natureza, mais difícil é lembrar que continuamos a fazer parte dela. Afinal, ainda somos uma espécie animal entre outras espécies animais. Não estamos acima dos outros elementos que constituem a Terra. Nós dependemos deles. Não somos os donos deste planeta, assim como não o são os sapos ou os besouros, os cervos ou os rinocerontes. Este mundo não é nosso, como nos lembra Peter Brannen em seu artigo.

Em rápida escalada, a crise climática e ecológica é uma crise global, que afeta todos os seres vivos, animais e vegetais. No entanto, atribuir a responsabilidade dessa crise a toda a humanidade é algo que passa longe, bem longe da verdade. Hoje a maioria das pessoas vive bem dentro dos limites planetários. Apenas uma minoria entre nós causou essa crise e continua a agravá-la. Por isso o argumento popular de que "há gente demais no planeta" é tão enganador. O tamanho da população importa, mas nem todos estão gerando emissões e exaurindo a Terra — apenas alguns, devido aos seus hábitos e comportamentos, associados às nossas estruturas econômicas, estão nos levando à catástrofe.

A Revolução Industrial, sustentada pela escravidão e pela colonização, transferiu uma riqueza inimaginável para o Norte global e, sobretudo, para uma pequena minoria de seus habitantes. Essa injustiça extrema é o fundamento sobre o qual se erguem as nossas sociedades modernas. Aí está o cerne do problema. *É o sofrimento da grande maioria que propicia os benefícios desfrutados por poucos.* A riqueza tem um preço — sob a forma de opressão, genocídio, destruição ambiental e instabilidade climática. E a conta de todo esse estrago ainda não foi saldada. Na verdade, nem sequer foi calculada, e ainda está para ser emitida.

E por que isso é importante? Diante de uma emergência como essa, por que não esquecer o passado e seguir em frente na busca por soluções para os nossos problemas atuais? Por que tornar as coisas mais difíceis ao retomar algumas das questões mais espinhosas da história humana? A resposta é simples: essa crise não está ocorrendo apenas aqui e agora. A crise climática e ecológica é uma crise cumulativa que, em última análise, remonta à colonização, e mesmo antes. Está baseada na ideia de que alguns povos valem mais do que outros e, por isso, têm o direito de se apropriar das terras, dos recursos e das condições futuras de existência — e até mesmo da vida dos outros. E isso continua a acontecer hoje.

Já lançamos cerca de 90% das emissões que constam em todo o nosso orçamento de CO_2. Esse orçamento é a quantidade máxima de dióxido de carbono que podemos emitir de modo coletivo para que o mundo tenha uma probabilidade

19   COMO FUNCIONA O CLIMA

de 67% de restringir o aumento global da temperatura a 1,5°C. Esse dióxido de carbono já foi lançado e vai permanecer na atmosfera e nos oceanos, rompendo o delicado equilíbrio da biosfera nos próximos séculos — para não falar do risco de ultrapassar os pontos de não retorno e desencadear processos que se realimentam no futuro próximo. O volume de CO_2 que podemos emitir para cumprir a meta acordada foi, portanto, quase todo comprometido — mas muitos países de renda baixa e média ainda precisam construir a infraestrutura que serve de base para a riqueza e o bem-estar dos países ricos, e, para isso, terão de reduzir de modo significativo as suas emissões. Deveria ser óbvio que os 90% de CO_2 já emitidos têm de estar no centro das negociações sobre o clima ou, pelo menos, precisam ser levados em conta nas discussões globais. O que se vê, contudo, é o oposto disso. Essa dívida histórica — assim como outros aspectos cruciais — está sendo de todo ignorada pelas nações do Norte global.

Alguns argumentam que tudo isso ocorreu há tanto tempo que as pessoas no poder não tinham consciência disso quando estavam construindo os nossos sistemas energéticos e começando a produzir em massa todas as coisas que consumimos. No entanto, o fato é que elas tinham essa consciência, como Naomi Oreskes demonstra em seu artigo. Há evidências claras de que as principais companhias petrolíferas, como a Shell e a ExxonMobil, sabiam muito bem das consequências de suas ações há pelo menos quatro décadas. E o mesmo ocorreu com governos nacionais, como explica Michael Oppenheimer. Mesmo assim, resta o fato de que mais da metade de todas as emissões do CO_2 antropogênico (produzido pelas atividades humanas) foi lançada na atmosfera e nos oceanos após a criação do Painel Intergovernamental para a Crise Climática (IPCC, na sigla em inglês) e da organização da Cúpula da Terra no Rio de Janeiro pela ONU em 1992. Ou seja, todos eles sabiam. O mundo inteiro sabia.

Tudo se resume, portanto, àquelas distinções nítidas. Há quem diga que são muitos os tons de cinza intermediários, que as coisas são complexas e as respostas nunca são fáceis. Mas insisto que há muitas questões que são de fato simples. Ou você cai num despenhadeiro ou não cai. Ou estamos vivos ou estamos mortos. Ou todos os cidadãos têm o direito a votar ou não têm. Ou as mulheres têm os mesmos direitos dos homens ou não têm. Ou cumprimos as metas climáticas estabelecidas no Acordo de Paris, e com isso evitamos os piores riscos de desencadear mudanças irreversíveis e fora do controle humano, ou não cumprimos.

Essas questões são o que há de mais simples. Quando se trata da crise climática e ecológica, a necessidade de mudança está baseada em evidências científicas sólidas e inequívocas. Todavia, todas elas colocam o que há de melhor hoje disponível na ciência numa rota de colisão com o atual sistema econômico e com o modo de vida que muita gente no Norte global considera um direito adquirido. Limitações e restrições não são exatamente sinônimo de neoliberalismo ou cultura ocidental moderna. Basta ver como algumas regiões do mundo reagiram às restrições durante a pandemia de covid-19.

Evidentemente, sempre é possível argumentar que existem diferentes concepções e posições científicas; e que nem sempre há consenso entre os cientistas. Não há como negar isto: os cientistas dedicam uma enorme quantidade de tempo para debater os diversos aspectos dos seus resultados — é assim que funciona a ciência. Embora possa ser usado em incontáveis temas de discussão, esse argumento não se aplica mais ao caso da crise climática. Esse navio já zarpou. A ciência é o que tem de mais sólido.

Boa parte do que nos cabe agora é definir a tática. Como apresentar, formatar e transmitir a informação? O quão ousados os cientistas estão dispostos a ser? Eles deveriam aplaudir as propostas inadequadas dos políticos porque isso é melhor do que nada e porque, ao fazer isso, podem conquistar — ou manter — um lugar à mesa de decisões? Ou cabe aos cientistas correr o risco de serem considerados alarmistas, mas dizer o que de fato está ocorrendo, mesmo que isso possa aumentar o número de pessoas conformadas com a derrota e a apatia? Eles devem manter uma abordagem positiva, esperançosa, de "copo meio cheio", ou seria melhor deixar de lado as táticas de comunicação para se concentrar no esclarecimento dos fatos? Ou talvez um pouco de cada?

Uma questão polêmica é se a equidade e as emissões passadas devem ser incluídas nas discussões sobre como enfrentar a crise ambiental. Como esses números foram excluídos nas negociações dos acordos internacionais, sem dúvida é tentador ignorá-los, pois eles tornam bem mais sombria uma mensagem já sombria. No entanto, isso faz com que aqueles que buscam uma visão holística e levam em conta esses números pareçam muito mais alarmistas do que os colegas, o que é um problema e tanto. Por exemplo, a perspectiva de que países do Norte global, como a Espanha, os Estados Unidos ou a França, zerem as suas emissões até 2050 parece completamente inadequada se o aspecto da equidade e das emissões históricas for incluído. Mas no caso de, digamos, um cientista americano que busca alcançar uma grande audiência em seu próprio país, ele provavelmente não vai se mostrar inclinado a descartar a probabilidade de zerar as emissões em 2050. A ideia de zerar as emissões em três décadas já é vista como radical demais no discurso americano. E essa tática faz muito sentido. O problema, contudo, é que, para que o Acordo de Paris funcione em escala global, temos de levar em conta a equidade e as emissões históricas. Não há como escapar disso. E não podemos achar que temos tempo para prosseguir com essa conversa num ritmo lento.

Percorremos um longo caminho desde os nossos ancestrais caçadores-coletores. Mas os nossos instintos não tiveram tempo suficiente para se acomodar a essa mudança. Eles ainda funcionam em grande parte como há 50 mil anos, em outro mundo, bem antes da existência da agricultura, das cidades, da Netflix e dos supermercados. Somos formados para uma realidade completamente distinta, e nosso cérebro tem dificuldade para reagir a ameaças que para muitos de nós não são imediatas nem repentinas, como é o caso dessa crise climática e ecológica. Ameaças que não vemos claramente porque são complexas, lentas e remotas demais.

De uma perspectiva geológica mais ampla, a evolução do *Homo sapiens* aconteceu na velocidade da luz. É isso que agora volta para nos assombrar? Os nossos fundamentos se estabeleceram em solo instável desde o princípio, dezenas de milhares de anos antes do início da Revolução Industrial? Nós fomos talentosos demais como espécie? Muito além da nossa capacidade? Ou será que podemos mudar? Seremos capazes de usar as nossas habilidades, os nossos conhecimentos e a nossa tecnologia para desencadear uma transformação cultural que nos permita mudar a tempo de evitar uma catástrofe climática e ambiental? É evidente que conseguimos fazer isso. Mas cabe a nós decidir se queremos.

Se a história do mundo fosse reduzida ao intervalo de um único ano, a Revolução Industrial teria ocorrido mais ou menos um segundo e meio antes da meia-noite na véspera do Ano-Novo.

1.6

A descoberta das mudanças climáticas

Michael Oppenheimer

No princípio, era mais uma curiosidade científica do que um problema. O químico sueco Svante Arrhenius não demonstrou nenhuma preocupação quando, em 1896, publicou a hoje famosa previsão de que, ao liberar dióxido de carbono na atmosfera por meio da queima de carvão, a humanidade iria aos poucos elevar em vários graus a temperatura do planeta. A sua constatação foi ignorada por quase todos até a década de 1950, quando um punhado de cientistas alertou que esse aquecimento poderia ter consequências catastróficas. Uma década depois, um jovem meteorologista, Syukuro Manabe, desenvolveu as primeiras simulações modernas do clima com a ajuda de computadores;[1] e a sua predição do quão quente se tornaria a Terra mostrou que Arrhenius não havia se equivocado. Na esteira do trabalho de Manabe veio uma nova onda de pesquisas científicas que começaram a esboçar um quadro de impactos progressivamente mais graves e, no final da década de 1970, chegou-se a um consenso científico sobre o quanto a Terra poderia esquentar assim que os níveis de dióxido de carbono na atmosfera fossem duplicados. Eu era estudante de graduação em físico-química quando ouvi falar pela primeira vez do "efeito estufa", numa edição de 1969 da revista *Technology Review*, e a ideia de que os seres humanos poderiam chegar a influir no clima da Terra me deixou apavorado. Aos poucos fui me dando conta de que poderia canalizar de modo construtivo esse pavor e contribuir para resolver o problema, associando o meu interesse por política aos meus conhecimentos sobre a atmosfera terrestre. Juntei-me então a um coro cada vez mais estridente de cientistas preocupados com a questão no decorrer da década de 1980. Na época, poucos responsáveis pelas políticas governamentais prestaram atenção, mas hoje não é mais possível ignorar esse aquecimento.

Os processos físicos subjacentes ao efeito estufa e as causas do aquecimento global hoje em andamento são agora bem mais evidentes do que há um século. Os gases que formam a atmosfera da Terra, sobretudo o nitrogênio e o oxigênio, são em grande medida transparentes para a radiação solar. Em consequência, a luz solar atravessa a atmosfera e aquece a superfície da Terra.

---

[1] Em 2021, Manabe recebeu o prêmio Nobel de física por esse trabalho.

COMO FUNCIONA O CLIMA

À medida que esquenta, o planeta devolve calor ao espaço sob a forma de radiação infravermelha. Entretanto, o vapor d'água e alguns outros gases presentes em nossa atmosfera em quantidades ínfimas, em especial o dióxido de carbono, absorvem ou captam grande parte dessa radiação, enviando parte dela de volta à superfície e aumentando a temperatura da Terra.

Esses são os gases do efeito estufa, assim chamados porque o processo de retenção do calor é análogo ao modo como o vidro de uma estufa mantém o interior aquecido mesmo num dia gélido, permitindo que as plantas cresçam ali. Sem esses gases, o calor irradiado da superfície terrestre se dissiparia no espaço, e o planeta seria cerca de 33°C mais frio. O efeito estufa da atmosfera manteve a temperatura do planeta dentro dos limites propícios à vida e tornaram possível a evolução dos seres humanos e de outras espécies.

Esse processo permaneceu estável por milhares de anos — até o início da industrialização generalizada no século xix. Os combustíveis fósseis que passaram a fornecer energia para a sociedade industrial — carvão mineral, petróleo e gás natural — são resquícios de matéria vegetal constituída de carbono enterrada milhões de anos atrás. Tais recursos energéticos foram extraídos por meio da mineração e da perfuração do solo para mover fábricas, usinas elétricas, automóveis, tratores, embarcações e aviões, e também para manter aquecidos os locais onde moramos e trabalhamos. Todos os anos, a queima de combustíveis fósseis libera dezenas de bilhões de toneladas de dióxido de carbono.

A agricultura e a pecuária também contribuíram para aumentar as emissões de metano e óxido nitroso, dois gases do efeito estufa que produzem um aquecimento por molécula ainda maior do que o dióxido de carbono. O metano também é liberado na atmosfera em vazamentos durante a extração e o transporte de gás natural. O desmatamento descontrolado e outras mudanças no uso da terra também se tornaram fontes importantes de dióxido de carbono e outros gases do efeito estufa. Como consequência de todas essas atividades humanas, os níveis de dióxido de carbono na atmosfera são hoje 50% mais elevados do que antes da era industrial.

As centenas de bilhões de toneladas de gases do efeito estufa já acrescentadas à atmosfera teriam, ainda assim, uma ação relativamente modesta na temperatura do planeta não fosse pelo impacto de processos de realimentação que a elevaram ainda mais. O aquecimento aumentou a evaporação na superfície dos oceanos, lançando no ar mais vapor d'água (um dos gases do efeito estufa), que por sua vez acelerou o aquecimento. Com o derretimento do gelo marinho no Ártico, mais radiação solar foi absorvida pela superfície marinha em vez de ser refletida de volta ao espaço, incrementando o aquecimento. As nuvens, ao mesmo tempo, retêm calor e refletem a luz solar, e o efeito final das mudanças na camada de nuvens produzido pelo aquecimento é outro processo de realimentação que contribui para elevar a temperatura global. Considerados em conjunto, todos esses processos estão fazendo com que a Terra se aqueça três vezes mais rápido do que se eles não existissem.

O que torna o acúmulo de dióxido de carbono na atmosfera especialmente alarmante é que tal excesso só pode ser revertido por um processo muito, muito lento, que dura séculos, no qual o CO_2 é absorvido e dissolvido nos oceanos. Embora alguns especialistas venham buscando formas de acelerar de modo artificial essa remoção, ainda não dispomos hoje de uma tecnologia para isso que seja eficaz e viável em termos econômicos.

Como muitos fundamentos físicos, tanto a amplitude do esforço requerido para enfrentar o aquecimento como a urgência das medidas nesse sentido já eram evidentes há mais de trinta anos. Então, por que desperdiçamos tanto tempo fazendo quase nada? No âmago do problema estava que, mesmo com a comunidade científica vislumbrando o que ia acontecer, era extremamente difícil convencer os políticos da situação de perigo em que nos encontrávamos.

Em 1981, como cientista do Fundo de Defesa Ambiental (EDF, na sigla em inglês), comecei a colaborar com colegas da comunidade de ambientalistas, junto com outros cientistas e alguns poucos governos interessados, no esforço para levar essa questão à população em geral e aos nossos líderes eleitos. Porém, naquela época, a maioria dos governos achava que, uma vez que o impacto do aquecimento ainda não era evidente, não cabia tomar nenhuma medida — mesmo quando se tornavam mais claros os fundamentos científicos e o custo potencial de não fazer nada.

Em 1986, ao depor perante uma comissão do Senado americano, notei que diversos funcionários de vários órgãos governamentais falaram primeiro — a maioria demonstrando ignorância, despreocupação e desinteresse em qualquer ação conjunta que visasse reduzir o acúmulo de gases do efeito estufa. Procurei então deixar bem claro para os políticos e o público que esse era "um problema que, se não fosse enfrentado, acabaria por se sobrepor a todos os outros em termos de impacto ambiental [...]. O que está em jogo é a viabilidade de muitos ecossistemas, assim como, provavelmente, a da civilização tal como a conhecemos". Refletindo sobre a persistência do dióxido de carbono, comentei que se tratava de um tipo de problema diferente da poluição atmosférica comum, e que simplesmente não podíamos nos dar ao luxo de não fazer nada e esperar para ver as consequências, em vez de começar a tomar medidas para conter as emissões, pois aí seria tarde demais para evitar os impactos mais graves.

Dois anos depois, durante uma onda de calor que assolou a região leste dos Estados Unidos, fui convidado a depor diante de outra comissão do Senado com o professor Manabe e com James Hansen, da Nasa, que então fez a sua famosa declaração, na qual afirma que "o efeito estufa já foi detectado e já está alterando o nosso clima". No meu depoimento, tratei do relatório de uma conferência científica internacional que eu havia coorganizado, sob os auspícios das Nações Unidas, e que chegou à conclusão de que era preciso enfrentar o problema das mudanças climáticas causadas pela ação humana, além de recomendar políticas específicas voltadas para a limitação futura das emissões dos gases do efeito estufa.

COMO FUNCIONA O CLIMA

Entre as duras constatações que ressaltei na ocasião estava a de que a redução do aquecimento a um nível aceitável e, em última análise, a estabilização da atmosfera iriam requerer diminuições nas emissões provocadas por combustíveis fósseis da ordem "de até 60% dos níveis atuais, bem como reduções equivalentes nas emissões de outros gases do efeito estufa. Dada a duplicação das emissões estimada para os próximos quarenta anos, supondo-se um cenário em que tudo continue na mesma", comentei, "estamos diante de uma tarefa assustadora".

Esses números, extraídos do relatório da conferência, hoje estão desatualizados, pois nada foi feito para controlar as emissões e, portanto, ficam muito aquém das reduções que são necessárias agora. Se os países ao redor do mundo, sobretudo no Norte global, tivessem agido em conjunto naquela época, atualmente estaríamos numa posição bem mais favorável para conter a crise climática, em vez de estarmos lidando com os incontáveis desastres que agora nos afligem.

Naquele mesmo ano de 1988, o IPCC foi criado pelas Nações Unidas, visando aproveitar o empenho de milhares de cientistas de todo o mundo para avaliar a questão do clima e propor soluções. Esse foi um esforço sem precedentes por parte das lideranças mundiais para mobilizar a comunidade científica, considerar o futuro e projetar os prejuízos ambientais iminentes para a sociedade humana e os ecossistemas. Participei do 1º Relatório de Avaliação do IPCC, publicado em 1990, e desde então tenho colaborado no painel como autor em todos os seis ciclos de avaliação.

Teve início então uma corrida entre a acumulação irreversível de dióxido de carbono e os esforços intermitentes dos governos para promover a descarbonização da economia dos seus países. Era evidente para mim e para muitos cientistas e ambientalistas que estávamos diante de um futuro próximo no qual os países seriam afligidos por condições meteorológicas extremas, desencadeadas ou exacerbadas pelas mudanças no clima, incluindo secas, furacões e ondas de calor cada vez piores. O nosso objetivo era incitar os países a tomarem medidas antes que sofressem mortes e destruição generalizadas previsíveis causadas por esses eventos cada vez mais extremos. Hoje é óbvio que perdemos essa corrida.

As medidas de mitigação tomadas foram lentas e insuficientes demais. Os países acabaram por firmar a Convenção-Quadro sobre Mudança do Clima em 1992, durante a Cúpula da Terra promovida pela ONU no Rio de Janeiro. O objetivo desse acordo era reduzir, até o ano 2000, as emissões de gases do efeito estufa, de modo que voltassem aos níveis de 1990. O acordo era inócuo, pois não tinha meios de impor o cumprimento das metas combinadas. A participação dos Estados Unidos seria crucial e motivo de esperança, uma vez que o país tinha sido até então o maior responsável pelas emissões globais de dióxido de carbono. A aprovação do acordo pelo Congresso americano e a eleição de Bill Clinton para presidente no mesmo ano também pareciam sinais alentadores. No entanto, ao propor um imposto sobre a energia como medida compulsória inicial para restringir as emissões, o novo presidente enfrentou forte resistência no Congresso e se viu obrigado a retirar o projeto de lei. Impostos são um tabu na política americana e, até hoje, os obstáculos para a adoção deles sobre as emissões de carbono não foram superados.

Reconhecendo o atraso no caminho para o cumprimento das metas da Convenção-Quadro, os países voltaram a se reunir em Kyoto, em 1997, para chegar a um acordo sobre os compromissos obrigatórios das emissões das nações desenvolvidas. Entretanto, tal como a Convenção-Quadro, o Protocolo de Kyoto não requeria o corte de emissões por parte dos países em desenvolvimento — uma séria limitação de sua eficácia, pois logo em seguida as emissões da China deram um salto, e o mesmo ocorreu em outros países em desenvolvimento.

Os Estados Unidos não chegaram a ratificar o Protocolo de Kyoto e, em 2001, o presidente recém-eleito George W. Bush até mesmo retirou a assinatura inicial do seu país do documento. A ciência perdeu a batalha devido à influência política das corporações que produzem combustíveis fósseis, bem como das empresas que dependem majoritariamente desses combustíveis. Muitas dessas empresas e suas diversas associações setoriais haviam organizado campanhas de desinformação eficientes que envolviam as chamadas *"think tanks"*, enquanto alguns políticos de regiões produtoras de combustíveis fósseis divulgavam distorções e mentiras deslavadas sobre a ciência. Nessa situação, em que interesses privados fomentaram um miasma público de falsidades e enganos, ficou bem mais fácil para a população em geral desconsiderar os riscos.

A Europa foi menos afetada e dividida pelas campanhas de desinformação promovidas pelo setor de combustíveis fósseis e desde cedo se destacou como uma liderança global na questão do clima. A primeira-ministra do Reino Unido, Margaret Thatcher, com formação em química, respeitou os alertas da comunidade científica e, também movida pela vontade de romper o domínio dos sindicatos de mineiros, tinha dado em 1989 o seu apoio à ideia de negociar a Convenção-Quadro das Nações Unidas. Na Alemanha — outra das nações que mais emitem gases do efeito estufa —, o Partido Verde vinha aumentando a sua influência desde meados da década de 1980, levando os dois principais partidos políticos a adotar metas ambientais e energéticas, que Angela Merkel, também formada em química, continuou a perseguir ao se tornar chanceler em 2005. Portanto, quando os Estados Unidos abdicaram da liderança na questão climática, a União Europeia, tendo à frente o Reino Unido e a Alemanha, além da Holanda e dos países-membros escandinavos, ocupou em parte essa posição e incitou à adoção de medidas globais para o enfrentamento do problema. Beneficiando-se da reunificação alemã e do colapso das emissões na antiga Alemanha Oriental, assim como nos antigos Estados soviéticos, a UE conseguiu cumprir as metas a que se comprometera em Kyoto.

Outros países desenvolvidos, em especial o Canadá e a Austrália, pressionados por suas regiões produtoras de combustíveis fósseis, pouco fizeram para cortar as emissões, ainda que apoiando da boca para fora os compromissos do Protocolo de Kyoto.

Em 2014, a China e os Estados Unidos propuseram em conjunto metas nacionais de emissões que abriram o caminho no ano seguinte para o Acordo de

Paris. Em alguns aspectos, esse foi um marco relevante, mas acabou se mostrando de eficácia modesta, na medida em que a China — e, mais recentemente, a Índia — registrou um aumento acelerado de emissões, com uma economia ainda muito dependente do carvão. Mesmo assim, o país asiático tem muitos motivos para insistir no cumprimento de suas metas climáticas, pois necessita de forma urgente reduzir a poluição atmosférica e vai lucrar muito com a venda de células solares fotovoltaicas, geradores eólicos e carros elétricos para o resto do mundo. Todavia, os líderes chineses relutam em permitir uma transparência total no monitoramento, na comunicação e na comprovação de seus compromissos do Acordo de Paris, e até que abandonem essa posição não podem ser tidos como um modelo de liderança responsável.

Já perdemos uma corrida — aquela para evitar os impactos mais danosos —, mas agora, com a aceleração do aquecimento, estamos na linha de partida de outra: a corrida para mitigar a crise climática e preservar um planeta habitável. Para vencer esse desafio, precisamos de líderes que se contraponham de maneira direta aos interesses do setor de combustíveis fósseis e à miopia pública de uma forma que a minha geração não foi capaz. Os avanços na tecnologia energética, associados ao entendimento inequívoco da crise iminente e à admirável combinação de firmeza e pressão deliberada exercida pela geração mais nova, reacenderam a minha esperança. Não vai ser nada fácil, mas agora é bastante óbvio o que está em jogo, e desta vez ninguém pode dizer que não sabia o que estava enfrentando. /

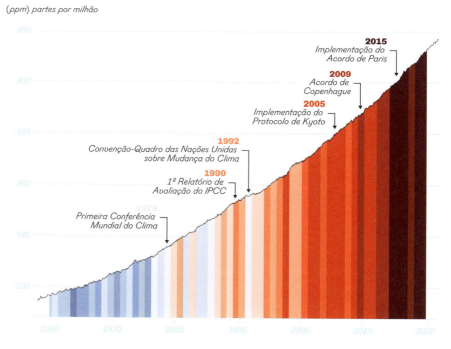

Figura 1: Tendências no CO_2 atmosférico ao longo dos anos. Tanto a concentração de CO_2 na atmosfera como as temperaturas médias globais aumentaram de forma drástica a despeito das conferências sobre o clima e dos acordos internacionais para redução das emissões.

1.7

Por que não fizeram nada?

Naomi Oreskes

No futuro, quando os historiadores perguntarem "por que as pessoas não fizeram nada para evitar a crise climática se sabiam disso durante décadas?", uma parte importante da resposta será a história de negação e obscurecimento disseminada pelo setor de combustíveis fósseis e as maneiras pelas quais os ocupantes de posições de poder e privilégio se recusaram a reconhecer as mudanças climáticas como resultantes de um sistema econômico disfuncional.

Cientistas, jornalistas e ativistas documentaram os diversos modos pelos quais o setor de combustíveis fósseis promoveu a desinformação sobre as mudanças climáticas a fim de impedir que medidas fossem tomadas. Esse esforço se deve sobretudo a uma dessas grandes empresas, a ExxonMobil. Nas décadas de 1970 e 1980, os cientistas que trabalhavam para a Exxon alertaram os seus dirigentes sobre o efeito dos produtos da empresa no clima. No entanto, desde a década de 1990, a ExxonMobil reforçou em suas manifestações públicas o alto grau de incerteza das conclusões científicas, insistindo que qualquer ação contra as mudanças climáticas seria, na melhor das hipóteses, prematura, e talvez até mesmo desnecessária. A empresa foi um elemento crucial de uma rede — por vezes chamada de "complexo dos combustíveis fósseis" — que incluía produtores de carvão, fabricantes de automóveis, produtores de alumínio e outros setores cujos lucros dependiam da energia barata proporcionada por combustíveis fósseis.

Por meio de anúncios, campanhas de relações públicas e estudos encomendados a "especialistas de aluguel", entre outras iniciativas, o complexo de combustíveis fósseis espalhou de forma deliberada confusão a respeito da crise climática. Muitas das suas estratégias e táticas foram reaproveitadas diretamente dos fabricantes de cigarros, incluindo o uso seletivo e enganoso de evidências científicas; a promoção de cientistas excêntricos, de modo a criar a impressão de existir um debate científico onde não havia nenhum; o financiamento de pesquisas visando desviar a atenção das causas primárias das mudanças no clima; a contestação da credibilidade de cientistas climáticos; e a falsa representação do setor de combustíveis fósseis como sendo adepto da "ciência robusta", mais do que da mera busca por lucros. Também atuaram para desviar a atenção do seu próprio papel ao insistir que os cidadãos deveriam assumir a "responsabilidade individual" de reduzir os seus "impactos de carbono".

O setor dos combustíveis fósseis atuou em conjunto com uma rede de institutos de pesquisa politicamente conservadores, libertários e neoliberais, os quais ecoaram e amplificaram as suas mensagens duvidosas sobre o clima. Alguns eram instituições independentes, como o Cato Institute nos Estados Unidos e o Institute for Economic Affairs no Reino Unido, cujos compromissos ideológicos com as políticas econômicas de laissez-faire os tornavam hostis a medidas propostas por governos. (Muitas vezes, esses grupos se inspiravam nos manuais do setor de tabaco, afirmando que a crise climática poderia ser uma ameaça à liberdade.) Outros eram apenas instituições de fachada, como a Global Climate Coalition, liderada pela Mobil Corporation, e a organização Informed Citizens for the Environment [Cidadãos Informados sobre o Meio Ambiente], criada por produtores de carvão baseados nos Estados Unidos. Em 2006, a Royal Society do Reino Unido — uma das sociedades científicas mais antigas e respeitadas no mundo — identificou 39 organizações financiadas pela ExxonMobil e empenhadas em negar ou deturpar as conclusões das ciências climáticas.

O setor de combustíveis fósseis e seus aliados atuaram de forma indireta para impedir uma ação contra as mudanças climáticas ao desacreditar o debate público, mas também o fizeram de forma direta quando medidas governamentais pareciam iminentes. Um caso bem documentado é o do American Clean Energy and Security Act [Lei Americana de Aegurança e Energia Limpa] de 2009, que pretendia criar um sistema de negociação de emissões com o objetivo de reduzir os gases do efeito estufa. Quando parecia estar a caminho de ser aprovado, a Câmara do Comércio americana, empresas de eletricidade, companhias de petróleo e gás, associações setoriais e institutos de pesquisa organizaram uma resistência feroz que acabou frustrando a iniciativa. Entre 2000 e 2016, só nos Estados Unidos, os interesses do setor de combustíveis fósseis gastaram cerca de 2 bilhões de dólares para bloquear ações contra as mudanças climáticas.

As desinformações, desorientações e pressões lobistas desse setor contaram com o apoio do otimismo infundado daqueles que aceitaram os argumentos de que o gás natural seria um "combustível-ponte", que se negaram a reconhecer as práticas danosas do setor e insistiram na força do "compromisso corporativo". Um exemplo notável é o da Universidade Harvard, que em 2021 anunciou que deixaria de investir em ativos vinculados a combustíveis fósseis. No entanto, durante muitos anos, a direção de Harvard se recusou a criticar o setor, alegando que não poderia "se arriscar a afastar e a demonizar potenciais parceiros". Entretanto, muitos desses "parceiros" haviam demonizado cientistas e ativistas climáticos e prejudicado bilhões de pessoas em todo o mundo.

Hoje a maioria dos economistas reconhece as mudanças climáticas como uma falha do mercado, mas apenas alguns as veem como parte de um padrão mais amplo de destruição ambiental, denominado pelos cientistas de "Grande Aceleração". O capitalismo, tal como existe hoje, coloca em perigo a existência de milhões de espécies no planeta, bem como a saúde e o bem-estar de bilhões de seres humanos. Ele também ameaça a prosperidade que supostamente deveria criar. Contestando 250 anos de pensamento econômico dominante, a crise climática mostrou que a busca desenfreada pelo próprio interesse não contribui para o bem comum. Ela revelou, nas palavras do economista Joseph Stiglitz, que a mão invisível postulada por Adam Smith — a ideia de que o livre mercado opera de forma eficiente como se fosse guiado de forma consciente — é invisível "porque não existe". E também comprovou, nas palavras do papa Francisco, que os "produtos tecnológicos não são neutros, pois criam um enquadramento que acaba condicionando os modos de vida e moldando as possibilidades sociais segundo linhas ditadas pelos interesses de determinados grupos poderosos".

Essas são conclusões difíceis de serem aceitas pelas pessoas. Afinal, ninguém gosta de admitir que foi enganado por desinformações ou ofuscado por mitos, e quem ocupa posições privilegiadas raramente coloca em dúvida a própria legitimidade. Talvez, num nível mais profundo, o que a crise climática faz seja romper as premissas do progresso. Com isso, mesmo hoje, muita gente que não é necessariamente "negacionista" em relação às mudanças climáticas ainda resiste à tomada de medidas significativas e se recusa a reconhecer o quão disfuncionais são os nossos sistemas econômicos, bem como todos os prejuízos causados pelas campanhas de desinformação.

> Quem ocupa posições de poder e privilégio se recusou a reconhecer as mudanças climáticas como resultantes de um sistema econômico disfuncional.

1.8

Pontos de inflexão e processos realimentados

Johan Rockström

Em termos científicos, hoje há um consenso de que a Terra está nos primórdios de uma nova era geológica, o Antropoceno, na qual o nosso mundo globalizado é o maior impulsionador de mudanças no planeta. A quantidade de CO_2 que já emitimos com a queima de combustíveis fósseis (cerca de 500 bilhões de toneladas de carbono) e a destruição ambiental que promovemos são suficientes para afetar o planeta pelos próximos 500 mil anos. Somos os responsáveis por determinar a situação futura do único lar que temos, o planeta Terra. Nós desencadeamos o Antropoceno há cerca de sete décadas, quando a nossa economia industrializada e movida por combustíveis fósseis se tornou de fato globalizada, ocasionando crescentes pressões humanas expressas por múltiplas curvas do tipo "taco de hóquei". A "Grande Aceleração" é um fato inequívoco, explicitado no rápido aumento das emissões de gases do efeito estufa, do uso de fertilizantes, do consumo de água, da captura de peixes marinhos e da degradação da biosfera terrestre, para mencionar apenas alguns (fig. 1).

O drama, contudo, é muito mais amplo do que essa percepção quase inconcebível. Não se trata apenas de termos desencadeado uma era geológica inteiramente nova. Já avançamos muito no Antropoceno, e o nosso planeta começa a dar sinais de uma incapacidade de tolerar mais abusos por parte dos seres humanos. Apenas setenta anos depois do início dessa nova era, somos forçados a concluir que o sistema terrestre parece estar chegando ao limite de sua resistência, perdendo a capacidade biofísica de amortecer a pressão, o estresse e a poluição a que está sendo submetido.

Agora cabe à comunidade científica determinar se corremos o risco de desestabilizar todo o sistema planetário, ou seja, se estamos pressionando os sistemas e processos biofísicos — como os mantos de gelo, as florestas e a circulação de calor nos oceanos — para além de pontos de não retorno, quando os circuitos de realimentação deixam de ser resfriadores e amortecedores e passam a ser aquecedores e autorreforçadores. O resultado disso pode alterar de modo irreversível todo o planeta, encerrando o estado interglacial estável que marcou o Holoceno, de cujas condições nos beneficiamos desde o surgimento das civilizações humanas há cerca de 10 mil anos, e das quais ainda somos dependentes.

Isso significa que chegamos a uma encruzilhada existencial. Estamos no Antropoceno e estamos vendo sinais claros da proximidade de pontos de inflexão irreversíveis. Por enquanto, embora mostre sinais preocupantes de desestabilização, o sistema terrestre ainda está num estado interglacial, como durante o Holoceno. Por mais que pareça estranho, é por isso que ainda podemos falar de esperança. Enquanto o planeta estiver num estado como o do Holoceno (uma época interglacial com duas calotas de gelo permanentes no Ártico e na Antártica), o Antropoceno continua sendo "apenas" uma trajetória — uma tendência de afastamento de um estado típico do Holoceno, sem configurar ainda um estado novo.

Todavia, há o risco de que essa esperança seja limitada. Com o aquecimento global de 1,1°C (registrado em 2021), alcançamos já a temperatura superficial média global (GMST, na sigla em inglês) mais elevada desde que saímos da última era glacial. Chegamos ao limite do conforto no estado interglacial, no qual as temperaturas nunca deixaram um "corredor de vida" de 1°C para cima ou para baixo. Portanto, o nosso principal desafio é interromper a atual trajetória e impedir que o Antropoceno se torne um novo estado, com temperaturas cada vez mais altas. A única forma de ser bem-sucedido nessa empreitada humana é evitar ultrapassar os pontos de inflexão do sistema terrestre que regulam o clima e a biosfera. Isso por sua vez vai demandar que os bens globais comuns — ou seja, de todos os sistemas biofísicos indispensáveis para regular a situação do planeta — sejam controlados e manejados dentro dos limites da Terra que nos possibilitam um espaço seguro de atuação, definido pela ciência.

Estabelecemos as nossas economias, sociedades e civilizações com base em dois pressupostos sobre o mundo natural: primeiro, que a mudança ocorre de forma linear e cumulativa (o que permite arrependimento e que seja corrigido de forma simples); segundo, que a biosfera tem um espaço infinito e uma capacidade infinita de absorver os impactos humanos (os nossos resíduos) e de lidar com os recursos que extraímos (o nosso consumo).

A ciência da resiliência e dos sistemas complexos contradiz esses dois pressupostos. Os sistemas biofísicos da Terra — desde as placas de gelo até as florestas — determinam em última análise o quanto o planeta é habitável. Tais sistemas não fazem isso apenas ao proporcionar serviços imediatos aos seres humanos (como alimento e água limpa), mas também por terem uma resiliência intrínseca — a capacidade de absorver os choques e os estresses (como o aquecimento provocado pelas emissões de gases do efeito estufa e pelo desmatamento) e, como consequência, de resfriar o planeta e manter a sua temperatura dentro de limites estreitos. Mas só conseguem fazer isso até certo ponto. Quando o limiar é ultrapassado, esses sistemas — como um recife de corais, uma tundra congelada ou uma floresta temperada — passam de um estado para outro qualitativamente diverso de modo irreversível.

COMO FUNCIONA O CLIMA

A "Grande Aceleração"

Tendências do sistema terrestre desde 1750

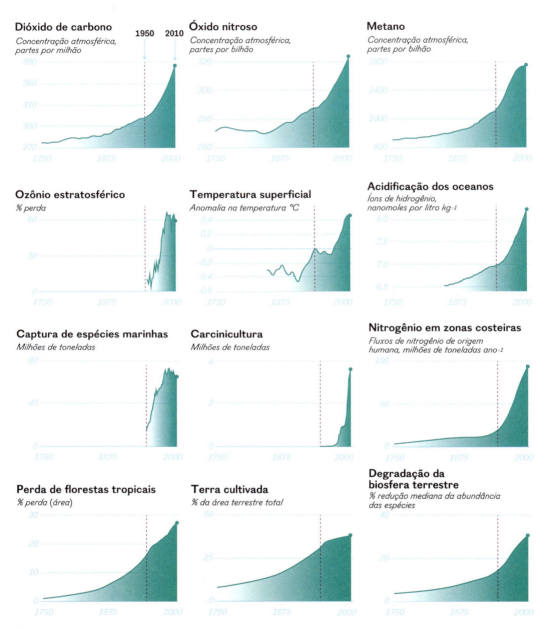

Figura 1

Tendências socioeconômicas desde 1750

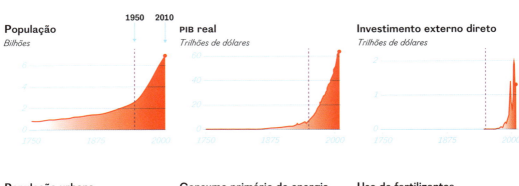

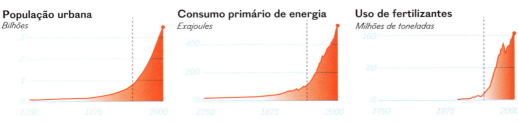

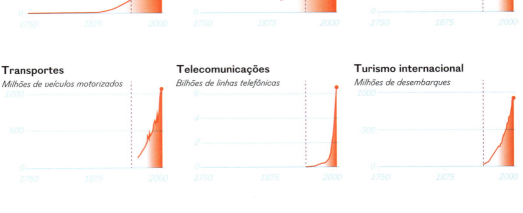

O importante é que os pontos de não retorno são alcançados quando uma pequena mudança — por exemplo, um ligeiro aumento nas temperaturas globais causado pela queima de combustíveis fósseis — desencadeia uma alteração grande e irreversível, como uma floresta úmida que vira uma savana seca. Essa mudança é impulsionada por "circuitos realimentados" que se autoperpetuam, fazendo com que as alterações se prolonguem, mesmo quando a pressão (o aquecimento global) é interrompida. Com isso, o sistema continuaria "enviesado" ainda que o clima como um todo retorne para um ponto anterior ao limiar. Isso não costuma ocorrer da noite para o dia: pode levar décadas ou séculos para que o sistema ache um novo estado de equilíbrio. O importante, contudo, é que ultrapassar o ponto de inflexão equivale a acionar um botão de "ligar" que põe em movimento o novo mecanismo biofísico, no qual predominam processos realimentados, o que conduz o sistema, de forma gradual mas inevitável, para um novo estado (fig. 2), e ocasiona impactos consideráveis no ambiente e no modo de vida de muita gente.

O fato de a ultrapassagem dos pontos de inflexão não ocorrer necessariamente de forma abrupta é um dos nossos grandes desafios. Se cruzarmos esses limiares agora ou nas próximas décadas, o impacto completo disso poderia se tornar aparente e irreversível só depois de centenas ou mesmo milhares de anos. A elevação do nível do mar provocada pelo derretimento do gelo terrestre é um exemplo: ela vai continuar durante séculos ou milênios e, depois, vai se manter

Como podemos conceber os pontos de inflexão?

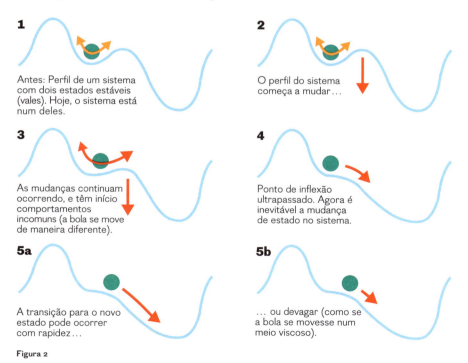

1 Antes: Perfil de um sistema com dois estados estáveis (vales). Hoje, o sistema está num deles.

2 O perfil do sistema começa a mudar...

3 As mudanças continuam ocorrendo, e têm início comportamentos incomuns (a bola se move de maneira diferente).

4 Ponto de inflexão ultrapassado. Agora é inevitável a mudança de estado no sistema.

5a A transição para o novo estado pode ocorrer com rapidez...

5b ... ou devagar (como se a bola se movesse num meio viscoso).

Figura 2

em níveis elevados durante milhares de anos. Como mostram os relatórios do IPCC, mesmo com um aquecimento de 1,5°C poderíamos estar condenando todas as gerações futuras a uma elevação do nível do mar de pelo menos dois metros, embora esse processo possa se estender por 2 mil anos. Isso introduz uma nova dimensão ética em termos temporais. Estamos determinando *agora* se vamos deixar para nossos filhos e netos um planeta que no futuro tende a ser cada mais inóspito. Talvez esse processo leve centenas ou milhares de anos, mas, uma vez iniciado, não há como interrompê-lo.

O entendimento das interações entre os sistemas na Terra e os processos realimentadores do sistema terrestre é absolutamente fundamental para avaliar os riscos de uma pressão excessiva sobre o planeta. As interações reforçam as mudanças. Por exemplo, oceanos mais quentes aceleram o derretimento do gelo, o que dispara um processo de realimentação quando a superfície branca da neve, que costuma refletir de volta para o espaço entre 80% e 90% da radiação solar incidente, ultrapassa um limiar de albedo (ou refletividade), porque a superfície antes coberta de gelo se torna mais escura ao virar água líquida e corrente. A certa altura, a realimentação do sistema deixa de ser negativa (resultando em resfriamento) e passa a ser positiva (resultando em aquecimento), e todo o sistema, agora desprovido de gelo, tende a alcançar um novo equilíbrio.

Até onde sabemos, nem todos os sistemas biofísicos da Terra têm estados estáveis distintos e separados por limiares que, ao serem transpostos, podem ocasionar essas mudanças irreversíveis. Em alguns sistemas é assim; em outros, não. Contudo, uma característica comum aos sistemas e processos biológicos, físicos e químicos (como os ciclos globais de carbono, nitrogênio e fósforo) é que todos estão interconectados, e a biosfera, a hidrosfera e a criosfera interagem umas com as outras. E elas têm processos de realimentação que determinam o seu funcionamento (os seus estados), e as realimentações predominantes podem passar, em termos matemáticos, de negativas (moderadoras) para positivas (reforçadoras).

Os componentes maiores do sistema terrestre que se definem como elementos de inflexão são caracterizados por um comportamento de limiar (isto é, podem desencadear processos irreversíveis) e, ao mesmo tempo, contribuem para a regulação do estado do planeta. Para todos nós, é fundamental que os elementos de inflexão permaneçam estáveis e resilientes. Eles são bens globais comuns, que agora precisamos manejar e administrar devido aos riscos que estamos correndo no Antropoceno.

Em 2008, foi identificada uma série desses elementos de inflexão no clima (fig. 3, no alto). Desde então, a ciência avançou bastante, e sabemos muito mais sobre o comportamento dos pontos de não retorno e sobre as interações entre os sistemas de elementos de inflexão; também identificamos mais de duzentos casos e cerca de 25 tipos genéricos de mudanças de regime (isto é, transições críticas de grande amplitude, abruptas e persistentes no funcionamento e na estrutura dos ecossistemas, para além dos pontos de não retorno do clima). Em 2019, foi publicado um estudo que proporciona uma atualização científica de dez anos sobre os

Elementos de inflexão climáticos identificados em 2008

Avaliação em 2019 dos elementos de inflexão com sinais de instabilidade, e interconexões dos diferentes elementos

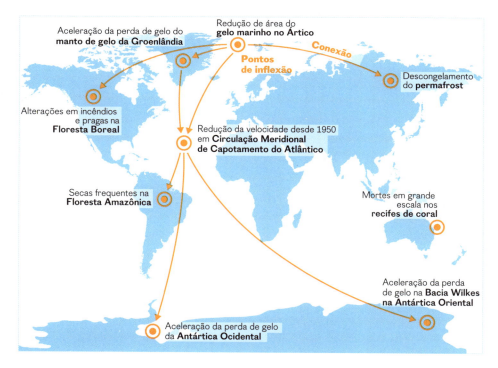

Figura 3

riscos dos pontos de inflexão climáticos, e a conclusão era extremamente preocupante. Nove dos elementos de inflexão climáticos originais apresentavam sinais de que poderiam estar chegando perto de pontos de não retorno (fig. 3, embaixo). Essa avaliação foi em grande parte confirmada no 6º Relatório de Avaliação do IPCC, que demonstra preocupação quanto a seis dos nove elementos instáveis: o manto de gelo da Antártica Ocidental, o manto de gelo da Groenlândia, o permafrost, a Circulação Meridional de Capotamento do Atlântico (Amoc, na sigla em inglês) e a Floresta Amazônica.

Além de tudo isso, as interações entre sistemas de elementos de inflexão levantam uma possibilidade preocupante — eles poderiam afetar uns aos outros e disparar uma reação em cadeia. Esse "efeito dominó" poderia empurrar o sistema terrestre na direção de uma nova Terra escaldante. Com o aumento de 1,1°C, o Ártico está ficando duas ou três vezes mais quente que o normal, o que acelera o derretimento do manto de gelo da Groenlândia (e o do gelo marinho ártico). Isso reduz a circulação de calor nos oceanos (a Amoc), que por sua vez afeta o sistema de monções na América do Sul, o que explica em parte a maior frequência de secas na Floresta Amazônica e a subsequente gravidade de incêndios florestais e aumentos abruptos do CO_2 lançado na atmosfera, acentuando o aquecimento global. A desaceleração da circulação termoalina no Atlântico faz com que águas superficiais quentes se concentrem no oceano Austral, o que pode explicar o derretimento acelerado do manto de gelo da Antártica Ocidental.

Claro que essas dinâmicas complexas estão na fronteira da ciência, e seu funcionamento exato ainda não foi de todo comprovado, mas elas são motivo de preocupação e proporcionam uma base científica mais consistente para que haja precaução e uma ação rápida para evitar a crise climática.

Portanto, o que se vislumbra é uma paisagem de risco crescente. Não podemos mais descartar o perigo de ultrapassarmos os pontos de inflexão, desencadeando mudanças irreversíveis, nem a tendência geral das avaliações de risco feitas pelos cientistas nos últimos vinte anos. Como se vê no gráfico da "brasa

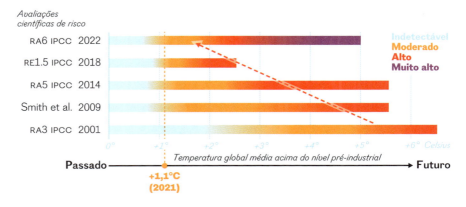

Figura 4: O gráfico da "brasa ardente", usado pela primeira vez no 3º Relatório de Avaliação do IPCC em 2001, mostra que o nível de risco a dada temperatura aumentou a cada avaliação.

ardente" (fig. 4), quanto mais entendemos o funcionamento do sistema climático, mais temos motivo para nos preocupar. Muito recentemente, em 2001, no 3º Relatório de Avaliação do IPCC, ainda achávamos que era muito baixa a probabilidade de que houvesse mudanças irreversíveis de grande impacto, e que apenas com um aquecimento de 5°C-6°C os riscos seriam graves. Isso significava que essencialmente não havia risco nenhum, uma vez que ninguém estava, ou está, sugerindo que alcançaríamos níveis tão desastrosos de aquecimento global médio. Porém, a cada nova avaliação do IPCC, e com a temperatura média global subindo por conta das emissões de gases do efeito estufa, os estudos científicos apontam limites cada vez menores para os aumentos de temperatura de alto risco. Hoje, o consenso é de que até mesmo com um aumento de 1,5°C, e sem dúvida com algo entre 1,5°C e 2°C, o risco que corremos já é enorme. /

Estamos determinando se vamos deixar para nossos filhos e netos um planeta que no futuro tende a ser cada vez mais inóspito.

1.9
Não há hoje no mundo nenhuma outra história mais importante

Greta Thunberg

Hoje somos cerca de 7,9 bilhões de pessoas vivendo neste lindo planeta azul, girando tranquilamente em torno do Sol em nosso minúsculo cantinho do universo imenso. Estamos todos conectados. Assim como todos os outros seres vivos, se voltarmos no tempo, podemos remontar as nossas origens até o início da vida e, portanto, por mais que nos afastemos da natureza, somos inseparáveis dela.

Todos os fatos e os relatos neste livro são desconcertantes se tomados em separado. Mas também estão intimamente ligados uns aos outros — exatamente como a gente. E uma vez que começamos a ver as suas relações, entendendo-os como parte de uma rede de eventos interconectados, eles logo adquirem outro sentido, bem mais alarmante. Quem é responsável por juntar as diversas partes dessa história holística e mais ampla? A quem recorremos na hora de lidar com o quadro completo? Alguma universidade líder das universidades? Os nossos governos? Os líderes mundiais? O mundo empresarial? As Nações Unidas? A resposta é ninguém — ou melhor, todos nós.

Estamos no princípio de uma crise climática e ecológica que vem se agravando com rapidez. Uma crise de sustentabilidade. Só a tecnologia não basta para nos salvar, e infelizmente não existem leis ou resoluções compulsórias que garantam um futuro seguro para a vida na Terra tal como a conhecemos.

A transição indispensável para garantir isso não vai cair do céu. Ela só será possível com uma mudança na opinião pública, e cabe a nós promovê-la, recorrendo a todos os meios eficazes ao nosso alcance. E essa transição será conduzida do jeito que escolhermos contar essa história. Não há uma mensagem única que funcione para todo mundo. Milhares — ou mesmo milhões — de abordagens distintas serão necessárias, mas por enquanto os nossos recursos são bastante limitados, para dizer o mínimo. Só nos resta "*koka soppa på en spik*", como dizemos na Suécia, ou seja, usar o que temos à mão. E o que temos é a moralidade, a empatia, a ciência, os meios de comunicação e — nos países mais afortunados — a democracia. Essas são algumas das melhores ferramentas já disponíveis, e tudo o que precisamos é começar a usá-las.

Alguns dizem que não devemos usar a moralidade, pois ela pode provocar sentimento de culpa, e esse não é um meio ideal para desencadear mudanças. Mas o que mais podemos fazer? Como lidar com esse tema desconfortável sem incomodar ninguém? Como falar de uma crise existencial humana causada pela desigualdade, pela exploração dos trabalhadores e da natureza, pelo roubo da terra, pelo genocídio e pelo consumo desenfreado sem mencionar a moralidade? Devemos apenas fingir que a maior ameaça que já enfrentamos é sobretudo uma oportunidade para criar "novos empregos verdes" e um futuro melhor para todos, sem que ninguém precise fazer grandes mudanças?

Outros — um grupo muito pequeno — estão convencidos de que algum tipo de ditadura seria mais adequado para lidar com essa enorme crise global. Porém, como se pode ver na Rússia de Putin e na China, não existem ditaduras boas. A ideia de um governo não democrático empenhado de algum modo em buscar o melhor para os cidadãos é absurda. Justiça e direitos iguais são essenciais para a solução desta crise — o que automaticamente exclui qualquer forma de ditadura.

A democracia é o que temos de mais precioso, mas, como vimos tantas vezes, é um sistema frágil e, a menos que os cidadãos estejam bem informados e educados nas questões que afetam de forma fundamental as suas vidas, ela pode ser manipulada com facilidade.

Por isso o conteúdo deste livro — baseado na ciência, no conhecimento e em relatos — é literalmente uma questão de vida e morte. Não só para nós, mas para todas as gerações futuras e todos os seres vivos do planeta. Existem incontáveis temas que merecem toda a nossa atenção e precisam de destaque, mas a crise climática e ecológica difere pelo simples fato de que não pode ser corrigida no futuro. E as respostas a todas as outras crises dependem de resolvermos isso antes. A crise climática e ecológica não pode ser solucionada mais adiante. E não podemos deixar essa tarefa para mais ninguém. Cabe a nós fazer isso, e temos de agir agora.

Precisamos começar a aprender. Entender os fatos básicos. Saber como ler nas entrelinhas. Precisamos ensinar uns aos outros a dizer o que está acontecendo. Não é preciso exagerar, essa história já é preocupante o suficiente. Tampouco é preciso dourar a pílula: temos de ser maduros para enfrentar a verdade. E não há tempo para desespero; nunca é tarde para começar a salvar tudo o que conseguirmos salvar. Não há no mundo nenhuma outra história tão importante, e ela precisa ser contada até onde nossas vozes chegarem, e muito além. Ela precisa ser contada em livros e artigos, em filmes e canções, à mesa do café da manhã, do almoço e do jantar, em reuniões familiares, nos elevadores, nos pontos de ônibus e nos armazéns na zona rural. Nas escolas, nos lugares de decisão e no chão das fábricas. Nas reuniões de sindicatos, nos grupos políticos e em estádios de futebol. Nos jardins de infância e nas casas de repouso. Nos hospitais e nas oficinas de automóveis. No Instagram, no TikTok, e no noticiário da TV. Em estradinhas poeirentas e em ruas e travessas de vilas e cidades. Em toda parte e o tempo todo.

Nós, humanos que estamos vivos hoje, constituímos, segundo estimativas, 7% de todos os *Homo sapiens* que já viveram. Somos todos parentes no tempo e no espaço. Juntos, podemos voltar no tempo ou avançar rumo ao nosso futuro co-mum. Graças à nossa capacidade de observar, estudar, lembrar, evoluir, nos adap-tar, aprender, mudar e contar histórias, acumulamos informação e conhecimento o bastante para assegurar as nossas condições de vida e o nosso bem-estar. Tudo isso nos proporcionou a possibilidade inédita de criar um mundo justo e afluente. Mas essa enorme conquista coletiva — talvez única em todo o universo — está escorrendo por entre nossos dedos. Por enquanto colecionamos fracassos. Permi-timos que a ganância e o egoísmo — a oportunidade de um grupo muito restrito de pessoas acumular uma riqueza inimaginável — nos impedissem de alcançar o bem-estar comum.

Mas agora temos uma responsabilidade histórica: a de colocar as coisas no caminho certo. Temos a oportunidade incalculavelmente grandiosa de estarmos vivos no momento mais decisivo da história humana. Agora chegou a hora de narrar isso, e até mesmo de mudar o seu final. Juntos, ainda podemos evitar as piores consequências. Ainda é possível evitar a catástrofe e curar as feridas que infligimos a nós mesmos. Juntos podemos fazer o que parece ser impossível. Mas que não haja engano aqui — ninguém mais vai fazer isso por nós. Só nós pode-mos agir, aqui e agora. Você e eu.

Todos os fatos e os relatos neste livro são desconcertantes se tomados em separado. Mas também estão intimamente ligados uns aos outros — exatamente como a gente.

43 COMO FUNCIONA O CLIMA

PARTE II /

Como o planeta está mudando

"A ciência não mente"

2.1

O clima parece ter tomado anabolizante

Greta Thunberg

A frase "esse é o novo normal" costuma ser dita quando são discutidas as mudanças abruptas em nossos padrões meteorológicos diários: incêndios florestais, ondas de calor, inundações, tempestades, secas etc. Esses eventos não só vêm se tornando mais frequentes como ocorrem com intensidade cada vez maior. O clima parece ter tomado anabolizante e os desastres naturais parecem cada vez menos naturais. Mas isso não é o "novo normal". O que estamos testemunhando é apenas o princípio de uma mudança no clima, causada pelas emissões humanas de gases do efeito estufa. Até agora, os sistemas naturais da Terra atuaram como um para-choque, amenizando as transformações dramáticas que estão ocorrendo. Mas essa resiliência planetária tão vital para nós não vai durar para sempre, e as evidências apontam de forma cada vez mais clara que estamos adentrando uma nova era de alterações ainda mais dramáticas.

As mudanças no clima ficaram críticas mais cedo do que o previsto. Muitos dos pesquisadores com quem conversei contaram que estavam chocados ao constatar com que rapidez essas alterações estão avançando. Porém, como a ciência é muito cautelosa quando se trata de fazer previsões, isso talvez não nos surpreenda. Porém, uma consequência é que pouquíssima gente estava de fato preparada para reagir quando, nos últimos anos, os sinais se tornaram óbvios. E havia um número ainda menor de pessoas preocupado com as formas de comunicar o que estava acontecendo. A impressão que se tem é de que a imensa maioria se preparava para um cenário diferente e menos urgente. Para uma crise que só aconteceria daqui a muitas décadas.

E, no entanto, aqui estamos. A crise climática e ecológica não vai ocorrer num futuro distante. Já está acontecendo aqui e agora. Nas páginas seguintes, vamos conhecer algumas das mudanças mais importantes que estão ocorrendo enquanto o clima — e todo o planeta — começa a se desestabilizar. Cada um desses estudos de caso é bastante grave, mas como tudo está interconectado, não há como "resolver" um problema sem "resolver" também os outros. Questões holísticas demandam soluções holísticas. O nosso principal desafio, contudo, é que todos esses eventos estão ocorrendo ao mesmo tempo, e em velocidade máxima.

Páginas anteriores: Trenós puxados por cães do meteorologista dinamarquês Steffen Olsen e de caçadores indígenas locais se movem com dificuldade pela água de degelo resultante de temperaturas inusitadamente altas no noroeste da Groenlândia, em junho de 2019, durante uma expedição para monitorar o gelo marinho e as condições oceânicas.

Entendo como a leitura dos capítulos seguintes possa ser deprimente para alguns, mas não deveríamos estar surpresos com o que está acontecendo. Depois de décadas e séculos nos afastando da natureza e da sustentabilidade, não teríamos como esperar outra coisa. O nosso planeta tem limites. Os nossos recursos não são infinitos.

Alguns dizem que não estamos fazendo o suficiente para enfrentar e evitar a crise. Isso, contudo, é uma mentira, pois "não fazer o suficiente" significa que algo está sendo feito; a verdade incômoda é que, basicamente, não estamos fazendo nada. Ou, para sermos justos, estamos fazendo muito, muito pouco — muito menos do que o necessário. E, talvez mais importante, não estamos fazendo nada no sentido de melhorar ou mudar de rumo; no máximo, estamos jogando na defensiva. As forças da ganância, da busca pelo lucro e da destruição planetária são de tal modo poderosas que a nossa luta em favor do mundo natural se resume a um esforço desesperado para evitar uma catástrofe natural completa. Deveríamos estar lutando pela natureza, mas, em vez disso, estamos lutando contra aqueles empenhados em destruí-la.

Imagine onde estaríamos hoje se não fosse pelos ambientalistas, ativistas, cientistas e defensores das terras indígenas. Eles lutaram por nós, muitas vezes colocando em risco a sua liberdade e a sua vida. Imagine se todos esses milhões de pessoas que tentam melhorar as condições de vida no planeta tivessem a oportunidade de começar a virar esse jogo, em vez de apenas tentar conter a destruição incessante e a constante abertura de novos oleodutos, campos de exploração de petróleo, minas de carvão e áreas de desmatamento. Então poderíamos começar a ver alguns avanços, processos de realimentação positivos e pontos de inflexão positivos. Mas ainda não chegamos a esse momento. Em vez disso, parece que estamos presos numa espiral de eventos negativos — uma espiral que só se agrava e é cada vez mais difícil de ser interrompida se permitirmos que continue. E não, infelizmente isso não é "o novo normal". A crise vai continuar piorando até interrompermos a destruição constante dos nossos sistemas de suporte à vida — até colocarmos as pessoas e o planeta na frente dos lucros e da ganância.

Estamos adentrando uma nova era de mudanças ainda mais dramáticas.

2.2

Calor

Katharine Hayhoe

Desde o começo da Revolução Industrial, os seres humanos vêm produzindo quantidades crescentes de dióxido de carbono e outros gases poderosos que retêm calor. À medida que se acumulam na atmosfera, esses gases basicamente formam um cobertor artificial ao redor do planeta, capturando cada vez mais o calor que, de outro modo, seria dissipado no espaço. É por esse motivo que a temperatura média do planeta está aumentando, e por isso as mudanças no clima são muitas vezes chamadas de "aquecimento global".

No dia a dia, porém, o que a maioria de nós experimenta não é tanto o aquecimento, mas uma estranheza global. Imagine o clima como um jogo de dados. Na natureza sempre há uma possibilidade de obtermos um resultado excepcional, como um duplo "seis" num lance de dados: são aqueles eventos meteorológicos extremos, como ondas de calor, inundações, tempestades ou secas. Porém, à medida que o mercúrio dos termômetros foi subindo, década após década, os duplos seis passaram a ser bem mais frequentes. E agora estamos obtendo até alguns duplos setes. Como isso é possível? A resposta é essa estranheza global.

As ondas de calor são uma das formas mais óbvias pelas quais as mudanças climáticas estão pondo os dados do clima contra nós. Os picos de calor agora começam mais cedo no ano e se estendem até mais tarde. Elas se tornaram mais quentes e mais intensas, e os cientistas podem até mesmo demonstrar com números o quanto foram agravadas pelas mudanças climáticas. Em 2003, uma onda de calor recordista assolou a Europa Ocidental com temperaturas mais de 10°C acima da média. Essa onda desencadeou inundações repentinas por conta do derretimento de geleiras na Suíça, provocou incêndios que consumiram 10% das florestas em Portugal e causaram mais de 70 mil mortes prematuras. Os cientistas constataram que as mudanças no clima tornaram a ocorrência dessas ondas duas vezes mais provável.

Agora, duas décadas depois, a situação é muito mais grave. No verão de 2021, uma onda de calor escaldante tomou conta das regiões oeste do Canadá e dos Estados Unidos. Durante esse evento, a cidadezinha de Lytton, na Colúmbia Britânica, superou o recorde de calor canadense por três dias seguidos, com temperaturas que chegaram a 49,6°C. Em seguida, no quarto dia, um incêndio — exacerbado pelas condições excepcionais de secura e calor — destruiu quase todo o vilarejo. Segundo os cientistas, as mudanças climáticas aumentaram em pelo menos 150 vezes a probabilidade dessa onda de calor.

Por que elas estão ficando mais intensas? A resposta mais simples é que as temperaturas extremamente altas se tornaram mais comuns devido ao aumento da temperatura média global. No entanto, essas temperaturas também afetam os padrões meteorológicos. No tempo quente, um domo ou uma crista de alta pressão costuma estacionar sobre uma área por alguns dias, ou mesmo algumas semanas. Esse sistema de alta pressão, também conhecido como "domo ou cúpula de calor", é como uma "montanha de ar quente" no céu. Sob um domo de calor o céu costuma ficar desanuviado, e por isso o sol brilha sem cessar o dia todo, e dia após dia. Ele também desvia para longe da área as massas de ar e as tempestades mais frias e impede processos de convecção, que levam a formação de nuvens e precipitações. Portanto, quanto mais ele fica parado sobre uma região, mais seca e quente ela se torna. E onde entram as mudanças climáticas? Se a princípio as temperaturas são mais altas do que a média, então o domo de calor já começa mais forte do que o normal. Esta é a estranheza global: num planeta mais quente, muitos eventos meteorológicos extremos estão ficando mais frequentes, mais intensos, mais longos e/ou mais perigosos.

Os recordes de altas temperaturas já se tornaram corriqueiros, e quanto mais lançarmos na atmosfera gases que retêm calor, mais extremos vão se tornar. Uma pessoa nascida em 1960 vai passar por apenas quatro ondas de calor durante a vida. Mas alguém nascido em 2020, mesmo que seja cumprida a meta de 1,5°C estabelecida no Acordo de Paris, vai experimentar nada menos do que dezoito desses eventos. E, para cada meio grau adicional de aquecimento global, esse número dobra.

E o que está em risco com essas ondas de calor mais frequentes e perigosas? O perigo não é para o planeta em si, mas para a maioria dos seres vivos que nele vivem. Nos oceanos, oito das dez ondas de calor marinhas mais fortes já registradas ocorreram depois de 2010. Nos mares, as ondas de calor provocam o embranquecimento dos recifes coralinos, que são berçários oceânicos; eliminam bilhões de mariscos e outros animais marinhos; e derretem as banquisas no Ártico, essenciais para que os ursos-polares cacem as suas presas. Em terra firme, o calor extremo estressa e mata plantas e animais. Também pode causar mortandades em massa, por exemplo quando filhotes de aves deixam os ninhos para se refrescar antes de serem capazes de voar. E o calor extremo favorece a erupção de incêndios florestais, como os que ocorreram na Austrália em 2020, matando ou forçando o deslocamento de quase 3 bilhões de animais. Se não forem contidas, as mudanças climáticas causadas pelos seres humanos podem levar à extinção de um terço de todas as espécies vegetais e animais do planeta até 2050.

Nós, humanos, também somos seres vivos e habitantes deste planeta, e corremos esse mesmo risco. Temperaturas muito altas nos afetam fisicamente, aumentando a probabilidade de enfermidades e mortes associadas ao calor, prejudicando a nossa saúde mental, e intensificando o risco de violência interpessoal e, em conjunto com outros impactos climáticos, de instabilidade política. A poluição do ar causada pelos combustíveis fósseis responde atualmente por quase 10 milhões de mortes prematuras a cada ano, um problema exacerbado pelas temperaturas mais altas do ar, pois aceleram as reações químicas que transformam os gases emitidos pelos canos de escapamento em poluentes perigosos. As ondas de calor também prejudicam as safras agrícolas, o suprimento de água, causam apagões e provocam o colapso da nossa infraestrutura.

Todos somos afetados, mas os pobres e os marginalizados são os mais prejudicados por esses impactos. Isso inclui quem vive em áreas muito poluídas ou é obrigado a trabalhar ao ar livre em temperaturas elevadas. São pessoas que provavelmente não têm acesso suficiente a alimentos e água, ou que dependem do que plantam para a subsistência de suas famílias. Com frequência, elas não têm acesso a cuidados médicos básicos ou a ambientes com ar-condicionado; ou, caso tenham, não têm condições de pagar as contas quando o calor aumenta demais. A estranheza global afeta antes de tudo aqueles que menos contribuíram para o problema, e isso não é justo.

O que podemos fazer a respeito? Como dizem os relatórios do IPCC, todo aumento de temperatura faz diferença, e toda ação contra isso também o fará. O primeiro passo que podemos dar é simples: usar as nossas vozes para estimular a ação, anunciando a todos que sabemos como as mudanças climáticas nos afetam e o que podemos fazer juntos para evitar o pior.

No dia a dia, porém, o que a maioria de nós experimenta não é tanto o aquecimento, mas uma estranheza global.

2.3

O metano e outros gases

Zeke Hausfather

Grande parte das discussões sobre as mudanças climáticas tem como foco o dióxido de carbono. Há bons motivos para isso: o CO_2 perdura na atmosfera por períodos extremamente longos, é responsável por cerca de metade do aquecimento registrado no mundo até agora e vai continuar sendo a maior causa do aquecimento futuro estimado por nossos modelos climáticos.

No entanto, existem outros gases do efeito estufa que também contribuem de modo significativo para o aquecimento global. Cerca de um terço do aquecimento histórico pode ser atribuído ao metano (CH_4), ao passo que o restante resulta de uma combinação de óxido nitroso (N_2O), hidrocarbonetos halogenados (clorofluorcarbonetos [CFCS], hidroclorofluorcarbonos [HCFCS] e outros compostos químicos industriais), compostos orgânicos voláteis, monóxido de carbono e carbono negro. As principais fontes desses outros gases do efeito estufa incluem a agricultura e os resíduos do setor (óxido nitroso e metano), a produção e o uso de combustíveis fósseis (metano, compostos orgânicos voláteis, monóxido de carbono e carbono negro), e processos e equipamentos industriais (hidrocarbonetos halogenados). Alguns deles — metano, alguns hidrocarbonetos halogenados e carbono negro — perduram na atmosfera por um tempo relativamente breve e são muitas vezes chamados de "forçantes climáticos de vida curta".

Excluindo o dióxido de carbono, o gás do efeito estufa que mais atrai a atenção é o metano — e com razão. Ele é um poderoso agente aquecedor — cerca de 83 vezes mais potente do que o CO_2 num prazo de vinte anos, e trinta vezes mais potente num período de cem anos. Por outro lado, o metano se comporta na atmosfera de maneira muito diferente do CO_2. Em resumo, o primeiro é temporário, enquanto o segundo é para sempre.

Quando emitimos uma tonelada de metano, mais de 80% são eliminados da atmosfera por meio de reações químicas com radicais hidroxila (OH) num prazo de vinte anos. Já o CO_2 não se dissipa através de reações químicas; ele precisa ser absorvido por sumidouros terrestres e oceânicos. Quarenta anos depois de ter sido lançado na atmosfera, o metano praticamente desaparece, ao passo que, no mesmo período, quase metade do CO_2 emitido continua presente. Parte do dióxido

53 COMO O PLANETA ESTÁ MUDANDO

de carbono que emitimos hoje — cerca de um quinto — ainda vai estar na atmosfera em 10 mil anos.

Na prática, isso significa que a concentração atmosférica de CO_2 de longo prazo é uma função de emissões cumulativas, ao passo que o metano atmosférico reflete a taxa de emissões. Em outras palavras, se interrompermos o aumento das emissões de metano, faremos o mesmo com o seu teor na atmosfera. No entanto, se interrompermos o aumento das emissões de dióxido de carbono, o seu teor na atmosfera vai continuar a aumentar até reduzirmos as emissões de CO_2 para quase zero. Disso decorrem alguns pontos importantes:

- **Primeiro,** o CO_2 é o principal impulsionador do aquecimento de longo prazo. Em cenários comparativos de emissões futuros (por exemplo, aquele no qual não há corte das emissões), o CO_2 responde por cerca de 90% do aquecimento adicional no século XXI.
- **Segundo,** a redução do aquecimento provocada pelo corte das emissões de metano é bem mais fácil do que no caso do CO_2. O corte do metano resulta no declínio quase imediato das temperaturas, ao passo que a redução do dióxido de carbono apenas diminui o ritmo do aquecimento até interrompermos por completo as emissões.
- **Terceiro,** o metano pode ser reduzido a qualquer momento e, ainda assim, ter um efeito significativo nas temperaturas. O CO_2, por outro lado, é cumulativo; o adiamento na redução das emissões de CO_2 mantém o aquecimento de uma forma que não ocorre no caso do metano.
- **Por fim,** o grau em que devemos nos concentrar na mitigação do CO_2 e do metano depende das nossas prioridades, sejam a curto ou a longo prazo. Se constatarmos que estamos prestes a alcançar pontos de inflexão climáticos, o corte nas emissões de metano é um recurso para a redução rápida do aquecimento. Se estivermos mais preocupados com as temperaturas em 2050 ou 2070, então a redução imediata das emissões de CO_2 é mais importante. Porém, quando possível, devemos nos empenhar em reduzir as duas emissões.

Ajuda para entender a diferença entre o dióxido de carbono e o metano uma história sobre por que as vacas são como usinas de energia autocontidas. Vamos imaginar uma fazendeira chamada Jane, cuja família manteve um rebanho de mil vacas nos últimos trinta anos. Dia após dia, essas vacas pastam satisfeitas, alimentando-se de grama e expelindo metano, que se mistura à atmosfera.

Entretanto, o metano na atmosfera está constantemente se oxidando e se dissipando. A duração média do metano emitido pelas vacas é de cerca de dez anos. Isso significa que, embora o rebanho de Jane produza cerca de cem toneladas de metano por ano (0,1 tonelada por vaca), uma quantidade equivalente desse gás, emitido por suas antecessoras, está se dissipando. Com isso, a quantidade de metano na atmosfera permanece igual, desde que o tamanho do rebanho não mude

Impulsionadores do aquecimento global desde 1850

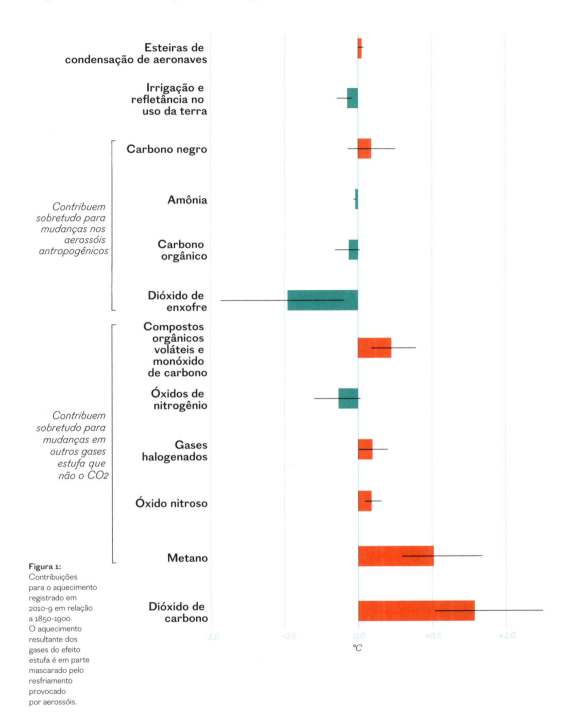

Figura 1: Contribuições para o aquecimento registrado em 2010-9 em relação a 1850-1900. O aquecimento resultante dos gases do efeito estufa é em parte mascarado pelo resfriamento provocado por aerossóis.

COMO O PLANETA ESTÁ MUDANDO

(ainda que a dissipação do metano resulte também numa pequena quantidade adicional de CO_2 na atmosfera).

Ao mesmo tempo, uma cidadezinha perto da fazenda de Jane conta com uma pequena usina a carvão que fornece eletricidade para cerca de quinhentas residências. Essa usina emite mais ou menos 10 mil toneladas de CO_2 por ano. Sabemos que esse número tem o mesmo efeito de cem toneladas de metano no que se refere ao aquecimento — se ambas permanecerem na atmosfera. Portanto, as vacas de Jane são tão ruins para o clima quanto a usina a carvão? Na verdade, não.

Se o tamanho do rebanho de Jane continuar o mesmo, o metano que as vacas emitem é contrabalançado pela dissipação na atmosfera do que foi emitido no passado. O mesmo, porém, não vale para o dióxido de carbono gerado pela usina a carvão: a cada ano, cerca de metade desse CO_2 permanece na atmosfera — ao passo que a outra metade é absorvida por sumidouros em terra firme e nos oceanos. Enquanto as vacas de Jane não lançam nenhum metano adicional na atmosfera, a usina acrescenta 5 mil toneladas de dióxido de carbono por ano. Na verdade, o efeito de aquecimento da usina a carvão equivale a um aumento anual de cinquenta novas vacas no rebanho de Jane.

A certa altura, o vilarejo, após ver que sairia mais barato gerar eletricidade por meio de painéis solares e armazená-la em baterias, decide fechar a velha termelétrica a carvão. No entanto, o carvão já emitido pela usina continua presente na atmosfera. Embora ele vá declinar devagar no decorrer dos séculos, até lá a usina desativada continua a aquecer o planeta tanto quanto o rebanho de Jane — mesmo que não esteja mais emitindo dióxido de carbono.

Por outro lado, se Jane decidisse abandonar o negócio de criação de vacas, as emissões de metano cairiam para zero, e todo o gás até então produzido pelos animais iria desaparecer em uma ou duas décadas.

Essa história ressalta a distinção mais importante entre o dióxido de carbono e o metano: ao emitir CO_2, não temos como nos livrar dele (a não ser que ele seja extraído da atmosfera). Já o metano não se acumula a longo prazo; a quantidade desse gás na atmosfera depende da taxa das emissões, e não da quantidade total já lançada. Embora ambos sejam importantes gases do efeito estufa, eles se comportam de modo muito diferente, e temos de levar isso em conta quando nos empenhamos em reduzir as emissões de cada um deles.

2.4

Poluição do ar e aerossóis

Bjørn H. Samset

Se acendermos uma fogueira e olharmos para o alto, vamos ver uma coluna de fumaça subindo. Estendendo-se para cima e para os lados, ela gira e vai afinando até ficar invisível. Mas não se extingue. Partículas de fumaça — um exemplo daquilo que chamamos de aerossóis — permanecem em suspensão durante dias, e nesse tempo podem se deslocar para muito longe e se elevar muito na atmosfera. E, enquanto pairam no ar, elas têm um efeito poderoso tanto nas condições meteorológicas como no clima. Hoje, as emissões de aerossóis geradas por nossas atividades industriais são efetivas em mascarar grande parte do aquecimento causado pelo aumento dos níveis de CO_2 e de outros gases do efeito estufa. Mas o que acontece quando limpamos o ar e o céu?

É importante lembrarmos que os gases do efeito estufa não são tudo o que lançamos na atmosfera. Os aerossóis — partículas ínfimas que ficam pairando no ar, como aquelas que constituem a fumaça — são um subproduto das nossas atividades desde que recorremos ao fogo e à indústria. Hoje, os aerossóis são produzidos por todo tipo de combustão, dos veículos a motor e das fábricas, das termelétricas a carvão, dos navios e aviões, e de muitas outras fontes. Alguns também são produzidos na própria atmosfera, em consequência da emissão de gases como o dióxido de enxofre.

Os aerossóis são prejudiciais para os seres humanos e os animais. Eles estão entre os principais componentes da poluição do ar e são uma causa expressiva de mortes prematuras em todo o mundo. No que se refere às mudanças climáticas, também desempenham um papel importante, mas com efeitos muito distintos sobre os gases do efeito estufa. Em suspensão no ar, os aerossóis funcionam como uma nuvem fina e esgarçada. Eles refletem parte da radiação solar de volta ao espaço e, portanto, ajudam a resfriar o planeta. Além disso, se há aerossóis presentes no ar durante a formação da nuvem, as gotículas vão ser menores e mais numerosas. Isso a torna mais clara, o que aumenta a sua capacidade refletora, contribuindo também para resfriar a Terra. Por isso, os aerossóis são duplamente eficientes no esfriamento da superfície do planeta.

Como emitimos uma quantidade muito grande de aerossóis durante o ano, esse resfriamento é acentuado. Segundo os cálculos dos cientistas, a temperatura

COMO O PLANETA ESTÁ MUDANDO

global aumentou cerca de 1,1°C desde o período entre 1850 e 1900. Porém, como mostra o último relatório do IPCC, se os gases do efeito estufa tivessem sido as únicas substâncias liberadas na atmosfera, esse aumento teria sido de, no mínimo, 1,5°C. Essa diferença se deve sobretudo às emissões de aerossóis, que resfriam o clima em cerca de 0,5°C, ao mesmo tempo que afetam o padrão de chuvas, os sistemas de monções, os eventos meteorológicos extremos e muito mais.

Portanto, é crucial entender os aerossóis e seus efeitos sobre o clima se quisermos enfrentar o desafio do aquecimento global. Infelizmente, essa não é uma tarefa fácil. Hoje temos uma boa noção da origem dos aerossóis e do volume em que são produzidos. No entanto, sabemos muito menos sobre o modo como são transportados e se disseminam. Também não conhecemos bem as reações químicas a que são submetidos na atmosfera, os detalhes de sua interação com as nuvens e as precipitações, ou mesmo qual é o destino final deles. Além disso, alguns aerossóis até produzem um efeito contrário ao esperado e, em vez de resfriarem, aquecem o clima. Estes têm uma coloração escura, como a fumaça de uma fogueira. Os aerossóis escuros desse tipo não só refletem a luz solar como também podem capturá-la e, com isso, aquecem o ar ao redor. Isso, por sua vez, impede a formação de chuvas e pode afetar tanto as nuvens como os padrões de ventos. E, se caem sobre a neve, podem aquecer a superfície, reduzir a refletividade do gelo e acelerar o derretimento.

Todos esses detalhes são importantes se quisermos entender o efeito total das nossas emissões sobre o clima atual — e sobre o clima futuro. Por isso, os aerossóis são objeto de muitos estudos, e com frequência surgem descobertas novas e instigantes. Mas ainda não sabemos o que vai ocorrer ao clima se houver uma alteração na quantidade de aerossóis lançados na atmosfera pelas atividades humanas — e isso é um problema, porque é o que provavelmente vai acontecer.

A maioria dos cientistas estima que, nos próximos anos, vai ocorrer uma queda na quantidade de aerossóis presentes na atmosfera terrestre. Como a principal ameaça ambiental que hoje enfrentamos é o aquecimento global, poderia parecer conveniente manter o nível atual de aerossóis — ou mesmo aumentar a sua quantidade. Porém, isso não é uma opção. Não só a poluição do ar é uma causa importante de problemas de saúde, como muitas fontes de emissão de gases do efeito estufa também são fontes de aerossóis, como usinas termelétricas, veículos mais antigos a diesel e navios que transportam contêineres. Portanto, o nosso esforço para zerar as emissões de CO_2 vai inevitavelmente resultar num céu mais limpo.

A redução das emissões de aerossóis já está acontecendo em várias regiões do mundo. A China, até pouco tempo uma das principais emissoras de dióxido de enxofre, empreendeu esforços abrangentes para limpar o ar, tal como havia acontecido na Europa e nos Estados Unidos décadas antes. Essa é uma boa notícia para o meio ambiente e, em última análise, para o clima. No entanto, enquanto ocorre essa limpeza, podemos temporariamente ver as consequências das mudanças climáticas se manifestar com uma velocidade ainda maior em determinadas regiões. A diminuição do resfriamento artificial provocado pelos aerossóis pode acelerar o aquecimento da superfície, tanto em âmbito global como perto de fontes de emissão, tornando, assim, as ondas de calor mais fortes e mais frequentes. O mesmo se dá com episódios de precipitações extremas. E, em algumas partes do mundo, poderia ocorrer o contrário. Como alguns países ainda estão em rápida industrialização, isso significa que as emissões de aerossóis — e os níveis de poluição do ar — tendem a aumentar ali, a menos que tenham o cuidado de adotar tecnologias mais limpas do que as usadas no passado.

As possíveis mudanças nas emissões globais de aerossóis foram levadas em conta nos cenários concebidos pelos cientistas para avaliar o rumo que podem tomar as mudanças no clima. No entanto, assim como ainda não sabemos exatamente a quantidade de dióxido de carbono, metano e outros gases que vamos emitir nas próximas décadas, tampouco sabemos o que será dos aerossóis. Ainda que o nível de emissão seja baixo, eles respondem por uma parcela significativa da incerteza que existe a respeito do futuro do clima.

Nós, humanos, influenciamos o clima de formas variadas e complexas. O aquecimento global causado pelas emissões de gases do efeito estufa é a mais relevante, mas em muitas partes do mundo os aerossóis são tão importantes quanto. Até agora, eles serviram de freio para uma parcela do aquecimento global — mas essa influência provavelmente vai se reduzir muito à medida que avançarmos com a descarbonização da sociedade. Ainda estamos estudando ativamente os detalhes das implicações disso para a temperatura, as precipitações, os eventos meteorológicos extremos e muito mais, mas não resta dúvida de que os aerossóis devem ser levados em conta em nossos preparativos para lidar com todas as consequências que teremos — assim como o restante da natureza — de enfrentar com a crise climática.

Até agora, os aerossóis serviram de freio para uma parcela do aquecimento global — mas essa influência provavelmente vai se reduzir muito à medida que avançarmos com a descarbonização da sociedade.

2.5

Nuvens

Paulo Ceppi

Um dos principais objetivos da climatologia é predizer o estado futuro do aquecimento global em função de um determinado nível de emissões de gases do efeito estufa. Contudo, embora há muito tempo a gente saiba que o aumento na concentração desses gases causa o aquecimento, a determinação exata da intensidade depende em grande medida das nuvens.

Por que elas são tão importantes para as mudanças climáticas? Para entendermos isso, precisamos antes de tudo ver como as nuvens afetam o clima atual. O impacto delas é duplo: de um lado, refletem de volta ao espaço a luz solar, atuando como um guarda-sol que protege a superfície terrestre da radiação do sol; de outro, também produzem um efeito estufa, retendo o calor irradiado pela superfície da Terra, como se fosse um cobertor, e limitando a difusão desse calor no espaço.

O predomínio de um efeito ou de outro — o guarda-sol que resfria ou o cobertor que aquece — depende do tipo de nuvem: por exemplo, quanto maior a altitude, mais forte é o efeito de cobertor. No entanto, na média global e considerando todos os tipos de nuvem, o efeito de guarda-sol é quase duas vezes maior. Ou seja, sem as nuvens, o nosso planeta seria consideravelmente mais quente.

O impacto no clima da remoção de todas as nuvens seria cinco vezes maior do que se duplicássemos a concentração de dióxido de carbono na atmosfera. Disso decorre que até mesmo alterações sutis na cobertura de nuvens poderiam ampliar ou reduzir de forma significativa o aquecimento global futuro. À medida que o clima fica mais quente, a previsão é que ocorram alterações nas propriedades das nuvens — sua quantidade, espessura e altitude —, que vão influenciar os dois efeitos, tanto o de guarda-sol como o de cobertor. O efeito resultante no aquecimento global é conhecido como "feedback (ou realimentação) das nuvens".

Há muito tempo, o feedback das nuvens é um fator de incerteza importante nas projeções das mudanças climáticas. Os modelos climáticos globais não dão conta por completo da tarefa: eles não conseguem simular de forma precisa os processos em pequena escala envolvidos na formação e na dissipação das gotículas e dos cristais de gelo nas nuvens. Por outro lado, não é nada fácil observar de modo direto esse feedback das nuvens. Elas reagem a uma enorme variedade de fatores meteorológicos, entre os quais estão a temperatura, a umidade, os ventos e as partículas em suspensão no ar conhecidas como aerossóis. Como todos esses fatores variam naturalmente ao longo do tempo, é difícil quantificar os componentes das mudanças observadas nas nuvens que estão associados ao aquecimento global.

Ainda assim, avanços científicos recentes permitiram aos climatologistas concluir que as nuvens estão de fato contribuindo para o problema. Tanto as observações como os modelos indicam que isso ocorre sobretudo de duas formas: uma redução na quantidade de nuvens de baixa altitude sobre os oceanos, que resulta numa diminuição do efeito de guarda-sol e, portanto, em maior retenção da radiação solar pelas superfícies marinhas; e uma elevação da altitude das nuvens mais altas em todo o mundo, provocando uma intensificação do efeito de cobertor.

Cabe ressaltar aqui que essa amplificação do feedback das nuvens não significa que as mudanças climáticas vão ser piores do que imaginamos: a possibilidade de elas contribuírem para o aquecimento global há muito tempo vem sendo levada em conta nas projeções climáticas. Mesmo assim, as evidências científicas mais recentes confirmam que não podemos contar com as nuvens para frear o aquecimento do planeta. Além disso, é possível que o efeito amplificador das nuvens se acentue à medida que o clima fica mais quente ou, pior ainda, que elas atuem como um ponto de inflexão além de determinado nível de concentração do dióxido de carbono. A fim de evitar esses resultados de baixa probabilidade e alto risco, o caminho mais seguro é diminuir agora as emissões de dióxido de carbono.

É possível que o efeito amplificador das nuvens se acentue à medida que o clima fica mais quente ou, pior ainda, que elas atuem como um ponto de inflexão além de determinado nível de concentração do dióxido de carbono.

COMO O PLANETA ESTÁ MUDANDO

2.6
Aquecimento do Ártico e correntes de jato
Jennifer Francis

A mãe natureza deu uma enlouquecida nos últimos tempos: todos os tipos de eventos meteorológicos extremos vêm causando danos em todo o hemisfério setentrional. Apenas em 2021, uma onda de frio devastadora tomou conta da região centro-sul dos Estados Unidos; inundações descomunais assolaram a Alemanha, a China e o estado americano do Tennessee; secas prolongadas deixaram o oeste dos Estados Unidos e os países do Oriente Médio ressequidos; e furacões letais arrasaram as regiões do golfo do México e do nordeste dos Estados Unidos. E essa lista está longe de ser completa. As mudanças climáticas estão agravando muitos tipos de eventos extremos de forma tanto direta como indireta, e a influência disso tudo no derretimento do gelo ártico está ficando mais evidente a cada dia.

O Ártico está aquecendo de forma rápida e os três tipos de gelo antes perenes estão desaparecendo: o gelo marinho (formado por água do mar e que flutua no oceano Ártico), o gelo terrestre (geleiras e mantos de gelo) e o permafrost (os solos que permanecem congelados o ano todo). A cobertura de neve durante a primavera nas áreas terrestres de maior altitude também está encolhendo de forma acentuada. Com a diminuição das superfícies brancas e brilhantes, como o gelo marinho e a neve, uma quantidade menor de energia solar é refletida de volta ao espaço e aumenta a parcela de radiação absorvida pelo sistema climático, o que por sua vez acelera ainda mais o derretimento do gelo e da neve. Esse ciclo vicioso é conhecido como feedback gelo-albedo e é o principal motivo pelo qual o Ártico vem esquentando pelo menos três vezes mais rápido do que o planeta como um todo desde meados de 1990 (fig. 1). Alterações dessa magnitude num componente tão crucial do sistema terrestre têm um impacto inevitável e gigante nas condições meteorológicas locais e de outras regiões.

Os efeitos locais são relativamente diretos — o aquecimento geral propicia verões mais quentes e secos no extremo norte, o que cria condições favoráveis a incêndios florestais, mesmo nas regiões pantanosas da tundra. No entanto, as conexões com os padrões meteorológicos mais ao sul — onde vivem bilhões de pessoas — são mais complexas e ainda estão sendo pesquisadas. No final, tudo se resume a em que medida o aquecimento do Ártico vai afetar a corrente de jato, formada por ventos fortes que seguem de oeste para leste e rodeiam o hemisfério

Alterações na temperatura do ar próximo à superfície no Ártico e no mundo todo desde 1995

Figura 1:
Hoje o Ártico está esquentando três vezes mais rápido do que o planeta como um todo: a linha que assinala a tendência no Ártico aponta um aquecimento de 0,99°C por década, em contraste com 0,24°C por década no caso do aquecimento global.

Norte (também existe uma corrente de jato no hemisfério Sul) na mesma altitude em que voam os aviões (fig. 2).

Como a corrente de jato cria e determina a maioria dos sistemas meteorológicos nas latitudes temperadas (ou seja, na zona entre o Ártico e os trópicos), tudo o que afeta a sua força ou trajetória acaba repercutindo também no clima que muitos de nós experimentamos. As correntes de jato se formam devido a diferenças na temperatura do ar, como quando o ar frio do Ártico se choca com o ar mais quente ao sul. Quando essa diferença de temperatura é grande, as correntes de jato são fortes e tendem a seguir uma trajetória relativamente direta. Quando é relativamente pequena, as correntes de jato são mais fracas e tendem a fazer grandes desvios para o norte e para o sul — formando meandros conhecidos

Figura 2:
A corrente de jato: fortes ventos que seguem de oeste para leste e rodeiam o hemisfério Norte (regiões vermelha e amarela).

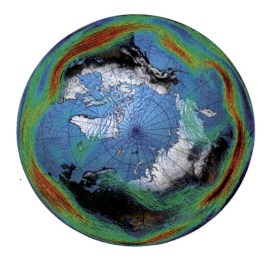

COMO O PLANETA ESTÁ MUDANDO

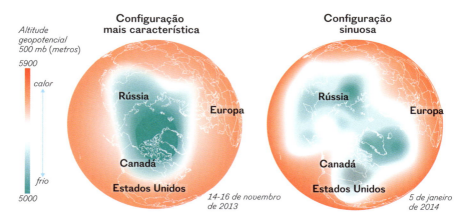

Figura 3: Um Ártico frio e uma corrente de jato relativamente direta (esq.), e um Ártico relativamente quente e uma corrente de jato mais sinuosa (dir.).

como ondas de Rossby. Como o Ártico vem esquentando muito mais rápido do que outras regiões, a diferença de temperatura entre o norte e o sul está diminuindo, o que enfraquece os ventos na corrente de jato que seguem de oeste para leste e aumenta a probabilidade de padrões sinuosos (fig. 3). Sabemos que, quando o Ártico fica quente de modo anormal, bolsões de ar frio tendem a se deslocar para o sul nos continentes, criando o chamado padrão "Ártico quente/continentes frios". Além disso, quando as ondas na corrente de jato são grandes, elas tendem a avançar mais devagar para o leste, e em consequência os regimes meteorológicos que elas geram também se movem com mais lentidão. O resultado disso é que as condições meteorológicas se tornam mais duradouras — sejam elas calor, seca, umidade, frio ou mesmo chuvisco persistente.

Pelo menos, essa é a teoria. Comprová-la na prática não é nada fácil porque a atmosfera é caótica, e outras mudanças no sistema climático estão ocorrendo ao mesmo tempo. Por exemplo, alterações nas temperaturas oceânicas e surtos de tempestades tropicais também podem afetar o comportamento das correntes de jato. De acordo com estudos recentes, essas correntes no hemisfério Norte estão, na verdade, se tornando mais sinuosas, mas ainda não sabemos quais são os fatores em jogo. O diagnóstico varia conforme a região, a estação do ano e as condições naturais transitórias, como a presença ou não de padrões de temperatura do tipo El Niño ou La Niña nas áreas tropicais do oceano Pacífico.

Desde 2012, quando o dr. Steve Vavrus e eu postulamos pela primeira vez uma conexão entre o aquecimento rápido do Ártico e uma probabilidade maior de condições meteorológicas extremas nas regiões temperadas, esse tema vem sendo objeto de uma série de novas pesquisas. Embora a história ainda seja confusa, alguns aspectos do enigma estão mais claros. Por exemplo, estudos voltados para as condições invernais identificaram prováveis causas para o padrão "Ártico quente/continentes frios". Quando diminui muito o gelo marinho nos mares de

Barents-Kara, uma região ao norte da Rússia ocidental, são mais prováveis na Ásia central e mesmo nos Estados Unidos ondas de frio intenso nos invernos seguintes. Em resumo, o aquecimento do Ártico tende a reforçar os ventos que sopram do norte sobre a Sibéria, provocando precipitação de neve e temperaturas frias mais cedo do que o normal em toda a região. Essa conjunção de mares mais quentes e condições mais frias no norte da Sibéria tende a amplificar uma onda de Rossby sobre a área, o que por sua vez perturba o bolsão de ar extremamente frio que costuma estar situado em grandes altitudes sobre o polo Norte (e que é conhecido como "vórtice polar estratosférico"). Se a sinuosidade da corrente de jato é forte e persistente o bastante, esse ar frio pode se deslocar, ocasionando condições invernais rigorosas nos continentes do hemisfério Norte. A onda de frio extremo que causou problemas generalizados nos estados do centro-sul dos Estados Unidos em fevereiro de 2021, por exemplo, foi intensificada e prolongada por uma distorção do vórtice polar estratosférico. O frio gélido chegou bem mais ao sul do que o normal, em regiões desacostumadas e despreparadas para enfrentar o frio prolongado e as condições geladas que provocaram cortes no suprimento de eletricidade para 10 milhões de pessoas e congelaram os encanamentos de água que atendiam a 12 milhões de moradores. A cidade de Dallas, no Texas, registrou a temperatura recorde de −19°C, 24°C mais frio do que costuma ser a mínima para o mês de fevereiro.

Uma nova linha de pesquisa também revelou uma conexão estival que contribui para as recentes ondas de calor, incêndios florestais, secas e inundações. Tais eventos extremos são mais prováveis quando a corrente de jato se bifurca, com um ramo atravessando o continente e o outro seguindo ao longo do litoral do Ártico. Essas divisões costumam ocorrer quando a cobertura de neve da primavera nas áreas terrestres de grande altitude derrete mais cedo do que o normal, uma tendência acentuada que foi observada nas últimas décadas. Quando a neve desaparece mais cedo, os solos subjacentes secam e esquentam também mais cedo, criando um cinturão de temperaturas altas anômalas nessas regiões de grande altitude. E esse cinturão mais quente favorece a divisão da corrente de jato. Em consequência, as ondas de Rossby ficam retidas entre os dois ramos da corrente, provocando as condições de tempo estagnadas que podem causar ondas de calor, secas e períodos de chuva prolongados, e que muitas vezes levam a eventos extremos no verão. As correntes de jato divididas provavelmente contribuíram para diversos eventos estivais recentes, incluindo as devastadoras ondas de calor que, em 2003 e 2018, mataram milhares de pessoas em toda a Europa; em 2010, na Rússia; em 2011, no centro-sul dos Estados Unidos; e em 2018, no leste da Ásia. As enchentes de intensidade excepcional, como as inundações prolongadas no Paquistão em 2010 e no Japão em 2018, foram associadas a padrões bifurcados da corrente de jato, e há evidências sugerindo que essas condições tendem a se agravar com o aquecimento contínuo do planeta.

Devido às mudanças desenfreadas em muitos aspectos do sistema climático, essas e outras conexões no Ártico e nas latitudes médias não ocorrem todos

65 COMO O PLANETA ESTÁ MUDANDO

os anos, tampouco nas mesmas regiões e estações do ano. Mas não há dúvida de que essas perturbações tendem a se tornar mais frequentes e intensas, estressando para além dos seus limites a infraestrutura, os ecossistemas e a nossa percepção de normalidade. A saída para essa dificuldade, porém, está diante de nós. Os atuais esforços para reduzir as emissões e a concentração dos gases que retêm o calor — se realizados com a devida rapidez e de modo amplo — podem evitar as consequências mais graves de condições meteorológicas extremas. E, a curto prazo, precisamos nos preparar para lidar com os impactos do agravamento desses eventos extremos até que (e se) o clima se estabilize. Nesse sentido, não há tempo a perder. /

Quando o Ártico fica quente de modo anormal, as condições meteorológicas se tornam mais duradouras — sejam elas calor, seca, umidade, frio ou mesmo chuvisco persistente.

2.7
Tempo ameaçador
Friederike Otto

Hoje, aqueles de nós que não estão completamente iludidos já se deram conta de que a mudança no clima não é algo que acontece em outro lugar, em algum momento futuro, tampouco é apenas um conceito abstrato relacionado a expressões técnicas como "temperaturas médias globais", mas um fenômeno que está matando gente aqui e agora. Todas as regiões do planeta estão sofrendo o seu impacto — em alterações nas estações do ano, no derretimento das geleiras ou no aumento do nível dos mares —, mas a maioria experimenta isso durante os eventos meteorológicos extremos.

Muito antes de começarmos a constatar esse impacto no clima do dia a dia, os climatologistas e todos aqueles com noções básicas de física sabiam que um clima mais quente implicaria uma probabilidade maior de ondas de calor e de menos eventos de frio. Como a atmosfera mais quente retém mais vapor d'água, também era previsível que aumentassem as precipitações. Com base nessa mesma relação elementar, sabíamos também que um clima mais quente favoreceria a ocorrência de ondas de calor extremo. E que, quanto mais rápido o aquecimento do clima, mais acelerada é a alteração da intensidade desses eventos extremos.

Ao alterarmos a composição da atmosfera, não só fizemos com que o mundo como um todo ficasse mais quente, como também modificamos a circulação atmosférica. Em outras palavras, alteramos o modo como se formam os sistemas meteorológicos, o local em que isso ocorre, além da forma como se deslocam. Essas mudanças podem intensificar os efeitos do aquecimento ou produzir o resultado oposto, diminuindo o risco de eventos meteorológicos extremos em algumas regiões. Os dois aspectos das mudanças climáticas — o aquecimento e a circulação atmosférica — podem interagir de forma variada e complexa, e, no caso de alguns dos eventos extremos mais devastadores, como tempestades e ciclones tropicais, não há uma correlação simples na forma como se dá essa interação.

Isso não significa que seja impossível para nós saber como esses eventos mais complexos estão se alterando. Na verdade, esse é exatamente o objeto de estudo de uma disciplina científica emergente, denominada "atribuição de eventos extremos". Em teoria, a ciência da atribuição é algo simples: ela avalia quais eventos meteorológicos são possíveis num mundo no qual o clima está mudando, em comparação com as condições meteorológicas possíveis num mundo sem mudanças climáticas de origem antropogênica. Na prática, esses métodos requerem observações meteorológicas e modelos climáticos capazes de simular, de maneira confiável, o evento extremo em estudo. Podemos fazer isso no caso da maioria das ondas de calor e de precipitações intensas — e, em certa medida, no caso das secas —, mas a coisa muda de figura quando se trata dos eventos nos quais os ventos são fatores relevantes. No decorrer da última década, os avanços científicos foram significativos, e um número variado e crescente de eventos meteorológicos específicos foram atribuídos às mudanças climáticas, reforçando as conclusões principais do relatório mais recente do IPCC, segundo o qual "as mudanças climáticas induzidas por seres humanos já estão influenciando muitos eventos meteorológicos e climáticos extremos em todas as regiões do mundo".

Graças a essas constatações científicas, também é possível afirmar, com alto grau de certeza, que, quando ocorre uma tempestade, o nível associado de precipitação é mais elevado do que seria num mundo sem mudanças climáticas. No caso do furacão Harvey, que em 2017 provocou inundações catastróficas na cidade de Houston, no Texas, teria chovido 15% menos caso não tivessem ocorrido mudanças climáticas de origem humana. Embora 15% não pareça muito, basta traduzir isso em termos de prejuízos para ficar claro o quão catastróficas são essas mudanças, mesmo quando se considera uma única tempestade. O custo total das precipitações associadas ao furacão Harvey foi estimado em 90 bilhões de dólares, dos quais 67 bilhões podem ser atribuídos à chuva adicional ocorrida pelas mudanças climáticas. Cabe ressaltar aqui que esse é apenas o prejuízo financeiro. O impacto da tormenta na vida das pessoas — desde a perda de fontes de subsistência até mortes — é bem mais difícil de ser quantificado, mas se trata obviamente de um sofrimento imenso, sobretudo para os membros mais vulneráveis da sociedade.

A elevação do nível dos mares em consequência das mudanças climáticas também intensifica o impacto desastroso das tempestades. A maioria delas se forma sobre o oceano e só depois avança para terra firme, acompanhadas de marés ciclônicas, que estão aumentando por conta da elevação do nível do mar, e vão continuar assim durante séculos em função do aquecimento global. Um exemplo claro é o furacão Sandy, que assolou Nova York em 2012. Nesse caso, só os danos causados pela maré ciclônica chegaram a 60 bilhões de dólares, dos quais 8 bilhões podem ser atribuídos à elevação do nível do mar causada pelas mudanças climáticas antropogênicas. Se não tivéssemos queimado tanto combustível fóssil, 70 mil pessoas a menos teriam sido afetadas pela maré ciclônica do furacão Sandy. É bom sempre lembrar que, mesmo se pararmos imediatamente de emitir os gases do efeito estufa, o nível dos mares vai continuar subindo. No entanto, quanto mais cedo deixarmos de emitir esses gases, mais lenta vai ser essa elevação e os mares vão chegar a níveis menores.

O aquecimento global também alterou a velocidade com que os sistemas de tempestades se movem pelo planeta, a chamada "velocidade de translação". No que se refere às regiões oceânicas para as quais temos dados, houve uma diminuição dessa velocidade. Quando as tempestades se deslocam mais devagar, o resultado é que mais precipitações podem ocorrer num determinado local. Assim, juntando tudo o que sabemos a partir da física, das estatísticas e das observações, podemos concluir que as tempestades que vemos hoje são mais danosas do que seriam caso não houvesse mudanças no clima.

A identificação do papel das mudanças climáticas em cada evento meteorológico extremo é uma fonte de informações incrivelmente valiosa para as autoridades encarregadas da reconstrução posterior aos desastres e do planejamento para enfrentarmos o impacto futuro desses eventos extremos. Infelizmente, nem todos têm acesso a essas informações. Em muitos casos — por exemplo, o do ciclone Idai, que devastou Moçambique em 2019, ou o do ciclone Amphan, que assolou Bangladesh e a Índia em 2020 —, os modelos climáticos são inadequados ou inacessíveis aos cientistas do Sul global. O nosso conhecimento sobre como ocorrem as mudanças no clima e a quais delas as nossas sociedades são mais vulneráveis ainda é dominado por pesquisas e experiências do Norte global. Dada a aceleração do aquecimento do clima, é urgente sanar essas desigualdades. Em última análise, uma tempestade pode se tornar um evento catastrófico dependendo de quem e do que está em seu caminho de destruição e, mesmo que quase todas as mudanças no sistema climático sejam lineares, o mesmo não se dá com os impactos e os danos. Pequenas alterações no clima podem ter consequências catastróficas. /

As mudanças climáticas antropogênicas são catastróficas, mesmo quando se considera uma única tempestade.

Páginas seguintes:
Precipitações intensas ocorreram sobre o delta do Irauádi em Mianmar, em maio de 2008, quatro semanas depois de o rio ter sido atingido por uma ressaca causada pelo ciclone Nargis, que matou mais de 100 mil pessoas.

2.8

A bola de neve já está rolando

Greta Thunberg

Talvez o problema esteja nesta expressão: *mudanças climáticas*. Não parece tão ruim assim. A palavra "mudança" soa até conveniente em nosso mundo inquieto. Pouco importa o quão afortunados somos, sempre há espaço para a possibilidade atraente de melhorar a nossa situação. Em seguida vem a parte do "clima". De novo, não parece muito ameaçador. Se você vive numa das muitas nações emissoras de carbono no Norte global, a ideia de uma "mudança no clima" poderia até ser interpretada como o oposto de algo assustador e perigoso. Um mundo em mudança. Um planeta mais quente. O que pode haver de errado nisso?

Talvez seja por isso, ao menos em parte, que muita gente ainda vê as mudanças climáticas como um processo lento, linear e um tanto inofensivo. Mas o fato é que o clima não está apenas mudando. Ele está se desestabilizando. E entrando em colapso. Padrões e ciclos naturais em equilíbrio delicado e que constituem parte vital dos sistemas que possibilitam a vida na Terra estão sendo perturbados, com consequências potencialmente catastróficas. Isso porque existem pontos de inflexão negativos que, uma vez ultrapassados, desencadeiam processos irreversíveis. E não sabemos exatamente quando vamos ultrapassá-los. Mas sabemos que estão assustadoramente próximos, mesmo aqueles de fato importantes. Muitas vezes, a transformação começa aos poucos, mas em seguida passa a ganhar velocidade.

Segundo Stefan Rahmstorf, "há gelo suficiente na Terra para elevar o nível dos mares até 65 metros — a altura de um prédio de vinte andares — e, no final da última era glacial, o nível dos mares subiu 120 metros por causa de um aumento de cerca de 5°C nas temperaturas". Em conjunto, esses números nos dão uma ideia das forças que estamos enfrentando. A elevação do nível dos mares não vai continuar a ser por muito tempo uma questão de milésimos, centésimos ou décimos de metro. Mesmo que a mudança seja demorada, precisamos estar conscientes de que não se trata de algo a que podemos nos *adaptar*.

O manto de gelo da Groenlândia já começou a derreter, assim como as "geleiras do apocalipse" na Antártica Ocidental. De acordo com alguns relatórios recentes, os pontos de inflexão desses dois eventos já foram ultrapassados. Outros relatórios afirmam que são iminentes. Isso significa que é possível que tenhamos desencadeado tanto aquecimento irreversível que esse derretimento não pode mais ser interrompido, ou que estamos à beira de isso acontecer. De um jeito ou de outro, precisamos fazer todo o possível para conter esse processo porque, ao cruzarmos essa linha invisível, não há como voltar. Podemos frear esse derretimento, mas, se ele começar, a bola de neve não parará mais de rolar.

Bilhões de pessoas em todo o mundo dependem da criosfera, extraindo das geleiras água para consumo humano e irrigação. Mas elas também estão derretendo de forma rápida. Nesse caso, já ultrapassamos vários pontos de inflexão irreversíveis, o que nos coloca diante de desafios enormes durante as próximas décadas. As geleiras do Himalaia, também conhecidas como o "terceiro polo", são especialmente importantes, pois 2 bilhões de pessoas em toda a Ásia dependem delas para o suprimento de água. Hoje, elas estão derretendo num ritmo anormal: um estudo histórico, promovido por oito países dessa região e realizado por duzentos cientistas, constatou que, mesmo que seja possível limitar o aquecimento a 1,5°C, um terço dessa massa de gelo será perdida.

Não só estamos perdendo esse recurso vital, como isso vem ocorrendo num ritmo que por si só é problemático — pois a velocidade acelerada do derretimento faz com que nos acostumemos com níveis artificialmente altos de fluxos de água. Quando toda essa água começar a escoar, vamos ter problemas ainda maiores. A nossa infraestrutura e as nossas sociedades foram construídas para o Holoceno, uma era geológica que agora está prestes a ficar no passado. O mundo que costumávamos habitar de maneira segura não existe mais.

A elevação do nível dos mares não vai continuar a ser por muito tempo uma questão de milésimos, centésimos ou décimos de metro. Mesmo que a mudança seja demorada, precisamos estar conscientes de que não se trata de algo a que podemos nos *adaptar*.

73   COMO O PLANETA ESTÁ MUDANDO

2.9
Secas e inundações
Kate Marvel

A Terra, em geral, não produz a sua própria água. Ela não precisa. Muita água veio do espaço durante a formação do planeta e, desde então, basicamente, esse volume se manteve. Daqui a bilhões de anos, quando o sol consumir todo o seu combustível e se extinguir, a água presente na Terra vai desaparecer no espaço e acabar umedecendo a superfície de um planeta distante que ainda não nasceu.

Isso significa que a água que bebemos é a mesma que saciou a sede dos dinossauros e, muito antes, nutriu as primeiras formas de vida que surgiram no mundo. Essa água passa por vários estados — sólido (gelo), líquido e gasoso (vapor) —, eleva-se das florestas úmidas e afunda nas gélidas fossas oceânicas, além de circular entre os trópicos e os polos. Por vezes, quando há uma pequena inclinação na órbita do planeta, parte dessa água acaba retida em geleiras por longos períodos. Quando essas eras glaciais terminam, ela escapa em torrentes frescas que alimentam os oceanos. Em escalas de tempo menores — dias, meses, a duração de uma vida humana —, a água circula do oceano ou da terra para o céu e retorna ao oceano, sem que seja criada ou destruída, apenas mudando de estado.

Essa constante alteração de forma requer esforço. É preciso energia para transformar o líquido em vapor, e por isso nos dias quentes sentimos o corpo úmido e pegajoso. A evaporação retira energia da superfície terrestre e a transfere para o céu. A condensação aquece a atmosfera superior, que por sua vez expele o calor para o espaço gelado. Sob a forma de vapor, a água é invisível, mas no céu são claramente visíveis as nuvens brancas e cinzentas, formadas por minúsculas gotas de água líquidas e cristais de gelo. Quando sobe a temperatura, a terra transpira. A atmosfera superior fria se protege com um cobertor de nuvens. Tudo está em equilíbrio — até isso ser perturbado.

À medida que aumenta a temperatura, o planeta transpira mais. O ar pede água à superfície terrestre, que libera umidade para o céu sedento. Os oceanos podem atender a essa demanda maior por umidade com facilidade. Mas em terra firme, a água fica armazenada no solo, que funciona como uma esponja. Mesmo nos anos em que as precipitações se mantêm dentro da média, o ar ávido pode sugar a força vital da superfície, deixando-a árida e morta. A região sudoeste da América do Norte está sofrendo com a pior megasseca já registrada, e ela ainda vai se agravar. A Europa meridional, o Oriente Médio e o sudoeste australiano também estão ficando mais secos, como se previa em função do aumento das temperaturas. As secas são a consequência de um planeta desesperado para se resfriar.

Durante o processo de evaporação, a água em estado líquido passa para o estado gasoso e vira vapor: embora não tenha cor nem odor, ele tem peso. Há 10 trilhões de toneladas de vapor d'água na atmosfera, empurrando para cima, para baixo e para os lados, exercendo pressão em todos os lugares. Chega uma hora que essa pressão se torna insuportável, e parte desse vapor escapa do céu e se condensa, revertendo ao estado líquido. Isso se dá num limiar que aumenta rapidamente com a temperatura, uma vez que o ar quente retém mais vapor d'água. Portanto, há uma espécie de banco de água no céu, que recebe créditos na forma de vapor, distribui débitos na forma de chuva, e guarda um pouco na poupança. Quando a temperatura sobe, as reservas se acumulam. A atmosfera aquecida retém mais umidade, cerca de 7% a mais para cada grau Celsius adicional. Portanto, num planeta mais quente, quando chove, as precipitações tendem a ser torrenciais. Esse planeta vai sofrer com secas, mas, devido à lógica cruel do ciclo da água, também vai sofrer com inundações.

As secas cada vez mais acentuadas e as inundações catastróficas são marcas típicas da interferência humana, um registro da nossa existência pós-industrial gravado nos fluxos planetários da água. A ciência da atribuição climática avançou tanto que hoje podemos quantificar a contribuição humana em tormentas e secas específicas. Mas as marcas deixadas por nós são visíveis em escala bem maior, gravadas no céu, no mar e na terra. Observações por satélites mostram alterações de longo prazo nos padrões de chuvas, que podem ser corroboradas pelos oceanos. As águas dos oceanos Austral e Atlântico Norte ficaram menos salgadas com o aumento das precipitações na região, ao passo que o mar Mediterrâneo e os mares subtropicais se tornaram mais salgados devido à redução das chuvas. Na terra, as árvores mais antigas nos proporcionam um quadro mais amplo do momento atual. Seus anéis internos contam uma história de secas e precipitações passadas e das alterações na umidade do solo em que estão enraizadas.

Tomados em conjunto, os anéis de árvores de todo o mundo formam um padrão, um registro de épocas mais úmidas e mais secas que remonta a séculos. Essas mudanças foram naturais. Mas agora está começando a aparecer algo que não o é. Quando examinamos os anéis do último século, o que vemos são solos cada vez mais secos em anéis estreitos de árvores sedentas. No sudoeste americano, no Mediterrâneo ou na Austrália, as secas não são incomuns. Os períodos mais secos ocorreriam mesmo num planeta sem seres humanos. O que não é comum é que todas essas regiões estejam sofrendo com secas ao mesmo tempo. A natureza não consegue fazer isso, mas nós, humanos, conseguimos.

Hoje vivemos num mundo em grande parte criado por nós. O que podemos fazer a respeito? Não vamos ficar apenas sentados, esperando de forma paciente pela calamidade. Vamos repensar este mundo que criamos. Vamos extrair a nossa energia do sol e dos ventos que promovem a dança da água entre a superfície do planeta e a sua atmosfera. Vamos persistir e mudar, como a água que nos é indispensável. Precisamos fazer isso. /

2.10

Mantos de gelo, plataformas de gelo e geleiras

Ricarda Winkelmann

Dezembro de 2010: 32°C abaixo de zero. Nosso barco de pesquisa chegou a 71°07 S, 11°40 O — Antártica. Às quatro da manhã está tão claro como o dia. Contemplo a plataforma de gelo diante de nós, que se eleva cerca de trinta metros acima do mar. Fico assombrada com a sua beleza, com as estruturas complexas no interior do gelo, e mal consigo imaginar a sua vastidão, que se estende por quase 14 milhões de quilômetros quadrados, com uma espessura, em muitas regiões, de mais de 4 mil metros. Se todo esse gelo derretesse, o nível dos mares se elevaria em quase sessenta metros em todo o planeta. Erguendo os olhos, me ocorre que grande parte desse gelo se formou centenas de milhares de anos atrás. Por outro lado, nós, os humanos, só pisamos no gelo antártico no começo do século XX. Como é possível que, nesse breve intervalo, tenhamos nos transformado na força principal que determina a evolução futura desse gigante majestoso?

Jamais vou esquecer esse momento durante a minha primeira expedição científica à Antártica. Foi então que me dei conta do significado da nossa entrada no Antropoceno — esta era em que os seres humanos se tornaram uma força geológica.

As atividades humanas estão afetando cada vez mais todas as partes do sistema da Terra, incluindo os seus dois mantos de gelo, na Groenlândia e na Antártica. No decorrer das últimas décadas, tanto os mantos de gelo como as plataformas de gelo circundantes — que são como línguas flutuantes de gelo, avançando mar adentro — vêm perdendo massa num ritmo cada vez mais acelerado. No total, 12,8 trilhões de toneladas de gelo se perderam entre 1994 e 2017. Para se ter uma ideia dessa quantidade, 1 trilhão de toneladas de gelo equivale a um cubo de gelo que mede 10 mil metros cúbicos e que é mais alto do que o monte Everest.

As expectativas para o futuro são de que os mantos de gelo vão se tornar a maior causa da elevação do nível dos mares. Devido às suas dimensões maciças, até mesmo uma perda modesta desse gelo pode aumentar de forma significativa o risco de inundações em comunidades costeiras, com graves consequências sociais, econômicas e ambientais.

Alterações drásticas nas regiões polares já estão em andamento. Em 2020, as temperaturas alcançaram máximas recordes em ambas as regiões polares, chegando a 18,3°C positivos na península Antártica e 38°C positivos no Ártico. Em 2021, duas situações de derretimento quase recordistas ocorreram no manto de gelo da Groenlândia — na sequência de uma série de eventos extremos de derretimento em 2010, 2015 e 2019. No outro lado do planeta, o maior iceberg do mundo se separou da margem ocidental da plataforma de gelo Ronne, no mar de Weddell. Análises de imagens obtidas por satélites revelaram outros icebergs enormes se desprendendo da plataforma de gelo próxima à geleira da ilha Pine, provocando uma aceleração ainda maior dessa que é uma das geleiras que se deslocam mais rápido na Antártica.

Ainda que sejam apenas instantâneos de certos momentos, esses episódios revelam as alterações radicais e impactantes que vêm ocorrendo nas plataformas de gelo e em seus entornos. Por serem sistemas de alerta prévio, as regiões polares são as mais eficientes do planeta para nos informar sobre os avanços das mudanças climáticas — e agora esses sistemas estão soando os alarmes.

E seria bom que os levássemos em conta: sem a mitigação das mudanças no clima, vamos provocar um desequilíbrio cada vez maior nas plataformas de gelo, desencadeando processos que se realimentam e que, na prática, não poderão ser interrompidos.

Um desses processos, conhecidos como feedbacks positivos, está associado ao derretimento na superfície do manto de gelo da Groenlândia: devido ao derretimento do gelo, a sua superfície está afundando lentamente e perdendo altitude. Nas altitudes mais baixas, o ar costuma ser mais quente, o que por sua vez provoca mais derretimento, o que faz a superfície ficar ainda mais quente e ter mais derretimento, e assim por diante. Ultrapassada uma temperatura crítica, esse feedback de derretimento-altitude poderia levar a uma perda contínua do gelo, que no final acabaria por desaparecer quase todo da Groenlândia.

Como as temperaturas são mais baixas na Antártica do que na Groenlândia, não é tanto o derretimento superficial que ameaça a estabilidade do manto de gelo antártico, mas o que acontece embaixo desse gelo. Grande parte da perda observada na Antártica decorre do derretimento das plataformas de gelo flutuante que circundam o continente. Estas se tornam menos espessas quando entram em contato com a água mais quente do oceano, fazendo com que o gelo no interior do continente se desloque mais rápido para o oceano, o que poderia resultar numa perda de gelo que se autoperpetua.

São esses processos de realimentação positiva que fazem com que ambos os mantos sejam considerados pontos de inflexão no sistema global da Terra. Uma vez que se aproximam de um limiar de temperatura crítico, ou ponto de inflexão, a menor perturbação pode ser suficiente para desencadear uma perda de gelo abrupta, generalizada e irreversível.

O risco de cruzarmos um desses limiares críticos aumenta de forma dramática se ultrapassarmos o patamar de 1,5°C-2°C no aquecimento global. Acima desses níveis de temperatura, áreas imensas dos mantos de gelo da Groenlândia e da Antártica vão derreter, e será inevitável uma elevação, persistente e de longo prazo, de vários metros no nível do mar. Mesmo que as temperaturas possam diminuir em seguida, um resfriamento bem abaixo da temperatura atual seria necessário para que os mantos de gelo recuperassem o tamanho atual. Em outras palavras, uma vez perdidas essas partes dos mantos de gelo, possivelmente elas estarão comprometidas para sempre. /

2.11

Aquecimento dos oceanos e elevação do nível dos mares

Stefan Rahmstorf

Em 1987, um dos grandes pioneiros da oceanografia fez um alerta na importante revista científica *Nature*:

> Os habitantes do planeta Terra estão realizando em silêncio um gigantesco experimento ambiental. As consequências disso são de tal modo vastas e abrangentes que, se tivessem de ser discutidas por qualquer conselho responsável, o experimento seria sem dúvida rejeitado. No entanto, ele continua sendo levado adiante quase sem interferência de nenhuma jurisdição ou país. O experimento em questão é a liberação na atmosfera de dióxido de carbono e outros gases associados ao efeito estufa.

Quem escreveu isso foi Wallace (Wally) Broecker, e tive a sorte de trabalhar com ele durante anos no Painel sobre Mudanças Climáticas Abruptas antes de seu lamentável falecimento em 2019. Em seguida, vou examinar as consequências desse "experimento gigantesco" para os aspectos físicos dos oceanos — e "físico" aqui é empregado no sentido da física, e não da biologia ou da química dos mares, tratadas em outros artigos deste livro.

Aquecimento dos oceanos

Os oceanos absorveram mais de 90% do calor adicional que ficou retido em nosso planeta por conta dos níveis cada vez mais altos de gases do efeito estufa. Isso não aconteceu porque os oceanos ficaram mais quentes do que o ar, mas pelo fato de que é preciso mais energia para aquecer a água do que o ar (em outros termos, a água tem uma capacidade térmica, ou calorífica, muito maior do que o ar). A absorção desse calor ocorre na superfície dos oceanos, e é aí que se registra o maior aumento da temperatura; em seguida, o calor se difunde mais devagar até as profundezas oceânicas. A quantidade de calor retida pelos oceanos vem

Alterações nas temperaturas globais na superfície marinha e em terra

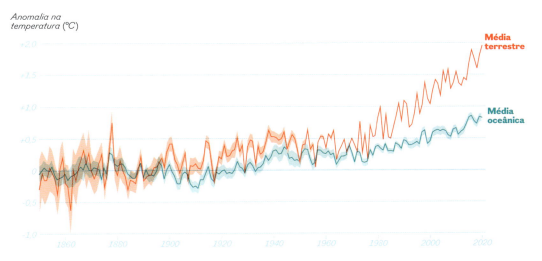

Figura 1: Anomalias na temperatura das regiões com gelo marinho são calculadas em separado e não foram incluídas no gráfico.

aumentando num ritmo de onze zettajoules por ano, o equivalente a vinte vezes a quantidade de energia usada pelos seres humanos.

Apesar de os oceanos absorverem 90% do calor adicional, as temperaturas na superfície dos mares só subiram cerca de metade do que foi registrado no ar sobre a terra: um aumento de 0,9°C desde o final do século XIX, período em que as temperaturas sobre a terra aumentaram 1,9°C (fig. 1). Como 71% da Terra é coberta por oceanos, isso fez com que o aquecimento global médio fosse de 1,2°C.

Assim que o aquecimento global chegar a 1,5°C, as temperaturas em terra terão aumentado cerca de 2,4°C. Portanto, quando falamos de "temperatura média global", fazemos com que o impacto desse aquecimento sobre nós pareça muito menor do que na verdade vai ser. Entretanto, a capacidade calorífica relativamente grande dos oceanos significa que o nosso planeta leva um tempo para ficar mais quente e segue atrasado em relação ao equilíbrio térmico que será alcançado no final.

Muita gente acha que um aquecimento maior é inevitável por conta das emissões passadas, o que tornaria impossível restringir o aumento das temperaturas a 1,5°C, uma das principais metas do Acordo de Paris. Felizmente, não é esse o caso. Como os gases do efeito estufa passam a declinar na atmosfera depois de as emissões serem interrompidas, contrabalançando o efeito de inércia térmica, ainda é possível alcançarmos essa meta de 1,5°C — mas apenas se reduzirmos as emissões a zero rápido o bastante.

O aquecimento dos oceanos causa diversos problemas preocupantes. Primeiro, ele fornece mais energia para os ciclones tropicais, que estão ficando mais fortes e se intensificando com uma velocidade maior. Segundo, nos oceanos mais quentes há maior evaporação da água, o que por sua vez aumenta as precipitações em todo o planeta. Terceiro, o aquecimento tende a reduzir a capacidade dos mares de absorver o dióxido de carbono. Atualmente, os oceanos absorvem cerca de um quarto de todo o dióxido de carbono que emitimos, o que é uma contribuição tremenda, mas a água mais quente não retém esse gás com tanta eficiência (apenas tente aquecer água mineral). Quarto, o aquecimento dos oceanos tem um efeito prejudicial na fauna marinha, provocando calamidades como o branqueamento dos corais. Quinto, ao ser aquecida, a água se expande — o que nos leva ao nosso próximo problema: a elevação do nível dos mares.

Elevação do nível dos mares

Um clima global mais quente vai inevitavelmente provocar uma elevação do nível dos mares, por dois motivos principais. Primeiro, a água nos oceanos se expande quando fica mais quente e, como eles têm milhares de metros de profundidade, até mesmo um percentual ínfimo de expansão pode fazer com que o nível dos mares suba alguns metros. Segundo, as massas de gelo terrestres estão derretendo, adicionando mais água nos oceanos. O gelo que hoje existe na Terra é suficiente para elevar o nível dos mares em 65 metros — uma altura equivalente a um prédio de vinte andares — e, no final da última era glacial, o nível dos mares subiu até 120 metros por causa de um aumento de cerca de 5°C nas temperaturas.

Se formos comparar com isso, a elevação do nível dos mares na era moderna é ainda relativamente pequena, de cerca de vinte centímetros em todo o planeta desde o século XIX (fig. 2). Isso pode ser explicado pelo fato de que o calor demora para chegar às regiões mais profundas dos oceanos e é preciso tempo para que as grandes massas de gelo derretam. No entanto, estamos vendo apenas o início de uma elevação bem maior do nível dos mares, que já é irreversível e vai ocorrer nos próximos séculos e milênios, mesmo que o aquecimento atual seja interrompido.

Até agora, a elevação constatada do nível dos mares confirma dados independentes sobre vários fatores relevantes. Desde 1993, quando teve início o monitoramento por satélite do nível dos mares, esses fatores incluem:

- **Expansão térmica dos oceanos**   42%
- **Geleiras**   21%
- **Manto de gelo da Groenlândia**   15%
- **Manto de gelo da Antártica**   8%

(O percentual restante pode ser atribuído ao bombeamento de aquíferos para uso agrícola e à imprecisão de alguns desses dados.)

Segundo estimativas do 6º Relatório de Avaliação do IPCC, vamos ter uma elevação de meio metro a um metro no nível dos mares até 2100, dependendo das emissões de gases do efeito estufa. Como a pequena elevação registrada até agora já vem causando inundações significativas, um metro teria consequências

Alterações globais observadas no nível dos mares

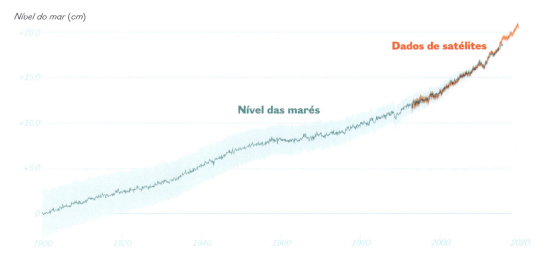

Figura 2

catastróficas em muitas áreas costeiras. Para piorar, há uma enorme incerteza unilateral: o IPCC não pode descartar a possibilidade de uma elevação de mais de dois metros no nível dos mares em 2100, ou mesmo de cinco metros em 2150. Isso pode acontecer se as grandes massas de gelo se tornarem instáveis ou começarem a deslizar rapidamente para o oceano, um processo que não podemos simular de forma confiável com os nossos modelos científicos atuais. A história da Terra nos proporciona um alerta sombrio: esse tipo de instabilidade nos mantos de gelo já ocorreu várias vezes durante as eras glaciais passadas.

Mesmo que os oceanos estejam interligados e formem um único oceano mundial, a superfície não é plana e o nível dos mares não vai subir do mesmo modo em todas as regiões. Em lugares como Veneza ou New Orleans, os terrenos litorâneos estão afundando; por outro lado, estão se soerguendo na Escandinávia, onde o peso dos mantos de gelo durante a última era glacial exerceu pressão sobre a massa de terra. Além disso, a própria superfície oceânica pode variar de uma região para outra, por exemplo devido à redução da força gravitacional das massas de gelo terrestres cada vez menores, ou a mudanças nos ventos predominantes ou nas correntes oceânicas.

Alterações nas correntes oceânicas

A circulação oceânica global desempenha um papel crucial no clima ao transportar calor. Ela é impulsionada pelos ventos e por diferenças na densidade da água (circulação termoalina), uma vez que esta é determinada pela temperatura e pela salinidade.

Os padrões dos ventos podem mudar em função do aquecimento global, alterando de maneira sutil as correntes oceânicas que são impulsionadas por eles.

No entanto, uma perturbação bem mais alarmante na circulação oceânica ameaça a circulação termoalina, sobretudo no Atlântico, onde o sistema de correntes oceânicas conhecido como Circulação Meridional de Capotamento do Atlântico (Amoc, na sigla em inglês) — por vezes chamado de "a correia de transmissão do oceano" — atua como um importante sistema de transporte de calor, levando água quente dos trópicos para o Atlântico Norte, e água fria do hemisfério Norte para o Sul e a Antártica (fig. 3).

A Amoc é o principal motivo de o hemisfério Norte ser mais quente do que o hemisfério Sul. A movimentação maciça e a liberação de calor fazem com que o Atlântico Norte e as áreas terrestres circundantes — como grande parte da Europa — tenham temperaturas vários graus mais quentes do que se não existissem.

Há muito tempo os modelos climáticos apontam que, durante o aquecimento global, a região logo ao sul da Groenlândia, no Atlântico Norte, vai esquentar só mais um pouco, ou talvez até esfriar, pois se prevê um enfraquecimento da Amoc. O aquecimento, associado a um aumento nas precipitações e à água de degelo da Groenlândia, torna a água superficial do oceano menos densa, e esta, por sua vez, não afunda tanto quanto antes. De forma alarmante, isso está ocorrendo agora mesmo: o Atlântico Norte é a única região do planeta que ficou mais fria desde o final do século XIX (note a "bolha de frio" ao sul da Groenlândia na fig. 3).

Alteração na temperatura da superfície oceânica na Circulação Meridional de Capotamento do Atlântico

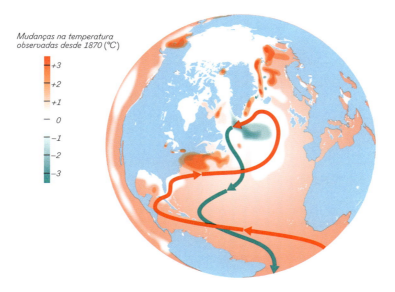

Figura 3: A Circulação Meridional de Capotamento do Atlântico tem correntes superficiais quentes que fluem para o norte e liberam calor na atmosfera antes de submergirem entre 2 mil e 4 mil metros, retornando ao sul como uma corrente profunda fria. Ela desloca cerca de 20 milhões de metros cúbicos de água por segundo, quase cem vezes mais do que o fluxo do rio Amazonas.

Isso é sobretudo preocupante porque sabemos que há um ponto de inflexão na Amoc, além do qual ela não se sustenta e entra em colapso. Isso ocorreu várias vezes ao longo da história da Terra, desorganizando os padrões meteorológicos em todo o planeta.

Na prática, funciona assim. A Amoc leva águas salgadas de áreas subtropicais até o Atlântico Norte, tornando no percurso essa água menos densa o bastante para que afunde. Quando a corrente enfraquece, menos sal é transportado para o norte, o que reduz ainda mais a velocidade da Amoc pois a água fica menos densa. A partir de certo ponto, isso vira um círculo vicioso, até a Amoc estagnar.

Desde 1987, quando Wally Broecker nos alertou para "surpresas desagradáveis na estufa", o maior temor era a possibilidade de que as emissões de gases do efeito estufa levassem a Amoc para além desse ponto crítico. Esse é, na verdade, um dos maiores riscos do aquecimento global. Ainda não sabemos o quão distante estamos desse limiar crucial. De um lado, os modelos climáticos sugerem que a possibilidade de isso ocorrer neste século é pequena. De outro, os mesmos modelos ainda não conseguem representar de modo preciso a estabilidade da Amoc, e há sinais de alerta confiáveis nos dados obtidos, indicando que podemos estar perigosamente perto desse limiar.

A ultrapassagem desse limite não só iria provocar o resfriamento da região noroeste da Europa, mas também aumentaria de forma dramática o nível do mar na costa leste da América do Norte, provocaria o colapso de ecossistemas marinhos, reduziria a absorção de dióxido de carbono pelos oceanos e elevaria ainda mais as temperaturas no hemisfério Sul, além de deslocar os cinturões de precipitação nos trópicos e perturbar o regime das monções na Ásia. E sabemos, pela história da Terra, que a Amoc vai levar cerca de mil anos para se recuperar. /

O gelo que hoje existe na Terra é suficiente para elevar o nível dos mares em 65 metros — uma altura equivalente a um prédio de vinte andares.

2.12
Acidificação e ecossistemas marinhos
Hans-Otto Pörtner

Atualmente, a quantidade de dióxido de carbono na atmosfera vem crescendo numa velocidade cem vezes maior do que no final da última era glacial, quando a concentração de CO_2 atmosférico aumentou cerca de oitenta partes por milhão (ppm) ao longo de 6 mil anos. A sua concentração atual, cerca de 416 ppm, é o nível mais alto registrado nos últimos 2 milhões de anos.

O dióxido de carbono produzido pelas atividades humanas não só penetra nas camadas superficiais dos oceanos, mas também, com a ajuda da biologia oceânica e das correntes marinhas, chega até mesmo às camadas mais profundas. Assim como na terra, a fotossíntese é o principal processo biológico que permite o armazenamento do CO_2 nos oceanos. Estes absorveram de 20% a 30% das emissões humanas de CO_2, dissolvendo, armazenando e transportando o gás absorvido para suas profundezas. No entanto, a capacidade dos oceanos (e da terra) de absorver o CO_2 diminui com o aumento dos níveis desse gás na atmosfera, em parte por conta do aquecimento global. Ao mesmo tempo, o CO_2 penetra não apenas na água, mas também nos fluidos corporais dos organismos marinhos, como no sangue dos peixes, onde forma um ácido fraco. Esse aumento na concentração de dióxido de carbono na água marinha e a consequente redução do seu pH é denominada "acidificação dos oceanos".

O aumento dos níveis de CO_2 e a consequente acidificação colocam ecossistemas e organismos marinhos em perigo, somando-se aos riscos do aquecimento e da perda de oxigênio. A acidez já subiu cerca de 30%. Mesmo que os esforços atuais para reduzir e interromper as emissões de CO_2 sejam bem-sucedidos, ainda haverá por muito tempo algum nível de acidificação dos mares e as ameaças que ela representa para os organismos e os ecossistemas marinhos.

Por enquanto, constatamos que a acidificação dos oceanos muitas vezes prejudica a calcificação — o que leva, por exemplo, à redução da espessura ou ao aumento de fraturas das conchas de muitos organismos — ou desestabiliza ecossistemas carbonatados, como os recifes de corais. Os processos de calcificação afetam de forma negativa fitoplânctons e foraminíferos marinhos (animais com conchas unicelulares), e também corais e animais com conchas, como mexilhões e ouriços-do-mar. Há uma redução no crescimento e na sobrevivência, como se constata nos equinodermos (estrelas e ouriços-do-mar) e nos gastrópodes (caracóis e búzios). Corais, moluscos e equinodermos são especialmente vulneráveis. Alguns peixes exibem evidentes distúrbios comportamentais por conta dos teores elevados de CO_2, mas não está claro em que medida isso é duradouro ou tem consequências de longo prazo para os ecossistemas. Até agora há pouca evidência da capacidade dos organismos de evitar danos funcionais por meio da adaptação. Sabemos, no entanto, que todos os organismos marinhos são afetados de forma direta por mudanças na composição química dos oceanos, e que os animais que se nutrem de outros organismos também são afetados de modo indireto pelas alterações na cadeia alimentar.

Portanto, os oceanos estão ao mesmo tempo ficando mais quentes e mais ácidos — e não sabemos com clareza em que medida os efeitos da deficiência de oxigênio e da acidificação estão influenciando ou exacerbando os impactos provocados pelo aquecimento dos oceanos. Organismos complexos, como animais e plantas, prosperam numa faixa de temperatura relativamente estreita e, por isso, reagem de imediato ao aquecimento. Isso é um dos principais responsáveis pelas mudanças em curso na biogeografia, e a mortalidade ocorre quando as temperaturas extremas superam os limites de tolerância de uma espécie. Animais de sangue frio e respiração aquática na Antártica (como o peixe-gelo) ou no Alto Ártico (o bacalhau polar) sobrevivem numa amplitude de temperatura muito restrita e são especialmente vulneráveis às fortes tendências de aquecimento nas áreas polares, uma vez que não têm para onde mudar. Nas regiões oceânicas mais quentes, determinadas espécies e — como no caso dos recifes coralinos — até ecossistemas estão sendo progressivamente erradicados com o incremento das temperaturas. Cada vez é mais evidente que a concentração elevada de CO_2 e a diminuição dos níveis de oxigênio na água do mar influenciam as temperaturas toleradas pelas espécies, o que por sua vez afeta a biogeografia, assim como a sobrevivência de espécies e populações. O estado dos ecossistemas e de suas espécies está se alterando, o que coloca em dúvida o seu futuro. Embora sejam raras as extinções causadas apenas por mudanças climáticas, as projeções indicam que a perda de espécies por causa da destruição dos hábitats ocasionada por atividades humanas e da degradação ambiental tende a se intensificar com as mudanças climáticas.

Precisamos agir para fortalecer a biosfera marinha e estimular a sua capacidade de absorver, converter e armazenar o dióxido de carbono. É essencial restaurarmos a saúde dos ecossistemas e criar redes de áreas protegidas que cubram de 30% a 50% dos oceanos. Isso contribuiria para a preservação efetiva da biodiversidade e o aumento das populações de manguezais, prados marinhos, sapais, algas, baleias e peixes, as quais desempenham um papel crucial na circulação do carbono e na redução da acidificação. Acima de tudo, precisamos fazer de tudo para evitar que o mundo ultrapasse a meta de 1,5°C estabelecida no Acordo de Paris. Isso precisa ser feito para que essas espécies marinhas possam prosperar e continuar a desempenhar o seu papel na mitigação do clima, na proteção costeira e no suprimento de alimentos para a humanidade.

2.13
Microplásticos
Karin Kvale

Os microplásticos não são muito diferentes das emissões antropogênicas de dióxido de carbono. Em grande parte, têm origem nas mesmas fontes de combustíveis fósseis. E, como o CO_2, são poluentes de longa duração e resultado das atividades humanas onipresentes. Ambos estão se acumulando na atmosfera e nos oceanos, graças a uma conjunção de contribuições humanas individuais (como as emissões de escapamentos no caso do CO_2, ou a degradação de pneus e de pastilhas de freio no caso dos microplásticos) e coletivas, como as atividades agrícolas e industriais.

Os oceanos do planeta, pelo fato de cobrirem 70% da superfície terrestre e receberem as águas de quase todos os rios do mundo, são o destino final de uma fração, que ainda não foi calculada de forma exata, dos resíduos plásticos que escapam ao controle humano. Segundo uma estimativa, entre 15% e 40% dos resíduos plásticos descartados de modo inadequado chegam todos os anos aos mares. A coleta frequente de amostras em praias e em mar aberto sugere que a quantidade de plásticos nos oceanos está aumentando (ainda que de modo não uniforme), mas cálculos simples indicam que esse plástico não permanece na superfície. Nos levantamentos realizados na superfície oceânica, não se notam fragmentos plásticos menores, que medem menos de meio centímetro. Nos últimos anos, esses fragmentos minúsculos foram encontrados em concentrações alarmantes nos recessos mais profundos dos oceanos, em sedimentos ao longo das plataformas continentais e logo abaixo da superfície dos mares, ali onde a luz não penetra. Partículas de microplástico foram encontradas em alta concentração no entorno do oceano Ártico, em locais muito distantes de assentamentos humanos. Além dessas e de outras áreas de concentração conhecidas — como os giros oceânicos, o Mediterrâneo, o mar do Japão e o mar do Norte —, a presença de fragmentos de microplástico foi constatada em quase todas as regiões pesquisadas — a tal ponto que podemos considerá-los como um novo componente da água marinha.

Há vários riscos significativos na contaminação da água do mar por plásticos. Alguns deles são conhecidos: sabemos que plásticos grandes como sacos de compras e redes de pesca podem enredar, sufocar e impedir a alimentação de baleias, tartarugas marinhas, aves e outros animais. O mesmo ocorre com os microplásticos: já foram achados copépodes, predadores aquáticos minúsculos, com as patas presas por fibras de microplásticos e os estômagos repletos de microcontas.

Pedaços maiores de plástico flutuante também constituem um meio de deslocamento fácil para espécies que, ainda que em geral sedentárias, podem ser invasivas, e já foram encontrados microplásticos oceânicos revestidos de bactérias e toxinas patogênicas. Quando os animais de conchas se alimentam desses microplásticos (o que de fato ocorre), as toxinas acabam se acumulando nos tecidos do animal e são ingeridas (junto com as bactérias) pelas pessoas que os consomem. Além disso, a ingestão de plásticos estressa os animais que vivem no fundo dos oceanos e os torna menos produtivos, prejudicando o funcionamento de todo o ecossistema.

Qual pode ser o efeito dos plásticos nos oceanos em escala global? Recentemente foi constatado que as partículas de microplástico na atmosfera ao mesmo tempo dispersam e absorvem a radiação solar, mas ainda não sabemos se o efeito final é de aquecimento ou resfriamento do planeta. Os oceanos são uma fonte importante de microplásticos atmosféricos pois as partículas são lançadas no ar pelos borrifos da água do mar — portanto a contaminação contínua dos oceanos com plásticos nas próximas décadas provavelmente vai trazer riscos para os nossos compromissos climáticos. No entanto, modelos mostraram que os microplásticos são potencialmente tão perturbadores para os níveis de oxigenação dos oceanos quanto o aquecimento global. Isso se deve ao fato de que os minúsculos predadores na base da cadeia alimentar por vezes ingerem partículas de microplásticos em vez de fitoplâncton (as plantas minúsculas de que em geral se alimentam), o que tem consequências para o funcionamento do ecossistema como um todo. Desse modo, embora hoje a quantidade absoluta de plástico no ambiente natural seja apenas uma fração ínfima do problema do CO_2, isso poderia ter uma influência desproporcionalmente grande no funcionamento planetário.

O problema em curso da contaminação por plásticos tende a se agravar agora que as empresas petroquímicas elegeram os plásticos como um setor com perspectivas de forte crescimento no futuro. As embalagens baratas e convenientes, hoje onipresentes em nossa vida cotidiana, costumam vir com frases impressas informando que são recicláveis ou compostáveis, o que nos estimula a comprar mais e nos sentirmos bem com isso. No entanto, em todo o mundo, os sistemas de manejo de resíduos continuam sendo precários e incapazes de reciclar muitos dos produtos que existem no mercado. A ausência de regulamentação dos rótulos estimula o fenômeno da "reciclagem fantasiosa", que contamina o fluxo de resíduos e faz com que os plásticos que poderiam ser reciclados acabem em aterros ou em locais ainda piores. Ao mesmo tempo, a falta de controle dos sistemas multinacionais de exportação de resíduos resulta num fluxo global de plásticos descartados que acabam em países onde a regulamentação e a aplicação das leis são insuficientes para evitar que resíduos causem danos ambientais. Embora cada país possa resolver os seus problemas de manejo de resíduos ou regulamentar a produção de plásticos de forma independente, disso resulta uma tragédia dos bens comuns nos oceanos e na atmosfera, cuja solução requer de modo urgente uma coordenação intergovernamental.

COMO O PLANETA ESTÁ MUDANDO

2.14

Água doce

Peter H. Gleick

A água nos conecta a tudo no planeta: ao nosso alimento e à nossa saúde, ao bem-estar do ambiente que nos rodeia, à produção de bens e serviços e ao nosso senso de comunidade. A água também é fundamental para o clima — o ciclo hidrológico completo de evaporação, precipitação, escoamento, e todas as reservas e todos os fluxos de água ao redor do mundo estão no centro do sistema climático. Por outro lado, o uso que fazemos da água tem implicações na crise climática. Enquanto os nossos sistemas de energia estiverem baseados em combustíveis fósseis, o uso da água também vai contribuir para a emissão de gases do efeito estufa. Por exemplo, até 20% da eletricidade gerada na Califórnia e um terço do gás natural consumido no estado sem fins de geração elétrica vão para o sistema hídrico, incluindo o aquecimento de água em residências e empresas. A descarbonização do setor elétrico e o abandono dos combustíveis fósseis nas casas podem ajudar a romper o vínculo entre energia, água e clima.

As atividades humanas já estão alterando o clima, o que significa que já estamos mudando de maneira fundamental o sistema hídrico. Com a elevação das temperaturas, aumenta também a evaporação nos solos e nas plantas, lançando mais água na atmosfera, o que leva a precipitações mais fortes em algumas regiões e agrava as secas em outras. A neve nas montanhas — uma importante fonte de água para bilhões de pessoas — vem se transformando em chuva ou derretendo mais cedo do que o normal, o que intensifica inundações e reduz a disponibilidade de água nos períodos quentes. A elevação dos mares está levando água salgada para aquíferos de água doce no litoral, tornando-os imprestáveis para o suprimento de água potável. O aquecimento e o desaparecimento dos rios estão prejudicando áreas piscosas e outros ecossistemas aquáticos.

Esses impactos foram previstos há muito tempo pelos climatólogos e agora ficam evidentes num mundo em que nos contentamos em hesitar, procrastinar e discutir. Sem contar que tais impactos são agravados pelo fato de já enfrentarmos problemas sérios no suprimento de água, mesmo sem a ameaça das mudanças climáticas. Bilhões de pessoas continuam sem acesso a água potável segura e barata ou ao saneamento básico. Dejetos humanos e industriais poluem os cursos d'água. Em todo o mundo, a captação de água para uso humano está prejudicando os ecossistemas aquáticos. Conflitos violentos por causa da água estão aumentando em número e severidade, como nos recentes tumultos na Índia e no Irã por causa da seca e da escassez hídrica, nas disputas na África subsaariana entre agricultores e pastores pelo acesso à terra e à água, e no seu crescente uso como arma ou instrumento em conflitos. Em cada vez mais regiões, já chegou, ou está prestes a chegar, o "auge de água" — ou seja, o ponto em que extrair mais água do ambiente é impossível, em termos físicos, econômicos ou ambientais. Há rios que foram literalmente esgotados pelas atividades humanas, como o Colorado, compartilhado por sete estados americanos e pelo México. Muitas bacias com aquíferos estão sendo exauridas na China, na Índia, no Oriente Médio e nos Estados Unidos, ocasionando o afundamento do terreno, custos cada vez mais altos de bombeamento e produção agrícola insustentável. Esses limites do ápice do uso hídrico, associados ao impacto crescente das mudanças climáticas, nos obrigam a repensar o nosso relacionamento com a água.

A boa notícia é que uma nova abordagem é possível, encontrar um "caminho suave" para o manejo da água que seja capaz de agir tanto no enfrentamento dos problemas hídricos globais quanto reduzir nossa vulnerabilidade às mudanças no clima. Esse caminho requer o fim da nossa dependência exclusiva de uma infraestrutura concreta e centralizada, como represas, aquedutos e grandes estações de tratamento, e a adoção de sistemas mais integrados de tratamento e reúso da água, captação e melhor aproveitamento das chuvas, de sistemas de distribuição de água em pequena escala e, quando for adequado em termos econômicos e ambientais, da dessalinização da água salobra ou do mar. Também requer que repensemos o modo como usamos os recursos hídricos, de forma a otimizar os seus benefícios e minimizar a quantidade de água e energia utilizadas. Esse caminho suave é mais equitativo, reconhecendo o valor dos ecossistemas e das comunidades saudáveis. Precisamos corrigir as enormes desigualdades que caracterizam os sistemas hídrico e energético e reduzir os impactos desproporcionais que as mudanças climáticas vão ter nas comunidades vulneráveis e marginalizadas. Garantir água limpa e saneamento para todos, proteger e restaurar os ecossistemas e reforçar a resiliência contra os impactos climáticos agora inevitáveis — tudo isso vai nos ajudar a corrigir essas desigualdades e assegurar um futuro sustentável também na questão da água. /

2.15

A crise está muito mais perto de nós do que imaginamos

Greta Thunberg

Tarde da noite, os ministros do meio ambiente de quase duzentos países chegaram na última hora a um consenso para a adoção de uma nova estratégia das Nações Unidas que visa impedir a pior perda de vida na Terra desde a extinção dos dinossauros. Com um tufão se aproximando lá fora e aplausos no interior do salão de conferência em Nagoia, o responsável japonês pelas discussões sobre biodiversidade da ONU aprovou as metas de Aichi, que previam reduzir pela metade a perda de hábitats naturais e ampliar as reservas naturais dos atuais 10% para 17% da área terrestre do mundo até 2020.

Esse é o trecho de um artigo publicado por Jonathan Watts no *Guardian* em 2010. O artigo termina citando Jane Smart, na época diretora de políticas conservacionistas da União Internacional para Conservação da Natureza (IUCN, na sigla em inglês): "Há um impulso aqui que não podemos deixar morrer — na verdade, temos de aproveitá-lo ao máximo se quisermos ter uma chance de interromper a crise de extinções".

Um dos compromissos facultativos acordados naquela noite de final de outono no Japão era o de "reduzir pela metade a perda de florestas até 2020". Porém, na data-limite para o cumprimento das metas, estava claro que o mundo havia fracassado na tentativa de alcançar todos esses objetivos. Talvez isso soe como uma falha pontual, mas o que ocorreu com a iniciativa da ONU em 2010 está longe de ser algo isolado. Em 1992, o Programa Ambiental das Nações Unidas (Unep, na sigla em inglês) declarava, na Agenda 21, o seu empenho em combater o desmatamento. A declaração de Nova York, de 2014, se comprometeu a reverter o desmatamento até 2030. Em 2015, a ONU estabeleceu como um dos seus Objetivos de Desenvolvimento Sustentável "proteger, restaurar e promover o uso sustentável dos ecossistemas terrestres, o manejo sustentável das florestas, o combate à desertificação, a interrupção e recuperação da degradação dos solos, e a contenção da perda da biodiversidade". Todos esses planos caminham para o fracasso, se é que já não malograram.

O que se nota nisso é um padrão. De tempos em tempos, as nossas lideranças fazem promessas e fixam diversos objetivos vagos, facultativos e quase sempre distantes. Depois, assim que fica claro que não serão alcançados, propõem novas metas. E assim a coisa vai sendo adiada. Ainda que pareça absurdo, o fato é que isso dá certo — se o objetivo é manter os negócios de sempre, o crescimento econômico e as altas taxas de aprovação. Dada a quase irrelevância do nível de interesse geral e conscientização desses compromissos frustrados em prol do clima e da biodiversidade, e como a mídia adora dar boas notícias por causa de sua política de ressaltar os dois lados — Não é possível que seja tudo tristeza e melancolia! —, a mensagem que acaba sendo propagada, quando isso ocorre, é a de que algo está sendo feito. Talvez as coisas não estejam correndo muito bem, mas estamos fazendo o possível e sem dúvida avançamos muito, portanto deixem de ser negativos o tempo todo!

Quando os meios de comunicação nos países ricos se dignam de tratar do problema, não mostram imagens das causas, como uma linha de montagem de carros na Alemanha, uma fábrica de laticínios na Dinamarca, um shopping center em Seattle, uma floresta derrubada na Suécia ou um navio de carga chegando a Rotterdam repleto de brinquedos de plástico, tênis e celulares. Em vez disso, somos bombardeados com imagens de ursos-polares no Ártico, geleiras derretendo na Antártica, mantos de gelo em colapso na Groenlândia, desmatadores ilegais na Amazônia ou o permafrost descongelando no remoto interior do norte da Sibéria. Esses não são exatamente acontecimentos comuns e corriqueiros. O resultado é que esquecemos que a crise climática e ecológica ocorre em todos os lugares e a todo momento. A crise está muito mais perto de nós do que imaginamos.

O permafrost, por exemplo, não está derretendo apenas nas regiões litorâneas do Ártico. O mesmo ocorre na Itália, na Áustria e em outros países montanhosos e alpinos. Na Suíça, o vilarejo de Bondo foi devastado em 2017 por um enorme deslizamento de terra, em parte causado pelo derretimento do permafrost em áreas de grande altitude.

O mesmo desmatamento agressivo e irresponsável que vem ocorrendo na Amazônia também está destruindo florestas boreais no hemisfério Norte. E aqueles países que ainda não acabaram com todas as suas áreas verdes estão testemunhando uma transformação sem precedentes em sua geografia local, com as últimas florestas naturais sendo derrubadas para dar lugar a plantações, no que só pode ser descrito como uma catástrofe para a biodiversidade.

Os terrenos e os solos do planeta vêm sofrendo uma degradação constante, perdendo resiliência e nutrientes num processo impulsionado em parte pelo aquecimento climático, pelo desmatamento, pelas monoculturas e pelas políticas de uso das terras comuns para a agricultura e a silvicultura que não têm como objetivo principal nos alimentar ou cuidar de nossas necessidades, mas sim gerar o maior lucro possível.

Entretanto, não é apenas a ânsia de lucros que leva à atual destruição da natureza e da biodiversidade. A crise ecológica também está — ironicamente

— sendo alimentada pelo nosso empenho em reduzir as emissões de CO_2. Como se sabe, uma das formas mais eficazes para diminuir as emissões é excluí-las das estatísticas territoriais oficiais. E é exatamente isso o que está acontecendo com a queima de biomassa para geração de energia. Ao menos no papel. Como árvores podem crescer de novo, cortá-las e enviá-las para o outro lado do mundo para serem incineradas são consideradas atividades renováveis. Segundo estimativa de um estudo de 2018, seria preciso "entre 44 e 104 anos" para as florestas recapturarem o carbono liberado pela queima de madeira — se conseguirem fazer isso, o que é improvável, pois essas áreas ficam cada vez mais expostas a erosão do solo, temperaturas anômalas, incêndios e doenças.

A decisão de classificar a queima de biomassa como "renovável" foi tomada muito antes da definição de prazos pelo Acordo de Paris, o que foi considerado uma falha do Protocolo de Kyoto de 1997. Essa brecha nos permite gerar uma imensa quantidade de energia muito poluente — a queima de madeira libera ainda mais CO_2 por unidade calórica do que a de carvão mineral —, ao mesmo tempo que, como num passe de mágica, nos permite dizer que as emissões estão sendo reduzidas e que medidas radicais estão sendo tomadas.

Países inteiros se aproveitam dessa brecha em suas políticas climáticas. No Reino Unido, por exemplo, embora a usina elétrica de Selby Drax seja o que mais dissipa CO_2, as suas emissões de biomassa não estão incluídas nas estatísticas oficiais britânicas. A União Europeia não teria a menor chance de cumprir as suas metas climáticas sem recorrer amplamente a esse tipo de contabilidade esperta e criativa. Em 2019, 59% da chamada energia renovável da UE veio da biomassa. "Para ser muito franco com vocês, a biomassa terá de fazer parte da nossa matriz energética se quisermos deixar de depender dos combustíveis fósseis", declarou o vice-presidente executivo da Comissão Europeia a jornalistas no final de 2021.

Toda essa queima requer madeira — muita madeira. Os pellets de madeira usados nas usinas elétricas supostamente vêm de resíduos, serragem e sobras produzidos pelo setor madeireiro durante a fabricação de produtos duráveis, como casas e móveis. No entanto, isso nem sempre é verdade. Evidências coletadas no Canadá, na Finlândia, na Suécia, nos Estados Unidos e nos Estados bálticos revelam que não são apenas árvores que estão sendo cortadas para serem queimadas, em muitos casos elas são antigas e vêm de florestas primárias — ou seja, áreas que nunca haviam tido árvores cortadas. Não precisamos de nenhum Sherlock Holmes para saber o motivo disso. Há dinheiro a ser ganho; e há metas climáticas a serem alcançadas. Tudo é perfeitamente legítimo e está de acordo com todos os tipos de leis e governos internacionais. Quando visitei a usina de Drax, me contaram que toda semana chegavam ali quatro navios carregados de pellets, além de sete trens diários. Essa é uma quantidade enorme de serragem e aparas.

Portanto, não poderíamos estar mais equivocados ao dizer que nossos líderes não fizeram nada pelo clima nos últimos trinta anos. Na verdade, eles estiveram bastante ocupados. Mas não no sentido que poderíamos imaginar — ou esperar. Eles dedicaram grande parte desse tempo a adiar as medidas necessárias,

Páginas seguintes:
Cratera de Batagaika, na região nordeste da Sibéria. Medindo quase mil metros (e ainda aumentando), esse é o maior dos inúmeros lagos e crateras que surgiram no Ártico com o colapso do terreno por conta do derretimento do gelo no subsolo do permafrost.

criando marcos regulatórios repletos de brechas que favoreçem políticas nacionais de curto prazo — e seus próprios índices de popularidade. E, enquanto o nível de conscientização estiver tão baixo quanto agora, eles vão continuar agindo assim impunemente.

Em 2021, na COP26 em Glasgow, com a constatação do fracasso completo das metas de Aichi de 2010, que não teve nenhuma cobertura da imprensa, os nossos líderes se comprometeram mais uma vez com o fim do desmatamento, agora até 2030. No texto final — o Acordo de Glasgow —, a Conferência das Partes também mencionou a palavra tabu (combustíveis fósseis) pela primeira vez e, além disso, foi decidido que a atualização das Contribuições Nacionais passaria a ser anual, em vez de quinquenal. Nem é preciso dizer que esses anúncios vagos e facultativos tiveram uma enorme, e esperançosa, cobertura da mídia.

Nas semanas seguintes, contudo, o Brasil relatou níveis recordes de desmatamento na Floresta Amazônica, e a UE votou a favor de uma nova Política Agrícola Comum que vai efetivamente inviabilizar o cumprimento das metas do Acordo de Paris. A China inaugurou uma quantidade ainda maior de usinas termelétricas a carvão, e o governo americano leiloou uma área de 37 milhões de hectares no golfo do México para a exploração de petróleo e gás — uma iniciativa que pode resultar na produção de até 1,1 bilhão de barris de petróleo e de 1,3 trilhão de metros cúbicos de gás natural. Completando a farsa, a UE concluiu que — a despeito do acertado em Glasgow — não seria possível atualizar a tempo as suas metas climáticas para a COP27, no Egito.

Todos esses eventos foram em grande parte recebidos com um enorme silêncio pelos meios de comunicação. Ninguém foi responsabilizado por nada. Não houve manchetes. Nem artigos de primeira página. O foco se perdeu. De novo. É assim que se cria uma catástrofe. /

O mesmo desmatamento agressivo e irresponsável que vem ocorrendo na Amazônia também está destruindo florestas boreais no hemisfério Norte.

2.16

Incêndios florestais

Joëlle Gergis

Junto com a queima de combustíveis fósseis, os seres humanos passaram séculos derrubando florestas. Isso alterou de forma drástica a concentração dos gases do efeito estufa que ocorrem de modo natural e retêm calor, como o dióxido de carbono e o metano, desequilibrando processos naturais que desde sempre tinham regulado a temperatura da Terra. O desmatamento generalizado alterou a capacidade do planeta de absorver o carbono em excesso, à medida que áreas cada vez maiores de ecossistemas naturais, como florestas e terras úmidas, deram lugar a campos cultivados e áreas urbanas concretadas. Hoje, as florestas ainda cobrem um terço da superfície terrestre global, e mais da metade delas está no Brasil, no Canadá, na China, na Rússia e nos Estados Unidos.

As tendências climáticas de longo prazo, as condições meteorológicas locais e as práticas de manejo do solo ocasionaram mudanças na atividade do fogo em todo o mundo. Quando grandes incêndios florestais se alastram, a queima da vegetação libera enormes quantidades de carbono na atmosfera. Não é nada fácil monitorar e prever o comportamento de incêndios, pois eles dependem de uma interação complexa do clima, das condições meteorológicas locais, da paisagem e dos processos ecológicos. Além do seu impacto nas emissões de gases, os incêndios florestais também causam uma poluição do ar que pode ser danosa à saúde humana, contaminam a água nas áreas de drenagem queimadas e destroem os hábitats e a fauna silvestre, que são essenciais para a biodiversidade global. Um exemplo dessas interações complexas é a bacia amazônica, na América do Sul: esse enorme sorvedouro de carbono agora está secando devido às mudanças climáticas, ao mesmo tempo que está sendo queimado e desmatado para dar lugar à agropecuária em escala industrial. Isso não só é um risco para a estabilidade do ciclo do carbono, mas também ameaça destruir um dos principais núcleos de biodiversidade que ainda restam no planeta.

Embora sempre tenha havido incêndios florestais por causas naturais, as mudanças climáticas estão elevando a temperatura do planeta e alterando os padrões de circulação global que influenciam as condições meteorológicas e os climas regionais. Isso significa que todos os incêndios florestais atuais ocorrem num contexto de temperaturas mais altas e precipitações mais irregulares em estações menos definidas. Ondas de calor e secas prolongadas podem levar a temperaturas mais quentes, precipitações médias menores, baixa umidade, redução da umidade do solo e alterações nos ventos, que podem desencadear incêndios. Temperaturas mais altas aumentam o "déficit de pressão de vapor": a força de evaporação que regula a quantidade de umidade liberada da superfície e da vegetação terrestres na atmosfera. Após um longo período de tempo quente, seco e com vento, há uma intensificação do déficit de pressão de vapor, ressecando o solo e a vegetação e, com isso, fazendo com que paisagens normalmente úmidas virem um combustível seco e inflamável. Os incêndios podem começar por fontes de ignição naturais — como raios — ou ser causados por seres humanos, seja por acidente (com a queda de linhas de transmissão elétrica, por exemplo) ou de propósito.

O aumento na frequência e na magnitude das condições propícias aos incêndios vem sendo registrado em várias regiões do planeta, sobretudo desde a década de 1970. Incêndios florestais se intensificaram em todo o sul da Europa, norte da Eurásia e oeste dos Estados Unidos e da Austrália. De acordo com os relatórios do IPCC, as evidências de condições meteorológicas favoráveis a incêndios perigosos, associadas às mudanças climáticas antropogênicas, são mais conclusivas em regiões como o oeste dos Estados Unidos e o sudeste da Austrália, onde estudos formais de atribuição foram realizados. Pesquisas recentes mostram que a influência humana nas condições propícias a incêndios já supera a variabilidade natural em cerca de um quarto do planeta, incluindo locais como o Mediterrâneo e a Amazônia. Os modelos climatológicos mostram que a área de maior risco aumenta com os níveis mais elevados de aquecimento, e a área afetada é duplicada quando se chega a 3°C acima dos níveis pré-industriais, em comparação com um aquecimento global de 2°C.

O aquecimento global já está resultando em temporadas de incêndios mais extremas e prolongadas, estendendo-se a regiões que historicamente não são propensas a esse tipo de evento. Isso vale sobretudo para os meses mais quentes no verão, mas o aquecimento acentuado em algumas regiões fez com que as temporadas de incêndio durassem o ano todo, em especial durante secas mais severas. Por exemplo, em 2019, o ano mais quente e mais seco já registrado na Austrália, florestas subtropicais, em geral úmidas, queimaram durante o inverno, incinerando, numa única temporada de incêndios, mais da metade das antigas florestas ainda remanescentes da antiga era de Gondwana. Embora as florestas de eucaliptos no leste da Austrália estejam entre as mais inflamáveis no mundo, apenas 2% delas costumam ser consumidos pelo fogo nas temporadas de incêndios mais intensas. Em 2019-20, 21% das florestas temperadas australianas queimaram em um único evento, estabelecendo um novo recorde mundial por sua dimensão gigantesca. Esse aumento significativo da área queimada em temporadas de incêndios extremos em todo o mundo suscitou a criação do termo "megaincêndios" para casos individuais ou complexos em que as labaredas se alastram por mais de 1 milhão de hectares. Os megaincêndios recordistas da Austrália queimaram uma área fenomenal de 24 milhões de hectares, liberando mais de 715 milhões de toneladas de dióxido de carbono em uma única temporada — ou seja, mais do que todas as emissões dopaís durante um ano. Uma quantidade assombrosa de 3 bilhões de animais foram mortos ou deslocados pela escala imensa da destruição dos hábitats.

COMO O PLANETA ESTÁ MUDANDO

Nos últimos anos, esses incêndios cada vez mais devastadores também foram observados no hemisfério Norte. Em 2021, o noroeste dos Estados Unidos e o sudoeste do Canadá foram assolados por ondas de calor que superaram todos os recordes anteriores de temperatura. No vilarejo canadense de Lytton, na Colúmbia Britânica, a temperatura chegou a 49,6°C em 29 de junho de 2021, antes que os incêndios florestais destruíssem quase 90% das construções. Foi a primeira vez que temperaturas tão altas e típicas de desertos foram registradas em pontos tão setentrionais no planeta. A Califórnia também sofreu com o maior incêndio florestal isolado de sua história, quando o incêndio Dixie se alastrou por 400 mil hectares no período de três meses. Ainda mais ao norte, calor e seca nunca antes vistos desencadearam incêndios nas florestas árticas e nas turfeiras da Sibéria e da Rússia oriental, com plumas de fumaça chegando ao polo Norte pela primeira vez na história. De acordo com estimativas do Serviço de Monitoramento da Atmosfera Copernicus, da União Europeia, em 2021 os incêndios emitiram nada menos do que 6,45 bilhões de toneladas de CO_2 — o equivalente ao dobro de todas as emissões de dióxido de carbono na UE nesse mesmo ano.

Quanto mais o planeta aquece, mais frequentes e extremos vão se tornar esses eventos. Com a temporada de incêndios chegando a regiões e estações antes frias, mais florestas vão ser destruídas pelo fogo, liberando enormes quantidades de carbono na atmosfera, o que vai intensificar ainda mais o aquecimento. Esse círculo de realimentação positiva tem o mesmo efeito de quando se pisa mais fundo no acelerador. Processos complexos e não lineares como a dinâmica dos incêndios (incluindo raios e relâmpagos) são difíceis de serem monitorados e de serem descritos matematicamente e simulados, mesmo com os modelos climáticos mais avançados. Em consequência, os ciclos de realimentação do carbono que aceleram o aquecimento, como os associados aos incêndios florestais, estão hoje ausentes por completo ou mal representados nos modelos climáticos de última geração. Portanto, os cientistas não sabem exatamente como esses ciclos realimentadores vão influenciar a trajetória do aquecimento futuro. Por outro lado, sabemos que, quanto maior o nível de aquecimento, maior é o risco de desencadearmos processos de realimentação que desestabilizam o clima. Se o mundo conseguir limitar o aquecimento em níveis bem inferiores a 2°C, será possível reduzir o risco de incêndios devastadores, permitindo que os ecossistemas terrestres reequilibrem o ciclo global de carbono e contribuam para a restauração da vida no planeta. /

2.17
A Amazônia

Carlos A. Nobre, Julia Arieira e Nathália Nascimento

A bacia do Amazonas abrange a maior área de floresta úmida no mundo, com quase 6 milhões de quilômetros quadrados. Um elemento fundamental do sistema climático da Terra, ela desempenha um papel vital nos ciclos globais da água e na regulação das variações climáticas. Estima-se que a Floresta Amazônica seja responsável por remover todos os anos 16% do dióxido de carbono na atmosfera por meio da fotossíntese, ajudando a armazenar no solo e na vegetação de 150 bilhões a 200 bilhões de toneladas de carbono. Além disso, através da evapotranspiração — a captura e liberação de água na atmosfera pela floresta —, ela atua como um gigantesco condicionador de ar, reduzindo as temperaturas na superfície terrestre e gerando precipitações. Esse resfriamento — de até 5°C nas áreas florestadas — é essencial para minimizar os efeitos das secas e das ondas de calor sazonais na região.

Contudo, nas últimas décadas, a estrutura, a composição e o funcionamento da Floresta Amazônica começaram a mudar. A temperatura na região aumentou em média 1,02°C entre 1979 e 2018, e 2019-20 foi o segundo ano mais quente desde 1960, com um aumento de 1,1°C. No decorrer dos últimos vinte anos, também observamos um decréscimo no teor de umidade na atmosfera sobre a região sudeste da Amazônia, sobretudo durante os meses mais secos (de junho a outubro). Tanto o aquecimento como o ressecamento do ar são resultado de mudanças no clima causadas por atividades humanas e agravadas por alterações no uso da terra — sobretudo pela expansão da agricultura em áreas de floresta, pela queima de resíduos agrícolas e por um incremento de incêndios florestais (que, na Amazônia, costumam ter origem em incêndios que escapam de áreas de pasto). A queima de biomassa emite aerossóis, como o carbono negro, que reduzem a cobertura de nuvens sobre a floresta, elevam as temperaturas no nível do solo e, em última análise, diminuem a evapotranspiração. A variabilidade climática também incrementou a frequência dos eventos meteorológicos extremos que assolam a região, em especial secas e ondas de calor. Estima-se que na Amazônia as temperaturas vão se elevar ainda mais e as secas vão se tornar mais intensas até o final deste século caso as emissões de gases do efeito estufa cheguem a níveis muito altos (mais de mil partes por milhão de equivalente de CO_2; a atual concentração é de 414 ppm), o que resultaria em mais de 150 dias por ano com

99 COMO O PLANETA ESTÁ MUDANDO

temperaturas superiores a 35°C — mais do que o dobro da média anual das últimas duas décadas, que foi de setenta dias por ano.

Em suma, a situação atual da Amazônia é preocupante. Cerca de 17% das suas florestas foram desmatadas para uso humano. Isso está estreitamente associado à construção de rodovias — 95% do desmatamento ocorre numa faixa de até 5,5 quilômetros em ambos os lados das estradas, e pelo menos outros 17% de mata foram degradados pela extração seletiva de madeira, pela coleta de lenha como combustível e por danos causados por incêndios e ventos. No Brasil, esse desmatamento e essa degradação são quase sempre consequências da expansão de áreas de pasto e de cultivo; já em outros países da Amazônia, a derrubada da floresta se deve sobretudo à extração petrolífera e mineral. Esse desmatamento amplifica os impactos climáticos a tal ponto que a região leste da Amazônia pode ficar 3°C mais quente e ter uma redução de 40% nas precipitações entre os meses de julho e novembro. Esse clima mais quente e seco está associado de forma desastrosa à acelerada fragmentação da região, que deixou trechos de floresta expostos à luz indireta do sol, a temperaturas do solo mais elevadas e a cada vez mais vento, todos fatores que contribuem bastante para torná-la propensa a incêndios. Esses incêndios resultam no aumento da mortalidade das árvores e das emissões de carbono, desencadeando um círculo realimentador que se acelera com eventos meteorológicos extremos, como a seca intensa que se seguiu ao forte episódio de El Niño em 2015-6, no qual pereceram 2,5 bilhões de árvores e houve a emissão de cerca de 495 milhões de toneladas de dióxido de carbono. (Para se ter uma ideia, 495 milhões de toneladas de dióxido de carbono é quase o mesmo que as emissões de CO_2 de um país industrializado como a Austrália, a França ou o Reino Unido.)

Hoje, uma grande porção da floresta está à beira do colapso. A Amazônia pode estar se aproximando de um ponto de inflexão, além do qual tem início um processo de savanização, em que a sua vegetação adquire as características de uma savana degradada, com a proliferação de gramíneas e plantas lenhosas, mais adaptadas a uma estação seca mais prolongada (com alterações sazonais na época em que brotam as folhas) e maior frequência de incêndios (com novas estratégias para brotar após o fogo). Estamos convencidos de que essa transição, nas florestas das regiões central, meridional e oriental da Amazônia, vai ocorrer provavelmente quando o aumento na temperatura chegar a 4°C, ou como resultado de precipitações reduzidas e de temporadas mais secas e áridas — ou quando o desmatamento afetar 40% da área total de floresta da bacia amazônica. Quando se leva em conta os modos importantes pelos quais os seres humanos vêm alterando a região — por meio de desmatamento, incêndios, aquecimento global e acúmulo crescente de CO_2 —, parece bastante plausível que 60% da Floresta Amazônica pode desaparecer até 2050. As consequências dessa perda maciça de floresta serão irreversíveis e amplas, afetando o bem-estar humano de muitas maneiras: por exemplo, o nosso suprimento de alimentos será ameaçado pelo funcionamento prejudicado de seus serviços para ecossistemas críticos, e a floresta vai deixar de atuar como uma "barreira verde" contra a difusão de doenças contagiosas.

Também veremos impactos devastadores na biodiversidade, devido à perda de hábitats e à desestruturação de interações entre as espécies, como polinização e dispersão de sementes.

Há um número crescente de sinais de que a Floresta Amazônica está perigosamente próxima desse ponto de não retorno. A estação seca no sul da Amazônia já se tornou de três a quatro semanas mais longa do que na década de 1980 — em grande parte nas áreas desmatadas; ao mesmo tempo, as precipitações diminuíram de 20% a 30%, e as temperaturas subiram entre 2°C e 3°C. Houve uma diminuição acentuada da evapotranspiração e da reciclagem de água pela floresta, e algumas de suas áreas passaram a emitir mais carbono do que absorvem. A bacia amazônica como um todo está se aproximando do momento em que se tornará uma fonte de carbono, em vez de remover o gás da atmosfera.

A nossa estimativa é que a região pode se transformar numa savana degradada — ou numa floresta secundária degradada, com menos espécies e com um dossel mais aberto — entre 2050 e 2070, e que essa transformação vai afetar de 60% a 70% da floresta úmida. Se chegarmos a esse ponto de não retorno, mais de 200 bilhões de toneladas de dióxido de carbono vão ser liberados na atmosfera, inviabilizando o cumprimento da meta estabelecida no Acordo de Paris de limitar o aquecimento global a 1,5°C. E a perda da biodiversidade será enorme, causando a extinção de centenas de milhares de espécies animais e vegetais, incluindo mamíferos como a cuíca-amazônica, o sauim-de-coleira e o cairara (*Cebus kaapori*). E, para a população que vive nessa região, a savanização da Amazônia associada às crescentes emissões de gases do efeito estufa significaria que no futuro as temperaturas máximas diárias, associadas a uma umidade do ar elevada, ultrapassariam a capacidade de tolerância fisiológica do corpo humano ao calor durante quase metade do ano, aumentando o risco de mortalidade.

2.18
Florestas boreais e temperadas
Beverly E. Law

As florestas que existem no planeta são, em linhas gerais, classificadas como boreais, temperadas ou tropicais, conforme a latitude e as características climáticas (fig. 1). As florestas boreais e temperadas cobrem cerca de 43% da área florestada mundial, quase a mesma proporção que as florestas tropicais. Embora estas últimas abriguem mais espécies animais e vegetais, a quantidade de subespécies aumenta nos ambientes mais agrestes das latitudes elevadas. As florestas boreais, que se encontram numa faixa circumpolar que inclui a Rússia (73%), o Canadá, o Alasca (22%) e os países nórdicos (5%), evoluíram sob condições climáticas muito frias e têm um período de crescimento curto. Ali predominam espécies de coníferas com folhagem perene — abetos, pinheiros, espruces —, bem como os resistentes lariços de folhagem decídua. Já as florestas temperadas se distribuem entre as latitudes de 25 a cinquenta graus nos hemisférios Norte e Sul e variam desde florestas úmidas que prosperam num clima ameno e úmido, como as coníferas perenes do litoral da Colúmbia Britânica, até florestas decíduas em áreas onde as temperaturas invernais chegam abaixo de zero.

O efeito das mudanças climáticas nas florestas varia de acordo com a paisagem e a região e depende de alterações relativas na temperatura e nas precipitações, da resiliência dos ecossistemas florestais e da vulnerabilidade das espécies individuais. Devido à sua vastidão, as florestas boreais desempenham um papel importante na mitigação climática e na proteção da biodiversidade. Eles proporcionam um hábitat para as migrações de longo curso realizadas por mamíferos e peixes, para numerosas populações de predadores de grande porte e para cerca de 1 bilhão a 3 bilhões de aves que migram em épocas de reprodução. Também armazenam de 367 a 1716 gigatoneladas de carbono (GtC), sobretudo no solo. Apenas de 8% a 13% da área de Floresta Boreal estão de fato protegidos, e aproximadamente metade da área de Floresta Boreal é objeto de manejo para a produção de madeira, sobretudo na Rússia. Esse tipo de extração diminuiu de forma acentuada a extensão das florestas nativas, destruindo hábitats e reduzindo a biodiversidade e a resiliência das espécies. Associada à crescente perturbação causada por incêndios nos últimos trinta anos, a extração de madeira também diminuiu a absorção de carbono pelas árvores. Com o aumento contínuo das temperaturas e

Distribuição global das florestas, por zonas climáticas

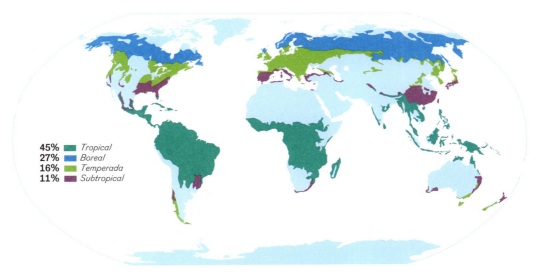

Figura 1:
Estima-se que, em 2020, a área global de florestas era de 4,06 bilhões de hectares, ou 31% da área terrestre do planeta.

das áreas queimadas, a capacidade das florestas boreais de armazenar e acumular carbono tende a diminuir ainda mais. Entretanto, a zona de florestas boreais está se deslocando para o norte, com áreas verdejantes três vezes maiores do que as assoladas pela mortalidade nas margens mais quentes do bioma, o que poderia compensar as perdas de carbono produzidas pelos incêndios. Os impactos inter-relacionados das mudanças climáticas, da extração de madeira, da homogeneização e da conversão do uso do solo (como o desmatamento para o aproveitamento de areias betuminosas) também agravaram a perda de biodiversidade em toda a região boreal. Por exemplo, as florestas boreais da América do Norte abrigam manadas de renas que se deslocam de quinhentos a 1500 quilômetros em migrações anuais, além de lobos migrantes e sedentários. A perda dos corredores migratórios que permitem a esses animais buscar climas e hábitats mais favoráveis é uma ameaça importante à sua sobrevivência. Lamentavelmente, hoje no Canadá, todas as populações de caribus são consideradas em perigo ou ameaçadas.

Diferente das florestas boreais, as temperadas abrigam uma grande variedade de tipos ecológicos. As florestas pluviais úmidas podem ser encontradas ao longo da costa oeste da América do Norte, onde predominam coníferas, e na extremidade sul e úmida da América do Sul, onde as florestas decíduas são povoadas sobretudo por espécies de faias. Nos montes Apalaches e na região nordeste dos Estados Unidos, as florestas temperadas apresentam espécies arbóreas decíduas similares às das regiões sudeste e central da Europa (carvalhos, freixos, faias, olmos e bordos), além de coníferas perenes (pinheiros, espruces e abetos). Essas regiões apresentam algumas das densidades de carbono mais altas em todo o mundo. Florestas temperadas primárias com mais de oitenta anos de idade, alta densidade de carbono e múltiplas camadas de dossel proporcionam hábitats cruciais

As florestas manejadas da Colúmbia Britânica deixaram de absorver e passaram a emitir carbono em 2002

Figura 2:
O cálculo foi feito subtraindo-se do crescimento florestal o apodrecimento, as queimadas controladas, os incêndios florestais e a decomposição dos produtos de madeira coletada.

para muitas espécies ameaçadas e em perigo, e têm uma biodiversidade elevada. No entanto, como no caso das regiões boreais, também ali é intensa a extração de madeira — a tal ponto que as emissões associadas a essa atividade são mais do que sete vezes maiores do que todas as que ocorrem por causas naturais (incêndios, insetos e danos causados por ventos).

Em termos globais, as florestas nas regiões setentrionais tendem a absorver mais carbono, com uma troca líquida de carbono florestal nos ecossistemas equivalente a cerca de 1,44 GtC por ano. O potencial global combinado de mitigação das soluções de manejo de florestas naturais nas regiões boreais e temperadas foi estimado em cerca de 8,3 GtC em 2100 (0,11 GtC por ano). Essas estimativas são aproximadas pois os dados que temos dessas regiões boreais mais remotas são limitados. A maior parte se refere às florestas temperadas. Na região oeste dos Estados Unidos, florestas temperadas com densidades de carbono moderada ou alta, e vulnerabilidade baixa ou moderada à seca ou ao fogo sob o clima futuro, responderiam por cerca de oito anos das emissões de combustíveis fósseis da região — ou de 18% a 20% do potencial global de mitigação das soluções de manejo de florestas naturais de todas as áreas boreais e temperadas em 2100.

O mais alarmante é que pontos de não retorno já foram ultrapassados em florestas ricas em carbono ao redor do mundo, fazendo com que deixassem de absorver e passassem a emitir. No caso da Colúmbia Britânica, esse limiar foi ultrapassado em 2002, devido aos efeitos combinados de incêndios florestais, extração de madeira e proliferação de insetos, em especial do besouro-do-pinheiro e da lagarta-do-espruce (fig. 2). Os besouros perfuram a casca das árvores para pôr os ovos, e as larvas acabam matando as plantas ao consumirem e bloquearem o fluxo de nutrientes. Esses insetos se beneficiaram das alterações nas temperaturas nas cadeias montanhosas do interior da Colúmbia Britânica, que subiram mais do que a média global, sobretudo no inverno. O clima mais quente permitiu que mais besouros sobrevivessem aos meses frios e se multiplicassem, o que resultou em taxas mais altas de mortalidade de árvores. Os invernos mais quentes também permitiram que esses insetos cruzassem a divisória continental, ameaçando as florestas da região leste dos Estados Unidos e do Canadá. As condições mais quentes e secas, o nível cada vez menor de neve consolidada (que derrete aos poucos e fornece água para as árvores nos verões secos) e a madeira morta adicional produzida pela difusão dos besouros provocaram um aumento nos incêndios florestais em toda a área. Surpreendentemente, as florestas da Colúmbia Britânica são hoje, na região, uma fonte maior de carbono do que as emissões relatadas pelo setor de geração elétrica, de acordo com o relatório BC Provincial Inventory Report 2021.

As florestas naturais nas zonas boreais e temperadas podem contribuir muito para mitigar as mudanças climáticas e a perda da biodiversidade — mas só se puderem crescer por mais tempo. Em contraste, a "silvicultura sustentável", comum nessas regiões, é bem menos eficaz, na medida em que sua ênfase é proporcionar um suprimento sustentável de madeira, e não a conservação de ecossistemas sustentáveis. A silvicultura industrial extrai árvores jovens, antes que alcancem toda a sua biomassa de carbono potencial. Ao longo do tempo, essas árvores armazenam menos e emitem mais carbono do que as florestas nativas. Restringir o carbono florestal desse modo não contribui para um clima sustentável.

Em vez disso, o que precisamos é permitir o crescimento de florestas maduras e primárias, e ampliar de modo substancial os intervalos entre as extrações nas áreas de silvicultura. Só assim será possível otimizar o armazenamento e o acúmulo de carbono. O reflorestamento e o florestamento também são importantes, mas não cruciais (fig. 3). A conservação das florestas mantém ali o carbono e evita a sua liberação na atmosfera, preserva a biodiversidade e as nascentes de água, como se nota nas florestas úmidas temperadas. Se quisermos mitigar as mudanças climáticas e preservar a biodiversidade, é essencial evitarmos mais perdas e recuperarmos os ecossistemas florestais ricos em carbono e em espécies. /

Figura 3: Quando se permite que as florestas maduras e nativas acumulem carbono — cortando pela metade a extração de madeira em áreas públicas e dobrando o tempo entre as coletas em áreas privadas —, obtém-se o melhor equilíbrio líquido de carbono nos ecossistemas (a melhor "acumulação" de carbono) até 2100.

2.19
Biodiversidade terrestre
Adriana De Palma e Andy Purvis

A biodiversidade é a variedade da vida na Terra, e ela é essencial para a nossa sobrevivência. Graças a ela, temos ar limpo e água doce, controle natural de pragas e doenças, solos saudáveis, alimentos, combustíveis e medicamentos; e ela até mesmo contribui para a saúde mental. A biodiversidade ajuda os ecossistemas a frear as mudanças climáticas (removendo o CO_2 da atmosfera) e reforça a sua capacidade de enfrentá-las (proporcionando aos ecossistemas mais opções de adaptação). Ela também torna o aquecimento mais tolerável para nós — por exemplo, a presença de árvores e outras plantas nas cidades ajudam a reduzir a temperatura e nos protegem das ondas de calor.

Em escala local, a biodiversidade é naturalmente maior onde, de maneira constante, há sol, chuva e solo adequados para o crescimento de florestas estruturalmente complexas, com nichos diferenciados e biomassa suficiente para sustentar uma profusão de espécies distintas. Na escala da paisagem, a biodiversidade é naturalmente maior nas regiões montanhosas dos trópicos úmidos, onde os climas se alteraram pouco ao longo de milhões de anos. Nessas regiões do planeta, regimes climáticos diferentes podem ser encontrados próximos uns aos outros, cada qual exibindo um conjunto de espécies adaptadas entre si e às condições estáveis. O mesmo vale para ilhas tropicais remotas; as poucas espécies que conseguiram chegar lá durante a longa história da Terra em geral toparam com poucos rivais, o que lhes assegurou espaço e tempo suficientes para evoluir em muitas formas de vida distintas. Em contraste, nas paisagens mais planas, o mesmo tipo de clima — e, portanto, o mesmo tipo de ecossistema natural — pode se estender por centenas ou mesmo milhares de quilômetros, muitas vezes resultando numa quantidade total de espécies muito menor. As regiões mais frias também tendem a ter menos espécies, pois é menor a proliferação de plantas que mantêm as cadeias alimentares, como no caso dos ambientes agrestes, já que a maioria dos organismos tem dificuldade de se adaptar e sobreviver em condições de muito frio, muito calor, muita aridez ou de incêndios naturais frequentes.

Essa distribuição global natural da biodiversidade em áreas terrestres reflete processos que estão operando há muitos milhões de anos. Hoje, no entanto, a maioria de nós vive em locais onde a perda de biodiversidade é consequência de três ondas de mudanças provocadas pelos seres humanos.

A primeira ocorreu nos primórdios da pré-história — na época do nosso contato inicial com muitas espécies ao redor do mundo. A prática da caça contribuiu para a eliminação de muitos mamíferos e aves de grande porte (a "extinção da megafauna"), ao passo que os ratos e gatos que levamos a incontáveis ilhas dizimaram muitas espécies de aves que, evoluindo num ambiente desprovido de predadores, haviam perdido a capacidade de voar.

Quando a agricultura sedentária começou a substituir os modos de vida nômade, por volta de 10 mil anos atrás, desencadeou-se a segunda onda de mudanças. Começamos a reconfigurar de forma deliberada os ecossistemas para que atendessem melhor às nossas necessidades de alimentos e materiais, transformando o mundo num lugar em que poderíamos ter uma vida mais fácil. As paisagens agrícolas resultantes eram tipicamente um mosaico complexo de diferentes plantações (que, muitas vezes, mudavam de um ano para outro), terrenos baldios, pastos e áreas mais naturais. Essa heterogeneidade, e o fato de que apenas uma pequena fração da biomassa era aproveitada, permitiu que muitas espécies sobrevivessem ao lado dos humanos. Muitos povos indígenas manejam até hoje a terra desse modo, e as iniciativas para um cultivo da terra mais natural costumam ter muitas dessas características.

A partir de meados do século XVIII, revoluções associadas na agricultura e na indústria introduziram a terceira onda de mudanças de origem humana, com o manejo dando lugar à dominação dos ecossistemas. A explosão demográfica resultante exigiu mais terra para o cultivo agrícola e mais madeira para construções e combustível, levando a um maior desmatamento. Hoje usamos combustíveis fósseis para mover quase todos os setores da economia, gerando CO_2 com muito mais rapidez do que os ecossistemas são capazes de absorver. O nosso impacto sobre cerca de 75% das áreas terrestres é visível até mesmo do espaço, e muitas regiões agora enfrentam múltiplas ameaças graves (fig. 1). Obviamente, cultivamos mais de 30% da terra, de forma cada vez mais intensiva; e uma área equivalente às da América do Norte e da América do Sul juntas está destinada apenas à criação de animais.

O impacto dessas ameaças à natureza varia muito conforme a região. Nas poucas áreas sem história de exploração agrícola, muitas vezes a caça ainda é a principal causa da perda da biodiversidade, com impactos que ecoam os da primeira extinção da megafauna. Por exemplo, em pontos remotos de muitas florestas pluviais tropicais, a caça de animais silvestres levou ao desaparecimento acentuado ou completo de mamíferos de grande porte; do mesmo modo, a caça clandestina vem colocando em risco esses mamíferos em muitas áreas legalmente protegidas. Nas regiões em que se difunde a agricultura de subsistência, os impactos são mais parecidos com os da segunda onda: há surtos locais de perda de biodiversidade quando ecossistemas naturais complexos dão lugar a áreas agrícolas mais simples, mas as paisagens resultantes — uma mescla

Ameaças graves à biodiversidade ao redor do mundo

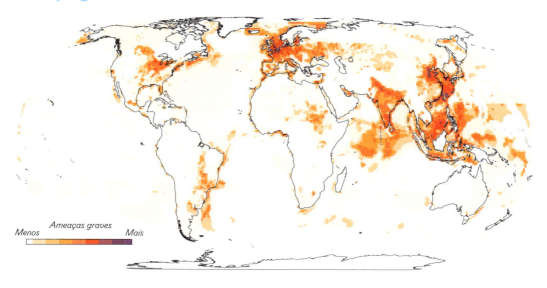

Figura 1: Em todas as áreas terrestres e oceânicas do planeta, dezesseis variáveis associadas a alterações na biodiversidade — incluindo mudanças climáticas, atividades humanas, população humana e poluição — são mostradas por frequência e intensidade em 2020.

complexa e mutável, intocada por agrotóxicos — ainda preservam níveis moderados de biodiversidade.

Já nas regiões onde a terceira onda está bem avançada — na figura 1, as áreas mais escuras —, o tecido da vida fica de tal modo esgarçado que pode se desarticular. A terra cultivada de forma intensa é tão simples em sua estrutura que sobram poucos nichos para as espécies silvestres. A extração de uma parcela tão grande da biomassa do sistema não deixa quase nada em sua esteira capaz de sustentar redes alimentares complexas: a biomassa global de vegetação e a cobertura arbórea são hoje apenas metade do que seriam em condições naturais, e os rebanhos de gado facilmente superam em peso as mais de 5 mil espécies de todos os mamíferos silvestres. Ao mesmo tempo, os agrotóxicos tornam a maioria das terras cultivadas (e muitos dos cursos d'água para onde são escoados) um ambiente pouco propício à sobrevivência da maioria das espécies. Ironicamente, as espécies mais bem adaptadas aos pesticidas são as próprias pragas, enquanto milhares de outros animais que poderiam contribuir para o controle delas acabam muitas vezes dizimados. Entre eles estão muitas espécies de vespas, cujas larvas se alimentam de pragas vivas; abelhas, moscas, besouros, mariposas e borboletas, cujos serviços de polinização são essenciais para a maioria das safras; e minhocas e vários outros insetos, como as pulgas-de-jardim, que reciclam os nutrientes das plantas mortas e fertilizam o solo. Embora o cultivo intensivo tenha ampliado muito a produção agrícola, quase todos os outros benefícios da natureza para as pessoas diminuíram nos últimos cinquenta anos em todo o mundo.

A mais recente ameaça à natureza são as mudanças no clima provocadas pelas atividades humanas. Ainda que os seus impactos tenham, por enquanto, sido relativamente pequenos, começamos a notar espécies que tentam escapar das temperaturas mais altas. Espécies de altitudes elevadas estão sendo encontradas em locais cada vez mais distantes dos polos, florestas boreais começam a se expandir para regiões antes de tundra, e espécies montanhosas se deslocam para altitudes cada vez maiores. Nos últimos quinze anos, as mudanças climáticas de origem humana fizeram a sua primeira vítima conhecida: o pequeno roedor *Melomys rubicola*. Encontrado apenas na ilhota de Bramble Cay, no extremo norte da Grande Barreira de Coral na Austrália, e visto pela última vez em 2009, esse roedor provavelmente sucumbiu a repetidas inundações, provocadas pela subida do nível do mar e por tempestades cada vez mais frequentes.

Embora as alterações no clima ainda não tenham provocado tanta perda de biodiversidade quanto o uso do solo pela humanidade, o alarme já está soando. A elevada biodiversidade regional só surgiu ali onde havia estabilidade climática; a menos que seja possível reduzir de modo rápido o aquecimento global, ele sem dúvida vai fazer muito mais vítimas. Os nichos das espécies que vivem em áreas montanhosas vão simplesmente desaparecer. Nas áreas mais baixas e planas, o rápido aquecimento vai forçar as espécies a se deslocarem pela paisagem a fim de buscar condições climáticas mais adequadas, mas nem todas serão capazes de fazer isso. As plantações também terão de ser deslocadas para áreas mais temperadas e antes inexploradas, desencadeando ondas adicionais de perda de hábitat, ao passo que muitas regiões hoje produtivas vão se tornar áridas demais para o cultivo previsível. Ou seja, não só a natureza vai ter de se adaptar com rapidez, mas também muitos milhões de pessoas. A perda da biodiversidade pode até mesmo formar um círculo vicioso com as mudanças climáticas: os ecossistemas que perdem biodiversidade armazenam menos carbono e são menos capazes de lidar com eventos meteorológicos extremos e outras alterações no clima.

No entanto, ainda é possível termos um futuro sustentável: para tanto precisamos dar mais espaço para a natureza e, também, exigir menos dela. Se quisermos reduzir a quantidade de extinções nas próximas décadas (uma vez que é impossível interrompê-las por completo) e evitar os impactos mais graves do aquecimento, as regiões com maior concentração de espécies singulares precisam ser preservadas, e os seus ecossistemas, recuperados e protegidos. Afinal, a restauração dos ecossistemas com grande biodiversidade e sequestro de carbono é uma solução viável — e urgente — com base na natureza.

2.20

Insetos

Dave Goulson

Sou fascinado por insetos desde pequeno. Quando tinha apenas cinco ou seis anos, eu coletava lagartas de listras amarelas e pretas no mato que ficava em volta do pátio da minha escola e as levava na lancheira para casa, onde as alimentava até que se transformassem em esplendorosas mariposas pretas e vermelhas (o nome científico delas é *Tyria jacobaeae*). Fiquei obcecado e tive a sorte de seguir uma carreira baseada nessa minha paixão infantil pelos insetos. Nos últimos trinta anos, me dediquei a pesquisar a ecologia das mamangabas, essas abelhas grandes, peludas e listradas que zumbem de forma desengonçada entre as flores de campos e jardins durante a primavera e o verão. Essa aparência desajeitada é enganadora, pois elas são os gigantes intelectuais do mundo dos insetos, capazes de façanhas de navegação e aprendizado assombrosas, e têm vidas sociais complexas e às vezes sanguinolentas.

O meu interesse pelos insetos surgiu simplesmente porque eu os achava belos e fascinantes, mas há muito tempo me dei conta de que são extremamente importantes. Eles constituem a maior parte da vida na Terra; mais de dois terços das cerca de 1,5 milhão de espécies conhecidas são de insetos. Eles servem de alimento para animais bem maiores, entre os quais aves, morcegos, lagartos, anfíbios e peixes de água doce. Os insetos também são essenciais para o controle biológico de pragas na agricultura, como recicladores de todo tipo de matéria orgânica, desde cadáveres até excrementos, folhas e troncos de árvores, e ajudam a manter a saúde dos solos. A maioria das espécies vegetais do planeta depende de insetos polinizadores, assim como três quartos das safras que cultivamos. Sem esses animais, o nosso mundo seria inviável e não poderia funcionar.

Considerando esse papel essencial desempenhado pelos insetos, o acelerado declínio de muitas espécies deveria ser motivo de muita preocupação. No Reino Unido, por exemplo, as populações de borboletas diminuíram cerca de 50% desde 1976. A biomassa de insetos voadores nas reservas naturais da Alemanha sofreu uma alarmante redução de 76% entre 1989 e 2016. Na Holanda, os insetos aquáticos da ordem Trichoptera declinaram 60% entre 2006 e 2017, e a biomassa das mariposas diminuiu 61% entre 1997 e 2017. Na América do Norte, a quantidade de borboletas monarcas, famosas por sua migração anual entre o México e o Canadá, caiu cerca de 80% desde a década de 1990. Embora algumas poucas espécies de inseto sejam exceções nessa tendência, a grande maioria parece estar em perigo. As tentativas de calcular uma taxa média de declínio sugerem algo entre

1% e 2% ao ano — o que pode não parecer muito, mas implica num apocalipse de insetos na escala de uma vida humana. Mais preocupante ainda, não sabemos quando teve início esse declínio, pois não temos dados para os períodos anteriores à década de 1970 — é bem provável que tenhamos começado a monitorar o final de uma queda muito mais prolongada. Também não fazemos ideia do que está ocorrendo nos trópicos, que concentram a maior biodiversidade de insetos. Lamentavelmente, a evidência do colapso dessas populações ainda é muito fragmentária, pois quase todos os estudos de longo prazo de populações de insetos foram realizados na Europa e na América do Norte.

Qual é a causa desse declínio? Em 1963, dois anos antes de eu nascer, Rachel Carson nos alertou em seu livro *Primavera silenciosa* que estávamos causando danos tremendos ao planeta. Ela ficaria em prantos ao ver o quanto a situação piorou. Os hábitats de fauna silvestre ricos em insetos, como pradarias, pântanos, cerrados e florestas tropicais foram devastados, queimados ou cultivados em vasta escala. Os solos foram degradados, os rios foram sufocados, poluídos com resíduos químicos de origem industrial ou agrícola, ou esgotados pela retirada excessiva de água. Os problemas com pesticidas e fertilizantes apontados por Carson se agravaram muito mais: estima-se que 3 milhões de toneladas de pesticidas sejam hoje lançados no ambiente global a cada ano. Nos Estados Unidos, a quantidade usada desses produtos aumentou 150% desde que o livro *Primavera silenciosa* foi publicado; por outro lado, os novos pesticidas introduzidos desde então são muito mais tóxicos para os insetos do que aqueles que existiam na época de Carson. Um exemplo é o imidacloprida, um inseticida neonicotinoide, hoje o mais comum em todo o mundo, a despeito de estar proibido na União Europeia desde 2018 por causa dos danos que provocava às abelhas. Ele é cerca de 7 mil vezes mais tóxico para esses animais do que o DDT, que foi amplamente usado nas décadas de 1960 e 1970.

Além de todas essas pressões, os insetos silvestres agora precisam lidar com as alterações climáticas, um fenômeno desconhecido na época de Carson. Alguns, como os mosquitos, vão se beneficiar das temperaturas mais altas e do aumento das chuvas, ao contrário da maioria dos insetos. Minhas mamangabas estão sumindo dos limites meridionais da região que ocupam, pois a sua cobertura de pelos é pouco adequada a climas mais quentes. No passado, quando havia alterações no clima, elas costumavam ocorrer devagar, e as populações de fauna silvestre eram maiores, ocupando áreas extensas de hábitats intocados. Tais populações podiam se mover com facilidade para os polos quando o calor aumentava e retornar quando baixavam as temperaturas. Hoje, a maioria dos insetos sobrevive em populações muito reduzidas, que habitam pequenos fragmentos dos hábitats remanescentes. Para se deslocar na direção dos polos, elas têm de atravessar áreas urbanas e campos cultivados hostis, na esperança de encontrar algum trecho de hábitat propício mais adiante. As mudanças climáticas também estão provocando um aumento na frequência de tempestades, secas, inundações e incêndios, que tendem a causar impactos graves em populações já diminuídas. Para algumas delas, essa talvez seja a gota d'água.

COMO O PLANETA ESTÁ MUDANDO

O biólogo americano Paul Ehrlich comparou a perda das espécies numa comunidade ecológica a retirar aleatoriamente os rebites da asa de um avião. Um ou dois rebites a menos talvez não afetassem a segurança. Mas quando se soltam dez, vinte ou cinquenta, eventualmente pode ocorrer uma falha catastrófica e o avião despencar do céu. Os insetos são os rebites que mantêm os ecossistemas funcionando.

Se quisermos reverter o declínio das populações de insetos, temos de agir o quanto antes. Precisamos engendrar uma sociedade que valorize esses animais, não só pelo que fazem por nós, mas por eles mesmos. O ponto de partida mais óbvio são as crianças, cuja consciência ambiental deve ser estimulada desde a mais tenra idade. E precisamos tornar as áreas urbanas mais verdes. Imagine cidades verdejantes e repletas de árvores, hortas, lagoas e flores silvestres em todos os espaços disponíveis — quintais, parques, hortas comunitárias, cemitérios, margens das rodovias, cortes ferroviários, rotatórias etc. —, todos livres de pesticidas e fervilhando de vida. Também precisamos mudar o sistema de produção e distribuição de alimentos. O modo como cultivamos e transportamos os alimentos tem um impacto acentuado tanto em nosso bem-estar como no meio ambiente, e por isso sem dúvida merece o esforço para ser corrigido. Temos uma necessidade urgente de reformar o sistema atual, que não nos atende de várias maneiras e contribui bastante para as emissões de gases do efeito estufa, contaminando e erodindo solos vitais e eliminando a biodiversidade da qual depende a produção de alimentos. Precisamos atuar em conjunto com a natureza, estimulando os insetos predadores e polinizadores, em vez de buscarmos controlá-los e eliminá-los. Os sistemas alternativos de cultivo, como a agricultura orgânica e biodinâmica, a permacultura e a agrossilvicultura, têm muito a oferecer nesse sentido. E há uma disposição para mudar. Podemos ter um setor agrícola vibrante e que não prejudique a natureza, com maior quantidade de pequenas propriedades empregando mais gente, dedicando-se à produção sustentável de alimentos saudáveis, conservando os solos e mantendo a biodiversidade, que produza sobretudo frutas e legumes em vez de carne — mas para isso é preciso contar com o apoio das autoridades e dos consumidores.

Ainda não é tarde demais para isso. A maioria das espécies de insetos não se extinguiu, ainda que hoje muitas sejam apenas uma fração da abundância de antes e estejam prestes a serem aniquiladas. As mariposas listradas *Tyria jacobaeae* que eu colecionava quando pequeno tiveram agora a sua população reduzida em 83%, mas ainda restam algumas, e elas poderiam se recuperar com facilidade se agíssemos de imediato. Nossos conhecimentos ainda estão muito longe de permitir uma estimativa de quanta resiliência resta em nossos ecossistemas depauperados, ou do quão perto estamos dos pontos de não retorno que assinalam um colapso inevitável. Retomando a analogia dos "rebites num avião", proposta por Ehrlich, talvez estejamos chegando perto daquele ponto em que o avião perde as asas.

2.21
O calendário da natureza

Keith W. Larson

Para muitas espécies, a sua distribuição geográfica permanece a mesma, ano após ano. Entretanto, no caso de certas espécies migratórias de aves, borboletas, baleias e muitos outros animais, a sua distribuição muda conforme as estações do ano. Os padrões sazonais de deslocamento são em geral determinados por alterações no clima, nas condições do hábitat e na disponibilidade de alimento. Do mesmo modo, muitas espécies de plantas e animais passam por mudanças profundas ao longo do ano — um fenômeno conhecido como fenologia. Assim como as variações na dispersão geográfica das espécies, esses eventos significativos e recorrentes na vida de plantas e animais ocorrem em função de estímulos ambientais, como alterações na temperatura, nas precipitações e na duração do dia.

Um exemplo familiar de fenologia ocorre em muitas plantas: na primavera, brotam folhas novas, com frequência seguidas de floração; no final do verão, elas produzem frutos; por fim, no outono, as folhas mudam de cor e caem. Nos mamíferos, as mudanças fenológicas podem variar: por exemplo, há espécies que hibernam durante os meses frios, ao passo que outras mudam de pelagem para enfrentarem o ambiente invernal. Devido à regularidade desses eventos sazonais, a fenologia é por vezes descrita como o "calendário" da natureza. O cronograma é importante, pois permite aos espécimes sincronizar o momento em que se reproduzem e evitar que condições meteorológicas desfavoráveis coincidam com etapas cruciais de seu ciclo vital (por exemplo, cuidar dos filhotes quando há pouco alimento disponível por conta do inverno).

Mesmo em ambientes tropicais que parecem desfrutar de climas relativamente estáveis, as épocas mais chuvosas levam à cronologia previsível de floração e frutificação nas plantas, influenciando padrões reprodutivos de diversos insetos, mamíferos e aves. Mas as mudanças sazonais se tornam de fato mais acentuadas quando nos movemos dos trópicos para as latitudes mais altas. Na Suécia, é na primavera que tais mudanças são mais espetaculares. Os observadores de aves se reúnem para registrar a chegada desses animais migratórios, como a felosa-musical (*Phylloscopus trochilis*) e o papa-moscas-preto (*Ficedula hypoleuca*), que retornam das áreas tropicais distantes onde passam o inverno; e quem mora em áreas urbanas nota a primeira florescência dos crócus nos jardins, ou a anêmona-dos-bosques recobrindo o chão dos bosques de faias. Esquilos e ursos despertam da hibernação para aproveitar o calor da primavera e a iminente abundância de comida. A lebre-da-montanha e o tetraz-dos-salgueiros se desfazem da pelagem branca para se confundirem com o novo ambiente verdejante.

Tanto a distribuição das espécies como a fenologia são indicadores muito sensíveis das mudanças no clima, e por isso os pesquisadores se concentraram no estudo delas para detectar os primeiros sinais de alterações nos ecossistemas ao redor do mundo. À medida que nosso planeta se aquece, espécies animais e vegetais têm poucas opções. Uma delas é buscar as condições ambientais necessárias à sobrevivência, o que em geral implica o deslocamento para latitudes e altitudes mais altas. Ou então, podem alterar a cronologia de seus eventos fenológicos, como se dá no caso das plantas cujas folhas e flores brotam mais cedo na primavera. Quando perdem a capacidade de se mover ou de ajustar os relógios fenológicos por conta da aceleração das mudanças climáticas ou ambientais, essas espécies correm o risco de extinção em todos os níveis (local, regional e global). O ritmo da mudança é fundamental: se o aquecimento é acelerado demais, as espécies podem não conseguir reagir a tempo.

Já identificamos muitos casos de espécies que mudaram a sua distribuição geográfica e modificaram a cronologia dos eventos fenológicos — buscando condições mais frias para escapar ao aquecimento do planeta. Em toda a Europa, os chapins-reais (*Parus major*) estão se reproduzindo até duas semanas mais cedo no verão. Na América do Norte temperada, mais da metade de todas as espécies animais e vegetais teve a sua dispersão geográfica alterada, mudando-se para regiões mais elevadas ou setentrionais. O caso mais dramático é o da criosfera (regiões nas quais o inverno predomina durante o ano), que abriga muitas espécies árticas e antárticas especializadas, como ursos-polares e pinguins, e que está encolhendo cerca de 87 mil quilômetros quadrados a cada ano.

Curiosamente, algumas espécies talvez estejam se adaptando ao mundo mais quente não por meio do deslocamento físico, mas diminuindo de tamanho. Todos os organismos estão sujeitos a restrições termorreguladoras — a quantidade de energia necessária para manter o equilíbrio térmico e, portanto, as suas necessidades calóricas (alimentos). A regra de Bergmann postula que as espécies nas altitudes e latitudes mais altas (mais frias) têm corpos maiores (em que a razão entre superfície e volume corporais é menor do que em corpos menores), o que os ajuda a manter a temperatura corporal em climas mais frios. Pesquisas recentes comprovam que vem ocorrendo uma diminuição do tamanho corporal de espécies de aves na América do Norte conforme o planeta aquece. De novo, faz diferença o ritmo do aquecimento causado por atividades humanas, pois quanto mais quente o planeta, menor é a probabilidade de as espécies conseguirem se adaptar ou se mudar a tempo.

Também é fundamental entendermos como a reação das diferentes espécies ao aquecimento poderia afetar as suas complexas interações com outras — ou ser afetada por elas. Por exemplo, as plantas dependem de polinizadores; e as aves migratórias, de insetos e frutos. Como as alterações no cronograma do florescimento ou da eclosão dos insetos poderiam causar um descompasso com seus polinizadores ou suas presas? Muitas espécies, como as aves migratórias, atenuam a competição por alimentos e hábitats graças à distribuição ao longo do ano de eventos cíclicos, como a reprodução. Na Europa, os papa-moscas-pretos passaram a retornar mais cedo das áreas de invernada nos trópicos e deixaram de competir com os chapins-reais. Nas regiões montanhosas subárticas da Escandinávia, os invernos mais quentes fizeram com que as florestas de bétulas se deslocassem para altitudes maiores nas montanhas — entretanto, ainda que essa expansão da linha de árvores esteja sem dúvida associada ao aquecimento, mudanças na pastagem de mamíferos, como as renas da região dos povos sami, também vão desempenhar um papel relevante.

Essas complexidades dificultam o entendimento do pleno impacto das mudanças climáticas aceleradas. Tanto nos climas temperados como nos boreais e árticos, pseudoprimaveras criadas por eventos de aquecimento extremos durante o inverno podem ser devastadoras para plantas e polinizadores, que se orientam pelas temperaturas primaveris mais cálidas. Como a geada pode ser um importante gatilho do enfolhamento nas árvores, uma primavera adiantada nem sempre leva à antecipação do surgimento de folhas. Se emergem da hibernação cedo demais por causa do tempo mais quente, os animais podem encontrar as suas fontes de alimento e água ainda recobertas de neve e gelo. Aves migratórias, como as andorinhas-de-pescoço-vermelho (*Hirundo rustica*), podem chegar tarde demais para aproveitar a abundância sazonal de insetos que seguem os sinais das condições ambientais locais, ao passo que os gatilhos migratórios das andorinhas decorrem de longos períodos de seleção natural. Esses descompassos fenológicos têm o potencial de desorganizar os sistemas agrícolas que dependem de polinizadores e de estressar ainda mais os mecanismos de sobrevivência de incontáveis espécies já impactadas pelas mudanças antropogênicas.

A nossa capacidade atual de prever a resiliência das espécies e de suas comunidades está ameaçada pelo ritmo acelerado das mudanças climáticas e ambientais. Não só está sendo registrada uma alteração na distribuição geográfica das espécies, como isso também ocorre com biomas inteiros. No caso do bioma da tundra ou do ártico, o deslocamento para o norte simplesmente não é uma opção. Estamos avançando rápido para um território desconhecido, onde os deslocamentos e as alterações na distribuição das espécies vão transformar os ecossistemas locais. Em escala global, tais mudanças podem resultar em ciclos realimentadores que podem incrementar ainda mais o aquecimento e destruir as condições de viabilidade da vida no planeta. /

2.22
Solos
Jennifer L. Soong

Em todo o mundo, o solo contém 3 mil gigatoneladas de carbono: mais do que o dobro da quantidade total na atmosfera e em todas as plantas. Esse vasto armazenamento subterrâneo regula o ciclo global do carbono, ao mesmo tempo que contribui para a produção de alimentos, a biodiversidade, a resiliência às secas e inundações e o funcionamento dos ecossistemas. Hoje, sabemos que a nossa dependência desse estoque crucial de carbono como um sumidouro confiável do CO_2 atmosférico — atenuando os impactos das emissões antropogênicas — está ameaçado pelas mudanças no clima.

A maioria do carbono hoje no solo veio da atmosfera. O carbono orgânico no solo se acumula à medida que as plantas, por meio da fotossíntese, absorvem CO_2 para formar os seus tecidos e, ao mesmo tempo, retiram do solo os nutrientes que lhes servem de combustível. À medida que crescem, e depois que morrem, os tecidos das plantas são decompostos por microrganismos no solo, como bactérias e fungos, que se alimentam do carbono e dos nutrientes e os reciclam. Durante a decomposição, os nutrientes são devolvidos ao solo e alimentam o crescimento de outras plantas; já grande parte do carbono é decomposto por microrganismos e acaba retornando à atmosfera sob a forma de dióxido de carbono. Entretanto, nem todo o carbono no solo é o mesmo. Parte dele permanece no subsolo, protegida da decomposição por superfícies minerais aderentes ou mantidas no interior de "agregados" de solo. Essa proteção conferida por superfícies minerais ou agregados, ou ainda o fato de estar situado em camadas mais profundas, significa que uma parte do carbono absorvido por intermédio das plantas permanece sequestrado no solo durante décadas, séculos ou mesmo milênios.

Ao longo do tempo, a quantidade de carbono depositada no solo pelas plantas acabou superando a que foi dissipada por meio da decomposição. Desse modo surgiu a imensa reserva de carbono no solo da qual dependemos para manter o equilíbrio global dos gases associados ao efeito estufa. A respiração da superfície terrestre, pela qual as plantas absorvem carbono e plantas e microrganismos respiram, ao mesmo tempo que mantém um pouco de carbono no subsolo, promove uma circulação natural de CO_2 entre a terra e a atmosfera cerca de dez vezes maior do que todas as emissões antropogênicas. A reciclagem natural do carbono entre a atmosfera e a terra é essencial para regular o clima na Terra — e mesmo uma pequena alteração pode ter um impacto enorme no clima, rompendo o equilíbrio do ciclo global de carbono.

Com o aumento da temperatura, a atividade dos microrganismos se acelera e os solos passam a liberar mais CO_2 na atmosfera. O incremento dessa emissão de carbono pelo solo poderia transformar o ciclo natural do carbono num círculo realiamentador positivo, no qual o aquecimento aumenta as emissões de CO_2 pelo solo, reforçando o aquecimento global, o que por sua vez aumenta as emissões pelo solo, e assim por diante. Esse feedback positivo pode ser prejudicial em especial para os ecossistemas setentrionais, pois ali o aquecimento é mais acelerado, e as condições mais frias levaram à acumulação de um grande estoque de carbono retido de modo permanente no solo congelado, o chamado permafrost. Em geral, o permafrost é frio demais para se decompor, mas a elevação das temperaturas está provocando o seu derretimento, tornando-o vulnerável à decomposição microbiana e à liberação de carbono na atmosfera.

A fim de evitarmos chegar a um possível ponto de não retorno, com o carbono no solo e o aquecimento desencadeando um ciclo de realimentação positiva, precisamos agir de imediato. Primeiro, e mais importante, temos de reduzir agora, e de forma drástica, as emissões de gases do efeito estufa. Também deveríamos plantar mais árvores e outras plantas com raízes profundas em áreas protegidas, bem como preservar os ecossistemas e adotar práticas agrícolas sustentáveis. Precisamos fazer tudo ao nosso alcance para aumentar as reservas de carbono no solo e o sequestro do CO_2 atmosférico. O nosso mundo depende disso. /

Mesmo uma pequena alteração pode ter um impacto enorme no clima, rompendo o equilíbrio do ciclo global de carbono.

2.23

Permafrost

Örjan Gustafsson

Existem apenas alguns poucos processos na natureza que poderiam, no prazo de décadas, ocasionar uma transferência líquida de carbono da terra ou do oceano para a atmosfera suficiente para acelerar de forma significativa a crise climática. Os principais candidatos a isso são o derretimento do permafrost e o colapso dos hidratos submarinos — ou seja, a desestabilização do metano congelado — no Ártico.

O permafrost é uma mescla de solo, sedimento, turfa antiga, rocha, gelo e matéria orgânica que permanece congelada o ano todo, tanto em terra como sob a água. Nele, nos poucos metros superficiais da massa terrestre ártica, está metade de todo o carbono armazenado em todos os solos do planeta, cerca de duas vezes mais do que o existente na atmosfera sob a forma de CO_2, e duzentas vezes mais metano. Uma parcela assombrosa de 60% do imenso território da Federação Russa é constituída de permafrost. Até pouco tempo, considerava-se o permafrost uma reserva de carbono inativo, isolado, "dormente" e desvinculado das trocas com outros estoques de carbono que participam do ciclo global do carbono. Entretanto, com as temperaturas do Ártico aumentando de duas a três vezes mais rápido do que a média global, os estoques de carbono do permafrost agora estão sendo reativados.

Os hidratos (ou hidratos de clatrato) são constituídos por metano cristalizado no decorrer das eras geológicas em condições de baixa temperatura e alta pressão no leito marinho ou em camadas profundas no subsolo. No decorrer de milhões de anos, eles formaram espessas camadas de sedimentos no fundo do oceano Ártico, em geral a trezentos ou quatrocentos metros abaixo da superfície do mar. Alguns hidratos também estão presentes em águas mais rasas no Ártico eurasiano. Eles se formaram sob condições bem mais frias e emergiram de início na gélida tundra remanescente da era glacial no nordeste da Sibéria, depois submersa com a elevação do nível do mar provocada pelo derretimento das geleiras que forma hoje o vasto mar da Sibéria Oriental. Estima-se que essa região costeira inacessível e pouco estudada — com a mesma área conjunta de Alemanha, Polônia, Reino Unido, França e Espanha — contenha cerca de 80% do permafrost submarino do mundo e cerca de 75% dos hidratos em pouca profundidade do planeta.

Esse imenso reservatório de carbono e metano antigos que se estende pela paisagem e o leito marinho árticos é uma espécie de "gigante adormecido" — e são cada vez mais evidentes os sinais de que ele está despertando. Em expedições de pesquisa realizadas nas duas últimas décadas, por todo o extremo norte do continente eurasiano, em metade do círculo ártico e nos maiores mares costeiros do mundo, notamos com frequência cada vez maior que o carbono antigo, que remonta a dezenas de milhares de anos, vem sendo liberado pelo derretimento do permafrost. Também constatamos o metano borbulhando com vigor no leito marinho raso, provavelmente originário do derretimento do permafrost submerso e do colapso dos hidratos.

Nas massas terrestres árticas da Eurásia e da América do Norte, parte do permafrost descongela e volta a congelar todos os anos. Porém, com a elevação das temperaturas, o descongelamento passou a atingir camadas cada vez mais profundas, e a zona do permafrost está se deslocando para o norte. Mesmo que o aquecimento global seja limitado a 1,5°C, os cientistas preveem que de um terço a metade da área de permafrost vai desaparecer até o final deste século. Além disso, as temperaturas e as precipitações crescentes poderiam provocar um colapso ainda maior da paisagem e uma degradação dos depósitos mais profundos de carbono orgânico.

Ao longo dos milhares de quilômetros de litoral no remoto Ártico siberiano, podem ser encontrados enormes depósitos de permafrost com grande volume de gelo (*yedoma*, ou "depósitos de complexos de gelo"), formados durante a última era glacial. Essas áreas são especialmente vulneráveis a colapsos, devido às pressões cada vez maiores do aquecimento, da elevação dos mares e da erosão causada por tempestades mais frequentes.

Além do Ártico, também é preocupante o permafrost no planalto tibetano, conhecido como o "Terceiro Polo". Essa região contém cerca de um décimo do permafrost terrestre ártico; de acordo com cientistas, o permafrost no planalto tibetano pode ser ainda mais propenso ao colapso, devido à sua topografia mais íngreme, à latitude mais baixa e à proximidade de centros urbanos e atividades humanas que o afetam de modo direto, sob a forma de pastagens, construções civis e emissões de aerossóis de carbono negro, como fuligem, que contribuem para o aquecimento climático. Ainda que se estime que o colapso do permafrost no Ártico tenha duplicado nas últimas décadas, agora os cientistas relatam que, no planalto tibetano, o colapso do permafrost e as consequentes emissões de gases do efeito estufa estão aumentando num ritmo dez vezes mais rápido.

Ainda que a maioria das pesquisas sobre as emissões de metano e CO_2 no Ártico tenham enfocado o permafrost em terra firme, agora a atenção está se voltando cada vez mais para o permafrost e os hidratos de metano submersos. É bem provável que o permafrost subaquático seja ainda mais vulnerável do que o terrestre. Embora ambos tenham a mesma origem, as regiões que ficaram submersas com a elevação do nível do mar após a era glacial não só se tornaram mais quentes devido às mudanças climáticas naturais dos últimos 10 mil anos, mas também se aqueceram em cerca de 10°C devido à água do mar que as recobriu. E o aquecimento antropogênico pode acelerar ainda mais o derretimento desse permafrost.

Os abundantes hidratos de metano que se encontram a uma profundidade de cerca de trezentos a quatrocentos metros ao longo do talude continental superior do Ártico eurasiano também estão ameaçados, pois estão situados na mesma

COMO O PLANETA ESTÁ MUDANDO

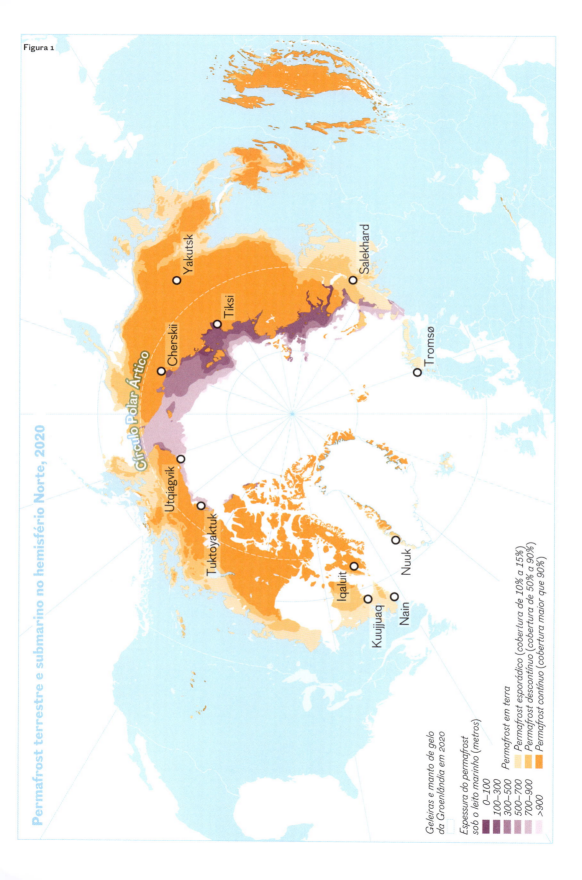

profundidade do afluxo de água quente do Atlântico, cada vez mais presente na região (um fenômeno conhecido como "atlantização"). Com efeito, durante a década passada constatamos que os níveis de metano no enorme e raso mar da Sibéria Oriental estão de dez a cem vezes mais altos do que os níveis normais em outras áreas do oceano; também notamos metano borbulhando em centenas de locais. Isso indica que o sistema de permafrost submarino agora está se rompendo e liberando mais metano do que todos os outros oceanos no planeta. Hoje, tais emissões correspondem a um percentual pequeno de todas as emissões de metano, antropogênicas e naturais, mas não resta dúvida de que esse gás tem como origem as grandes câmaras submarinas de permafrost.

Assim, embora o gigante adormecido esteja começando a despertar, ele ainda não é levado em conta nos orçamentos de carbono. Segundo cientistas, mesmo com os atuais compromissos climáticos (que, tudo indica, não conseguiremos cumprir), o ritmo provável de descongelamento do permafrost terrestre do Ártico vai contribuir neste século para as emissões de metano e de dióxido de carbono num volume equivalente ao de todas as emissões dos países da União Europeia. Tais emissões — sem contar o papel do permafrost e dos hidratos de metano subaquáticos — reduziriam de forma drástica a nossa capacidade de limitar o aquecimento global a 1,5°C ou mesmo 2°C.

Precisamos, portanto, interromper de imediato a extração de combustíveis fósseis no Ártico e evitar uma poluição maior da atmosfera com poluentes mais efêmeros, como os aerossóis de carbono negro, que são particularmente problemáticos, pois, ao se depositarem sobre a neve e o gelo, aquecem a atmosfera e, ao mesmo tempo, escurecem a sua superfície e aumentam o feedback "gelo-albedo". A mitigação das emissões de carbono negro pode ser efetuada de imediato por meio tanto da redução da queima de gás nas unidades de exploração de petróleo e gás no Ártico, como pela regulamentação do uso de madeira como combustível no cinturão boreal que abrange a Escandinávia, a Rússia e o Canadá. Temos a necessidade urgente de agir agora, implementar essas medidas de mitigação e aplainar a curva das emissões antropogênicas. Estou convencido e esperançoso de que estamos testemunhando o despertar não só do gigante adormecido de permafrost/hidratos no Ártico, como também da nossa única sociedade global. /

O gigante adormecido está começando a despertar.

2.24
Como fica o mundo com um aquecimento de 1,5°C, 2°C e 4°C?

Tamsin Edwards

Estamos começando a nos dar conta. Agora o mundo já esquentou um pouco mais de 1°C. Ondas de calor estão superando todos os recordes. As inundações são devastadoras até mesmo nos países mais bem preparados. Incêndios violentos estão consumindo florestas, cidades e o norte gelado.

Não é apenas nossa imaginação, ou por ter maior cobertura da mídia: o clima de fato mudou. O tipo de calor que antes de alterarmos o clima costumava acontecer apenas uma vez a cada dez anos, hoje é três vezes mais provável. As precipitações anômalas hoje são 30% mais prováveis. As secas — menos precipitações e solos mais secos — são 70% mais prováveis. E os cientistas agora podem identificar o papel das atividades humanas em alguns dos piores eventos que testemunhamos, alguns dos quais se tornaram três, dez, centenas de vezes mais prováveis; e alguns outros que seriam praticamente impossíveis sem a nossa influência.

Assim, o quão diferente vai ser o nosso mundo com um aquecimento de 1,5°C ou de 2°C, os limites inferior e superior que constam no Acordo de Paris (fig. 1)? E como vão ficar as coisas se abandonarmos essa meta global e continuarmos a aumentar as emissões no mesmo ritmo de hoje — o que faria com que dobrassem no final deste século — e chegarmos a 4°C? Três ou quatro graus de aquecimento não parecem muita coisa, mas a última vez que as temperaturas globais ficaram mais de 2,5°C acima dos níveis pré-industriais por um longo período foi há mais de 3 milhões de anos, quando os nossos antepassados estavam começando a produzir ferramentas de pedra.

As alterações que o nosso planeta irá experimentar vai mudar a cada meio grau que ele esquentar. O aquecimento ocorrerá mais rápido no interior e nas regiões dos polos. O ciclo da água da Terra será amplificado: muitas partes do mundo que já são úmidas irão sofrer com mais chuvas torrenciais, enquanto regiões secas irão sofrer com mais secas. As monções irão mudar.

Muitos tipos de eventos meteorológicos extremos vão continuar a se agravar (fig. 2). Com um aumento de 1,5°C, o tipo de calor extremo antes registrado uma vez

Que futuro vamos escolher?

1,5°C 　　　　2°C 　　　　4°C

Temperatura

Precipitações

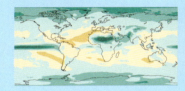 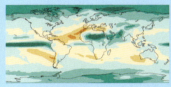 

Figura 1

Eventos meteorológicos extremos que costumavam ocorrer uma vez por década antes da influência humana no clima vão se tornar...

	1,5°C	2°C	4°C
Calor extremo	4 vezes mais provável	6 vezes mais provável	9 vezes mais provável
Chuvas torrenciais	50% mais provável	70% mais provável	3 vezes mais provável
Secas	2 vezes mais provável	2 vezes mais provável	4 vezes mais provável

Figura 2

a cada dez anos vai se tornar quatro vezes mais provável, expondo a ondas de calor letais mais centenas de milhões de pessoas em meados deste século. Com 2°C, essas ondas de calor vão se tornar seis vezes mais prováveis. E, com 4°C a mais, tais temperaturas antes consideradas extremas serão alcançadas quase todos os anos. E as precipitações e as secas extremas também vão ser mais frequentes e severas.

O planeta vai se tornar progressivamente diferente quando visto do espaço. Em 2050, mesmo com um aquecimento de 1,5°C, a cobertura de gelo do oceano Ártico vai desaparecer quase toda ao menos por um mês de setembro, revelando a superfície escura do oceano. Se o gelo marinho desaparecer, ele volta a se formar no inverno seguinte, porém mais fino e mais frágil. Com um aquecimento de 3°C a 4°C, esse gelo vai desaparecer por completo na maioria dos verões, ou mesmo em todos.

E 4°C nem mesmo é o nível mais alto de aquecimento que podemos imaginar. A longo prazo, há incontáveis futuros possíveis, dependendo das nossas escolhas. O gráfico à esquerda, na fig. 3, mostra as temperaturas estáveis ao longo dos últimos 2 mil anos, seguidas por cenários de aquecimento futuro até 2300.

Nós poderíamos tomar medidas para limitar o aquecimento à extremidade inferior dessa variação, ou seja, entre 1,5°C e 2°C. Mesmo nesse caso, ainda assim perderíamos muitas, talvez a maioria, das geleiras existentes no mundo, tornaríamos os oceanos mais quentes e provocaríamos a erosão dos mantos de gelo. Mas a elevação do nível do mar até 2300 (representada na fig. 3 pela coluna azul à direita) seria de alguma forma restrita. Com sorte, seria uma subida de menos de meio metro, ainda que pudesse alcançar três metros — o suficiente para alterar a linha costeira em todo o planeta.

Ou, então, se continuarmos aumentando a concentração de gases do efeito estufa na atmosfera, década após década, século após século, podemos chegar a um planeta irreconhecível: 10°C mais quente em 2300. Todas as geleiras teriam desaparecido. A cada ano, aumentaríamos o risco de desestabilizar o manto de gelo da Antártica — se já não o tivéssemos feito —, o que provocaria uma rápida elevação dos mares durante séculos. Nesse caso, o nível deles subiria até sete metros, como indicado na coluna vermelha da fig. 3. E, se tivermos azar, uma vez que a Antártica é particularmente sensível, o nível dos mares poderia subir ainda mais.

E se pudéssemos interromper de imediato as emissões? Algumas regiões continuariam a mudar por conta das emissões passadas. As geleiras continuariam a encolher durante décadas ou séculos, e os oceanos continuariam a ficar mais quentes. Ou seja, o nível dos mares vai continuar subindo e provocando inundações em áreas costeiras, não importa o que a gente faça.

Um dia, num futuro distante, talvez seja possível reverter alguns dos impactos das mudanças climáticas se conseguirmos reduzir as temperaturas aos níveis anteriores por meio da remoção do excesso de dióxido de carbono na atmosfera. As condições meteorológicas poderiam então voltar à normalidade, e o gelo marinho do Ártico retornaria a cada verão. Depois de muito tempo, poderíamos até mesmo registrar outra vez um avanço das geleiras. Entretanto, não será possível reverter muitas das outras mudanças do planeta em nenhum prazo humanamente concebível. Os oceanos vão ficar mais quentes, os mantos de gelo vão diminuir e o nível dos mares vai permanecer elevado por um período de centenas a milhares de anos.

2300: Futuros possíveis

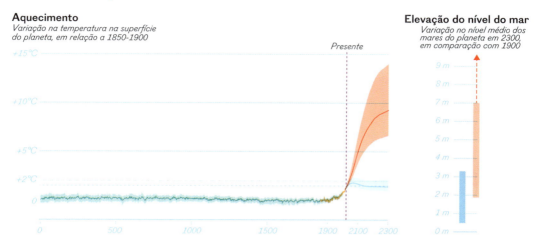

Figura 3: Variações de temperatura nos últimos 2 mil anos e cenários de aquecimento futuro até 2300. A linha tracejada assinala o aumento de 1,5°C. A elevação do nível dos mares em 2300 é indicada em metros, levando em consideração os mesmos cenários.

Páginas seguintes: Ursos-polares vivendo numa estação meteorológica abandonada em Kolyuchin, na região autônoma de Chukotka, na Rússia.

Portanto, o que nos resta fazer? É simples. Como afirmou o relatório do IPCC, "a menos que sejam implementados cortes imediatos e abrangentes nas emissões dos gases do efeito estufa, a limitação do aquecimento a algo perto de 1,5°C, ou mesmo 2°C, será impossível".

Em que pé estamos hoje? Um mundo que consome cada vez mais combustíveis fósseis elevaria a temperatura em até 4°C ou 5°C até 2100. Felizmente, algumas políticas climáticas já adotadas tornam bem menos provável chegarmos a esse ponto. Também houve avanços na tecnologia e no modo como vivemos. Por isso, se essas políticas forem bem-sucedidas, o aquecimento previsto neste século não deve superar os 3°C.

Por outro lado, também nos comprometemos a alcançar determinados resultados, entre os quais as metas estabelecidas pelo Acordo de Paris referentes ao corte de emissões de cada país até 2030, bem como as declarações sobre quando os países pretendem interromper por completo o lançamento de gases do efeito estufa na atmosfera. Se cumprirmos essas promessas, o aquecimento global será de no máximo 2°C, talvez um pouco menos. Toda vez que se define uma nova política ou um novo compromisso, essas previsões vão aos poucos melhorando.

Toda nova medida isolada — cada tonelada de dióxido de carbono que deixarmos de emitir — contribui para reduzir o aquecimento global futuro, aproximando-o da nossa de meta de 1,5°C a 2°C. Como vimos, ainda vamos enfrentar graves consequências mesmo com esses níveis de aquecimento, e o último grau vai ser o mais difícil de ser evitado. No entanto, o enfrentamento das mudanças climáticas não é apenas uma batalha a ser vencida ou perdida. O futuro se mostra mais promissor do que imaginamos, mas ainda não é tão bom quanto esperamos. Acima de tudo, ele depende do que fizermos.

E as gerações futuras vão saber como nos saímos. /

PARTE III /

Como somos afetados

"Não estamos ligando os pontos"

3.1

O mundo está com febre

Greta Thunberg

O mundo está com febre. E febre costuma ser sintoma de outra coisa, como uma infecção, uma doença ou um vírus. A crise climática também é um sintoma, ou, se preferir, resultado de uma crise de sustentabilidade bem mais grave. Em outras palavras, a causa básica do problema não é o aumento da média da temperatura global. E sim o fato de estarmos vivendo acima dos nossos meios, explorando as pessoas e o planeta. Ou, para ser mais exata, alguns poucos entre nós estão fazendo isso. Desigualdades absurdas dividem o mundo. Os 10% mais ricos são responsáveis por metade de todas as nossas emissões. O 1% ainda mais rico é responsável por mais do que o dobro das emissões de CO_2 de toda a metade mais pobre do mundo, segundo um relatório de 2020 divulgado pela Oxfam e pelo Instituto Ambiental de Estocolmo.

Não foi a humanidade como um todo que desencadeou essa crise — que foi criada por aqueles que estão no comando, gente com plena consciência dos valores inestimáveis que estão sacrificando a fim de acumular lucros inimagináveis e manter um sistema do qual são os únicos beneficiários. Entre outras coisas, as estruturas sociais e econômicas que geram essas desigualdades perversas estão nos conduzindo a um precipício ecológico. É a ideia de crescimento infinito num planeta finito.

Quando esquentamos água numa panela, sabemos que ela vai ferver a 100°C. Mas não podemos prever o momento exato em que vão surgir as primeiras bolhas. Tudo o que sabemos é que, a certa altura, a água começa a borbulhar. Foi assim que alguns cientistas descreveram para mim o processo da crise climática. E essa mesma analogia se aplica à crise de sustentabilidade mais ampla.

Muita gente já se perguntou qual seria o primeiro desastre que provocaria uma parada temporária do atual mundo globalizado. Talvez algum conflito por causa de recursos, ou uma crise energética, ou ainda um colapso financeiro. Em vez disso, o que houve foi uma pandemia que mudou as nossas vidas de um dia para o outro.

No começo de 2022, quando estávamos terminando este livro, não dava para afirmar com certeza que a covid-19 tinha saltado de animais (no caso, morcegos) para seres humanos. Ainda restavam dúvidas. O que sabemos, no entanto, é que

Páginas anteriores: Um posto de gasolina destruído durante o incêndio Creek, na região central da Califórnia, em setembro de 2020. Nesse ano, os incêndios florestais se alastraram por uma área recorde de 1,74 milhão de hectares no estado americano, mais de 4% de todo o seu território.

a maioria das pandemias de fato tem origem em animais, que são doenças zoonóticas. Na verdade, 75% de todas as novas doenças contagiosas se originam da fauna silvestre. Os hábitats naturais deveriam funcionar como escudos protetores, mas, ao destruirmos grande parte dessa barreira natural, ficamos vulneráveis a níveis cada vez maiores de perigo. Portanto, é possível, ou não, que o coronavírus tenha se disseminado entre os humanos a partir de animais. Seja como for, a destruição da natureza está criando condições mais favoráveis para a eclosão de novas pandemias — e potencialmente ainda mais letais. Desde o surto global em fevereiro de 2020, a comunidade científica vem salientando isso. No entanto, quase ninguém parece reconhecer a conexão. Assim, é importante deixar registrado que fomos informados de tudo isso. Como o diretor-executivo do Programa de Emergência Sanitária da Organização Mundial de Saúde (OMS) disse em um discurso de fevereiro de 2021:

> Estamos criando condições mais propícias para epidemias, estamos obrigando as pessoas a abandonar as suas casas devido aos estresses climáticos. Estamos fazendo muita coisa, e estamos fazendo isso em nome da globalização e, em algum sentido, da busca por essa coisa maravilhosa que as pessoas chamam de crescimento econômico. Bem, na minha visão, isso virou uma proliferação maligna, e não um crescimento, pois na verdade estamos promovendo práticas insustentáveis no que se refere ao modo como administramos as comunidades, o desenvolvimento, a prosperidade. Estamos assinando cheques que, enquanto civilização, não vamos poder descontar no futuro — são cheques sem fundo. E o meu temor é que essa conta vai ser paga pelas nossas crianças. No futuro, quando não estivermos mais aqui, os nossos filhos vão acordar num mundo assolado por pandemias muito mais letais, que vão colocar de joelhos a nossa civilização. Nós precisamos de um mundo mais sustentável, no qual o lucro não seja mais importante do que as comunidades. No qual o lucro não seja o critério básico, no qual a submissão ao crescimento econômico seja excluída da equação.

Se você estiver lendo este livro daqui a alguns anos, ou talvez daqui a décadas, talvez imagine que essas palavras tenham tido algum impacto, que tenham sido comentadas em artigos, programas de rádio ou noticiários na televisão. No entanto, não houve quase nenhuma reação. Quando se trata da nossa saúde, "estamos nos flagelando", como diz Ana Maria Vicedo-Cabrera. Atualmente, 37% das mortes associadas ao calor são causadas pelas mudanças climáticas, cerca de 10 milhões de pessoas morrem a cada ano por causa da poluição e, com o aquecimento incessante do planeta, a malária e a dengue podem ameaçar bilhões de pessoas no final deste século. E tudo isso por causa de uma crise que pode ser descrita como resultado da busca por um crescimento econômico míope, ou simplesmente de um mundo no qual prevalecem a ganância, o egoísmo e a desigualdade, a ponto de desequilibrar tudo o mais. Em outras palavras, a crise de sustentabilidade é o que se delineia quando enfim ligamos todos os pontos.

3.2

Saúde e clima

Tedros Adhanom Ghebreyesus

A crise climática está batendo à nossa porta, trazida por nossa dependência dos combustíveis fósseis. As consequências para a nossa saúde são inescapáveis e muitas vezes devastadoras, e agora estão começando a ocorrer bem diante dos nossos olhos.

As mudanças climáticas afetam a saúde em todo o mundo, mas o impacto maior recai sobre as populações dos países de renda baixa e média, que já vinham enfrentando outros problemas sanitários, econômicos e ambientais. O risco de doenças transmitidas por vetores e de surtos de escassez de alimentos aumenta sem parar, bem como o da falta de água e o da subida do nível dos mares.

Embora as mudanças não sejam causa direta de doenças, elas afetam o modo como estas se disseminam e prejudicam os esforços para contê-las. Um exemplo é o da malária. O aumento da temperatura, das chuvas e da umidade facilita a proliferação dos mosquitos transmissores, mesmo em áreas sem registro anterior de casos. Um estudo da Organização Mundial da Saúde estimou, de forma conservadora, que as alterações no clima podem causar 60 mil mortes a mais por malária entre 2030 e 2050, mesmo considerando outras medidas para atenuar o impacto da doença. Segundo o mesmo estudo, pelo menos 5% dos casos globais de malária, ou 21 milhões de casos, seriam atribuíveis às mudanças climáticas em 2030.

Esse é apenas um exemplo, mas há centenas de outros de "riscos sanitários dependentes do clima". Por exemplo, as crianças nascidas depois de 2014 (que completam até oito anos em 2022) vão vivenciar uma quantidade 36 vezes maior de ondas de calor que uma pessoa nascida em 1960 (ou seja, com 62 anos em 2022). Até um quinto (19%) da superfície continental do planeta foi afetada por secas extremas e anômalas em 2020, que pioraram de forma acentuada a escassez de alimentos e de água. E a lista é interminável.

A vulnerabilidade das pessoas a essas ameaças é determinada em grande parte por fatores sociais: os impactos são sentidos de forma desproporcional pelos mais desfavorecidos, incluindo as mulheres, as crianças, as minorias étnicas, as comunidades pobres, os migrantes ou deslocados, os idosos e os portadores de problemas crônicos de saúde.

Toda demora para evitar o agravamento dessas ameaças sanitárias vai afetar desproporcionalmente a parcela mais desfavorecida da população mundial. Uma vez que a maioria das pessoas pobres não possui seguros ou planos médicos, os choques e estresses na área da saúde empurram todos os anos cerca de 100 milhões de pessoas para a miséria, e os impactos das mudanças climáticas só intensificam essa tendência. Para o pleno enfrentamento dessa crise urgente, é imprescindível que confrontemos as desigualdades na raiz desse desafio.

Contudo, a longo prazo, ninguém deixará de ser prejudicado. Cada vez mais, os riscos vão depender do quanto antes medidas transformadoras forem tomadas, visando reduzir as emissões e evitar a superação de limiares de temperatura perigosos e de pontos de inflexão irreversíveis.

Muitos governos começam a se dar conta de que precisam agir com rapidez a fim de proteger os cidadãos dos crescentes impactos climáticos. Segundo um levantamento recente, realizado pela OMS em conjunto com os seus Estados membros, mais de três quartos dos países indicaram que já desenvolveram ou estão desenvolvendo planos ou estratégias contra o impacto das mudanças climáticas em seus sistemas de saúde.

Por outro lado, muitas vezes os países de renda baixa e média não dispõem de recursos e apoio técnico para implementar esses planos, e apenas um terço deles vem recebendo ajuda internacional. A solidariedade global, a capacitação operacional e o compartilhamento de tecnologia e know-how serão cruciais para superar essa barreira.

Minha esperança é de que entendemos cada vez mais os inúmeros benefícios, incluindo na área da saúde, de uma ação rápida e abrangente para interromper e reverter a crise climática.

Por exemplo, muitas das medidas para diminuir as emissões de gases do efeito estufa também melhoram a qualidade do ar e contribuem para várias das Metas de Desenvolvimento Sustentável da ONU. Algumas iniciativas — como o estímulo às caminhadas e ao uso de bicicletas — contribuem para a saúde ao aumentar a atividade física e reduzir doenças respiratórias e cardiovasculares, alguns tipos de câncer, diabetes e obesidade.

Outro exemplo é a promoção de áreas verdes urbanas, que concorrem para a mitigação e adaptação climática, ao mesmo tempo que promovem benefícios colaterais para a saúde, como menor exposição à poluição do ar, efeitos de resfriamento local, alívio do estresse e maior espaço recreativo para interações sociais e atividades físicas.

A adoção de dietas vegetarianas mais nutritivas poderia diminuir de forma significativa as emissões globais, assegurando um suprimento alimentar mais resiliente e evitando até 5,1 milhões de mortes anuais associadas à dieta até 2050.

Os benefícios para a saúde pública de esforços de mitigação ambiciosos superariam em muito o seu custo. Eles proporcionam argumentos incisivos em favor de mudanças transformadoras e podem ser alcançados em muitos setores. Pesquisas revelam que as ações climáticas alinhadas às metas do Acordo de Paris salvariam milhões de vidas com a melhoria na qualidade do ar, nas dietas e na quantidade de atividade física, entre outros benefícios.

Todavia, muitos processos de tomada de decisões referentes ao clima ainda não levam em conta esses benefícios colaterais. Quando são feitos os cálculos e são estabelecidas metas climáticas distantes, é fácil esquecer que, por trás desses números e objetivos, existem pessoas cuja saúde depende de ações ambiciosas imediatas.

Nesse sentido, toda demora tem um custo elevado: cada fração de aquecimento a mais acrescenta um preço à nossa saúde e à dos nossos filhos. O slogan "1,5°C para continuarmos vivos" — usado pelos países mais vulneráveis para estimular medidas climáticas ambiciosas — deve ser entendido de forma literal para a perspectiva da saúde.

Em todo o mundo, lideranças do setor da saúde vêm soando o alarme sobre as mudanças no clima, e cada vez mais dão os passos necessários para proteger as comunidades dos crescentes impactos climáticos, ao mesmo tempo que tentam reduzir as emissões. Em outubro de 2021, semanas antes da conferência do clima COP26, uma carta aberta assinada por mais de dois terços da força de trabalho global do setor de saúde foi enviada aos líderes nacionais. E essa carta ressaltava que, "em toda parte onde prestamos atendimento, em hospitais, clínicas e comunidades ao redor do mundo, já estamos tratando dos danos à saúde causados pelas mudanças climáticas".

Ao mesmo tempo, a OMS publicou um Relatório Especial sobre Mudança Climática e Saúde, detalhando as prescrições da comunidade global da saúde no que tange às ações climáticas, ressaltando as medidas prioritárias que os governos precisam tomar para o enfrentamento da crise climática, a recuperação da biodiversidade e a proteção da saúde.

Colocar em prática essas recomendações para um futuro saudável — desde o compromisso com uma recuperação saudável, verde e justa da covid-19, passando pela criação de setores energéticos que conservem e melhorem o clima e a saúde, até a promoção de sistemas de produção alimentar sustentáveis e resilientes — significa investir num mundo mais saudável, justo e mais resiliente como um todo. As economias mais avançadas, sobretudo, estão hoje diante de uma oportunidade geracional única de demostrar uma verdadeira solidariedade global.

A conferência do clima COP26 efetivamente nos aproximou um pouco mais desse objetivo, com novos compromissos climáticos nacionais, recursos financeiros adicionais para ação climática em países vulneráveis e dezenas de metas governamentais visando à descarbonização e ao aumento da resiliência dos setores da saúde.

Mas a proteção da saúde também requer ação em outras áreas, sobretudo nas de energia, transportes, natureza, alimentares e financeiras. Lamentavelmente, a maioria delas ainda está muito pouco preparada para as mudanças que precisam ser feitas, e o danoso setor dos combustíveis fósseis continua recebendo subsídios no ritmo de 11 milhões de dólares por minuto.

Ainda temos um longo caminho a percorrer na proteção da nossa saúde e para assegurar um futuro saudável para as nossas crianças, mas ao menos sabemos o que devemos fazer. Os argumentos do setor da saúde para a tomada imediata de medidas contra a crise climática nunca foram tão claros. Ao trabalho, então.

3.3

Calor e doença

Ana M. Vicedo-Cabrera

O calor é uma das maiores ameaças ambientais com que nos defrontamos. Nos últimos anos, ondas de calor históricas e extremas, como as que assolaram a Europa em 2003 e a Rússia em 2010, proporcionaram uma demonstração chocante do quão devastadores podem ser tais eventos: estima-se que vários milhares de mortes a mais ocorreram nessas ocasiões. Atualmente, cerca de 1% de todas as mortes no mundo podem ser atribuídas ao calor, com cerca de sete óbitos anuais associados ao calor para cada 100 mil pessoas, um índice tão alto quanto o da malária (fig. 1).

Não há como falar do calor sem levar em conta as suas conexões com as alterações no clima. As mudanças climáticas antropogênicas são hoje responsáveis por uma em cada três mortes causadas pelo calor — ou 37% das mortes associadas a ele entre 1991 e 2018. Considerando que essa taxa de mortalidade significativa vem ocorrendo com um aquecimento entre 0,5°C e 1°C, é plausível que aumente nas próximas décadas, à medida que o aquecimento global avança para 2°C, 3°C ou até 4°C. De acordo com projeções recentes, as mudanças no clima vão decuplicar no final deste século a taxa atual de óbitos vinculados ao calor em algumas regiões, como o sul da Europa, o sudeste da Ásia e a América do Sul, levando em conta o cenário mais pessimista (ou seja, caso as emissões persistam e não haja nenhuma adaptação). É importante lembrar que as tendências sociais atuais, como o envelhecimento demográfico e o aumento da urbanização, atuariam como fatores amplificadores, uma vez que os maiores riscos por conta das temperaturas altas são observados sobretudo em áreas urbanizadas (o que se explica, em parte, pelo efeito das chamadas "ilhas de calor") e entre os mais idosos, especialmente vulneráveis aos impactos fisiológicos do calor.

Ao serem expostos ao calor, os seres humanos contam com vários recursos para manter a temperatura corporal num patamar seguro (e limitado) em torno de 37°C. Contudo, nem sempre esses mecanismos funcionam de forma adequada em alguns indivíduos, ou talvez não se mostrem tão eficientes em condições de calor extremas — caracterizadas, em geral, pelo calor associado a alta umidade. É crucial que o ar ao nosso redor seja fresco o bastante para absorver o calor dos nossos corpos. Todavia, vivemos em ambientes onde o ar muitas vezes é mais quente do que o corpo. Por isso, também é preciso que a umidade seja baixa o suficiente para que possamos nos refrescar por meio da transpiração, que retira o nosso calor. Quando a umidade relativa do ar chega a 100%, a transpiração deixa de ser um recurso eficiente de evaporação e, consequentemente, de

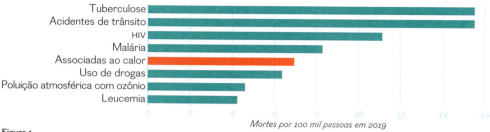

Figura 1

resfriamento da nossa pele. As temperaturas acompanhadas de 100% de umidade são conhecidas como "de bulbo úmido". Uma temperatura desse tipo de cerca de 35°C é letal para um ser humano — mas causa problemas graves antes mesmo de chegar a esse ponto.

    O corpo não tem meios de lidar com condições de calor extremo, e estas acabam desencadeando uma série de mecanismos que resultam numa variedade de efeitos adversos para a saúde. Ao contrário do que se costuma pensar, as mortes por insolação são uma fração ínfima de todos os óbitos ocasionados pelo calor, que pode contribuir para inúmeras condições agudas, como ataques cardíacos, ou exacerbar condições subjacentes, como doenças pulmonares obstrutivas crônicas. A mortalidade é apenas a ponta do iceberg: o calor também foi associado ao aumento do risco de hospitalização por distúrbios cardiovasculares ou respiratórios, além de nascimentos prematuros.

    As temperaturas elevadas afetam todas as pessoas, mas os idosos, as grávidas, as crianças e os portadores de enfermidades crônicas foram identificados como os segmentos mais vulneráveis em termos fisiológicos. O impacto do calor também varia bastante entre regiões, países e até cidades no mesmo país. Na Europa, por exemplo, o risco é maior na orla mediterrânica do que nas cidades setentrionais. A magnitude do impacto em determinada população varia conforme a intensidade do calor, a proporção de pessoas mais vulneráveis na região e os recursos com que conta a população para se proteger. Avaliações recentes constataram que populações altamente urbanizadas e com maior grau de desigualdade são as mais afetadas.

    No mundo atual, os verões mais quentes e as ondas de calor extremo estão se tornando a norma. É urgente encontrarmos maneiras de reduzir a nossa vulnerabilidade — ou, em outros termos, precisamos nos adaptar de modo eficiente às temperaturas mais altas. Embora tenha havido algum avanço nesse sentido nas últimas décadas, ainda não está claro quais formas de adaptação são mais viáveis para o futuro. Embora tradicionalmente os aparelhos de ar condicionado sejam tidos como uma solução eficaz, ela não é a única disponível, e ainda temos de comprovar a sua eficiência num mundo bem mais quente — no mínimo, devido às implicações dessa abordagem nos gastos energéticos e na desigualdade social. Para muitos, esses aparelhos simplesmente não são uma solução viável. As iniciativas de saúde pública, como os sistemas de alerta antecipado de ondas de calor, também se mostraram ferramentas úteis, porém mesmo nesse caso devemos ser cautelosos, pois é bem provável que as medidas que hoje funcionam bem talvez não se revelem tão satisfatórias quanto gostaríamos no futuro.

A desigualdade crescente, a urbanização acelerada e o esgotamento dos recursos naturais estão todos vinculados a mudanças climáticas, e também estão afetando a nossa saúde, tanto de forma direta como indireta. Portanto, é crucial para nós pensarmos em intervenções mais holísticas, abrangentes e ambiciosas. Essa é uma das principais mensagens que os cientistas vêm transmitindo desde o início da pandemia de covid-19, cuja eclosão revelou com nitidez as deficiências dos sistemas de saúde pública. A despeito dos alertas persistentes de especialistas sobre o risco de surgirem doenças contagiosas danosas, o surto inicial da pandemia foi uma surpresa para quase todo mundo, encontrando despreparados tanto os governos como as instituições de saúde pública. Como no caso das mudanças climáticas, a proliferação de desinformação, a falta de confiança nas pesquisas científicas e a ausência de lideranças comunitárias, bem como a desconexão entre os gestores públicos, a comunidade científica e a população em geral, acarretaram um estresse adicional durante o enfrentamento dessa crise. Essa emergência sanitária global nos ensinou que a prevenção eficaz e oportuna, a preparação e a capacidade de resposta são essenciais para aliviar os efeitos de crises sanitárias futuras. Portanto, agora cabe a nós aprender com os erros passados. Ainda nos resta algum tempo para construirmos um mundo resiliente, sustentável e igualitário para as próximas gerações. /

A mortalidade é apenas a ponta do iceberg.

3.4
Poluição atmosférica
Drew Shindell

Tanto as mudanças climáticas como a poluição do ar são, antes de tudo, matadores invisíveis. Talvez a gente veja algumas vítimas de tempestades tropicais na televisão, mas a exposição ao calor mata centenas de milhares de pessoas todos os anos. Do mesmo modo, poucos de nós estão cientes de que cerca de 10 milhões de mortes anuais por doenças cardíacas ou respiratórias se devem à exposição a poluentes atmosféricos em locais abertos. A exposição a altos níveis de partículas em suspensão e de ozônio, um componente das nuvens de fumaça, é um fator que eleva o risco dessas enfermidades. Portanto, toda redução das emissões que reforçam as mudanças no clima, e que se originam em grande parte das mesmas fontes que causam a poluição do ar, vai resultar em benefícios ainda maiores do que a maioria das pessoas imagina. Como os danos da poluição do ar e das mudanças climáticas recaem de forma desproporcional sobre os segmentos mais pobres e vulneráveis da sociedade, os benefícios para a saúde advindos da mitigação das mudanças climáticas também vai abrir caminho para um mundo mais justo e igualitário.

Uma das medidas mais importantes ao nosso alcance para combater a poluição do ar e a crise no clima requer apenas, para dizer de forma simples e direta, que deixemos de queimar coisas. Deixar de queimar combustíveis fósseis é um passo essencial que resulta em benefícios enormes e imediatos na qualidade do ar, uma vez que uma em cada cinco mortes prematuras se deve à poluição associada a eles. Interromper a queima de biocombustíveis, usados no preparo de alimentos (e, por vezes, na calefação), e assegurar às pessoas mais pobres do planeta o acesso a formas de energia mais modernas e eficientes também levaria a enormes benefícios à saúde ao melhorar a qualidade do ar em locais fechados e abertos. Estima-se que a poluição do ar no interior das casas seja responsável, a cada ano, pela morte prematura de cerca de 4 milhões de pessoas, sobretudo mulheres e crianças que ficam mais expostas à fumaça em cozinhas. Do mesmo modo, acabar com a queima de resíduos agrícolas e, em vez disso, usá-los como adubo também contribui para diminuir a poluição do ar e aumentar a quantidade de nutrientes do solo. Todas essas ações vão atenuar mudanças climáticas a longo prazo.

Há ainda outras medidas importantes para tornar o ar que respiramos mais seguro e limpo, como a redução das emissões de aterros sanitários e depósitos de estrume. Isso reduz o metano, um precursor do ozônio, e a poluição local

Custo-benefício da redução de emissões nos Estados Unidos em função das metas do Acordo de Paris, em comparação com um cenário de emissões elevadas

Figura 1: Quanto maior a relação, mais os benefícios financeiros da mitigação das emissões superam os custos da limitação do aquecimento. As linhas tracejadas indicam o âmbito de variação; a linha ininterrupta é a média.

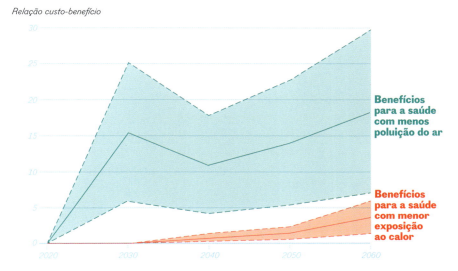

Relação custo-benefício

Benefícios para a saúde com menos poluição do ar

Benefícios para a saúde com menor exposição ao calor

insalubre. Além disso, temos de diminuir o consumo de alimentos de origem animal, pois a enorme quantidade de cabeças de gado é responsável por emissões consideráveis de metano (liberado nos gases e excrementos dos bovinos), equivalentes a cerca de 30% das emissões globais de metano resultantes de atividades humanas. Isso é importante, pois as emissões de metano responderam até agora por cerca de um terço do aquecimento provocado por todas as emissões de gases do efeito estufa — e por cerca de 500 mil óbitos prematuros a cada ano por causa do ozônio.

O importante em se tratando dos benefícios do ar limpo e da mitigação das mudanças climáticas é que eles se complementam muito bem, e seria conveniente que as políticas nesse sentido tivessem como objetivo otimizar ambos ao mesmo tempo. Os benefícios do ar mais limpo logo são notados, pois a qualidade do ar reflete rapidamente as alterações nas emissões, como vimos nos céus azuis que se seguiram aos períodos de confinamento por causa da covid-19 em cidades que costumam ser enfumaçadas, como Nova Delhi, Guangzhou e Cairo. Em contraste, os benefícios da atenuação das mudanças climáticas em geral demoram para se manifestar, pois o sistema climático reage mais devagar, mas ainda assim elas são cruciais a longo prazo. Também nesse caso, há uma complementaridade na abrangência espacial dessas duas alterações ambientais. Como a poluição do ar é um problema de escala sobretudo nacional e regional, os países que reduzem as suas emissões são os que mais se beneficiam do ar mais limpo. Por outro lado, as mudanças climáticas são um problema global, que requer a cooperação de todos na diminuição das emissões, que por sua vez vai ser boa para o mundo inteiro.

Quando se presta atenção nos benefícios, fica evidente a falácia contida no argumento de que caberia aos outros agir primeiro ou que nenhum país deveria agir até que todos estivessem de acordo. Num estudo realizado em 2021, por exemplo, mostramos que, se os Estados Unidos cortassem as suas emissões em conformidade com as metas do Acordo de Paris, isso resultaria em benefícios, em termos de ar limpo, para o país que superariam os custos já na década inicial de ação contra o clima. Os benefícios climáticos também ultrapassariam o custo das medidas, mas apenas na segunda metade deste século e só se o restante do mundo também se empenhasse em alcançar as metas do Acordo de Paris (fig. 1). A redução das emissões globais visando à meta do Acordo de Paris para limitar o aquecimento a 2°C poderia evitar, apenas nos Estados Unidos, cerca de 4,5 milhões de óbitos prematuros, 1,4 milhão de hospitalizações e atendimentos de emergência, e 1,7 milhão de casos de demência. Se apenas os Estados Unidos cortassem as suas emissões segundo os parâmetros do Acordo de Paris, mesmo assim de 60% a 65% desses benefícios seriam alcançados.

Portanto, adotando a perspectiva mais ampla do bem-estar social como um todo, em vez de focar apenas nos efeitos das mudanças climáticas, podemos incitar ações ao mostrar às pessoas como elas poderiam desfrutar, a curto prazo e em nível local, de benefícios de saúde, além, é claro, de contribuir para evitar uma catástrofe climática a longo prazo, algo que muitos acham difícil de entender. /

A redução das emissões globais visando à meta do Acordo de Paris poderia evitar, apenas nos Estados Unidos, cerca de 4,5 milhões de óbitos prematuros.

3.5
Doenças transmissíveis por vetores
Felipe J. Colón-González

As doenças transmissíveis por vetores — ou seja, disseminadas para ou entre seres humanos por uma variedade de organismos, como mosquitos, moscas e outros artrópodes — são responsáveis por cerca de 17% de todos os óbitos, enfermidades e incapacidades no mundo, causando mais de 700 mil mortes por ano. Entre essas doenças que afligem os seres humanos, as principais são malária, dengue, chicungunha, zika, febre amarela, encefalite japonesa, filaríase linfática, esquistossomose, doença de Chagas e leishmaniose.

Mais de 80% da população mundial vivem atualmente em áreas onde há risco de contraírem ao menos uma dessas doenças, e mais de metade da população corre o risco de ser infectada por duas ou mais. Essas enfermidades — muitas das quais são crônicas, incapacitantes e estigmatizantes — estão associadas de forma desproporcional à pobreza e à desigualdade e constituem um obstáculo importante para o desenvolvimento socioeconômico.

Há muitas maneiras pelas quais as mudanças climáticas podem afetar a ecologia e a transmissão de doenças disseminadas por vetores, e o entendimento desses efeitos é essencial para a antecipação e resposta ao potencial risco aumentado de contágio. Com a elevação da temperatura em todo o planeta, essas doenças estão aos poucos se disseminando por regiões onde antes normalmente não eram encontradas e ressurgindo em áreas de onde haviam sido eliminadas décadas antes. Um exemplo é a malária, que vem se deslocando para altitudes maiores na África e na América do Sul, acompanhando o clima mais adequado à transmissão. Casos de dengue começam a ser vistos em países como Itália, Croácia e Afeganistão — onde a doença nunca tinha conseguido se disseminar.

O êxito da transmissão e da difusão desse tipo de enfermidade depende de interações complexas entre o clima, o meio ambiente e as características da população humana, bem como do seu nível de imunidade e de mobilidade. Há uma preocupação crescente e legítima de que as mudanças no clima vão acabar facilitando o surgimento — e o ressurgimento — dessas doenças transmitidas por vetores. Graças a análises de laboratório, modelagem empírica e estudos de campo, constatamos que as mudanças de temperatura podem de fato intensificar a

Efeitos da temperatura e das precipitações na temporada de transmissão da malária

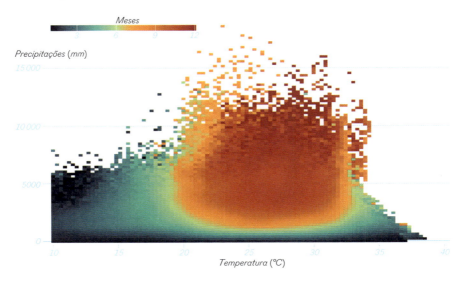

Figura 1:
Um clima mais quente e mais chuvoso pode ampliar a temporada de contágio — estendendo-se, em alguns casos, até mesmo por todo o ano.

capacidade de infecção dos patógenos, pois desempenham um papel importante em variáveis determinantes dos vetores, como o tamanho da população, a frequência das picadas, a probabilidade de sobrevivência e o tempo de vida.

Em termos gerais, as temperaturas mais quentes facilitam a difusão dessas doenças. A transmissão atinge o ápice em temperaturas médias — por volta de 25°C —, com o risco de infecção diminuindo em condições muito quentes ou muito frias. Embora esses efeitos variem conforme o vetor e o patógeno, porque as mudanças climáticas resultam em temperaturas intermediárias em muitas regiões (numa faixa nem muito fria, nem muito quente, ideal para a propagação das doenças), estão surgindo cada vez mais oportunidades para proliferação de patógenos e vetores.

As precipitações também têm efeitos importantes, em especial no caso de insetos como os mosquitos, com etapas de desenvolvimento na água. Outras espécies difusoras de doenças e que não passam por uma etapa aquática, como carrapatos ou maruins, também são afetadas de forma indireta pelas chuvas com a alteração nos níveis de umidade. O aumento das precipitações pode multiplicar poças de água, nas quais esses insetos se reproduzem; por outro lado, secas também poderiam favorecer a criação de locais de reprodução, uma vez que as pessoas precisam coletar e armazenar água em épocas de escassez.

Há diversos estudos sobre os efeitos das mudanças climáticas na malária e na dengue, duas das maiores ameaças globais à saúde. E eles constataram que as alterações no clima poderiam ampliar de forma significativa a duração da temporada de transmissão dessas duas doenças, bem como o número de meses adequados para a sua disseminação num determinado ano.

Alterações na duração da temporada de transmissão de dengue em 2080

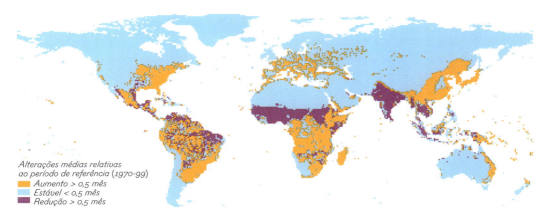

Alterações médias relativas
ao período de referência (1970-99)
- Aumento > 0,5 mês
- Estável < 0,5 mês
- Redução > 0,5 mês

Figura 2

A temporada de transmissão da malária poderia se estender, em 2080, por até 1,6 mês a mais nas áreas mais elevadas da África, do leste do Mediterrâneo e da América do Sul. Hoje, como a transmissão nessas áreas é baixa, as populações podem estar imunologicamente vulneráveis, e os sistemas de saúde pública, pouco preparados para lidar com a nova ameaça. No caso da dengue, a temporada de transmissão pode aumentar até quatro meses em áreas do Pacífico ocidental situadas até 1500 metros acima do nível do mar.

O aumento das temperaturas vai tornar o clima mais favorável a alguns vetores transmissores de doenças, e menos favorável a outros. Por exemplo, a espécie de mosquito que hoje é o principal vetor da malária na África poderia ser substituída por outra mais adaptada ao calor na África subsaariana. Ou então o clima pode se tornar menos favorável à difusão da malária, porém mais para outras doenças como a dengue, a chicungunha ou a zika, transmitidas por mosquitos que preferem um tempo mais quente.

A distribuição geográfica e a disseminação dessas doenças também podem sofrer alterações por conta das mudanças climáticas. A malária e a dengue podem se disseminar em áreas temperadas como a França, a Bulgária, a Hungria e a Alemanha, bem como a Costa Leste dos Estados Unidos, desde o sul de Atlanta até o norte de Boston (fig. 2). Se os sistemas de saúde pública se mostrarem eficientes para suprimir o contágio, essas mudanças talvez não acarretem uma quantidade maior de casos. No entanto, a pandemia de covid-19 demonstrou a precariedade desses sistemas, até nos países mais ricos. Nessas áreas potencialmente vulneráveis, será preciso reforçar a vigilância epidemiológica, o monitoramento e os sistemas de alerta antecipado.

Com as doenças transmitidas por vetores se estendendo a novas regiões do planeta, mais 3,6 bilhões de pessoas correriam o risco de contrair malária e dengue em 2070, em comparação com aquelas que viviam em áreas de risco entre 1970 e 1999. Caso as emissões de gases do efeito estufa sofram redução significativa, esse número diminuiria para até 2,4 bilhões; no entanto, no caso de emissões ainda maiores, até 4,7 bilhões de pessoas correriam o risco de contágio.

Portanto, muita coisa está em jogo em nossa meta de restringir o aquecimento global a 2°C: se formos bem-sucedidos, vamos diminuir de forma drástica o sofrimento futuro causado por essas doenças em nossas comunidades e economias. Embora um progresso substancial tenha sido alcançado no controle das doenças contagiosas, os impactos das mudanças climáticas, associados a outros fatores agravantes, como urbanização crescente, migrações e viagens internacionais, vão complicar ainda mais os esforços para controlar e erradicar tais doenças nas próximas décadas. /

A malária e a dengue podem se disseminar em áreas temperadas como a França, a Bulgária, a Hungria e a Alemanha, bem como a Costa Leste dos Estados Unidos.

3.6

Resistência aos antibióticos

John Brownstein, Derek MacFadden, Sarah McGough e Mauricio Santillana

A descoberta dos antibióticos, uma das maiores façanhas médicas do último século, proporcionou aos seres humanos um recurso eficaz para o tratamento de infecções bacterianas. Esses medicamentos salvaram incontáveis vidas, tornando-se indispensáveis na prática da medicina moderna. Infelizmente, porém, eles parecem estar perdendo a eficácia. Quanto mais usamos antibióticos, mais depressa eles vão se tornar inúteis, pois com o tempo as bactérias tendem a desenvolver resistência contra os agentes antibióticos. Essa é a "sobrevivência dos mais aptos" na prática: a evolução seletiva favorece a proliferação dos genes e bactérias resistentes aos antibióticos (incluindo variedades extremamente resistentes conhecidas como "superbactérias").

Em todo o mundo estão aumentando as infecções provocadas por essas bactérias mais resistentes. Estima-se que, a cada ano, elas sejam a causa de centenas de milhares de mortes e de bilhões de dólares em prejuízos econômicos. A resistência aos antibióticos emergiu aos poucos como uma das maiores ameaças à saúde em nossa época. Em que medida o aumento dessa resistência poderia estar relacionado a outro importante problema de saúde pública — as mudanças climáticas antropogênicas — é uma das questões mais prementes que enfrentamos hoje.

Nos últimos cinco anos, estamos vendo indícios de que a resistência aos antibióticos em patógenos bacterianos pode de fato estar associada ao clima, incluindo a temperatura ambiental: há estudos que revelaram uma correlação entre temperaturas ambientes mais altas e maior prevalência de resistência em bactérias causadoras de algumas das infecções mais comuns em seres humanos. De fato, algumas das infecções bacterianas mais resistentes das últimas décadas foram registradas em latitudes centrais mais quentes. Sabemos que a bactéria resistente que provoca essas infecções e, em certos casos, os seus genes se disseminaram e proliferaram em todo o mundo a partir de suas supostas origens geográficas. Ainda não sabemos exatamente como isso se dá, mas é possível que ocorra pelos mais diversos caminhos, entre os quais o intestino ou a pele de humanos ou animais, em produtos alimentícios, difundindo-se pelo ambiente, por exemplo através dos cursos d'água.

147 COMO SOMOS AFETADOS

Tão preocupante quanto é o fato de que a taxa de surgimento da resistência aos antibióticos parece estar correlacionada ao clima, com regiões mais quentes apresentando aumentos mais rápidos no predomínio da resistência ao longo do tempo. Não é nada fácil desenredar por completo o papel dos fatores climáticos e o de outras características regionais, mas o conjunto crescente de evidências sugere que o aquecimento climático pode estar desempenhando um papel importante no favorecimento da resistência aos antibióticos.

Essas constatações parecem plausíveis, sobretudo quando se leva em conta como a temperatura afeta o ciclo de vida das bactérias, além das atividades humanas e animais em geral. Como a taxa de sobrevivência e crescimento das bactérias está estreitamente vinculada à temperatura, não é absurdo supor que a colonização de seres humanos e animais e a sua persistência ambiental também sejam influenciadas pela temperatura ambiente. Isso é confirmado por estudos que mostraram nítidas variações sazonais na taxa de infecções ocasionadas por bactérias que costumam ser encontradas em nossa flora, com o recrudescimento das infecções na pele, no trato urinário e na corrente sanguínea durante os meses mais quentes. A temperatura também pode modular a propensão de grupos de genes associados à resistência antibiótica a serem transferidos de uma bactéria a outra. Um dos genes mais preocupantes associados a isso (NDM-1) foi achado em poças d'água em ruas de cidades e na água potável em Nova Delhi. Ele confere resistência a alguns dos antibióticos mais potentes e comuns. O NDM-1 costuma fazer parte de um conjunto móvel de genes que pode ser transferido de uma bactéria a outra, e o mesmo estudo realizado em Nova Delhi constatou que esse tipo de transferência era mais frequente nas temperaturas normais da região. É possível que, ao contribuírem para a difusão de organismos resistentes e de seus genes, as temperaturas mais altas estejam facilitando na prática a seleção e a propagação dessa resistência.

Há obstáculos consideráveis para se obter uma estimativa do custo atual dessa crescente resistência aos antibióticos, para não mencionar os custos futuros. Algumas projeções sugerem que, em meados do século XXI, podemos atribuir a isso milhões de mortes por ano e trilhões de dólares em prejuízos econômicos. Entretanto, esses cálculos são basicamente prejudicados pela vigilância precária e pelas suposições relativas ao crescimento econômico — e, o que é crucial, não levam em conta fatores como o aquecimento global, que poderia acelerar a propagação de bactérias e genes resistentes aos antibióticos. Os padrões iminentes de mudança do clima poderiam provocar um efeito indireto, mas inevitável, no agravamento do impacto global da resistência aos antibióticos nas próximas décadas, acelerando a perda do melhor recurso de que dispomos para combater infecções bacterianas. /

3.7
Alimentos e nutrição
Samuel S. Myers

Em fevereiro de 2020, a lavradora queniana Mary Otieno viu as plantações de milho de sua região inteiramente cobertas por um enxame voraz de gafanhotos-do-deserto que se estendia por 2,4 mil quilômetros quadrados. Embora mudanças recentes nas circulações oceânica e atmosférica tenham contribuído para essa infestação histórica, a temperatura mais elevada e os padrões de chuva mais extremos já haviam prejudicado as colheitas de Mary, reduzindo a produtividade e fazendo as safras fracassarem. Um mês depois, após um evento de "transbordamento" que levou patógenos da fauna silvestre a se disseminarem entre humanos, a pandemia de covid-19 chegou ao Quênia, colocando em risco a saúde dos parentes de Mary Otieno e levando à escassez de mão de obra e a perturbações na cadeia de suprimentos, o que lhes impediu o acesso a insumos e equipamentos agrícolas de que precisavam na fazenda. Ao mesmo tempo, de forma invisível para a agricultora, as suas plantações estavam aos poucos se tornando menos nutritivas por conta da concentração de dióxido de carbono na atmosfera. Comum a todos esses desastres — alguns abruptos e outros demorados — é o fato de que resultavam de perturbações de origem humana nos sistemas e ritmos naturais. O entendimento de como essas perturbações cada vez mais aceleradas vêm impactando a saúde e o bem-estar humanos pertence ao domínio da chamada "saúde planetária". Ela nos ensina que tudo está interconectado — que a alteração e a degradação da natureza que estamos promovendo acabam por também nos afetar, e nem sempre da maneira que gostaríamos. E a nutrição é um dos aspectos mais alarmantes pelos quais as nossas ações se voltam contra nós mesmos.

Em experimentos realizados em diversos locais em três continentes, a minha equipe de pesquisadores constatou que safras de alimentos básicos, como arroz, trigo, milho e soja, estão perdendo nutrientes que têm um papel fundamental na manutenção da saúde humana. Num desses experimentos cultivamos safras em ambientes com uma concentração de CO_2 de 550 partes por milhão (ppm), o nível que prevemos alcançar aproximadamente em meados do século. Descobrimos que as safras cultivadas nessas condições têm teores de ferro, zinco e proteínas acentuadamente menores do que quando as mesmas plantas são submetidas aos níveis atuais de CO_2. Em outras palavras, o acréscimo constante de CO_2 à atmosfera do planeta está tornando os alimentos menos nutritivos. Estudos posteriores revelaram que diversas variedades de arroz também apresentam grandes reduções em vitaminas importantes do complexo B, como ácido fólico e tiamina, em reação a níveis mais altos de CO_2.

E como essa diminuição de nutrientes — como zinco, proteínas, vitaminas B e ferro — afeta a saúde humana? Em estudos que fazem uso de modelos, constatamos que essas variações nutricionais provavelmente causariam deficiências de zinco e proteínas em 150 milhões a 200 milhões de pessoas, além de agravar deficiências já existentes em cerca de 1 bilhão de pessoas. A deficiência de zinco acarreta uma taxa mais alta de mortalidade por doenças infecciosas em crianças, e o mesmo se dá com a carência de proteínas. Quanto ao impacto da redução de vitaminas B no arroz, constatamos que, mesmo descartando os efeitos em outras safras, só isso poderia levar a um aumento de 132 milhões de pessoas com deficiência de ácido fólico, que causa anemia e defeitos no tubo neural em bebês. Segundo nossas estimativas, mais 67 milhões de pessoas sofreriam de deficiência de tiamina, que provoca danos nos nervos, no coração e no cérebro. No caso do ferro, descobrimos que nos países com taxas de anemia superiores a 20%, as populações mais vulneráveis — 1,4 bilhão de mulheres e crianças até cinco anos — perderiam ao menos 4% do ferro que ingerem em alimentos por conta desse efeito do dióxido de carbono nos nutrientes. A deficiência de ferro causa anemia, mortalidade materna, mortalidade pós-natal e infantil, e redução da capacidade de trabalho.

A concentração cada vez maior de gases do efeito estufa na atmosfera não é a única mudança de origem humana que ameaça a nossa saúde e a nossa alimentação. Também estamos impulsionando a extinção das espécies num ritmo mil vezes maior que a taxa básica, provocando a aniquilação de dois terços das populações de aves, peixes, répteis, anfíbios e mamíferos desde 1970. Os insetos foram especialmente prejudicados. Por exemplo, um estudo realizado em áreas preservadas na Alemanha constatou um declínio superior a 75% dos insetos voadores num período de apenas 27 anos. Alguns desses insetos desempenham papel crucial na produção de alimentos nutritivos: uma grande parte de todas as calorias e uma parcela ainda maior da dieta humana dependem de safras viabilizadas por animais polinizadores. Em nossas pesquisas, concluímos que um colapso total dos insetos polinizadores acarretaria até 1,4 milhão de óbitos adicionais por ano. A maior parte dessas mortes é causada por doenças cardíacas, acidentes vasculares e determinados cânceres que poderiam ter sido evitados com o consumo de frutas, legumes e nozes que requerem a polinização por insetos. Num estudo hoje sob revisão, estimamos que quase meio milhão de mortes ocorrem a cada ano devido à quantidade insuficiente de polinizadores silvestres.

As condições ambientais em rápida transformação afetam outras dimensões da produção de alimentos além da agricultura. Cerca de 90% das áreas de pesca existentes no planeta estão sendo exploradas até os seus limites sustentáveis, ou mesmo os cruzando, e, em consequência, a captura global de peixes vem caindo de forma constante desde 1996. O aquecimento dos oceanos provavelmente vai agravar essa tendência, reduzindo o tamanho e a quantidade dos peixes e deslocando as áreas de pesca dos trópicos para as regiões polares. Da perspectiva da alimentação humana, essas tendências são preocupantes, pois mais de 1 bilhão de pessoas dependem de peixes capturados em condições naturais para o consumo de nutrientes importantes, como ácidos graxos ômega 3, vitamina B12, ferro e zinco.

Para famílias como a de Mary Otieno, a sua capacidade de obter alimentos nutritivos está ameaçada por tantas mudanças ambientais globais, interconectadas e causadas por seres humanos. Todas as outras dimensões da saúde humana — exposição a doenças infecciosas, doenças não transmissíveis e saúde mental — também correm riscos por causa desses e de outros desequilíbrios dos sistemas naturais da Terra. A proteção do nosso planeta não é mais apenas uma prioridade ambiental, mas algo fundamental para assegurarmos um futuro viável para a humanidade. /

A nutrição é um dos aspectos mais alarmantes pelos quais as nossas ações se voltam contra nós.

Páginas seguintes:
Uma aldeia de pescadores em Andhra Pradesh, no sudeste da Índia, avança sobre um manguezal, revelando a deterioração desse ecossistema costeiro fundamental.

3.8

Não estamos todos no mesmo barco

Greta Thunberg

Os nossos orçamentos de carbono, que estão esgotando com rapidez, devem ser considerados exatamente pelo que são: um recurso natural limitado que pertence do mesmo modo a todos os organismos e seres vivos. O fato de 90% do orçamento necessário para que haja uma probabilidade de 67% de restringirmos o aquecimento global a 1,5°C já ter sido emitido — sobretudo pelo Norte global — não pode de forma alguma ser negligenciado. Tampouco que os países ricos — como o meu — hoje estão consumindo o restante desse orçamento num ritmo infinitamente mais acelerado do que os historicamente registrados por esses mesmos países.

Se todos os seres humanos viverem como vivemos na Suécia, vamos precisar de recursos equivalentes ao de 4,2 Terras para nos sustentar. E as metas climáticas estabelecidas no Acordo de Paris seriam apenas uma lembrança muito remota — um limiar que cruzamos muitos e muitos anos atrás. O fato de 3 bilhões de pessoas usarem menos energia, numa base anual per capita, do que uma geladeira americana comum dá uma ideia do quão distantes estamos hoje da equidade global e da justiça climática.

A crise climática não é algo que "nós" criamos. A visão de mundo predominante em Estocolmo, Berlim, Londres, Nova York, Toronto, Los Angeles, Sydney ou Auckland não é a mesma que vigora em Mumbai, Ngerulmud, Manila, Nairóbi, Lagos, Lima ou Santiago. Cabe aos habitantes das regiões mais responsáveis por essa crise se conscientizarem de que outras perspectivas existem e devem ser levadas em conta. Pois, na verdade, quando se trata da crise climática e ecológica — bem como da maioria das outras questões —, muitos dos que vivem nas economias ricas ainda agem como se fossem os donos do mundo. Embora tenham reconhecido o direito de muitas colônias governarem a si mesmas, eles agora estão colonizando a atmosfera e reforçando o controle sobre os mais prejudicados e menos responsáveis pela crise.

Ao consumirem o que resta dos orçamentos de carbono, os países do Norte global estão roubando tanto o futuro quanto o presente — não apenas de seus próprios filhos, mas sobretudo de todas as pessoas que vivem nas regiões mais afetadas do mundo, muitas das quais ainda não contam com grande parte da

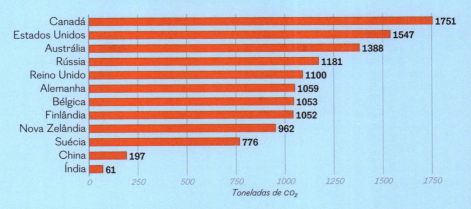

Emissões acumuladas de carbono em relação à população atual, de 1850 a 2021, em alguns países

País	Toneladas de CO_2
Canadá	1751
Estados Unidos	1547
Austrália	1388
Rússia	1181
Reino Unido	1100
Alemanha	1059
Bélgica	1053
Finlândia	1052
Nova Zelândia	962
Suécia	776
China	197
Índia	61

infraestrutura moderna considerada básica nas regiões ricas, como rodovias, hospitais, rede elétrica, escolas, água potável limpa e manejo de resíduos. Mesmo assim, esse roubo profundamente imoral nem sequer consta do discurso do mundo chamado "desenvolvido".

Há muitas coisas que podem e devem ser celebradas: os avanços incríveis no campo da energia renovável, o número cada vez maior de pessoas que está se preocupando com a situação, o fato de a imprensa ter começado a dar os primeiros passos tímidos para cobrir a crise e cobrar responsabilidades, e a nossa capacidade atual de disseminar informações, fatos, solidariedade e ideias por todo o planeta em questão de horas. Além disso, as pessoas mais prejudicadas por uma crise para a qual pouco contribuíram — as comunidades que Saleemul Huq, Jacqueline Patterson, Hindou Oumarou Ibrahim, Elin Anna Labba e Sonia Guajajara discutem em seus capítulos — vêm demonstrando uma liderança extraordinária e uma enorme disponibilidade para nos ensinar o que aprenderam. E, é claro, ainda nos resta algum tempo para evitar as piores consequências da crise.

Porém, esses não são os principais motivos de otimismo na maioria das sociedades. Em vez disso, quando divulgamos as melhores conclusões científicas hoje disponíveis, somos incitados a nos concentrar nas possibilidades e oportunidades — na "revolução industrial verde" (seja lá o que for isso), nas histórias positivas. Queremos informes relativos a soluções, queremos esperança. Mas esperança para quem? Para aqueles poucos entre nós que poderiam inicialmente se adaptar a um mundo cada vez mais quente? Ou para a imensa maioria menos afortunada? O que podemos entender como esperança nesse contexto? É a noção de que podemos manter um sistema que já está condenado? A noção de que não é preciso mudar? De que podemos levar adiante as nossas vidas mais ou menos como fazemos hoje — num sistema que não beneficia a maioria? É a ideia de que podemos "solucionar" essa crise com os mesmos métodos e a mesma mentalidade que nos conduziram até este ponto?

Estão ocorrendo avanços, dizem, e devemos celebrar esse progresso. Então, se é assim, quais são exatamente esses desenvolvimentos positivos? Talvez o fato de termos reduzido de maneira significativa as emissões sem prejudicar o crescimento econômico? Claro que sim. Mas é isso mesmo o que está acontecendo? Vamos examinar dois exemplos.

Para começar, o do Reino Unido. Os seus governantes não se cansam de repetir que o país diminuiu as suas emissões territoriais em 43% entre 1990 e 2018. No entanto, quando incluímos as emissões decorrentes do consumo de bens importados e dos transportes aéreo e marítimo internacionais, esse número cai para algo em torno de 23%. A redução das suas emissões associadas ao consumo se deve apenas às iniciativas internas no setor de energia, e não à da intensidade de carbono das importações. Na verdade, as emissões incorporadas nos bens importados e consumidos pelos britânicos tiveram uma queda de apenas 19%. Em seguida, como só mais um exemplo, é preciso acrescentar à equação os 13,2 milhões de toneladas de CO_2 liberados todos os anos com a queima de madeira na usina de Drax, bem como as emissões produzidas pelo setor militar, consideravelmente subnotificadas. O fato de que o Reino Unido hoje produza cerca de 570 milhões de barris de óleo e gás por ano e conte com reservas de petróleo e gás da ordem de 4,4 bilhões de barris a serem extraídos da plataforma continental complica ainda mais a sua pretensão de ser uma liderança climática. Também precisamos lembrar que — como no caso de muitos outros países — as outras reduções incluem a opção fácil de substituir o carvão pelo gás natural ligeiramente menos desastroso, assegurando por muitas décadas a emissão de mais gases do efeito estufa.

O segundo exemplo é o país no qual moro, a Suécia, que orgulhosamente faz questão de lembrar aos cidadãos que reduzimos as nossas emissões em cerca de 30% desde 1990. Tal como no caso do Reino Unido, se incluirmos as emissões ocasionadas pelo setor de transporte internacional, aéreo e marítimo, assim como as biogênicas possibilitadas por brechas no Protocolo de Kyoto, o total das emissões suecas não sofreu nenhuma redução. Pelo contrário, somando todos os números disponíveis para esse período, elas na verdade aumentaram.

Portanto, na verdade, o que nos dizem com insistência que devemos comemorar é a terceirização e a exclusão de parte das emissões, bem como a contabilidade criativa e a negociação de parâmetros globais que tornam tudo isso perfeitamente legítimo. Melhor ainda, querem que celebremos o fato de estarmos trapaceando. Enquanto isso, muita gente ao redor do mundo está sofrendo com secas, quebras de safra, pragas de gafanhotos e escassez generalizada de alimentos. Países inteiros estão desaparecendo sob a água do mar. E tudo isso já está acontecendo com um aumento aproximado de 1,2°C da temperatura global.

Desde a criação do IPCC em 1988, as emissões de CO_2 mais do que dobraram. Um terço de todas as emissões de dióxido de carbono de origem humana ocorreu a partir de 2005. De acordo com uma investigação recente do *Washington Post*, os dados que informam as políticas climáticas se baseiam em números imprecisos e subnotificados. Há um hiato evidente no qual faltam até 23% do total das nossas

156

emissões. Esse é o progresso obtido por aqueles que vêm exercendo o poder nas últimas três décadas. Esse é o progresso que, segundo eles, não podemos descartar como sendo nada mais do que conversa fiada.

"Não podemos atribuir um preço a vidas humanas", disseram os nossos líderes quando paralisaram as sociedades a fim de conter a pandemia de covid-19. No momento em que escrevo, 5 467 835 vidas foram perdidas numa tragédia que será lembrada por séculos. No entanto, a cada ano, 10 milhões de pessoas morrem por causa da poluição do ar, como Drew Shindell explica em seu capítulo. Imagino que algumas vidas humanas valem menos. E se você nasceu na região errada, tem a nacionalidade errada ou simplesmente morre na parte errada do mundo, corre o grande risco de a sua morte não fazer muita diferença. Ou, no mínimo, fazer uma diferença bem menor do que outras. Não vai haver confinamentos para a sua proteção nem conferências de imprensa diárias.

No caso da crise climática ocorre o mesmo. Com as políticas hoje implementadas, estamos caminhando para um aquecimento global da ordem de 3,2°C no final deste século. Ou seja, estamos caminhando para o desastre. E mesmo assim não reagimos. Na verdade, ainda estamos acelerando na direção errada. Talvez o motivo disso seja que os detentores do poder acreditam que de algum modo nós podemos nos adaptar. Os habitantes das regiões financeiramente afortunadas do mundo talvez sintam o mesmo. E essa poderia ser a razão pela qual as referências aos fatos científicos são amplamente descartadas como "apocalípticas". *Não há por que entrar em pânico ou se preocupar — se você vive na Alemanha, na Austrália ou nos Estados Unidos não há o que temer. Basta ligar o ar-condicionado ou o regador do jardim e relaxar.*

Há movimentos como o Fridays for Future e greves escolares pelo clima em todos os cantos do mundo. Em países como o meu, a reação a eles é: *Não se preocupem, ainda que os seus amigos e colegas não se adaptem, vocês vão ficar bem.* Se isso não é ecofascismo — ou racismo —, então não sei o que é. Embora estejamos todos na mesma tempestade, certamente não estamos todos no mesmo barco.

Quanto mais fingirmos que podemos solucionar essa crise sem enfrentá-la como uma crise de fato, mais tempo precioso será desperdiçado. Quanto mais fingirmos que podemos nos adaptar a uma catástrofe interconectada, mais vidas inestimáveis serão perdidas. Só é possível haver esperança se dissermos a verdade. A esperança está em todo o conhecimento que a ciência nos proporciona para que possamos agir, e nos relatos das pessoas corajosas o suficiente para erguer a voz, como as das páginas seguintes.

3.9

A vida no mundo 1,1°C mais quente

Saleemul Huq

O tema das mudanças climáticas vem evoluindo com o tempo. Ele raramente permanece o mesmo, e sem dúvida não é o mesmo problema que imaginamos trinta anos atrás — é algo bem pior. Um dos maiores avanços ocorreu em 9 de agosto de 2021. Nesse dia as mudanças climáticas foram oficialmente reconhecidas, quando o Grupo de Trabalho 1 do IPCC, uma comissão internacional de cientistas, publicou o seu 6º Relatório de Avaliação. Esses cientistas são muito competentes, e também muito cautelosos. E jamais haviam dito o que disseram nesse relatório. Pela primeira vez, eles afirmaram que "não resta dúvida de que a influência humana levou ao aquecimento da atmosfera, dos oceanos e dos continentes", e que, devido às mudanças no clima induzidas pelos humanos, a temperatura global havia aumentado 1,1°C. Portanto, não estamos mais prevendo ou nos preparando para as mudanças climáticas: elas já estão ocorrendo. E os seus efeitos podem ser constatados em todas as partes do mundo.

Agora todos os anos ao redor do globo ocorrem eventos meteorológicos extremos, sejam ondas de calor, tufões ou precipitações torrenciais. Em algum lugar, os recordes nesse sentido estão sendo ultrapassados. E daqui em diante, todos os anos vai ser assim, cada um pior do que o anterior. O esforço global para limitar o aumento da temperatura a 1,5°C é uma estratégia de longo prazo, voltada para o futuro. O fato é que já cruzamos o limiar de 1,1°C, e esse aumento está causando prejuízos. Portanto, para mim, a questão de como lidar com esse aumento é mais importante do que saber como evitar chegar a 1,5°C —, mas ainda não enfrentamos essa questão mais premente.

Em novembro de 2021, os líderes reunidos em Glasgow, na COP26, simplesmente não entenderam isso. Ainda acham que o impacto das mudanças climáticas é algo que pode ser evitado. No entanto, na verdade já passamos desse ponto e entramos numa época de "perdas e danos". As "perdas" se referem a algo que já não temos mais, como uma vida humana, e não há mais como recuperá-lo; não importa o quão rico você é, quando a sua vida se extingue não é possível tê-la de volta. É isso o que ocorre com a perda de uma espécie ou de um ecossistema. Uma vez extintos, nunca mais voltam a existir. Simplesmente desaparecem, como uma ilha o faz sob a água devido à elevação do nível dos oceanos. Os "danos", por sua vez, se referem àquilo que pode ser recuperado com dinheiro ou recursos. Com dinheiro é possível fazer isso. As safras perdidas podem ser recuperadas na colheita seguinte. A casa destruída numa tempestade pode ser reconstruída.

"Perdas e danos" também é um eufemismo, diplomaticamente negociado para designar algo que não podemos mencionar, isto é, "responsabilidade e compensação". Esses são termos tabu, sobretudo para diplomatas dos Estados Unidos e de outros países ricos. Todo mundo é capaz de entender a ideia de que os poluidores são responsáveis por causar poluição e que quem sofre os impactos disso quer ser compensado. Todavia, no decorrer das discussões que levaram ao Acordo de Paris, os países ricos e poluidores determinaram que não poderiam falar sobre isso nesses termos — mais uma consequência do mundo desigual em que vivemos, cujo legado ainda se faz sentir nas atuais conversas globais. A pandemia da covid-19 e a subsequente distribuição de vacinas são exemplos notórios de que os países acham que podem cuidar de si mesmos e, com isso, evitar o agravamento dos problemas. Isso está errado em termos morais, e incorreto em termos científicos. No entanto, esse é um modo de pensar que está fortemente arraigado.

Agora chegou o momento de levarmos em conta a injustiça global. A evidente injustiça pela qual os poluidores — em grande parte as pessoas mais ricas em todo o mundo e que são responsáveis pela maior parte das emissões de carbono e dos danos ambientais — estão prejudicando os mais pobres. As comunidades que mais sofrem com a degradação ambiental e as mudanças climáticas são predominantemente de pessoas não brancas pobres, mesmo em países ricos como os Estados Unidos. Todos vimos a tragédia que se abateu sobre a comunidade negra de New Orleans por causa do furacão Katrina. Essa disparidade nas consequências é um fenômeno global. Bangladesh, o meu país, vem enfrentando um desastre em câmera lenta à medida que a elevação do nível do mar ameaça as suas zonas costeiras, o que pode levar ao deslocamento de milhões de pessoas.

Mas o que se passa em Bangladesh não é uma história de vitimização, e sim de heroísmo, uma antecipação do que vai acontecer no planeta. O resto do mundo vai conviver amanhã com o que estamos enfrentando hoje e vai ter de nos procurar e aprender conosco a lidar com esse problema. Não temos todas as respostas, tampouco todas as soluções, mas estamos aprendendo e acumulando conhecimento muito rápido. Posso citar algumas das lições que aprendemos. A primeira é que nem mesmo com todo o dinheiro e a tecnologia do mundo dá para resolver a questão — nem impedir a morte e a destruição. Foi assim na cidade de Nova York: o furacão Ida inundou o sistema de metrô e inúmeras pessoas pobres morreram em apartamentos no subsolo porque não conseguiram sair a tempo. É possível construir comportas, como no caso de Londres, para proteger a cidade das cheias, mas não se pode erguer barreiras ao redor de todo um país. O Reino Unido é muito vulnerável aos impactos das mudanças no clima. Embora o dinheiro e a tecnologia sejam relevantes, eles não bastam.

159   COMO SOMOS AFETADOS

O que de fato importa em momentos de crise é a coesão social — que faz com que as pessoas colaborem umas com as outras — e isso nós temos em abundância em Bangladesh. Toda vez que somos assolados por um evento meteorológico extremo, saímos e ajudamos uns aos outros. Ninguém fica para trás. Nas escolas, as crianças fazem exercícios para que saibam aonde ir no caso de uma evacuação de emergência e a quem devem ajudar — uma viúva idosa que vive sozinha pode contar com dois alunos do ensino médio incumbidos de levá-la para um lugar seguro. Nada disso impede a chegada dos furacões, que continuam a causar muitos danos, mas eles não provocam mais tantas mortes quanto antes. E o motivo principal é que o enfrentamos juntos, nos ajudamos uns aos outros — estamos todos unidos. Esse não é o caso de muitos países desenvolvidos. As pessoas ricas costumam viver mais isoladas, e talvez nem mesmo conheçam os seus vizinhos. Mas quando a comunidade inteira se mobiliza, como fazemos em Bangladesh, isso ajuda a reforçar a resiliência e a capacidade de enfrentar crises.

A segunda lição que temos a oferecer é a de que os jovens fazem toda a diferença. Uma vez organizados e recebendo apoio e orientação, eles podem ser uma força muito poderosa. O enfrentamento das mudanças climáticas requer a adoção de uma nova perspectiva, e isso costuma ser mais difícil para as pessoas mais velhas. Esse é um dos motivos pelos quais os nossos líderes são incapazes de entender a transformação de paradigma necessária. São eles que não estão mudando com rapidez o bastante, que em todas as partes impedem mudanças e resistem a elas. E são os jovens que podem fazer com que mudem. Isso vale para Bangladesh, para os Estados Unidos, para a Alemanha, para a Suécia. A mudança de paradigma hoje necessária é no sentido de que esses jovens se tornem uma força global — e é por isso que nós, em Bangladesh, estamos mais à frente nesse jogo. Os nossos jovens não só estão protestando às sextas-feiras: eles passam a semana toda saindo e ajudando pessoas, preparando as nossas comunidades para os impactos das mudanças climáticas.

Ao aprendermos a viver com um aumento de 1,1°C na temperatura global, precisamos achar maneiras de pensar as mudanças climáticas globais que reforcem o nosso poder, a nossa capacidade de tomar a iniciativa. Precisamos reconhecer que somos parte do problema — todos nós somos poluidores em decorrência do que comemos e do nosso modo de vida. E isso significa que podemos fazer algo para sanar o problema, reduzindo as nossas emissões na medida do possível. No entanto, há um limite para o quanto um indivíduo pode contribuir de fato — não temos como reduzir a zero as nossas próprias emissões, e não é disso que se trata. Mas é preciso que façamos mais do que simplesmente cuidar do nosso quintal. Temos de ir mais além do que apenas mudar o modo como vivemos. Temos de interagir com os outros, juntar as nossas forças — e é exatamente isso o que os jovens vêm fazendo. Vamos nos juntar com aqueles que pensam como nós nos locais de trabalho, nas escolas, nos vilarejos, nas cidades, no nosso edifício, onde quer que estejamos. Vamos achar aqueles que podem ser nossos aliados e tomar a iniciativa: isso é política. Temos de nos organizar numa escala que nos permita de fato mudar a política tradicional. Podemos influenciar os líderes políticos, e seja qual for o nível de democracia ou o tipo de governo na sociedade em que vivemos, sempre há uma oportunidade para fazer a diferença e exercer pressão sobre os líderes. É uma tarefa difícil, mas não impossível. *Você* pode fazer diferença numa escala global. É só começar em nível local, mas sempre de olho no nível global. /

Agora chegou o momento de levarmos em conta a injustiça global. A evidente injustiça pela qual os poluidores — em grande parte as pessoas mais ricas em todo o mundo — estão prejudicando os mais pobres. Essa disparidade nas consequências é um fenômeno global.

3.10
Racismo ambiental
Jacqueline Patterson

Ao servir como voluntária do Corpo da Paz na Jamaica, no início da década de 1990, comecei a ter consciência da dura realidade da injustiça global. Eu morava em Harbour View, uma comunidade na periferia da capital, onde o suprimento de água havia sido contaminado por uma das grandes empresas petrolíferas transnacionais, que na prática não precisou fazer nenhuma compensação pelo dano causado. Em meu trabalho voluntário, lidei com bebês com incapacidade auditiva provocada por um surto de rubéola que poderia ter sido evitado com vacinação. As favelas, um sinal de pobreza extrema, eram comuns na área, a despeito de toda a riqueza gerada pelo setor de turismo e concentrada nas mãos de poucos privilegiados. Essas eram manifestações de um sistema capitalista secular, globalizado e baseado na exploração implacável de seres humanos e na extração de recursos naturais — ou seja, de uma economia de base supremacista branca, na qual há ganhadores e perdedores, que separa de forma consistente por raça, gênero e nacionalidade, determinando claramente quem oprime e quem é oprimido.

A Jamaica compartilha fundamentos históricos com o país onde vivo e trabalho — hoje conhecido como Estados Unidos. Nos mitos de fundação de ambos os países predominam as mesmas fantasias higienizadas: aventureiros europeus intrépidos cruzam o oceano para descobrir novas terras e retornar aos seus portos de origem com cargas preciosas de sedas e especiarias. Mas isso deixa de fora a realidade de assassinatos, roubos, doenças e deslocamentos. Logo depois de se instalarem em terras roubadas no continente americano, os exploradores brancos passaram a ver os indígenas que as habitavam como seres inferiores e descartáveis. Por isso, começaram a massacrar e a escravizar as comunidades indígenas que encontravam, expulsando-as de suas terras ancestrais. Enquanto isso, na África subsaariana, pessoas eram raptadas de suas terras, atulhadas como carga em navios e levadas ao hemisfério ocidental como a mão de obra cativa que iria construir a infraestrutura e cultivar a terra, criando as condições para a Revolução Industrial e a economia capitalista moderna. Ao exercerem o seu domínio sobre outros povos, esses colonos institucionalizaram um relacionamento com a terra e as suas riquezas marcado pela espoliação desenfreada.

Chegando aos dias atuais, a devastação causada pela supremacia branca, sustentada pela economia extrativa, ainda existe. A desumanização e a exploração de base racial continuam a ser o modus operandi. Nos Estados Unidos, além do profundo sofrimento das pessoas negras nas mãos das forças policiais e do complexo carcerário industrial, as comunidades Bipoc (negros, indígenas e pessoas de cor, na sigla em inglês) são consideradas descartáveis a serviço dos interesses dos ricos em todo o país. "Zonas de sacrifício" — áreas próximas de ameaças ambientais ou poluição perigosa — são predominantemente habitadas por famílias de baixa renda e pessoas não brancas. Essas áreas inseguras surgiram, entre outros locais, em Crosset, no estado de Arkansas; em East Chicago, Indiana; e em Wilmington, Delaware. Numa dessas zonas de sacrifício, uma comunidade afro-americana em Reserve, na Louisiana, foi chamada de "Vila do Câncer". Com teores de cloropreno (uma reconhecida substância carcinogênica) 755 vezes acima do nível considerado tolerável pela Agência de Proteção Ambiental, os moradores locais têm a maior probabilidade de ter câncer em todo o país, nada menos do que cinquenta vezes acima da média nacional. Responsável por um dos níveis de poluição do ar mais tóxicos no país, a fábrica de produtos químicos foi construída nas terras de uma antiga propriedade escravagista. Enquanto isso, tempestades e inundações extremas devastaram inúmeras vezes comunidades Bipoc nos estados de Alabama, Nova York, Louisiana e Flórida. E comunidades urbanas predominantemente Bipoc vêm sendo assoladas por ilhas de calor cada vez mais intensas à medida que as temperaturas aumentam e as ondas de calor se tornam mais fortes e frequentes.

Para ilustrar os impactos na linha de frente da nossa economia extrativista, a história de um menino chamado Chauncey, de Indiantown, na Flórida, pode servir de advertência. Chauncey foi surpreendido no fogo cruzado do racismo ambiental e da injustiça climática. Ele vive a pouco mais de três quilômetros de uma usina termelétrica a carvão. Como 71% dos afro-americanos, Chauncey mora num condado onde a poluição do ar excede os padrões federais. Ele depende de uma profusão de medicamentos para que os seus pulmões consigam funcionar de forma adequada. Chauncey tem asma. Nos Estados Unidos, as crianças negras têm uma probabilidade de três a cinco vezes maior do que as brancas de serem hospitalizadas com crises de asma e correm um risco de duas a três vezes maior de morrerem por causa disso. Nos dias em que a qualidade do ar piora, Chauncey não pode ir à escola, pois nem os remédios são suficientes para poupá-lo dos sintomas. Além da poluição do ar, a sua cidade natal é considerada "extremamente vulnerável" a furacões, exacerbados pelas mudanças climáticas, tendo sido assolada por 77 furacões de forte intensidade desde 1930.

Os Estados Unidos abrigam apenas 4% da população mundial, mas respondem por 25% das emissões históricas que levaram às mudanças climáticas. Há uma relação direta entre o que os americanos estão fazendo e a devastação causada no Sul global por secas, inundações e outros desastres. No entanto, quando as pessoas são forçadas a abandonar as suas terras nos países vizinhos por conta dos excessos dos Estados Unidos, são recebidas em áreas fronteiriças no Texas, como Laredo e Del Rio, por cavaleiros que usam as rédeas como chicote e autoridades que prendem suas crianças em jaulas.

A boa notícia é que algumas das alternativas mais vibrantes e inspiradoras a esse sistema racista e extrativista são iniciativas das comunidades Bipoc. Incineradores de resíduos e usinas a carvão estão sendo desativados, e autorizações para oleodutos como o Dakota Access e o Atlantic Coast foram canceladas, enquanto continua a luta contra um terceiro, o Line 3, que duplicaria a quantidade de petróleo transportada das areias betuminosas do Athabasca, na província canadense de Alberta, até o norte de Wisconsin. Desde o Brooklyn em Nova York, passando por Boise em Idaho, até Laredo no Texas, centelhas brilhantes podem ser vistas nas ações de moradores das comunidades mais vulneráveis. Tais atividades incluem campanhas em favor de alimentos locais, iniciativas de reciclagem, projetos de geração de energia limpa e muito mais. Um exemplo esclarecedor é o Jenesse Center, em Los Angeles, que adota uma abordagem intersecional para promover a liberação e a sustentabilidade, mostrando como podemos viabilizar a transição de uma economia extrativista para outra enfocada na vida.

O Jenesse Center for Domestic Violence Prevention and Intervention [Centro Jenesse para Intervenção e Prevenção da Violência Doméstica] atende uma população predominantemente afro-americana de sobreviventes de violência doméstica. Durante anos, uma das maiores despesas do centro era a conta de eletricidade das casas de transição, até que se decidiu pela adoção da energia solar. As sete moradoras que então viviam nas residências temporárias do centro foram treinadas e se tornaram parte da equipe que instalou o novo sistema de energia solar. Agora, três anos depois, essas antigas moradoras estão empregadas no setor, recebendo um salário bom o suficiente para viver de forma independente com os filhos. A nova carreira lhes proporcionou segurança no trabalho e na moradia, além de ter reduzido o risco de voltarem a viver com parceiros abusadores: a segurança financeira é um dos motivos pelos quais muitas mulheres continuam nesse tipo de relacionamento. Esse projeto resultou num decréscimo nas emissões de gases do efeito estufa do centro, em mais recursos financeiros para os serviços contra a violência doméstica e garantiu uma vida mais segura a várias famílias.

Essa modalidade de economia sustentável e propícia à vida está se tornando mais comum. Se quisermos obter o mesmo em escala global, com uma sociedade muito diversa vivendo em harmonia com a riqueza da Terra, será preciso que todos adotem e se empenhem na criação de sistemas cooperativos e regenerativos com sólidas raízes democráticas. E, para tanto, como nos diz a Mãe Terra — junto com as comunidades de Reserve, Indiantown, Los Angeles, Laredo e outros locais —, não há outro meio além de abandonar uma economia extrativa global em favor de uma economia global para a vida. /

3.11
Refugiados do clima
Abrahm Lustgarten

Quando El Salvador ficou árido de repente, Carlos Guevara sabia que isso era mais do que uma seca comum. Na verdade, era como se o mundo tivesse mudado.

No primeiro ano, a área de um hectare e meio onde ele plantava milho à beira do rio Lempa, perto de sua foz no oceano Pacífico, cresceu apenas até a cintura do lavrador, definhando em seguida por causa do calor. A colheita se resumiu a cinco sacas, em vez das usuais quarenta. Na primavera seguinte, em 2015, o resultado foi ainda pior. Nessa região de mata viçosa e cerrada, não choveu nada em maio, junho, julho e agosto.

Guevara, cujos pais haviam emigrado da Palestina para El Salvador durante a Segunda Guerra Mundial, conhecia a dificuldade. Ele nasceu num vilarejo chamado Catorce de Julio, em comemoração ao dia em que militares salvadorenhos e hondurenhos se enfrentaram em 1969 e que deu início a duas décadas de violência e guerra civil. Nessa época, 80% dos moradores locais — cerca de 7 mil pessoas — foram mortos ou fugiram do país. Guevara sobreviveu a tudo e, no final da década de 1990, foi um dos primeiros a voltar a Catorce de Julio. E retornou porque estava convencido das possibilidades da região e de que, com água abundante e trabalho duro, a terra produziria milho, pepino, pimenta e muito mais.

Agora tudo isso estava desaparecendo.

"Quando perdi as plantações, senti como se tivesse acabado o mundo", contou. Ele é musculoso, o cabelo curto lhe dá aparência de ter menos idade do que os seus 42 anos, e gesticula de forma enfática, como se estivesse fazendo malabarismo com uma bola. "A gente sempre quer proporcionar algo melhor para os filhos — ou pelo menos que tenham o que comer."

Em 2016, os bancos que lhe haviam fornecido empréstimos para a compra de sementes, tendo como garantia a terra, o avisaram de que a temporada de cultivo seguinte também seria improdutiva. A família já estava recorrendo às economias para comprar o alimento que antes produzia. Ao mesmo tempo, gangues violentas tentaram recrutar os seus filhos e passaram a cobrar "taxas" da família. A mulher de Guevara, Maria, começou a vender tortilhas de uma janela de loja que dava para a rua que ela alugou, para "pelo menos terem um dinheirinho para o leite do menino".

Em toda a América Central, mais de 3,5 milhões de vidas foram transtornadas pelos anos de seca que começaram em 2014. Meio milhão de pessoas — em El Salvador, Guatemala e Honduras — passaram a sofrer de desnutrição grave — e

165 COMO SOMOS AFETADOS

mesmo fome — quando os agricultores encontraram dificuldades para cultivar alimentos; rações emergenciais de arroz chegaram a ser distribuídas. Pior ainda, os ciclos de La Niña — o fenômeno meteorológico provavelmente responsável pela seca devastadora — se tornaram mais frequentes, uma tendência que vai se manter enquanto as emissões causadas pela queima de combustíveis fósseis e as atividades industriais humanas continuarem a acelerar o aquecimento do planeta. Em Catorce de Julio e outros vilarejos, as pessoas começaram a abandonar as suas casas. A terra — na verdade, todo o sistema natural — que sustentava Guevara não estava apenas o prejudicando, mas parecia estar empenhada em expulsá-lo.

Numa noite de primavera abafada depois do fracasso da última safra, Guevara disse à mulher que não via outra opção: teria de viajar para o norte em busca de trabalho.

Na madrugada seguinte, com uma muda de roupa e cinquenta dólares escondidos na sola do sapato, ele caminhou vários quilômetros até a cidadezinha de San Marcos Lempa, onde tomou um ônibus para San Salvador, e de lá outro no qual cruzou a Guatemala até a fronteira com o México, perto da cidade de Tapachula. Em seguida, tomando táxis para evitar postos de controle, chegou à cidade mexicana de Arriaga, onde embarcou no La Bestia, como é conhecido o vagaroso trem de carga no qual os migrantes fazem a angustiante travessia clandestina rumo ao norte do México.

Durante dois dias, Guevara se acomodou numa pequena gaiola na ponta de um vagão graneleiro cilíndrico, o único local em que podia descansar sem o risco de cair do trem. Mais tarde, ao passar por Veracruz e o frio chegar, ele se esgueirou para dentro do tanque, enterrando-se no milho para se manter quente e escapar dos cartéis que espoliam os migrantes. Depois de semanas de viagem, Guevara atravessou a pé o rio Grande e avançou pelo árido deserto americano — um dos cerca de 500 mil migrantes que naquele ano cruzaram a fronteira americana vindos da América Central.

Em todo o mundo, o aumento das temperaturas e dos desastres climáticos está desalojando uma quantidade crescente de pessoas. Com secas, inundações, tempestades e calor tornando mais difícil o cultivo da terra, o trabalho e a criação dos filhos, cada vez mais gente tem de sair em busca de condições mais amenas, segurança e oportunidades econômicas. A insegurança alimentar está rapidamente se tornando a mais importante ameaça a nos afligir, empurrando o mundo para a beira do precipício de imensas migrações climáticas.

Durante 6 mil anos, os seres humanos viveram numa faixa relativamente estreita de condições ambientais, buscando uma mescla moderada de precipitações e calor, variando mais ou menos entre, de um lado, as condições que existem em Jacarta e em Singapura, e, de outro, aquelas de Londres e Nova York. Hoje, apenas 1% do planeta é considerado quente ou seco demais para a civilização. No entanto, pesquisadores estimam que por volta de 2070 19% do planeta — uma área com cerca de 3 bilhões de habitantes — pode ficar inabitável. Isso sugere que o mundo está prestes a testemunhar o deslocamento de centenas de milhões de pessoas, além do sofrimento de bilhões, à medida que ocorrem as mudanças mais violentas, aceleradas e desestruturadoras já registradas na história.

Uma migração em massa nessa escala vai provocar a desestabilização de todo o planeta. Ainda que esse tipo de mudança possa ser benéfico — os Estados Unidos, afinal, são um resultado da imigração —, a enorme escala do que está por vir provavelmente vai estimular competição e conflito, com um número crescente de pessoas brigando por recursos cada vez mais escassos, ao mesmo tempo que as potências geopolíticas erguem muros, cercas e divisórias para impedir a entrada de migrantes. As principais instituições de segurança e defesa do mundo já estão alertando que as migrações climáticas podem levar nações inteiras ao colapso e alterar o equilíbrio de poder, conferindo vantagens a outros países, sobretudo Rússia e China, que vão se aproveitar dessa situação.

Os lugares mais vulneráveis às mudanças estão bem onde poderíamos esperar: nas regiões equatoriais que já são mais quentes e que também têm populações maiores e que crescem mais rápido. A África subsaariana abriga cerca de 1 bilhão de pessoas, e a sua população pode dobrar nas próximas décadas. A região do Sahel, em especial, deve ter 240 milhões de habitantes em meados do século e hoje enfrenta as crises de escassez de água mais graves do mundo, já registrando o maior número de refugiados internos, ou seja, que permanecem dentro de seus países. Segundo estimativas do Banco Mundial, os países na região do Sahel poderiam ter até mais 86 milhões de pessoas deslocadas devido a fatores climáticos em 2050.

As regiões sul e leste da Ásia são outro epicentro em que populações imensas correm o risco de enfrentar condições intoleráveis de calor e umidade. O Banco Mundial calculou que, ali, cerca de 89 milhões de pessoas vão ser obrigadas a abandonar as suas casas e se tornarem refugiados internos.

Outro ponto focal dessa mudança — e um dos mais importantes — é a América Central. De acordo com projeções de modelos climáticos, essa região vai estar entre os locais do planeta de aquecimento mais rápido, sofrendo com secas mais prolongadas, épocas de cultivo mais curtas e tempestades mais intensas e destrutivas. Segundo estimativas do Banco Mundial, os países centro-americanos terão em 2050 até 17 milhões de pessoas deslocadas internamente por motivos climáticos, um número que não leva em conta aqueles que, como Guevara, vão seguir para o norte e tentar chegar aos Estados Unidos. Esse número, portanto, pode ser ainda maior.

A fim de entender a direção que vão tomar os futuros migrantes, eu me juntei ao demógrafo Bryan Jones, da City University de Nova York, para elaborarmos uma simulação de computador similar à usada pelo Banco Mundial. Acrescentando a complexidade do risco de secas e do deslocamento através de fronteiras, o modelo indicou que, em meados do século, cerca de 30 milhões de centro-americanos migrariam para a fronteira sul dos Estados Unidos, influenciados em parte por fatores climáticos.

Porém, o modelo também sugeriu que abordagens políticas distintas dos desafios impostos pelas mudanças climáticas e pela migração levariam a resultados diferentes, deixando claro que as escolhas feitas hoje pelos governantes vão determinar como vai ser o futuro. Os modelos projetam que, num mundo inóspito, com acentuado aquecimento climático, medidas anti-imigratórias estridentes e controles fronteiriços rígidos, um mundo no qual a ajuda econômica para países em desenvolvimento seja cada vez menor, vai aumentar a quantidade de pessoas deslocadas e submetidas a um sofrimento maior. Por outro lado, num mundo em que o aquecimento global for reduzido e os governos continuarem a apoiar as regiões carentes com ajuda externa, é provável que haja menos deslocamento de pessoas e maior estabilidade.

Logo depois de enfim chegar aos Estados Unidos, Carlos Guevara foi detido e repatriado ao seu país. Ele tinha conseguido uma carona no deserto, mas o motorista acabou sendo parado pela polícia por excesso de velocidade. De volta a El Salvador, Guevara descobriu que o seu vilarejo havia mudado. Outros moradores também haviam fugido da seca, migrando para os Estados Unidos ou para cidades próximas, e o local parecia abandonado. No entanto, ao mesmo tempo, um projeto do Programa Mundial de Alimentos (wfp, na sigla em inglês) das Nações Unidas estava sendo implementado em Catorce de Julio, oferecendo insumos agrícolas e irrigação — trazendo a esperança, para Guevara e outros, de melhorar de forma significativa as suas perspectivas de sobrevivência.

Numa manhã quente e ensolarada, Guevara e eu nos encontramos numa das plantações. Enquanto percorríamos as fileiras de safras perdidas, marcadas por estacas de vinhas antes flexíveis e agora quebradiças, folhas estalavam sob as solas rachadas de suas botas. O campo ressecado exibia um tom pardacento uniforme. O filho dele atirou uma pedra num poço raso: ouvimos apenas um ruído surdo no fundo seco.

Mas, depois de passarmos por esse campo, vimos surgir uma construção nova: uma estufa de estrutura metálica, revestida de plástico. Ela tinha sido erguida como parte de um projeto piloto da wfp que visava criar fazendas comunitárias em várias regiões de El Salvador. No interior, o ar úmido e tubulações de gotejamento rodeavam fileiras vicejantes de pimenteiras saudáveis e tomates suculentos — o bastante para alimentar a família de Guevara e ainda ganhar dinheiro. Guevara tinha investido a renda da primeira safra para ampliar as plantações e comprar uma vaca leiteira, e a sua família estava numa situação melhor do que nos últimos cinco anos.

O futuro deles, contudo, continua sendo precário. A continuidade do projeto da wfp depende do apoio financeiro de doadores estrangeiros. E Guevara sabe que, daqui a cinco anos, o clima tende a piorar. Por enquanto, a estufa é um motivo para que deixe de lado a tentativa de migrar para o norte. Mas ele aprendeu que não pode confiar no que lhe reserva o futuro.

"A esperança é a última coisa que a gente perde", disse ele. "Enquanto continuarem as mudanças climáticas, não podemos confiar que vamos ter comida." /

3.12

A elevação do nível do mar e as ilhas menores

Michael Taylor

A elevação do nível dos mares é um dos principais desafios que as mudanças climáticas impõem às ilhas menores, como aquela em que vivo no Caribe. Quase sempre, a imagem associada é a de ilhas inteiras prestes a serem engolidas pelos oceanos. Essa não é uma imagem implausível: se as emissões prosseguirem no ritmo atual, estima-se que haja uma subida do nível dos mares da ordem de um metro ou mais até o final do século. Mesmo que os nossos esforços para limitar o aquecimento global sejam bem-sucedidos, parte dessa elevação futura já é inevitável, e muitas ilhas de baixa altitude vão de fato ficar submersas. Isso significa que a ameaça existencial do aumento do nível dos mares é bem real, e essa imagem de ilhas desaparecendo no futuro deveria ser suficiente para mobilizar medidas globais contra as mudanças climáticas. Porém, mesmo antes de chegarmos a essa etapa calamitosa, o aumento do nível dos mares acarreta prejuízos significativos para as ilhas menores, que já podem ser observados ao nosso redor.

Todo morador de uma "ilha pequena" pode identificar um ponto no oceano que antes era terra firme. A elevação da água vem erodindo praias e a costa, que, de forma direta ou indireta, contribuem para a sobrevivência dos moradores das ilhas: grande parte do turismo no Caribe depende das praias. Na região, esse setor responde por uma parcela de 7% a 90% do PIB e, em média, por 30% dos empregos diretos e indiretos. Nos últimos anos, muitas das praias caribenhas mais valorizadas ficaram mais estreitas, apertadas entre o avanço do mar e as construções litorâneas. Com isso, elas se tornam menos atraentes para os turistas, o que desencadeia impactos em cascata no grande número de pessoas cuja sobrevivência depende da viabilidade do setor. Num esforço para preservar as praias e os empregos que dependem delas, os países do Caribe estão recorrendo a obras de infraestrutura caras, como quebra-mares e barreiras oceânicas — mesmo sem ter uma ideia da eficácia dessas medidas.

Entretanto, o impacto da erosão vai além do setor do turismo, pois muitas comunidades pequenas dependem dos recursos litorâneos para a sua subsistência. Comunidades pesqueiras se formam ao redor das praias, que também funcionam como áreas de moradia, pontos de embarque e desembarque e centros de comércio informal. As opções dessas comunidades se restringem quando as praias começam a encolher. Peixarias e outros comércios são fechados, e os

169 COMO SOMOS AFETADOS

moradores migram para o interior em busca de outras formas de sobrevivência. Quando a pesca deixa de ser sustentável, comunidades inteiras acabam se mudando. Para as pequenas ilhas no Caribe, a imagem da subida no nível do mar não é tanto a das ilhas submersas no futuro, mas a do desaparecimento já em curso das praias, dos meios de subsistência e das comunidades.

Estamos, cada vez mais, testemunhando no presente as piores consequências da elevação do nível do mar. Em alguns locais, isso prejudica ou mesmo reverte o desenvolvimento dos países, pois também agrava as inundações provocadas por tempestades e torna os furacões mais intensos e frequentes num mundo mais quente. Nas Bahamas, as inundações extremas causadas pela supertempestade Dorian em 2019 resultaram em mais de setenta mortes e danos consideráveis nas ilhas de baixa altitude Abaco e Grand Bahama, ocasionando prejuízos equivalentes a um quarto do PIB do país. Lamentavelmente, esses eventos anômalos deixaram de ser raros. Apenas dois anos antes, três furacões de categoria 5 assolaram o Caribe, entre os quais o Irma — na época classificado como o mais forte já registrado no Atlântico —, seguido apenas duas semanas depois pelo Maria. Entre os países mais afetados estavam os pequenos Estados insulares de Barbuda, Anguilla e as Ilhas Virgens Britânicas — cuja recuperação vai demorar anos devido à contração de suas economias, à redução do padrão de vida e ao atraso no desenvolvimento. O furacão Irma destruiu 95% das residências em Barbuda e deixou um terço do país praticamente inabitável. Mesmo na ausência de outro desses eventos intensos, hoje os danos se fazem sentir cada vez mais no interior dessas ilhas, constituindo uma ameaça direta às suas populações e à infraestrutura. No Caribe, a maioria dos centros urbanos fica à beira-mar. Mais da metade da população da região vive a menos de 1,5 quilômetro do litoral. A projeção é de que, se as águas costeiras subirem um metro, até 80% das terras ao redor dos portos sejam inundadas.

Considerar o impacto do aumento do nível dos mares também significa imaginar o cancelamento de um legado. Implica o encolhimento dos hábitats, a alteração da distribuição geográfica das espécies costeiras, a redução da biodiversidade e a diminuição dos serviços prestados pelos ecossistemas. Também está aumentando a salinidade dos aquíferos costeiros, que com frequência são a única fonte de água doce para a população local. E ameaça muitos bens culturais e sítios cerimoniais, que estão localizados em áreas costeiras e não podem ser transferidos em caso de inundação. Para não falar da redução da disponibilidade de praias como locais públicos para a descontração e o divertimento. O acesso à água limpa, os ecossistemas vibrantes, o patrimônio cultural preservado e os espaços recreativos públicos fazem parte das expectativas razoáveis da próxima geração. Isso é o mínimo que devemos a eles.

Com raras exceções, as pequenas ilhas estão entre os menores emissores de gases do efeito estufa e, portanto, entre os que menos contribuíram para as mudanças no clima. Mas agora são elas que começam a sofrer as consequências. Não se trata apenas da questão do desaparecimento das ilhas no futuro: é sobre meios de sobrevivência ameaçados, atraso no desenvolvimento e uma herança geracional sendo negada hoje. /

3.13
Chuva no Sahel
Hindou Oumarou Ibrahim

No Sahel, a chuva é tudo. Na minha comunidade, a dos pastores nômades que vivem às margens do lago Chade, temos muitas palavras para descrever a chuva. Há aquelas que anunciam a estação chuvosa e o início da migração com os nossos rebanhos, e há também aquelas com que recebemos a chegada da estação seca e nos leva aos assentamentos em torno do lago. Temos palavras para descrever as chuvas amenas que irrigam as plantações, e para as tempestuosas que destroem as lavouras.

Nesse ambiente agreste, aprendemos a viver em harmonia com a natureza, a cooperar com os nossos ecossistemas. As nossas vacas e os nossos bois fertilizam a terra por todo o percurso da transumância. A cada três ou quatro dias, mudamos de um lugar para outro a fim de proporcionar à natureza tempo para se regenerar. E também vivemos em harmonia com os vizinhos. Em nossa região, onde a maioria das pessoas vive da lavoura ou da pesca, o gado é a única fonte de fertilização do solo — assim, quando deixamos um lugar, a terra ali fica boa para o cultivo.

Trinta anos atrás, quando nasci, o lago Chade era enorme. E há sessenta anos, quando a minha mãe era criança, o lago mais parecia um pequeno mar no meio do deserto. Hoje, no entanto, ele não passa de uma gota d'água no centro da África. Sumiu 90% da nossa água. A temperatura média subiu. Agora nós estamos vivendo com temperaturas 1,5°C mais altas, ou seja, o meu povo já está vivendo acima do limiar proposto pelo Acordo de Paris. E isso é só uma amostra do que vem por aí. Segundo o novo relatório do IPCC, estamos cada vez mais próximos dos portões de um clima infernal. No Sahel, a temperatura média pode aumentar em até 2°C até 2030, e chegar a 3°C ou 4°C em meados do século. Ainda no decorrer da minha vida, a fisionomia do Sahel vai ser bem diferente da atual.

Grande parte da chuva não existe mais. Com frequência a terra é seca e árida. As nossas vacas, que costumavam produzir quatro litros de leite por dia, agora mal conseguem chegar a um ou dois litros por falta de pastos. E cada vez mais a chuva, antes a nossa aliada, provoca danos. Nos últimos cinco anos, repetidas inundações devastaram as nossas terras e casas, bem como a cultura do meu povo.

Hoje são iminentes as guerras por causa do clima. As pessoas brigam pelos escassos recursos que restam. Quando a natureza está enferma numa região em que 70% dos habitantes dependem da terra para o cultivo de alimentos, as pessoas perdem o juízo. A tradicional aliança entre lavradores e pastores foi rompida nessa competição pelos recursos naturais. No Mali, no norte de Burkina Faso e na Nigéria, já ocorreram casos de vilarejos incendiados por pessoas que queriam tomar as terras de seus antigos amigos.

Para mim, contudo, o Sahel continua sendo uma terra de esperança. Ainda contamos com muitos guerreiros do clima para reagir. Em minha comunidade, as mulheres já começaram a tomar medidas para o enfrentamento das mudanças climáticas. Esses povos indígenas estão recorrendo aos conhecimentos tradicionais para identificar as safras mais resistentes às secas e às ondas de calor, viabilizando assim uma agricultura resiliente. E, graças às lembranças dos nossos avôs e avós, temos um mapa de nascentes antigas, que continuam a ter água mesmo nas piores estações secas.

Os saberes tradicionais dos povos indígenas nos proporcionam não só palavras para descrever a chuva, mas também ferramentas para lutarmos contra as mudanças climáticas. Graças a séculos de convivência harmônica com a natureza, observando nuvens, aves migratórias, direção dos ventos, comportamento de insetos e vacas, estamos bem equipados para resistir. Não tivemos a oportunidade de frequentar escolas, mas os membros mais idosos da comunidade têm mestrados e doutorados no campo da preservação da natureza, e estão se tornando especialistas na adaptação ao clima.

Não temos nenhum interesse em sermos apenas as vítimas das mudanças climáticas. Também vamos fazer a nossa parte. Na verdade, já estamos fazendo. Nós somos a prova viva de que é possível preservar a floresta e a savana, aumentar o estoque de carbono na natureza e, ao mesmo tempo, produzir alimentos. Nos países mais industrializados, a agricultura é uma importante fonte de emissões. Na minha comunidade, pelo contrário, ela é um sumidouro de carbono.

Há muito tempo cuidamos da natureza, não só para nós, mas também para sete gerações futuras. É assim que se tomam as decisões na minha comunidade. Antes de decidir algo importante, devemos considerar o que as sete gerações passadas teriam feito na mesma situação, e qual vai ser o impacto dessa decisão nas próximas sete gerações. Esse é um modo de colocarmos a equidade entre as gerações no centro de toda decisão relevante.

Agora chegou a hora de a comunidade internacional ouvir e ajudar o meu povo. Durante tempo demais, os povos indígenas foram tidos como os representantes da história da nossa Terra. Mas o fato é que não pertencemos ao passado: nós representamos o futuro.

Isso vale para todas as comunidades indígenas ao redor do mundo. A biodiversidade é a nossa melhor parceira. Pois não consideramos a natureza um instrumento, como algo a ser possuído, usado e destruído. A natureza é o nosso supermercado, a nossa farmácia, o nosso hospital, a nossa escola. E, para muitas comunidades indígenas, é ainda mais do que isso: a natureza é a essência da nossa vida espiritual, da nossa cultura, a fonte da nossa linguagem. É a nossa identidade.

3.14

Inverno em Sápmi

Elin Anna Labba

A região de Sápmi é linda nessa época. As árvores ficam cobertas de geada, tão brancas que se confundem com as nuvens. Renas aparecem nos lamaçais. Uma fêmea filhote está deitada na neve. Ela está enrolada com a cabeça baixa, como se fosse uma pedra macia, com as vértebras voltadas para o céu. Quando passamos a mão por sua pelagem lanosa de inverno, dá para sentir a débil pulsação cardíaca. Ela parece tranquila, como um bebê adormecido depois de mamar.

Mas as pessoas que estão acompanhando esses animais desde que eram pequenos sabem o que está acontecendo. Um filhote enrolado desse jeito não vai sobreviver. Elas sabem que é tarde demais. O filhote está ali desde o verão, depois de seguir a mãe pela longa descida das montanhas, mas não vai conseguir ir adiante. Elas já tentaram alimentá-lo, mas a pequena rena está fraca demais após ter passado fome por muito tempo.

Sápmi é uma região que se estende por quatro países e abrange o norte da Suécia, da Noruega e da Finlândia, e a península de Kola na Rússia. Os Sámi, o único povo indígena da Europa, têm uma longa tradição de pastoreio de renas e de cuidado com animais. Até onde chega a memória, os povos dessa região vivem adaptados às renas. É uma existência que está organizada em torno da neve, pois o verão setentrional é apenas uma lembrança luminosa e breve. Aqueles que convivem com a neve na maior parte do ano aprendem a conhecer a forma da cobertura de neve. Isso é essencial para a sobrevivência. Mesmo antes de as mudanças climáticas se tornarem uma preocupação no mundo, a inquietação já se fazia sentir como um suspiro no mundo dos indígenas do Ártico. Algo está ocorrendo com a neve. Ela chega cedo, e logo vem a chuva. Então volta a congelar. Por que agora os invernos ficam entranhados nos ossos? As patas do filhote agonizante haviam pisado numa neve que não deveria estar ali tão cedo.

O lugar onde a minha família vive é conhecido como Dálvvadis na língua sámi — o "assentamento de inverno". Em sueco, o nome dessa pequena comunidade é Jokkmokk. Ela está situada na área de floresta da Suécia, não muito longe das montanhas. Há poucos anos, grandes manadas de renas pastavam ali durante o inverno. Elas se moviam livremente, escavando a neve densa mas ainda porosa em busca de alimento. Quando a neve endurecia com o avanço do inverno, as renas esticavam o pescoço para alcançar os liquens nas árvores. Na primavera, elas voltavam para as montanhas. Agora, neste ano, Jokkmokk virou uma paisagem de áreas cercadas. Toda a comunidade está rodeada de pastos onde

173   COMO SOMOS AFETADOS

as renas são alimentadas — ao norte, a leste, ao sul e a oeste. Os animais esqueléticos são abrigados em galpões para que possam recuperar o calor corporal. Assim que abrimos as portas podemos sentir o cheiro, que entra pelo nariz e invade todas as frestas. Animais silvestres não deveriam ser mantidos em locais fechados; eles reagem adoecendo. Os olhos infeccionam e ficam purulentos. Os estômagos se desarranjam.

E o pânico também toma conta dos nossos corpos. Acabamos com a liberdade dos animais para que não morram na floresta, mas não somos capazes de protegê-los. O que nos faz estar sempre mudando? Sempre houve épocas de fome e desespero, e os Sámi têm uma palavra específica para elas: *goavvi*. *Goavvi* é um ano de condições difíceis para o pastoreio, mas o termo também significa "duro" e "implacável". É uma palavra mítica que espalha medo, sobretudo entre os mais velhos. Quase um século atrás, durante um *goavvi* memorável, a floresta parecia estar repleta de novos galhos. Só de perto é que se notava que os ramos eram as galhadas das renas mortas e cobertas pela neve.

Quando invernos implacáveis chegavam, os pastores de renas tinham de alimentá-las com as mãos e recolher os liquens para os animais. É possível suportar esses longos invernos se sabemos que o ano terrível está prestes a acabar e que virão tempos melhores.

Os mais velhos agora dizem que estamos numa dessas épocas, que já dura quase uma década, e que ainda não vemos o final. As mudanças climáticas não são um medo futuro, elas estão na nossa pele e em nossos ossos. "O mundo mudou. Continuamos a achar que não é bem assim, mas no fundo sabemos", disse uma pastora de renas idosa. Quando ela era jovem, ainda havia florestas intocadas. Agora as florestas manejadas e os parques eólicos recobrem as montanhas onde antes pastavam renas. As últimas rotas migratórias dos animais podem acabar sob uma mina. O gelo que cobre as represas de hidrelétricas é frágil e imprevisível. De tão tênue, o solo às vezes mais parece um coração que pulsa tão fraco quanto o do filhote de rena. Mesmo assim, a Suécia continua interessada no norte, convencida de que ainda resta muito a extrair dali. A região de Sápmi é a *Terra Nullius* dos países nórdicos, que a consideram vazia o suficiente para abrigar projetos de exploração tanto verdes como cinzentos. Nos países que ainda não acertaram contas com a própria história, é fácil continuar cego diante das repetições históricas, das novas formas assumidas pelo colonialismo, que adota novos argumentos e novas práticas. Em nenhuma parte do mundo os que são mais afetados pelas mudanças climáticas conseguem controlar a própria história. As perdas passadas de terras, línguas, laços familiares e crenças preparam com tristeza os povos indígenas para esse destino. O passado e o presente caminham lado a lado.

No clássico antigo poema sámi sobre os filhos do Sol, a filha do astro está perturbada. O que vai acontecer com os seres humanos? No poema, o Sol está se pondo, os lobos se aproximam, se esgueirando pelas trevas da noite. Ele vai desaparecendo; e o rebanho, minguando. Mas ela está esperançosa, pois, sendo a filha do Sol, é assim que deve ser. Não podemos guardar a terra se não confiamos em nossa força protetora, e então a filha do Sol pergunta, esperançosa: "Logo vem a manhã, não vem?".

Estou convencida de que a filha do Sol se referia aos jovens, que agora estão se mobilizando para que a manhã venha. No extremo norte, não restam mais dúvidas. A última década nos ensinou a colocar cobertores sobre os animais do Ártico e a misturar açúcar na água com liquens. Toda criança pequena está aprendendo a curar. Mas, acima de tudo, elas estão aprendendo a lutar pelas florestas e pelas montanhas como se fossem as últimas, pois é isso o que a vida lhes diz quando se ajoelham ao lado do filhote de rena agonizante. É preciso lutar por tudo como se fosse a última oportunidade, pois é disso que se trata. Como filhos do Sol, todos precisamos cuidar da terra, pois de outro modo nem mesmo estaríamos aqui. /

Nos países que ainda não acertaram contas com a própria história, é fácil continuar cego diante das repetições históricas, das novas formas assumidas pelo colonialismo, que adota novos argumentos e novas práticas.

COMO SOMOS AFETADOS

3.15

Lutando pela floresta

Sonia Guajajara

A luta contra o apocalipse climático é um esforço global que depende de todos nós para defender nossos territórios. Em todos os cantos do mundo, é essencial que lutemos para preservar os ecossistemas, possibilitando assim que se recuperem dos danos causados pela ganância desenfreada daqueles que, diante da floresta, veem apenas lucros.

Sou uma mulher indígena, nascida na Amazônia. Desde muito pequena, entendi a importância fundamental de mantermos os nossos territórios protegidos, pois as vidas, os corpos e os espíritos dos nossos povos estão intimamente ligados ao relacionamento que mantemos com a terra.

O nosso caminho sempre foi o da defesa da vida. Desde que os primeiros invasores chegaram a essa terra, quando ainda nem era chamada de Brasil, vivemos em estado de alerta diante de ataques reiterados e constantes. O projeto colonizador usurpou os nossos territórios, trouxe doenças e mortes para os nossos corpos, além de fogo e destruição para os nossos biomas. Só conseguimos sobreviver até hoje porque somos guerreiros incansáveis e recorremos à força dos nossos ancestrais para defender a Mãe Terra.

Em setembro de 2021, durante a Segunda Marcha das Mulheres Indígenas, em Brasília, lançamos a plataforma Reflorestarmentes, concebida para conectar projetos comunitários inovadores de conservação ambiental e compartilhar com o mundo os conhecimentos e a sabedoria das mulheres indígenas. Vivemos numa época em que várias crises globais estão devastando a humanidade e a nossa Mãe Terra. As crises climática e ambiental, a crise de um sistema econômico excludente e desigual, a crise da fome e do desemprego, a crise do ódio e da desesperança. Essas crises sobrepostas afetam de forma mais aguda os povos originários do mundo, que dependem intimamente do relacionamento com os seus biomas.

Ou seja, aqueles que mais cuidam do nosso planeta, das nossas florestas, das nascentes de água são exatamente os mais impactados por sua destruição. E esse é um fato inegável, reforçado por diversas instituições científicas: os verdadeiros guardiães da floresta e do planeta são os povos indígenas. Eles representam cerca de 5% da população mundial e não ocupam mais do que 28% do território global.

Páginas seguintes: Indígena, geógrafa e ambientalista, Hindou Oumarou Ibrahim lidera um grupo de pastores do Chade que são adeptos de práticas agroecológicas ancestrais.

No entanto, os povos indígenas são responsáveis por proteger e preservar 80% da biodiversidade que, junto conosco, existe na Mãe Terra.

Essas estatísticas reforçam algo que repetimos há séculos: não existe futuro possível para a humanidade sem que nós, os povos indígenas, sejamos levados em conta. Agora vou dar um passo adiante e reivindicar para as mulheres indígenas um lugar central na luta em favor de um futuro para a humanidade. Pois, em muitas comunidades indígenas, cabe a nós, mulheres, cuidar dos nossos ecossistemas e mantê-los, além de preservar os nossos conhecimentos por meio da memória e dos costumes. Nós vivemos em harmonia com as florestas durante milhares de anos, manejando-a de forma a assegurar melhores condições de vida para nós e para as próprias florestas — ou seja, elas não são selvagens, como costumam ser vistas pelos forasteiros, mas cultivadas.

Vamos organizar e compartilhar os nossos conhecimentos ancestrais e milenares de modo a oferecer à humanidade um projeto abrangente para o futuro — que permita a continuidade da vida no planeta de um modo mais equilibrado e igualitário. Não somos as donas da verdade, mas, durante o tempo que vivemos neste planeta, nós — e os nossos antepassados — aperfeiçoamos saberes e tecnologias que hoje se tornaram mais necessários do que nunca.

Temos de promover um modo de vida que harmonize a existência humana e a continuidade plena e vigorosa dos nossos biomas. E as mulheres indígenas sabem como fazer isso, pois somos as cientistas ancestrais da vida neste planeta. E estamos dispostas a partilhar os nossos conhecimentos para que todos tenham uma chance de viver agora e no futuro. /

Não existe futuro possível para a humanidade sem que nós, os povos indígenas, sejamos levados em conta.

3.16
Desafios imensos nos aguardam
Greta Thunberg

"**Mantidas as tendências atuais de aquecimento,** 1,2 bilhão de pessoas serão obrigadas a migrar em 2050", escreve Taikan Oki em seu capítulo. Esse é mais um daqueles números com que topamos ao ler sobre a crise emergente no clima e na ecologia. É quase impossível compreender e traduzir esses números — todos os enormes desafios que nos aguardam nesse caminho que decidimos trilhar. A maioria dessas 1,2 bilhão de pessoas provavelmente vai se deslocar no interior das fronteiras de seus países; porém, considerando como o mundo vem tratando os refugiados nas últimas décadas, temos motivos para achar que isso vai causar um sofrimento silencioso, além de desastres humanos generalizados, colocando em risco toda a nossa civilização tal como a conhecemos.

Raras pessoas abandonam as suas casas por vontade própria. Evitar o pior e fugir são instintos humanos inatos, e é razoável supor que a grande maioria agiria do mesmo modo se estivesse na posição dessas pessoas. Porém, acho que muitos daqueles que classificamos como refugiados climáticos não se reconheceriam nessa definição. Talvez o que, por fim, os tenha feito fugir tenha sido uma inundação, uma seca, um conflito armado ou uma escassez de alimentos associados ao clima, mas a migração também se deve a uma combinação de outros fatores, como pobreza, doença, violência, terrorismo ou opressão. Todos esses fatores estão interligados, como explica Amitav Ghosh em seu livro *The Nutmeg's Curse* [A maldição da noz-moscada].

Nenhum muro ou cerca de arame farpado vai nos manter seguros a longo prazo. Fechar os nossos portos e deixar que as pessoas morram afogadas no mar Mediterrâneo ou no canal da Mancha não vai resolver esses problemas. E vão continuar assombrando a humanidade até passarmos a nos empenhar mais na cura das nossas divisões e na partilha dos nossos recursos de uma forma razoável e sustentável.

A democracia é o instrumento mais valioso que temos e, não se engane, sem ela não temos a menor chance de solucionar os problemas que nos afligem. Basta imaginar como seria a divulgação de conclusões científicas perturbadoras ou a crítica dos poderosos num regime ditatorial. Não resta a menor dúvida de que a desestabilização do clima leva à desestabilização do mundo, e que isso vai colocar em risco todos os aspectos das nossas sociedades, incluindo a democracia. A crise climática só vai amplificar embates e problemas sociais. Como ressalta Marshall Burke em seu capítulo sobre os conflitos induzidos pelo clima, "o número total de conflitos armados organizados ao redor do mundo está aumentando e alcançou agora o nível mais alto já registrado em quase um século, levando a uma quantidade recorde de pessoas deslocadas no interior de fronteiras e a níveis alarmantes de fome global". Se fracassarmos no enfrentamento de todas as questões mais profundas associadas a essa crise de sustentabilidade emergente que ameaça a todos nós, não há dúvida de que isso levará a uma erosão ainda maior da democracia. No decorrer da história moderna, a nossa dependência dos combustíveis fósseis também desempenhou, de muitas maneiras, um papel crucial em conflitos armados. Mesmo assim, em vez de tomar medidas para superá-la, estamos ampliando a nossa dependência dos combustíveis fósseis. Com isso, estamos financiando forças geopolíticas claramente opostas aos direitos humanos. Cada vez mais aumentamos a nossa dependência do petróleo, do gás e do carvão produzidos por regimes autoritários, desde a Rússia de Putin até os países do golfo Pérsico.

Com o inevitável agravamento da situação, provavelmente vão proliferar políticos autoritários que propõem soluções fáceis e bodes expiatórios como resposta a questões cada vez mais complexas. É assim que o fascismo se instala e se fortalece. E já é possível notar os sinais disso em todo o mundo. Esse é o resultado das desigualdades que permitimos se alastrar de modo desenfreado durante tantos séculos. Se não enfrentarmos a raiz desses problemas — e organizarmos movimentos de base fortes e democráticos em todas as sociedades; movimentos como esses que acabamos de conhecer e que não deixam ninguém de fora —, corremos o risco de perder para sempre, e literalmente, tudo o que de belo e significativo foi alcançado pela humanidade.

Alguns desses movimentos já existem. Outros vão surgir à medida que avançamos por esse caminho. Eles têm a enorme responsabilidade de se manter longe de todas as formas de violência e de evitar as turbulências sociais que poderiam resultar no vandalismo e na destruição, que são mais prejudiciais do que benéficos. Precisamos de bilhões de ativistas climáticos. De manifestações pacíficas, sem violência, e de atos de desobediência civil que não coloquem em risco a segurança alheia; de greves, boicotes, passeatas etc. A humanidade conseguiu mudar as nossas sociedades incontáveis vezes no passado, e não há nada que nos impeça de fazer isso de novo.

Assim como a crise climática requer a colaboração de todos, o mesmo se dá com essa mobilização. As crises da sustentabilidade, da desigualdade e da democracia — nenhuma delas pode ser resolvida de forma individual por pessoas ou países. Precisamos atuar em conjunto e de forma solidária. Apenas quando nos juntarmos em prol de uma causa comum é que será possível criar sociedades justas, sustentáveis e igualitárias. Exatamente como quando formamos sociedades egoístas, insustentáveis e desiguais.

181   COMO SOMOS AFETADOS

3.17
Aquecimento e desigualdade
Solomon Hsiang

O nosso mundo é profundamente desigual. Hoje, existem comunidades que desfrutam de oportunidades e padrões de vida que seriam inimagináveis poucos séculos atrás, mas ao mesmo tempo há também aquelas empobrecidas cujo acesso a recursos, tratamento médico e tecnologias pouco mudou nesse período.

No futuro, as alterações no clima provocadas pelas emissões de gases do efeito estufa provavelmente também vão remodelar a desigualdade global. Com o deslocamento geográfico das condições ambientais, as diferentes sociedades vão ter acesso a outros recursos e oportunidades — melhores para algumas e piores para outras. Por exemplo, a subsistência de uma comunidade que depende financeiramente da agricultura será afetada por mudanças no clima, com um impacto positivo ou negativo em função do tipo de cultivo que praticam e das mudanças climáticas específicas na região. Em áreas quentes e secas, o aumento das precipitações pode ser vantajoso para os agricultores. Por outro lado, se as temperaturas subirem demais, isso pode dificultar o cultivo da terra. Portanto, o impacto geral do aquecimento global em determinada comunidade vai depender de muitos fatores, entre os quais o modo de vida, as condições climáticas atuais e as alterações previstas para o futuro.

Por conta dessa complexidade, nem sempre é óbvio *como* as mudanças climáticas vão afetar a desigualdade. Se as sociedades mais ricas ficarem mais pobres por causa do aquecimento, e as sociedades pobres ficarem mais ricas, então as mudanças climáticas contribuiriam para *reduzir* a desigualdade global. Porém, se as primeiras tenderem a se beneficiar do aquecimento, e as segundas tenderem a ser prejudicadas, então as mudanças no clima acabariam *aumentando* a desigualdade. Num esforço para estimar qual desses resultados é mais provável, muitos pesquisadores, entre os quais eu me incluo, se debruçaram sobre a análise de dados para entender como cada sociedade será afetada por condições climáticas específicas.

E o que constatamos é que os dados apontam claramente que as mudanças climáticas tendem a aumentar a desigualdade global. Dependendo dos aspectos de bem-estar observados (como saúde, educação ou renda), as populações ricas são às vezes beneficiadas, e outras prejudicadas pelo aquecimento global. No entanto, quase todas as abordagens dos dados revelam que as populações pobres vão ser prejudicadas, em geral mais do que as ricas.

Figura 1:
O efeito não linear do aquecimento pode ser benéfico ou prejudicial dependendo do lugar em que se vive.

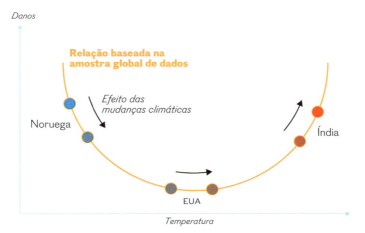

As pesquisas sugerem que há dois motivos principais para as populações pobres de todo o planeta tenderem a ser mais prejudicadas pelas mudanças climáticas. Primeiro, essas comunidades contam com menos recursos para se proteger dos efeitos dessas mudanças. Aparelhos de ar condicionado, barreiras oceânicas e sistemas de irrigação contribuem para amenizar o impacto das temperaturas elevadas e dos eventos meteorológicos extremos, mas também requerem um investimento substancial de dinheiro e recursos.

O segundo motivo é menos conhecido, mas potencialmente mais importante: o efeito da temperatura em muitos resultados cruciais *não é linear*. A fig. 1 ilustra isso: o efeito do aquecimento depende da atual temperatura no local. Geralmente, constatamos que, se uma comunidade está num local frio (por exemplo, na Noruega), o aquecimento global é conveniente — pois reduz os custos de calefação e as doenças respiratórias no inverno, e ao mesmo tempo aumenta a produtividade do trabalho. No caso de uma comunidade situada em zona temperada (como Iowa, nos Estados Unidos), a elevação da temperatura afeta pouco o bem-estar. Muitos estudos constataram que a temperatura média "ideal" varia entre 13°C e 20°C. Agora, para as comunidades situadas em zonas quentes (como a Índia), o aumento adicional nas temperaturas é muito prejudicial — destruindo colheitas, exacerbando doenças transmissíveis por vetores e freando o crescimento econômico. Portanto, um grau adicional de aquecimento não produz o mesmo efeito em todas as partes, e isso tem profundas implicações para a desigualdade global.

A relevância desse efeito não linear da temperatura se deve ao fato de que, atualmente, as populações mais pobres estão concentradas em zonas bem mais quentes. O mapa superior da fig. 2 mostra a renda média per capita no mundo de hoje. Nota-se nele um padrão familiar, no qual as populações das regiões frias ou temperadas têm renda média mais alta, ao passo que os habitantes dos países

PIB per capita em 2019

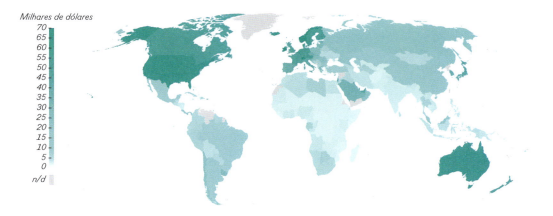

Impacto das mudanças climáticas nas taxas de mortalidade em 2100

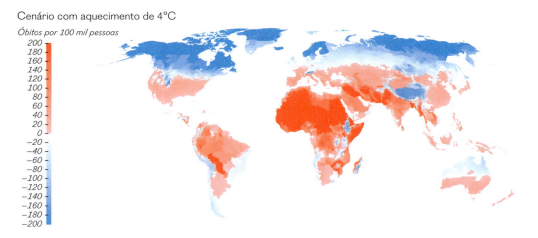

Impacto das mudanças climáticas no PIB per capita em 2100

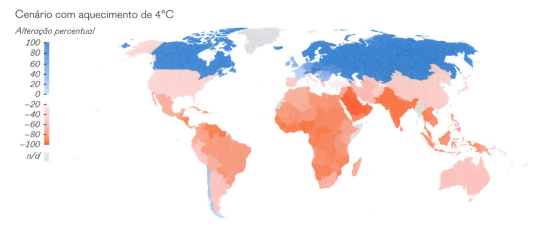

Figura 2

mais próximos da linha equatorial, nas regiões tropicais e subtropicais, tendem a ser bem mais pobres. Assim, essas populações mais pobres partem de uma posição pior no que se refere às mudanças climáticas, pois vivem em locais quentes, onde o aquecimento adicional é especialmente danoso, ao passo que as populações ricas vivem em lugares frios, menos prejudicados — e, às vezes, até beneficiados — pelo aumento das temperaturas.

Os mapas inferiores da fig. 2 ilustram o que se estima que vá ocorrer até o final do século XXI. O mapa intermediário mostra que o aquecimento, num cenário de emissões altas (+4°C em 2100), deve aumentar as taxas de mortalidade em todo o mundo. No mapa inferior vemos em que medida, no mesmo cenário, o aquecimento deve alterar o produto interno bruto per capita. Em ambos os casos, foi levado em conta o fato de as nações mais ricas contarem com mais recursos para se proteger. Entretanto, o que está claramente ressaltado é o efeito não linear do aumento da temperatura. Os locais mais quentes nos trópicos e subtrópicos sofrem mais em termos de saúde e oportunidades econômicas, com as taxas de mortalidade anuais aumentando em mais de cem mortes a cada 100 mil habitantes, e com perdas concomitantes de cerca de 50% no PIB per capita. Já nas regiões temperadas os impactos são bem menores. As regiões frias muitas vezes se beneficiam, pois o aquecimento pode até melhorar a saúde humana e a produtividade econômica.

Quando comparamos os mapas inferior e superior da fig. 2, podemos ver de que modo, em vez de melhorar a situação dos pobres do planeta, as mudanças climáticas vão atrasar o seu progresso e agravar a desigualdade entre ricos e pobres. /

Um grau adicional de aquecimento não produz o mesmo efeito em todas as partes, e isso tem profundas implicações para a desigualdade global.

COMO SOMOS AFETADOS

3.18

Escassez de água

Taikan Oki

Em agosto de 2019, durante a Semana Mundial da Água em Estocolmo, perguntei a Johan Rockström se ele achava que a capital sueca continuaria sendo civilizada caso a sua temperatura média passasse de 7°C a 15°C, e as precipitações anuais médias aumentassem de quinhentos mililitros para 1500 mililitros neste século. Como esperava, ele respondeu que isso seria impossível.

Mas talvez seja possível. Se o clima de Estocolmo mudasse de forma drástica num período tão curto, a adaptação com certeza seria muito difícil. Mas talvez não fosse impossível. Tóquio não está muito distante de ter uma temperatura média de 15°C e um nível médio de precipitações de 1500 mililitros. E, por enquanto, os moradores de Tóquio desfrutam de um padrão de vida moderno, seguro e confortável (por outro lado, num planeta em que Estocolmo tivesse o clima da Tóquio atual, os verões nesta seriam intoleravelmente quentes, e eu ficaria muito tentado a mudar para Estocolmo). Em outras palavras, a questão crucial não são os valores absolutos — qual temperatura ou quanta chuva são toleráveis pelas nossas sociedades —, mas saber em que medida o clima vai mudar e quanto tempo teremos para nos adaptar a essas mudanças. As comunidades mais vulneráveis são aquelas que vão sofrer as piores consequências das mudanças climáticas. Mesmo que as condições futuras permitam que algumas comunidades ao redor do mundo se adaptem e prosperem, as mais vulneráveis vão se defrontar com graves dificuldades e até com sofrimentos intoleráveis.

Os impactos das mudanças climáticas vão chegar à sociedade por meio da água. Mais de uma década atrás, os meus colegas e eu contribuímos para um estudo dos ciclos hidrológicos globais e dos recursos hídricos mundiais no qual se afirmava que "estima-se que as mudanças climáticas vão acelerar os ciclos da água" e, portanto, aparentemente aumentar a disponibilidade dos recursos renováveis de água doce. Isso diminuiria o aumento da quantidade de pessoas ameaçadas pelo risco de escassez de água. No entanto, a nossa pesquisa também revelou que as alterações nos padrões sazonais e o aumento da probabilidade de eventos extremos podem anular esse efeito naquelas regiões onde as precipitações são mais intermitentes. Em seguida, alertamos que, "se a sociedade não se preparar para essas mudanças e fracassar no monitoramento das variações no ciclo hidrológico, um grande número de pessoas corre o risco de conviver com a escassez de água ou de perder os seus meios de subsistência por eventos imprevisíveis como, por exemplo, inundações".

Lamentavelmente, desde que publicamos o estudo, os desastres naturais vêm se tornando cada vez mais frequentes. De acordo com um relatório preparado pelo Escritório das Nações Unidas para Redução dos Riscos de Desastres, a quantidade de secas registradas aumentou cerca de 1,29 vez; as tempestades, 1,4 vez; as enchentes, 2,34 vezes; e as ondas de calor, 3,32 vezes nas duas décadas iniciais do século XXI em comparação com as duas décadas anteriores. E a estimativa é que esses impactos vão se intensificar com o avanço das mudanças climáticas — o que causaria problemas não apenas nas comunidades mais vulneráveis. Segundo o Registro de Ameaças Ecológicas, publicado pelo Institute for Economics and Peace, ainda que o mundo desenvolvido tenha capacidade para lidar com o esgotamento de recursos e com os desastres naturais, ele não tem como escapar do afluxo de migrantes expulsos de suas regiões natais por esses problemas. Na crise migratória de 2015, por exemplo, um afluxo de pessoas equivalente a apenas 0,5% da população europeia já desencadeou tensões políticas e agitação social. Mantidas as tendências atuais de aquecimento global, 1,2 bilhão de pessoas poderiam ser forçadas a migrar até 2050. No entanto, o Alto-Comissariado das Nações Unidas para os Refugiados avalia que cerca de 20% dessas pessoas vai ter de abandonar os seus países ou regiões. Evidentemente, mesmo que não cruzem as fronteiras de seus países, o agravamento desse problema continua sendo motivo de preocupação. De acordo com um relatório do Banco Mundial, o "Groundswell Report Part II", 216 milhões de pessoas podem se tornar refugiados internos até 2050 por conta da escassez de água, da redução da produtividade agrícola e da elevação do nível do mar ocasionadas pelas mudanças no clima.

Essa crise climática e ambiental não foi causada por nenhum político, governo ou empresa individual, mas se deve antes ao conjunto de escolhas sucessivas e momentâneas que fazemos em nossas vidas cotidianas. Hoje estamos nos conscientizando disso, mesmo que seja apenas partindo de uma perspectiva egoísta e utilitária: muitas empresas agora entendem que, a longo prazo, a adoção de medidas para evitar a crise climática e ambiental é o mais conveniente. Além disso, muitos políticos e governos são extremamente sensíveis às tendências da opinião pública, cada vez mais unida em favor da justiça climática. Se tivesse havido um esforço maior de nossa parte para manter o clima estável por meio de mudanças de comportamento, ao invés do esforço dos que contribuíram para as mudanças climáticas para não mudar o seu comportamento, uma iniciativa decisiva na área do clima visando a uma transição justa teria ocorrido bem mais cedo.

A esta altura, porém, somos incapazes de interromper o avanço das mudanças no clima. Em vez disso, chegamos a um acordo no sentido de tentar limitar o aumento da temperatura global a 1,5°C acima dos níveis pré-industriais. Como consequência, ainda que os recursos hídricos possam aumentar em algumas regiões nos próximos anos, muitos de nós vamos sofrer o impacto de secas e inundações mais intensas, um risco sobretudo para cerca de 733 milhões de pessoas que hoje vivem em países com um alto nível de escassez de água. /

3.19
Conflitos climáticos
Marshall Burke

De acordo com vários critérios, os seres humanos se tornaram muito mais pacíficos uns com os outros no tempo relativamente breve das nossas vidas. As guerras de grande porte entre países são menos frequentes, menos gente morreu em combate, e muitos tipos de conflitos interindividuais, como agressões e homicídios, se tornaram menos comuns em muitas sociedades.

Ainda assim, o mundo continua sendo um lugar violento. Centenas de milhares de pessoas morrem assassinadas todos os anos, e as taxas de homicídio agora estão aumentando em muitos países. Também vem crescendo o número total de conflitos armados organizados ao redor do mundo, alcançando o nível mais elevado em quase um século (fig. 1), o que leva a uma quantidade recorde de pessoas que se deslocam no interior de fronteiras e a níveis alarmantes de fome global. E agora há indícios de que as mudanças climáticas podem exacerbar ainda mais essa tendência para a violência.

Há muito tempo estudiosos e escritores vêm sugerindo que o clima talvez tenha influência no modo como os seres humanos se relacionam. Na peça *Romeu e Julieta*, de Shakespeare, Benvólio diz ao amigo Mercúcio que deveriam voltar para casa porque o calor do dia tornava mais provável a eclosão de uma briga; eles não conseguem fazer isso e ocorre a tragédia. No romance *O estrangeiro*, de

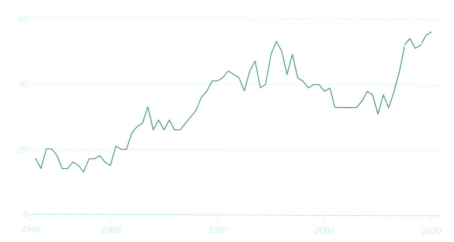

Conflitos armados com participação estatal por ano desde 1946

Figura 1: Conflitos em que ao menos um dos beligerantes é o governo de um Estado.

188

Camus, o protagonista, Meursault, é tão afetado pelo sol forte de uma praia argelina que dispara contra um homem. Mais de um século atrás, artigos em revistas de economia tradicionais argumentavam que as alterações climáticas nos séculos na época do nascimento de Cristo acabaram levando à violenta queda do Império Romano. E na última década, muitos pesquisadores — apoiados em dados mais precisos sobre a cronologia e a localização dos conflitos em todo o mundo — mostraram como a instabilidade climática, em alguns contextos, pode aumentar a probabilidade de conflitos entre humanos.

Por que as mudanças climáticas poderiam ter um papel nesses conflitos? Qualquer conflito individual — uma pessoa que fere outra numa briga, ou um grupo guerrilheiro que se volta contra um governo — é um evento complexo, provavelmente com muitas causas interconectadas. Embora o clima nunca seja a única causa de um determinado embate, um extenso corpo de pesquisas multidisciplinares revela que ele pode ser "a gota que faz transbordar", amplificando a disposição, a capacidade ou o incentivo para o confronto entre indivíduos ou grupos. Por isso o Departamento de Defesa dos Estados Unidos considera há muito tempo as mudanças climáticas como "um multiplicador de ameaça" — um fator capaz de exacerbar e amplificar a miríade de razões pelas quais os seres humanos decidem lutar.

Durante décadas, pesquisadores no campo da psicologia mostraram em estudos de laboratório que os seres humanos se tornam mais irritáveis e propensos a agir de forma agressiva quando se aumenta a temperatura do local onde estão. Essa reação fisiológica também é evidente fora dos laboratórios: em estudos feitos por todo o mundo, constatou-se que temperaturas mais elevadas levam a um aumento na condução agressiva de veículos, a mais violência nos esportes profissionais e a um incremento em diversos crimes violentos, desde agressões domésticas, passando por assaltos a mão armada, até homicídios.

Também se constatou que temperaturas ascendentes e variações maiores nas precipitações exacerbam a probabilidade de conflitos entre grupos, desde a violência de gangues, passando por distúrbios, até guerras civis. Temperaturas mais elevadas acirram a violência das gangues no México; secas e calor aumentam os conflitos civis na África; e períodos de El Niño provocam mais turbulência civil em todo o mundo. Vale notar que não se trata apenas de correlações. Esses resultados foram obtidos por meio de estudos meticulosamente elaborados com a finalidade de identificar com clareza o papel distinto das variáveis climáticas entre os inúmeros outros fatores que poderiam causar conflitos.

Como dispomos de um volume suficiente desses estudos de alta qualidade, também foi possível fazer uma "meta-análise" — ou seja, um estudo dos estudos — para resumir os resultados gerais obtidos por dezenas de artigos publicados. Ao fazer isso, encontramos evidências consistentes de que sobretudo as temperaturas ascendentes podem ampliar o risco de vários tipos de conflito, com o risco de embates danosos entre grupos aumentando em 10% a 20% para cada grau Celsius a mais na temperatura. Esses efeitos são significativos e implicam um aumento

Como o aquecimento aumenta a probabilidade de conflitos

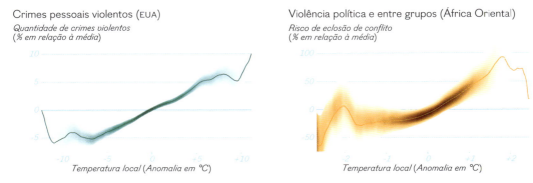

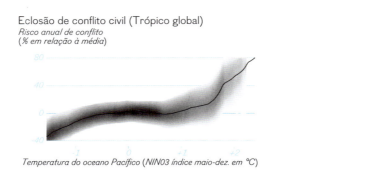

Figura 2:
Muitos tipos de conflitos humanos se tornam mais prováveis quando sobe a temperatura, tanto na violência entre indivíduos (acima, à esquerda) como entre grupos (acima, à direita). O El Niño afeta os conflitos globais (embaixo).

substancial da possibilidade de violência à medida que as temperaturas continuarem a subir durante este século.

Não podemos ignorar esses riscos futuros. Entretanto, o clima não é uma fatalidade. As sociedades humanas podem decidir o grau de aquecimento que estão dispostas a tolerar, e podemos escolher como lidar com o aquecimento que de fato ocorrer. Os conflitos civis, antes corriqueiros em quase todo o mundo, hoje foram quase eliminados em muitos países. Nessas sociedades, o aquecimento adicional provavelmente não vai desencadear conflitos de grande escala. Do mesmo modo, outras pesquisas mostram que, até em sociedades ou regiões propensas à eclosão de conflitos, a ampliação das redes de segurança pode ajudar as comunidades a manter as condições de subsistência em meio a extremos climáticos, o que, por sua vez, levaria ao rompimento do vínculo entre extremos climáticos e conflitos. Portanto, os investimentos para que as comunidades vulneráveis estejam aptas a enfrentar — e até prosperar — nas novas condições climáticas serão cruciais para evitar as piores consequências de um clima em transformação. /

3.20

O custo real das mudanças climáticas

Eugene Linden

Qual seria o custo econômico e social das mudanças climáticas? Se continuarmos na trajetória atual e o planeta ficar 3°C mais quente do que no período pré-industrial, o risco, em resumo, é o colapso da nossa civilização. Isso será uma calamidade global, com derrocada financeira, fome generalizada, migração em massa e muitos países mergulhando na desordem civil. Se os governos tivessem reconhecido a gravidade da situação no começo da década de 1990, essa perspectiva apocalíptica poderia ter suscitado ações para conter as emissões dos gases do efeito estufa e evitar uma potencial catástrofe. Em vez disso, porém, as projeções iniciais de prejuízos socioeconômicos foram absurdamente baixas, fornecendo uma justificativa intelectual para os interessados em adiar as medidas (segundo um influente artigo publicado em 1993 por um economista que viria a receber o prêmio Nobel, o custo para a economia americana de um aquecimento de 3°C até 2100 seria de apenas 0,25% do PIB). Agora, a economia está se aproximando da realidade e reconhecendo o fato de que as mudanças climáticas, e não as medidas para evitá-las, constituem a maior ameaça para a prosperidade futura.

No entanto, mesmo que sejam adotadas medidas para manter o aquecimento abaixo de 3°C, as mudanças climáticas vão implicar um custo considerável. Não é fácil prever qual será esse custo, sobretudo por conta da natureza dos "limiares" e "pontos de inflexão" nas mudanças climáticas, que podem acarretar um crescimento exponencial dos prejuízos. O furacão Sandy forneceu um exemplo nítido da importância desses "limiares" ao provocar a inundação do metrô de Nova York pela primeira vez em 125 anos, causando danos de 5 bilhões de dólares. Se a combinação de maré ciclônica, maré alta e elevação do nível do mar tivesse sido apenas 15% menor, os danos teriam sido insignificantes.

O problema dos pontos de inflexão é ainda mais grave e impede qualquer tentativa de se fazer uma previsão confiável dos danos futuros. Por exemplo, o derretimento acelerado do permafrost no extremo norte do planeta poderia liberar quantidades enormes de gases do efeito estufa, desencadeando um processo irrefreável de realimentação, com o aquecimento produzindo mais aquecimento, muito além das previsões mais pessimistas dos modelos climáticos. Por outro lado, um influxo de água doce no Atlântico Norte poderia interromper as correntes globais que mantêm grande parte da Europa aquecida. Não fazemos ideia de quão próximos estão esses pontos de inflexão, mas sabemos que uma vez ultrapassados não há como voltar atrás, ao menos em nenhum prazo relevante para a espécie humana.

Em seguida, é preciso levar em conta os impactos indiretos do aquecimento global. Na região oeste dos Estados Unidos, as temperaturas mais altas provocaram uma proliferação explosiva de brocas de madeira, o que por sua vez levou ao colapso generalizado da vegetação perene que serve de alimento para as suas larvas. Essas árvores mortas proporcionaram um suprimento pronto de combustível para os incêndios que assolam a região, agravados ainda mais por teores muito baixos de umidade, temperaturas elevadas e ventos secos mais intensos que caracterizam paisagens mais quentes e secas. Essa combinação de impactos diretos e indiretos acaba tendo um efeito cascata nas sociedades humanas, com consequências imprevisíveis.

Por exemplo, uma das causas da pressão migratória no Oriente Médio são as temperaturas extremas que tornaram regiões inteiras do Irã, da Síria, do Iraque e de outros países inabitáveis. Essa migração forçada contribui para a instabilidade interna desses países e, em seguida, para a instabilidade internacional: como sabemos, nos últimos anos, a chegada de refugiados na Europa foi recebida com relutância, xenofobia e a ascensão de líderes autoritários e populistas.

Algumas das possibilidades futuras são simplesmente inimagináveis. Bilhões de pessoas dependem de cereais cultivados em apenas algumas grandes áreas produtoras, e todas são dependentes de um equilíbrio sutil de regimes de temperatura e precipitações que se mantêm relativamente estáveis há milhares de anos. Segundo estimativa do IPCC, a produção global de milho vai se reduzir em 5% com um aquecimento de 2°C. E com a subida adicional das temperaturas, os padrões de precipitações mudam, e o solo seca mais rápido até um ponto em que as colheitas se tornam inviáveis — e não é por acaso que essas áreas de cultivo se encontram fora dos trópicos.

Todos esses impactos interagem de formas imprevisíveis e tornam muito difícil prever com exatidão os prejuízos econômicos associados a cada grau de aumento da temperatura global.

Ainda assim, há estimativas.

Em 2021, a Moody Analytics avaliou que os danos econômicos globais acarretados pelo aquecimento de 2°C seriam da ordem de 69 trilhões de dólares. De acordo com um estudo feito pela Oxfam e pela Swiss Re, um aquecimento de 2,6°C até 2050 causaria três vezes mais prejuízos econômicos do que a pandemia de covid-19. No entanto, ao contrário dela, os danos infligidos pelo aquecimento global vão piorar ano após ano. Se a temperatura global subir mais três graus teremos um mundo que a espécie humana não conhece. Haveria então muitas formas de vida, mas nenhum ser humano. Sem dúvida não seria um mundo capaz de sustentar 7,8 bilhões de pessoas.

O mundo pode sofrer uma crise financeira global associada ao clima muito antes de as temperaturas aumentarem 3°C, ou mesmo 2°C. Na verdade, os prejuízos econômicos causados pelas mudanças climáticas possivelmente já chegaram a trilhões de dólares. Segundo a gigantesca seguradora Aon, foram registradas

Próximas páginas: Em agosto de 2017, o furacão Harvey causou inundações generalizadas em Houston, no Texas, Estados Unidos, submergindo a rodovia interestadual 45.

perdas de 1,8 trilhão associadas ao clima apenas na primeira década deste novo milênio. Na segunda década, o valor subiu para 3 trilhões. Incêndios florestais recentes no oeste americano e enchentes e tempestades na Costa Leste foram uma prévia de como uma crise financeira associada ao clima poderia ocorrer mesmo num país rico como os Estados Unidos.

Este é o roteiro: à medida que se multiplicam inundações e incêndios, que as tempestades se intensificam e ficam mais frequentes, que sobem as temperaturas, também aumentam as apólices de seguros para a proteção de residências e empresas contra desastres naturais. Sempre que possível, as seguradoras vão deixar de atender as áreas que correm mais riscos. Sem esses seguros, a maioria dos proprietários não tem acesso a hipotecas, e nas áreas de incêndios e enchentes onde as apólices vão subir bastante, muitos vão tentar vender as suas propriedades — mas para quem, e quem vai financiar as aquisições? Isso prepararia o cenário para uma onda de vendas e um colapso do mercado imobiliário mais grave do que a crise de 2008, pois não seria um evento único. Como vimos naquele ano, uma crise imobiliária pode facilmente se transformar numa crise financeira sistêmica, pois são os bancos que detêm a maioria dos ativos e do risco no setor de imóveis residenciais e comerciais.

A nossa economia global é um sistema muito integrado — é essa lição que recebemos tanto da crise de 2008 como, mais recentemente, dos problemas nas cadeias de suprimento provocados pela pandemia. Em sistemas assim, até mesmo as menores rupturas podem ter consequências devastadoras. As rupturas ocasionadas pelas mudanças climáticas estão longe de serem insignificantes e tendem a piorar cada vez mais. A mensagem que precisa ser ouvida por gestores públicos, políticos e pela população em geral é que as mudanças climáticas precisam ser evitadas de todo modo, pois o seu custo final não pode ser imaginado nem calculado. /

> A mensagem que precisa ser ouvida por gestores públicos, políticos e pela população em geral é que as mudanças climáticas precisam ser evitadas de todo modo, pois o seu custo final não pode ser imaginado nem calculado.

COMO SOMOS AFETADOS

PARTE IV /

O que fizemos até agora

"Nós não falamos o mesmo idioma do planeta"

4.1

Como podemos corrigir as nossas falhas se nem sequer admitimos que falhamos?

Greta Thunberg

Salvar o mundo é uma opção. Sem dúvida, é possível argumentar contra essa afirmação partindo de um ponto de vista moral, mas resta um fato: não existem leis ou restrições em vigor que obriguem alguém a tomar as medidas necessárias para assegurar as condições de vida futura no planeta Terra. Isso é problemático sob muitos aspectos, no mínimo porque — por mais que me custe admitir isto — a Beyoncé estava errada. Não são as meninas que mandam no mundo. Ele é comandado por políticos, corporações e interesses financeiros — representados sobretudo por homens brancos, privilegiados, heterossexuais e de meia-idade. E o que se nota é que a maioria deles, considerando a situação atual, demonstra uma extraordinária incompetência para realizar essa tarefa. Talvez isso não seja muito surpreendente. Afinal, a finalidade de uma empresa não é salvar o mundo, mas gerar lucros. Ou melhor, gerar o maior lucro possível para manter os acionistas e os interesses do mercado satisfeitos. O mesmo vale para os interesses financeiros que impulsionam a economia em sua busca por lucros e crescimento.

Então sobram os líderes políticos. Eles têm diversas oportunidades de melhorar as coisas, porém salvar o mundo também não está entre as suas prioridades. Poderia estar se muita gente quisesse isso, mas está longe de ser o caso hoje. Portanto, aparentemente o esforço deles é apenas para seguir no comando, ser reeleitos e se manter sintonizados com a opinião pública. Muita gente acha que os políticos não planejam nem pensam para além da próxima eleição, mas eu discordo veementemente. Na minha experiência, as políticas de longo prazo deles não vão além da próxima pesquisa de opinião — mas geralmente o foco principal não chega nem mesmo a isso; muitas vezes, eles não pensam além das manchetes do dia seguinte e ou das edições noturnas de telejornais.

Páginas anteriores:
No pior vazamento de petróleo no mar já registrado, em abril de 2010, um incêndio na plataforma *Deepwater Horizon*, operada pela BP, matou onze pessoas. Mais de 3 milhões de barris de petróleo cru foram lançados no golfo do México, devastando trechos enormes de uma área rica em biodiversidade.

A abordagem das crises climática e ecológica supõe inevitavelmente o enfrentamento de questões desconfortáveis. Está claro que assumir o papel de quem diz a verdade desagradável, e com isso arrisca a própria popularidade, não é dos itens mais prezados na agenda de nenhum político. Por isso, eles preferem ficar longe do tema até que não seja mais possível evitá-lo — e aí recorrem a táticas de comunicação e de relações públicas para dar a impressão de que medidas efetivas estão sendo tomadas, quando na verdade não estão fazendo nada.

Não sinto o menor prazer em ficar contestando as mentiras dos nossos "líderes". Quero acreditar na bondade das pessoas. Contudo, na prática, esses jogos cínicos parecem não ter fim. Se, para um político, o objetivo é de fato agir contra a crise climática, então sem dúvida o primeiro passo seria obter dados precisos sobre as emissões efetivas, para se ter uma visão completa do problema e a partir daí começar a buscar soluções. Só assim ele teria uma ideia aproximada das mudanças necessárias, da escala delas e da rapidez com que precisam ser postas em prática. Entretanto, esse esforço básico não foi feito — nem sugerido — por nenhum líder mundial. Até onde sei, isso não foi feito por nenhum político. Para mim, isso indica que a sinceridade do empenho deles para solucionar essa crise é um pouco limitada.

Ao investigar as políticas climáticas da Suécia, a jornalista Alexandra Urisman Otto constatou que apenas um terço das emissões efetivas de gases do efeito estufa tinham sido incluídas nas metas climáticas e nas estatísticas oficiais do país. O resto tinha sido terceirizado ou camuflado nas brechas dos parâmetros internacionais de contabilidade climática. Por isso, sempre que a crise climática é debatida no país "progressista" onde nasci, nós convenientemente deixamos de lado dois terços do problema. Uma importante apuração realizada pelo jornal *Washington Post* em novembro de 2021 mostrou que esse fenômeno está longe de ser algo restrito à Suécia. Embora os números variem de um caso para outro, esse processo e a mentalidade geral de tentar sempre varrer a sujeira para debaixo do tapete são a norma internacional.

Portanto, quando os políticos afirmam que *precisamos resolver a crise climática*, o que todos deveríamos nos perguntar é a qual crise climática eles estão se referindo. É a que inclui todas as emissões, ou aquela que inclui apenas uma parte? Quando os políticos dão um passo adiante e acusam o movimento climático de *não apresentar nenhuma solução para os nossos problemas*, deveríamos lhes perguntar de que problema estão falando. É o causado por todas as emissões, ou apenas por aquelas que eles não conseguiram terceirizar ou esconder nas estatísticas? Pois essas são questões completamente diferentes.

Muitas medidas terão de ser tomadas para começarmos a enfrentar essa emergência — mas, acima de tudo, precisamos ser honestos, íntegros e corajosos. Quanto mais demoramos para tomar as atitudes necessárias para que fiquemos de acordo com as metas internacionais, mais difícil e mais caro será alcançá-las. A inação do presente e do passado precisa ser compensada no pouco tempo que nos resta.

Mitigação de CO₂ necessária para uma probabilidade de 67% de limitarmos o aquecimento a 1,5°C

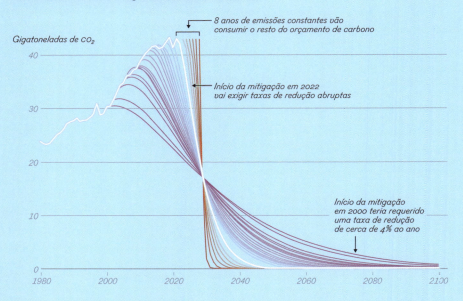

Só vamos ter uma chance pequena de evitar o desencadeamento de reações em cadeia irreversíveis e muito além do controle humano se fizermos cortes drásticos, imediatos e abrangentes nas fontes de emissões. Quando a banheira está prestes a transbordar, ninguém sai correndo atrás de baldes ou de toalhas para secar o chão — antes de tudo, é preciso fechar a torneira. Deixar a água correr significa ignorar ou negar o problema, adiar a solução e a contenção das consequências. E quando se trata da crise climática, nenhum indivíduo, grupo ou nação é o único responsável por esse nível de negação e adiamento. Para isso é preciso toda uma sociedade, ou pelo menos grande parte dela. E também é preciso normas culturais fortes e interesses comuns — como interesses ideológicos ou, talvez seja mais apropriado dizer, interesses financeiros — como as todo-poderosas políticas econômicas que hoje moldam o mundo.

A aceitação do consumismo capitalista e da economia de mercado como os principais guardiães da única civilização conhecida no universo provavelmente vai parecer, em retrospecto, uma ideia terrível. Mas não podemos esquecer que, em se tratando de sustentabilidade, todos os sistemas anteriores também falharam. Assim como todas as ideologias políticas — socialismo, liberalismo, comunismo, conservadorismo, centrismo, o que for. Todos nós falhamos. Mas, para sermos justos, alguns sem dúvida falharam mais do que outros.

Hoje estamos diante de um problema estreitamente associado ao fato de que quase todos que dedicaram a vida ao serviço público e à política são adeptos ferrenhos dessas ideologias. Foi provavelmente essa crença que os levou à política. Foi ela que lhes permitiu suportar todas aquelas reuniões, campanhas e conferências intermináveis — a crença de que o socialismo, o conservadorismo ou seja lá o que for poderia trazer respostas aos desafios da nossa vida contemporânea. Ela também os levou a ler dezenas de milhares de páginas de relatórios políticos: a crença de que seus pequenos nichos de política partidária tinham a chave de todas as soluções para os males da sociedade. Abandonar isso não é nada fácil. No entanto, como vamos mudar se não aprendermos com os nossos erros? E como vamos corrigir as nossas falhas se somos incapazes de admitir que falhamos?

Em minha experiência, a maioria dos políticos está mais ou menos informada da situação que estamos enfrentando, mas, por vários motivos, continuam a se preocupar com outras coisas. Daria para argumentar — e com razão — que cabe à mídia a responsabilidade de obrigá-los a agir. Afinal, é a opinião pública que determina a agenda do mundo livre, e se um número suficiente de pessoas se preocupa com a ecologia e a sustentabilidade, então os líderes não teriam outra opção além de tratar dessas questões de forma convincente. Pouco a pouco, é isso que está começando a acontecer, mas por enquanto só estamos arranhando a superfície do problema.

Mesmo assim, os políticos não precisam esperar por ninguém para começar a agir. Tampouco precisam de conferências, tratados, acordos internacionais ou pressões externas para tomarem medidas efetivas na questão do clima. Poderiam fazer isso agora mesmo. Eles também têm — e há muito tempo é assim — incontáveis oportunidades de transmitir uma mensagem clara no sentido de que precisamos basicamente mudar as nossas sociedades. Entretanto, com raras exceções, eles preferem de forma deliberada não fazer nada disso. Essa é uma decisão moral que não só vai lhes custar caro no futuro, mas também vai colocar em risco toda a vida no planeta.

Quando a banheira está
prestes a transbordar,
ninguém sai correndo atrás
de baldes — antes de tudo,
é preciso fechar a torneira.

4.2
O novo negacionismo
Kevin Anderson

Estou sentado no andar de cima de um dos pavilhões da COP26, preparando mais slides de Powerpoint, quando de repente o alarido das conversas que marcam a atmosfera desses eventos começa a crescer. Olho sobre o parapeito para ver o corredor de baixo repleto de uma massa fervilhante de participantes da COP, desesperados para ter um vislumbre do personagem olímpico que era conduzido até um palco próximo. Algum Obama ou Bezos, alguma celebridade ou membro da realeza, prestes a lançar pérolas de sabedoria aos porcos que clamavam por selfies. Logo atrás vinham os jornalistas.

Enquanto isso, em pavilhões a poucos metros dali, indígenas estão falando sobre a destruição de seus lares; um cientista explica o degelo sem precedentes da Groenlândia; um manifestante, sem permissão formal para protestar, está sendo "descredenciado" e escoltado para fora da "Zona Azul". Tudo isso ocorre praticamente na surdina, testemunhado apenas por poucos indivíduos que guardam o distanciamento social em suas respectivas salas.

Trinta e um anos depois do primeiro relatório do IPCC sobre as mudanças climáticas, a Zona Azul — o local de reuniões formal e fechado onde ocorrem negociações e governos anunciam "ações contra as mudanças climáticas" — é um microcosmo de três décadas de fracassos, expressos em emissões mais aceleradas, negação climática, otimismo técnico oportunista, "emissões negativas" e, atualmente, de "neutralidade de carbono, mas não no meu mandato". Onde está a preocupação com as comunidades vulneráveis que já sofrem os impactos do clima, com a extinção das espécies, com a substituição da biodiversidade pelos desertos da monocultura? Onde está a preocupação com o futuro das nossas crianças?

Como chegamos a esse ponto? Em 1992, na Cúpula da Terra realizada no Rio de Janeiro, havia grandes esperanças, e as pessoas conseguiam vislumbrar futuros progressistas, descarbonizados e sustentáveis.

Naquela época, os financistas estavam apenas começando a se dar conta dos esquemas lucrativos de negociação de emissões, da precificação dos recursos naturais e do lançamento de títulos atrelados a catástrofes, todos hoje voltados para frustrar uma atuação mais incisiva contra as mudanças no clima. O setor de combustíveis fósseis, contudo, estava uma década ou mais à nossa frente. Durante anos, teve plena consciência dos riscos e desafios e preferiu acobertá-los. O setor estava preparado. Algumas empresas negaram de modo explícito esses riscos; outras propagaram garantias reconfortantes de soluções tecnológicas iminentes. Nos anos seguintes, operadores inescrupulosos nos setores financeiro e petrolífero passaram cada vez mais a se concentrar nos lucros que poderiam ser auferidos com a manutenção do status quo disfarçado por um verniz de "descarbonização". Alguns até mesmo se convenceram de que, por meio de complexos pacotes financeiros de "compensação de carbono", conseguiriam conciliar o inconciliável, assegurando o prosseguimento das emissões sem ter de levar em conta as consequências.

Esses vilões de destaque são os grandes responsáveis pelo fato de, desde o primeiro relatório do IPCC em 1990, termos lançado na atmosfera mais dióxido de carbono do que em toda a história da humanidade até então. No entanto, as mudanças climáticas são um problema sistêmico, cujo enfrentamento revelou múltiplas camadas de fracasso. Poucos entre nós podem se orgulhar — incluindo aqueles empenhados ativamente nas questões climáticas. Onde está o coro coletivo de acadêmicos graduados expondo o que está sendo encoberto por grandes empresas dos setores petrolífero e financeiro? Onde estão os presidentes das organizações ambientais, os formuladores de políticas e os jornalistas investigativos? Não estamos adormecidos com a mão na direção: na verdade, estamos conduzindo ativamente a sociedade para a sua própria aniquilação. Por que é assim? Porque temos medo de balançar o barco e irritar quem nos financia. Desfrutamos do privilégio de confraternizar com poderosos e aspiramos às honrarias convencionais. E, em última análise, temos medo das nossas próprias conclusões. Mas também nos convencemos de que merecemos salários altos e, consequentemente, um padrão de vida dependente de muita emissão de carbono. As luzes da ribalta nos agradam.

Claro que não estou me referindo aqui à própria climatologia. Muitos na comunidade científica realizaram um trabalho extraordinário com as ferramentas comuns da ciência, mescladas com matemática e estatística, a fim de aprofundar o nosso conhecimento do clima e das suas mudanças. Essa façanha é ainda mais impressionante quando se sabe que muitos pesquisadores tiveram literalmente de lutar contra forças coordenadas e poderosas, apoiadas por recursos abundantes, empenhadas em minar a sua credibilidade — forças movidas não por desacordo intelectual (praticamente inexistente), mas pelo temor das implicações da ciência no campo das políticas.

No final, a vitória coube aos cientistas, ou melhor, à ciência. Embora ainda existam alguns bastiões opositores, a maioria daqueles que desacreditavam a ciência agora a reconhecem, ao menos publicamente. Contudo, eles na verdade passaram a outra etapa do negacionismo: o "negacionismo por mitigação", no qual a necessidade de cortes drásticos e imediatos nas emissões é substituída por promessas vãs de adoção de tecnologias de baixo carbono no futuro. Porém, aqui a rede da responsabilização tem de ser lançada de forma mais abrangente, e dela nem todos os climatologistas escapam.

As mudanças climáticas são um problema cumulativo. O consumo de combustíveis fósseis libera dióxido de carbono que se acumula na atmosfera, dia após dia, década após década, tornando o clima mais quente durante os próximos séculos, ou mesmo milênios. Cada ano que deixamos de fazer os cortes necessários nas emissões faz com que aumentem as reduções a serem feitas no ano seguinte. Se precisamos reduzir em 10% as emissões deste ano para nos mantermos nos limites do orçamento de carbono, e só diminuímos 5%, vamos precisar cortar mais de 15% no ano seguinte para compensar. Em termos mais claros, quando reduzimos as emissões menos do que o necessário, não estamos avançando na direção certa. Na verdade, estamos dando um passo para trás — só é um passo atrás menor do que seria se não fizéssemos nada.

Esse retrocesso incessante está na origem das modalidades cada vez mais rebuscadas do "negacionismo por mitigação", pelo qual recorremos a formas cada vez mais especulativas de "emissões negativas". Estas variam de tecnologias futuras para o sequestro de carbono, passando por "soluções de base natural" simplórias, até pagar para que países pobres reduzam as suas emissões em nosso benefício. Todos esses esquemas ardilosos são concebidos, em grande medida, para "compensar" a nossa incapacidade de fazer cortes profundos nas emissões agora. Para nossa profunda vergonha, muitos de nós que lidamos com as mudanças climáticas nos conformamos com essa prestidigitação matemática e, pior ainda, alguns até mesmo promovem com entusiasmo esse embuste.

Distante desses subterfúgios, a ciência deixa claro que, para ter alguma chance de ficarmos abaixo de certa diferença de temperatura (por exemplo, 1,5°C), não podemos emitir mais do que uma quantidade definida de dióxido de carbono: esse é o nosso "orçamento de carbono". Ainda paira alguma incerteza quanto à quantidade exata, mas a ciência nos proporciona uma faixa confiável com a qual podemos trabalhar.

Hoje o que resta desse orçamento é restrito e está diminuindo rapidamente. Para uma chance "provável" de não ultrapassarmos 1,5°C, temos menos de oito anos, mantido o ritmo atual de emissões. Se afrouxarmos o compromisso para "bem menos de 2°C" (e, em consequência, aceitarmos impactos mais devastadores), ganhamos algum tempo com as taxas atuais de emissões, mas ainda assim menos do que vinte anos.

Para colocar isso em perspectiva, vamos imaginar que no encontro do clima em 2022 (a COP27) os líderes mundiais tenham chegado a um acordo para reduzir as emissões em função de uma chance plausível de chegarmos a 1,5°C de aquecimento. Nesse caso, em termos globais, por volta de 2035 precisaríamos ter eliminado o uso de todos os combustíveis fósseis, interrompido todo o desmatamento e feito cortes rápidos e profundos nas emissões de todos os outros gases do efeito estufa. No entanto, essa é uma avaliação global e, desde a Cúpula da Terra no Rio de Janeiro em 1992, há um consenso na comunidade internacional de que, no caso das nações mais pobres, os cortes de emissões não podem prejudicar demais o seu desenvolvimento. Portanto, as nações mais ricas, historicamente muito mais responsáveis pelas mudanças climáticas, precisam reduzir as suas próprias emissões mais cedo e mais rápido que os países que ainda estão nas etapas iniciais ou intermediárias de desenvolvimento. Segundo os cálculos, isso implica

Figura 1:
Até por volta de 2035, teríamos de eliminar o uso de todos os combustíveis fósseis, interromper todo o desmatamento e realizar cortes abruptos e profundos nas emissões de todos os outros gases do efeito estufa.

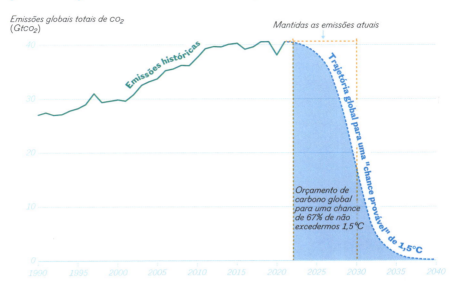

que os países ricos precisam eliminar o uso de combustíveis fósseis por volta de 2030 para que haja uma chance provável de chegarmos aos 1,5°C, ou de 2035 a 2040, no caso de um aquecimento de 2°C.

No entanto, tudo isso ainda está muito distante de ser justo. Mesmo sob tais condições rigorosas, as emissões anuais médias de um indivíduo, desde agora até o ponto em que zeramos todas as emissões, ainda seriam maiores para os cidadãos dos países ricos e mais emissores do que para os habitantes das nações mais pobres e menos emissoras. O fato brutal decorrente de nossa inação persistente diante das mudanças climáticas é que, em termos de emissões quantitativas, partimos tarde demais para chegar a uma equidade efetiva. Agora, só nos resta a solução "menos injusta". Essa injustiça é o que confere credibilidade aos argumentos em favor de compensações financeiras significativas, desembolsadas pelas nações ricas com muitas emissões em favor das nações mais pobres e mais afetadas pelo impacto climático que lhes impusemos de forma deliberada.

Por mais difícil que seja entender tudo isso, chegamos a esse ponto precisamente porque, durante trinta anos, privilegiamos uma mitigação fantasiosa, em detrimento de uma efetiva. Estamos agora colhendo o que semeamos, ou, para ser mais exato, o que deixamos de semear.

Nós que vivemos nos países com mais emissões não podemos alegar a ignorância em nossa defesa. A ciência vem há décadas delineando as consequências de privilegiar o hedonismo em detrimento do manejo. Descontando a fachada retórica de preocupação, sempre tivemos plena consciência dos impactos no clima causados por transporte aéreo frequentes, compra de SUVs, casas de veraneio, viagens cada vez mais distantes e rápidas, o consumo que cresce a cada ano. Porém, não somos nós que estamos pagando o preço desses padrões desenfreados: são as comunidades mais pobres e vulneráveis em outras partes do mundo, formadas por pessoas não brancas que geram poucas emissões de gases do efeito estufa. E esse grupo vulnerável inclui também as nossas próprias crianças. Ao mesmo tempo que as lotamos de presentes, que as transportamos de carro para a escola e que as levamos de férias para o exterior, também estamos abreviando em muito o seu futuro. Quando nós, os pais despreocupados com as emissões, estivermos mortos, os nossos filhos e netos vão ter de enfrentar e até morrer por causa das nossas escolhas deliberadas em favor da opção mais fácil, da crença em utopias técnicas e da culpabilização dos outros.

Nos últimos anos, inúmeras pesquisas demonstraram a enorme assimetria na responsabilidade pelas emissões. Apenas 1% das pessoas mais ricas têm padrões de vida que resultam no dobro das emissões dos 50% mais pobres da população mundial. Nessa questão, portanto, não existe um "nós" que englobe a todos. A responsabilidade não está distribuída de maneira uniforme; não estamos todos no mesmo barco no que tange às mitigações nem aos impactos. Em praticamente todos os níveis, as mudanças no clima se distinguem em termos de riqueza e renda. Essas divisões não são nada irrisórias — são fraturas tectônicas que foram de tal modo normalizadas que, como as próprias mudanças climáticas, aparentemente não temos condições nem vontade de reconhecer.

Para tornar mais clara essa assimetria, se o grupo dos 10% que mais emitem reduzissem o seu impacto de carbono ao equivalente de um cidadão comum da União Europeia, e os outros 90% não alterassem em nada as suas emissões, só isso reduziria em um terço as emissões globais. Decerto, não bastaria para chegarmos à meta de 1,5°C ou mesmo 2°C, mas ainda assim seria uma grande oportunidade para se obter um resultado rápido e igualitário que nem mesmo figura nas conversas sobre mitigação.

Por que, então, a igualdade continua sendo um tema tabu? E quem está conduzindo o debate sobre o clima, fixando parâmetros, aperfeiçoando modelos de mitigação e propondo medidas sem levar isso em conta? São os acadêmicos, gestores públicos, jornalistas, advogados, empresários, funcionários públicos de alto escalão etc., todos os quais moram em países, ou perto deles, que compõem o 1% dos maiores emissores globais. Para todos nós, viver dentro de uma cota justa de emissões exigiria alterações profundas em "nosso" modo de vida: no tamanho (e número) das nossas residências; na frequência com que viajamos de avião (e em que classe); no tamanho e na quantidade de carros que temos na garagem; e nas distâncias percorridas em nossos deslocamentos. Até mesmo no trabalho: no tamanho dos nossos escritórios, na quantidade de encontros e conferências internacionais de que participamos, e na frequência de nossos compromissos profissionais no exterior.

Esse "nós" exclusivo, baseado em altas emissões e alto consumo, foi construído e depois ocultado no interior do mito de um "nós" universal e incumbido de lutar junto contra as mudanças climáticas. Uma vez desfeita essa falsa "comunidade", o discurso predominante da mitigação não se sustenta mais.

A mitigação alinhada com as metas de 1,5°C-2°C requer mudanças estruturais importantes. Ela implica a melhoria das características de nossos lares, a rápida expansão dos transportes coletivos, o desenvolvimento de um programa de eletrificação abrangente, as reformulações urbanísticas, a adoção de bicicletas elétricas nas cidades e o compartilhamento de veículos elétricos nas zonas rurais. Tudo isso poderia ser vantajoso para a maioria dos habitantes dos nossos países. As nossas cidades e nossos ambientes urbanos poderiam ser reconstruídos ao redor das pessoas, em vez de em torno de caixas de metal de duas toneladas. Empregos seguros e de alta qualidade iriam proliferar. As crianças poderiam se deslocar em bicicletas de forma segura, respirando um ar menos poluído.

Esses benefícios generalizados implicam custos consideráveis, que recairiam sobretudo nos ombros de um grupo seleto, "nós", aqueles que até aqui conduziram o debate climático em torno de tecnologias especulativas, suvs elétricos, créditos de carbono "toleráveis", aparelhos de ar condicionado para casas de veraneio e compensações por nossas viagens aéreas. Somos "nós" que fracassamos na mitigação do aquecimento. Não demonstramos a menor disposição para questionar o consumo desenfreado, a atração do crescimento econômico infinito e a alocação desproporcional da capacidade produtiva da sociedade para suprir os luxos desfrutados por nosso grupo restrito e afortunado.

Mas esse grupo de elite, "nós", não consegue mais se manter firme na direção. Quatro anos atrás, fomos sacudidos — não por um líder mundial, ou por um membro eminente do grupo dos poderosos e privilegiados, mas por uma estudante de quinze anos. De lá para cá, um bando diverso de jovens e avôs, ativistas profissionais, políticos preocupados e acadêmicos em início de carreira encontrou a sua voz e passou a redefinir os termos do debate. Com isso, as mudanças climáticas deixaram o seu nicho privilegiado e se instalaram na vida cotidiana. Muita gente agora está discutindo, experimentando e refinando ideias. Não como um experimento formal, ou mesmo relacionado com o mundo abstrato de moléculas, preços ou orçamentos de carbono. Em vez disso, a consciência climática se difundiu pela psique coletiva, permitindo que pessoas comuns enxergassem por trás da retórica política, desconfiassem da tecnologia utópica e percebessem que algo não batia, mesmo que não soubessem exatamente o que estava errado.

Ainda não dá para saber se um "nós" mais inclusivo vai tomar o lugar da velha guarda a tempo de evitarmos o pior da crise climática — as emissões continuam a subir, e os gestores débeis continuam sob a influência das grandes empresas de petróleo e gás e do setor financeiro. Por enquanto, contudo, o futuro está sendo definido, ao menos em parte, por esse novo grupo de ativistas, recém-empoderados e muito mais diversos, formado por quem está mais disposto e preocupado.

4.3

A verdade sobre as metas climáticas governamentais

Alexandra Urisman Otto

Quando escrevi o primeiro artigo sobre Greta Thunberg, eu não sabia de nada. Era uma longa entrevista para a revista dominical do meu jornal, publicada no outono de 2018, e durante grande parte da conversa fingi que entendia do que ela estava falando. Na verdade, eu era repórter policial. Adorava a emoção das investigações de assassinatos ou a tensão no tribunal. As mudanças climáticas eram, para mim, um assunto tedioso e pouco interessante. Repleto de fatos áridos e de difícil compreensão, de gráficos que mal conseguia interpretar. Claro, havia o risco de um desastre. Mas eu me contentava em saber que a situação estava de algum modo sob controle. Certamente os responsáveis tinham feito planos, e estes estavam sendo seguidos. Acima de tudo, eu me sentia grata de que a questão era assunto de alguma outra pessoa, que não cabia a mim fazer a cobertura jornalística.

Porém, quando a iniciativa de Greta Thunberg ganhou impulso, o meu colega Roger Turesson e eu fomos convidados a acompanhá-la. Em termos jornalísticos, era uma incumbência irresistível; a história dela era surreal. Por isso, logo me convenci que precisava entender o que estava ocorrendo. De que outra forma seria capaz de confirmar a veracidade do que ela dizia? Só então comecei a me enfronhar no tema.

Para ter uma perspectiva acurada da crise, criei uma nova conta no Twitter. Passei a seguir climatologistas e jornalistas e ativistas ambientais. A ler boletins informativos, livros sobre clima e artigos de maior fôlego na mídia internacional. No verão de 2019, cruzei um limiar: deixei para trás a ignorância e a despreocupação — e mergulhei num abismo de desesperança.

Tornou-se evidente para mim que o orçamento de carbono, que nos permitiria alcançar as metas do Acordo de Paris, seria esgotado num prazo de poucos anos. E eu havia dedicado o meu tempo a escrever sobre ocorrências policiais. Eu havia falhado, assim como a maioria dos meus colegas: o mundo descrito na cobertura jornalística diária "comum" — no rádio, na imprensa e na TV — ainda era um mundo em que reinava a normalidade, vez por outra interrompida por eventos "associados ao clima". Não havia crise. No meio da maior crise que já assolou a humanidade, continuávamos a difundir "notícias" cujo pressuposto básico era que tudo continuaria como sempre. Na verdade, essa complacência era uma traição descomunal.

Porém, não foram apenas os jornalistas que falharam. Quanto mais lia sobre o assunto, mais evidente me parecia a verdadeira crise: o fato de que as respostas políticas aos desafios não eram suficientes nem de longe.

Na primavera de 2021, passei a trabalhar como jornalista dedicada às questões climáticas. Caminhei pelas trilhas das florestas da Estônia para escrever sobre o setor dos biocombustíveis na Suécia e na Europa, tratei dos relatórios dos climatologistas que repetiam de maneira incansável a mesma história deprimente. Passei a conversar com cientistas quase todos os dias. E comecei a me dar conta de que talvez a resposta política à crise não havia sido falha como eu tinha imaginado — talvez a situação fosse ainda pior.

A fim de verificar essa hipótese, decidi me concentrar no âmago da política climática da Suécia: o compromisso de alcançar a neutralidade de carbono em 2045, o que supostamente tornaria o país um "pioneiro" na luta contra as mudanças climáticas. Para isso, me instalei numa sala silenciosa do arquivo nacional, explorando incontáveis caixas de documentos produzidos pela elogiada comissão parlamentar que negociara e se comprometera com essa meta. Em seguida, comparei o que tinha descoberto com as estatísticas de emissões e com o que os cientistas diziam ser necessário para permanecermos alinhados com os objetivos do Acordo de Paris.

Foi um trabalho que se estendeu por meses. Era preciso entender as estatísticas oficiais e, depois, organizá-las de uma forma que se tornassem legíveis. A cada ano, a Suécia emite cerca de 50 milhões de toneladas de gases do efeito estufa — esse número é sempre mencionado nos debates e consta das estatísticas oficiais. Mas agora eu era capaz — junto com uma colega, a jornalista e especialista em infográficos Maria Westholm — de mostrar que o número verdadeiro era bem mais alto. Quando acrescentamos as emissões decorrentes do consumo e da queima de biomassa, o total chega a 150 milhões de toneladas, ou seja, o triplo do número oficial. E isso não inclui, por exemplo, as emissões dos fundos de pensão com investimentos em combustíveis fósseis, nem as emissões dos negócios no exterior da empresa estatal de energia.

Conversei com cientistas, com especialistas na conexão entre justiça global e transição climática. Segundo eles, a cada ano, a Suécia teria de fazer cortes da ordem de dois dígitos percentuais para se aproximar do cumprimento de sua parte justa nessa transição. E perguntei: se todos os países deixarem de estabelecer de forma precisa as suas metas, como vem fazendo a Suécia, para qual nível de aquecimento global o mundo está rumando? A resposta: entre 2,5°C e 3°C. E isso mesmo se conseguirmos alcançar as metas estabelecidas, o que é bem improvável: a avaliação das políticas climáticas governamentais, feita pelas Agências de

Figura 1: Menos de um terço das emissões totais da Suécia está incluído em suas metas climáticas; dados de 2018.

Proteção Ambiental suecas, mostrou que as medidas adotadas asseguravam apenas metade de uma meta já muito insuficiente.

E tudo isso sem contar outras brechas. O termo "neutralidade" em "neutralidade de carbono em 2045" permite que até 10 milhões de toneladas de gases do efeito estufa sejam emitidas anualmente *depois* de 2045. Tais emissões de carbono seriam "compensadas" tanto por "soluções" técnicas como aquela conhecida como beccs (bioenergia com captura e armazenamento de carbono, na sigla em inglês), que mal começavam a ser desenvolvidas em escala, ou por alterações no uso do solo, como a reumidificação de turfeiras, ou ainda por investimentos (amplamente criticados) climáticos no exterior, na conhecida prática de "compensação de carbono".

Uma vez que a maioria dos colegas e leitores mostrou pouco interesse nas questões do clima, tal como havia ocorrido comigo poucos anos antes, a publicação do artigo no verão não teve muita repercussão. Mesmo quando a investigação recebeu o prêmio de "melhor matéria jornalística do ano sobre o clima", concedido pelo jornal *Aftonbladet*, as suas conclusões passaram em branco. Naquela mesma semana, vários órgãos de imprensa, entre os quais o meu próprio jornal, publicaram matérias importantes sobre as propostas climáticas dos partidos suecos que logo mais se enfrentariam nas eleições. Nenhum deles usou os números que eu tinha pesquisado, preferindo em vez disso avaliar as políticas dos partidos em relação à meta de neutralidade de carbono para 2045. Nenhum informou aos leitores ou espectadores que a meta em si era insuficiente.

Quase ao mesmo tempo, durante a cop26 de novembro de 2021 em Glasgow, o *Washington Post* mostrou que, também no âmbito internacional, o roteiro existente para navegarmos pela paisagem da crise climática era inteiramente inadequado. O jornal apurou que a lacuna entre as emissões notificadas pelos países às Nações Unidas e a quantidade de fato emitida de gases do efeito estufa era

Páginas seguintes:
Usina siderúrgica de Magnitogorsk, na região central da Rússia. Mais do que um em cada sete dos 420 mil habitantes de Magnitogorsk trabalham na usina, que produziu 11,3 milhões de toneladas de aço em 2019 — quase o dobro de toda a produção siderúrgica do Reino Unido.

enorme: de 8,5 bilhões a 13,3 bilhões de toneladas anuais, resultando num descompasso de 16% a 23% de emissões não notificadas, o equivalente em seu limite máximo ao total de emissões anuais da China.

"No fim das contas, tudo não passa de uma fantasia", declarou ao jornal o cientista Philippe Ciais. "Pois são enormes as discrepâncias entre o mundo das notificações e o mundo real das emissões."

Um dos repórteres do *Washington Post*, Anu Narayanswamy, concluiu: "Se estamos calculando de modo errado as emissões atuais, as políticas que precisamos adotar nos próximos cinquenta anos vão se basear em números incorretos. Daqui a cinquenta anos, portanto, vamos estar em situação bem pior do que indicam os modelos ou as previsões".

A tarefa mais importante de uma jornalista é proporcionar aos seus leitores as informações de que necessitam, no mínimo para que estejam aptos a tomar decisões democráticas fundamentadas. Estamos décadas atrasados na cobertura do "tema do clima", e ainda assim são poucos os jornalistas que consideram as crises climática e ecológica como a "sua" área de interesse. O trabalho de criar um roteiro está apenas começando. /

O termo "neutralidade" em "neutralidade de carbono em 2045" permite que a Suécia emita por ano até 10 milhões de toneladas de gases do efeito estufa *depois* de 2045.

O QUE FIZEMOS ATÉ AGORA

4.4

Não estamos avançando na direção certa

Greta Thunberg

No outono de 2021, a maior usina de remoção de carbono de ar direto do mundo foi inaugurada na Islândia. Se tudo correr bem e a usina Climeworks Orca funcionar sem problemas, a previsão — segundo cálculos do climatologista Peter Kalmus — é que ela remova da atmosfera o equivalente a cerca de três segundos das emissões globais de CO_2 por ano. A captura e o armazenamento do carbono são uma parte essencial de uma estratégia que, ao que parece, decidimos confiar cegamente para assegurar as condições de vida futuras no planeta. Outra parte crucial dessa estratégia é derrubar árvores, florestas, plantações e outros organismos biológicos vivos para enviá-los de um extremo a outro do planeta, a fim de que sejam queimados e transformados em eletricidade, ao mesmo tempo que captamos o dióxido de carbono em enormes chaminés e, de alguma forma, o transportamos e armazenamos debaixo da terra ou em cavidades sob o leito oceânico. Esse processo — denominado "bioenergia com captura e armazenamento de carbono", ou BECCS (na sigla em inglês) — apresenta, é claro, vantagens extraordinárias para os gestores públicos, na medida em que o enorme volume de emissões decorrente da queima de madeira pode ser excluído de estatísticas nacionais.

Nas próximas décadas, o que se espera é que esses três segundos ganhos na Islândia se transformem em um tempo consideravelmente maior. Porém, esse aumento *considerável* é algo que vai ocorrer em períodos igualmente longos. Pouco importa transformar segundos em minutos, horas ou mesmo dias. O importante é que esses segundos virem semanas e meses já em meados do século, ou mesmo antes. Quando os nossos líderes dizem que *ainda podemos fazer isso*, a transformação desses segundos em semanas é algo implícito em suas palavras. A diferença entre a retórica da remoção do carbono e o que de fato está sendo feito é tão grande que mais parece uma piada — e, de novo, só podem insistir nisso porque o interesse público e o nível geral de consciência são lamentavelmente muito reduzidos.

Se os detentores do poder fossem honestos quanto às suas estratégias para limitar o aquecimento da temperatura média global a 1,5°C ou mesmo 2°C, eles estariam despejando recursos em projetos similares ao dessa usina islandesa, e outras parecidas estariam pipocando em todos os países, estados, províncias e municípios do mundo. Todos os seus roteiros e compromissos dependem dessa tecnologia, que não é nenhuma novidade — pois vem sendo desenvolvida há muitos anos. Na verdade, porém, existem apenas vinte e poucas usinas pequenas de captura e armazenamento de carbono em todo o mundo, e algumas comprovadamente emitem mais dióxido de carbono do que retiram da atmosfera.

Não podemos apenas comprar, financiar ou construir soluções para resolver a crise climática e ambiental. Mesmo assim, o dinheiro continua no centro do problema. Os investimentos são indispensáveis. É preciso direcionar os recursos para as melhores soluções, adaptações e restaurações disponíveis — e no maior volume possível. O dinheiro, porém, parece estar indo para outros lados.

O argumento corriqueiro de que "não temos recursos suficientes" foi refutado incontáveis vezes. De acordo com o Fundo Monetário Internacional, a produção e a queima de carvão, petróleo e gás foram subsidiadas em nada menos do que 5,9 trilhões de dólares apenas em 2020. Ou seja, a cada minuto, 11 milhões de dólares foram destinados à destruição do planeta. Durante a pandemia de covid-19, governos de todo o mundo lançaram pacotes de resgate financeiro nunca vistos. Esses planos de recuperação foram vistos como uma excelente oportunidade para colocar a humanidade na direção de um paradigma econômico mais sustentável. Foram até considerados como a "nossa última chance de evitar um desastre climático", uma vez que o enorme volume de investimentos tornaria impossível para nós reverter as consequências futuras, caso houvesse o menor erro em sua aplicação.

No entanto, em junho de 2021, a Agência Internacional de Energia concluiu que, de todo esse histórico plano de recuperação global, apenas 2% haviam sido investidos em energia verde, seja lá o que signifique "verde" nesse caso. Na União Europeia (UE), por exemplo, esses 2% poderiam ter sido gastos na compra de gás da Rússia de Putin, ou na queima de biomassa vinda de florestas derrubadas, uma vez que essas atividades, como tantas outras, são hoje consideradas "verdes" segundo as normas mais recentes da UE.

Assim, não é que eles se mostraram *um pouco equivocados* — os nossos líderes falharam por completo. E continuam a fazê-lo. A despeito de todos os belos discursos e compromissos, eles não estão avançando no rumo certo. Na verdade, continuamos a ampliar a infraestrutura de combustíveis fósseis por todo o mundo. Em muitos casos, estamos até mesmo acelerando o processo. A China tem planos para construir mais 43 usinas elétricas a carvão, além dos milhares de outras em funcionamento. Nos Estados Unidos, as autorizações para que empresas explorem petróleo e metano devem alcançar o nível mais alto desde o governo de George W. Bush. A produção de petróleo só aumenta em todo o mundo, com novos campos petrolíferos, oleodutos, licenças de exploração e até mesmo a busca contínua por novas áreas de extração. Também o uso do carvão está crescendo — o volume global de eletricidade gerada a partir desse mineral alcançou o seu ápice histórico em 2021. Para o ano de 2022, a previsão geral é de um aumento ainda maior de emissões de CO_2.

Já se passaram dois anos — um quinto do caminho — desta que é tida como a "década decisiva". Para que tivéssemos ao menos uma pequena chance de alcançar a meta de 1,5°C, as nossas emissões deveriam ter sofrido uma redução sem precedentes. Em vez disso, em 2021 tivemos o segundo maior aumento das emissões já registrado. E elas continuam a crescer. Segundo um relatório das Nações Unidas de setembro de 2021, a estimativa é que aumentem 16% em 2030 em comparação com os níveis de 2010. Acrescente-se a isso o fato de que, com um aquecimento de 1,2°C, já estamos vendo processos de realimentação que não se explicam de todo pelos modelos científicos. De acordo com o Serviço de Monitoramento da Atmosfera Copernicus, da União Europeia, em 2021, os incêndios florestais ao redor do mundo geraram o equivalente a 6450 megatoneladas de CO_2. Ou seja, 148% acima — ou bem mais do que o dobro — do total de emissões decorrentes da queima de combustíveis fósseis por todos os países da União Europeia em 2020.

No final das contas, seria necessário ampliar demais o processo de remoção de carbono iniciado na usina da Islândia — um esforço tremendo e muito superior a todos os outros já empreendidos pela humanidade. Por outro lado, é mais do que óbvio que isso não está acontecendo, o que na verdade revela o absurdo da situação. Qual o sentido de promover a ideia de que essa tecnologia incipiente pode ser uma alternativa para a mitigação drástica e imediata de que tanto necessitamos? Por que apostar toda a nossa civilização nessa tecnologia sem ao mesmo tempo fazer o mínimo esforço para que ela funcione? Por que apresentar ao mundo uma solução potencial de forma tão enfática, a ponto de incluí-la em todos os cenários futuros possíveis, e ao mesmo tempo deixar de investir nisso? Seria porque ela nem sequer foi concebida para funcionar na escala adequada? Ou talvez porque esteja sendo usada apenas para desviar a atenção e adiar qualquer ação climática significativa, permitindo assim que o setor de combustíveis fósseis continue a operar como sempre e a gerar lucros fantásticos por mais tempo?

Seja como for, está mais do que evidente que a tecnologia em si infelizmente não vai nos salvar. E que os lobistas, que defendem interesses econômicos de curto prazo, vão continuar a ditar o rumo na nossa sociedade.

Nos capítulos seguintes, cientistas e especialistas vão nos mostrar o quão grande é a distância entre o que fizemos até agora e qualquer solução efetiva, seja no embuste verde do consumismo sustentável, no fracasso da adoção de fontes de energia renovável, no abandono dos combustíveis fósseis ou no nosso empenho para evitar as questões de equidade e justiça. Vamos ver nestas páginas a que ponto a situação se agravou e como ainda falta muito para que as soluções óbvias sejam implementadas. Empresas e políticos se empenharam ao máximo para promover falsas soluções e preservar o status quo. Mas as respostas efetivas estão bem debaixo do nosso nariz.

4.5

A persistência dos combustíveis fósseis

Bill McKibben

A energia está no coração pulsante da crise climática: o nosso sistema atual, baseado na queima de combustíveis fósseis, está elevando cada vez mais a temperatura global — e a substituição de todo esse petróleo, carvão e gás por algo diferente é a maior tarefa já enfrentada pela humanidade. Se as mudanças climáticas são, em certa medida, um problema aritmético, então as fontes de energia são os algarismos relevantes — e resolver esse cálculo matemático é a nossa única esperança.

Até o século XVIII, os seres humanos queimaram apenas quantidades pequenas de combustíveis fósseis, sendo a lenha a principal fonte de energia da nossa economia. No entanto, a princípio na Inglaterra, inventores descobriram como usar o carvão para mover máquinas, inaugurando a Revolução Industrial. Evidentemente, logo as pessoas notaram a poluição decorrente de todos esses processos de combustão — as cidades foram tomadas pela fumaça, que hoje mata 8,7 milhões de pessoas por ano, mais do que a malária, a aids e a tuberculose juntas. Mas elas não faziam ideia de que o problema mais grave estava naquilo que não podiam ver. Por exemplo, ao queimarmos um litro de gasolina, que pesa cerca de um quilo, emitimos aproximadamente setecentos gramas de carbono; este se combina com dois átomos de oxigênio no ar e resulta em cerca de quatro quilos de dióxido de carbono, ou CO_2. O CO_2 é um gás invisível e inodoro que não nos prejudica de forma direta. No entanto, como a sua estrutura molecular retém o calor que de outro modo seria irradiado de volta ao espaço, o resultado foi o início do aquecimento de todo o planeta.

Nós já queimamos esses combustíveis fósseis em quantidade suficiente para aumentar a concentração de CO_2 na atmosfera de 275 partes por milhão (ppm), antes da Revolução Industrial, para os níveis atuais, aproximadamente 420 ppm — o que significa que estamos retendo a cada dia o calor equivalente a 500 mil bombas atômicas iguais àquela jogada sobre Hiroshima. Portanto, não deveria causar nenhuma surpresa que os mantos de gelo estejam derretendo, o nível dos mares esteja subindo e os furacões estejam adquirindo mais força.

Para frear ou interromper as mudanças no clima, é indispensável que deixemos de usar combustíveis fósseis, mas isso é difícil por três motivos.

O primeiro é que há algo de milagroso nos combustíveis fósseis. Basicamente, eles são radiação solar concentrada. Ao longo de milhões de anos, o Sol tornou possível a existência de imensas florestas, de mares repletos de plâncton e de uma cobertura vegetal que alimentou centenas de bilhões de animais. Quando todos esses organismos morreram, as suas carcaças acabaram sendo comprimidas e viraram carvão, petróleo e gás. Durante dois séculos, retiramos do subsolo esses combustíveis e os queimamos — é como se vivêssemos num planeta com muitos sóis, que pulsa de tanta energia. Um único barril de petróleo — com cerca de 160 litros — proporciona a mesma quantidade de trabalho de um homem laborando durante 25 mil horas. Para dizer de outro modo, a descoberta de como aproveitar os combustíveis fósseis permitiu que cada um no mundo ocidental contasse com o trabalho equivalente ao de dúzias de empregados. Pela primeira vez na história, fomos capazes de nos mover, junto com os nossos bens, através de longas distâncias; conseguimos estender a luz do dia muito além do pôr do sol; agora é só apertar um botão para ter calor e frio disponíveis. Os combustíveis fósseis criaram o mundo que conhecemos. O problema é que também estão tornando esse mundo inviável.

Por sorte, e na hora certa, cientistas e engenheiros encontraram um substituto para esses combustíveis. Em meados do século XX, os pesquisadores construíram os primeiros painéis fotovoltaicos — eles foram projetados para uso em naves espaciais, que não podem usar motores a combustão em órbita no espaço. No entanto, esses projetos iniciais eram incrivelmente caros — tanto que não podiam competir com os combustíveis fósseis. Com o tempo, porém, o custo desses painéis passou a cair de forma constante e, na última década, a energia solar se tornou muito mais viável. O mesmo ocorreu com a energia eólica quando os engenheiros aprenderam a construir turbinas maiores e instalá-las flutuando perto da costa. E agora baterias para armazenar energia quando não há sol ou não venta também estão passando pelo mesmo barateamento drástico de seus custos. Segundo os economistas, toda vez que dobramos a quantidade de energia solar no planeta, o custo diminui mais 30%, apenas porque conseguimos gerá-la de maneira mais eficiente.

Essa tendência de barateamento não ocorre com os combustíveis fósseis: o petróleo, o gás natural e o carvão não ficam mais baratos com o passar do tempo, pois já esgotamos a maior parte das reservas de acesso mais fácil: enquanto, no passado, nos campos do Texas os perfuradores topavam com petróleo pouco profundo, agora precisamos perfurar quilômetros no leito oceânico ou aquecer as "areias betuminosas" para que o óleo derreta e circule pelos dutos. Hoje, a energia renovável é a mais barata em quase todas as regiões do mundo — e isso antes mesmo de calcular o enorme prejuízo econômico causado pelo aquecimento do planeta.

Seria de imaginar que, por tudo isso, não teríamos problemas para fazer uma transição rápida para a energia renovável, algo já em curso. No entanto, isso vem ocorrendo num ritmo lento demais para permitir compensar os danos do aquecimento global.

Parte da culpa decorre da mera inércia — esse é o segundo motivo pelo qual não avançamos com a rapidez necessária. Todo o nosso sistema está adaptado para o uso de combustíveis fósseis — há cerca de 1,5 bilhão de veículos circulando pelo mundo. Só no meu país, os Estados Unidos, são 282 milhões de carros. Quase todos são movidos a gasolina ou diesel, e para que continuem rodando eles dependem de uma rede imensa de refinarias, oleodutos e postos de abastecimento. Portanto, é uma notícia muito boa a de que os engenheiros aperfeiçoaram veículos elétricos, e que estes são em geral melhores do que os atuais carros com motores de combustão interna: são mais silenciosos, contam com menos partes móveis etc. Apesar disso, talvez ainda se passem décadas até abandonarmos os veículos que dependem dos combustíveis fósseis — e são décadas que não dispomos se quisermos conter as mudanças no clima. Deveria ser relativamente fácil aposentar carros com motores de combustão interna: afinal, eles duram em média apenas dez ou doze anos. Os governos agora estão começando a incentivar o uso de veículos elétricos, oferecendo subsídios aos compradores; os fabricantes estão promovendo de modo agressivo os seus modelos elétricos — e, portanto, já é possível vislumbrar uma vitória sobre a inércia. Contudo, temos de pensar também nos sistemas de calefação instalados em casas ao redor do mundo — muitas vezes substituídos apenas depois de trinta ou quarenta anos. Nesse caso, vai ser preciso uma ação estatal muito mais sistemática para que o processo de transição seja acelerado.

Todavia, essa inércia não é o maior obstáculo. O outro problema — o terceiro motivo pelo qual avançamos pouco — são os interesses estabelecidos. A energia renovável obviamente faz mais sentido do que a extraída dos combustíveis fósseis: é mais barata, mais limpa e está disponível em todo lugar. Mas esses argumentos não valem para um grupo de seres humanos: os donos das reservas de petróleo e das jazidas de carvão. Para eles, o advento da energia renovável é um desastre, pois vem ocorrendo com tanta rapidez que eles nunca vão conseguir extrair e vender o restante de seus estoques de hidrocarbonetos.

E as pessoas que controlam os combustíveis fósseis são atores poderosos em nosso mundo político. Até pouco tempo, a Exxon era a maior empresa do planeta. Países inteiros — como a Rússia e a Arábia Saudita — são basicamente petro--Estados, obtendo a maior parte de sua renda e de seu poder da exploração e venda de hidrocarbonetos. Os maiores doadores para políticos da história dos Estados Unidos, os irmãos Koch, também são os maiores barões do petróleo e do gás natural no país; em 2021, o senador americano Joe Manchin, o maior beneficiário de doações políticas do setor dos combustíveis em Washington e que investe pessoalmente milhões de dólares no setor de carvão, foi capaz de reescrever sozinho a legislação sobre o clima. Em países ricos e mais escolarizados, como o Canadá ou a Austrália, há regiões politicamente influentes, como Alberta e Queensland, que também estão sob o domínio das empresas de carvão e petróleo.

Esse setor usou todo o seu poder para adiar as ações contra as mudanças climáticas. Como aponta Naomi Oreskes na parte 1 deste livro, grandes investigações jornalísticas nos últimos anos comprovaram que as empresas petrolíferas tinham plena consciência do aquecimento global já na década de 1970 — os cientistas da Exxon eram capazes até mesmo de prever de forma precisa o quanto a temperatura global aumentaria até 2020. E eles foram ouvidos pelos executivos da empresa, que passaram, por exemplo, a construir torres de perfuração mais altas para compensar a elevação do nível do mar que sabiam ser inevitável. No entanto, em vez de explicar esse dilema para o mundo, todo o setor adotou uma abordagem oposta, contratando um exército de especialistas em relações públicas, alguns dos quais haviam trabalhado para o setor de tabaco, a fim de que semeassem dúvidas sobre as conclusões científicas entre a população em geral. E isso funcionou muito bem: durante quase trinta anos, o mundo ficou preso num debate estéril sobre se o aquecimento global era "real", ainda que ambos os lados soubessem muito bem que não havia dúvidas quanto a isso. Simplesmente, um dos lados estava disposto a mentir — e essa mentira nos custou algo que agora não temos mais, ou seja, tempo.

O setor dos combustíveis fósseis continua a fazer lobby, a promover embustes verdes e a adiar a tomada de medidas. Mas agora ele tem de enfrentar um grande movimento de cidadãos que estão, por exemplo, convencendo instituições a se livrarem de suas ações nessas empresas, o que dificulta a obtenção de capital pelo setor. Outros ativistas bloquearam oleodutos, gasodutos e terminais carvoeiros. Não há dúvida, portanto, de que estão ocorrendo mudanças. Mas resta a questão crucial: são rápidas o suficiente?

De todo modo, essa transição não será perfeita: não há nenhuma forma de gerar energia sem custos humanos e ambientais. Será importante tentar evitar abusos na obtenção dos minerais usados nos painéis solares e nas baterias. Há quem não goste de ver turbinas eólicas no horizonte — ainda que outros as considerem bonitas, tanto por tornarem visível o vento como por indicarem que as pessoas estão assumindo localmente a responsabilidade por suas necessidades energéticas. Também há outras vantagens potenciais na energia renovável: como os combustíveis fósseis estão concentrados em poucos lugares, aqueles que os controlam acumulam um poder excessivo — como é o caso do soberano da Arábia Saudita. Já as radiações solares e os ventos estão por toda a parte, o que vai nos permitir atenuar essa distribuição injusta de poder. E também é bom lembrar que quase 1 bilhão de seres humanos, que vivem sobretudo na África, ainda não têm acesso a nenhum tipo de energia moderna: hoje as Nações Unidas estimam que 90% dessas pessoas vão desfrutar pela primeira vez de energia graças às fontes renováveis, pois a instalação de painéis solares na periferia de um vilarejo remoto é muito mais barata e fácil do que construir uma rede de distribuição que atenda a esses locais de difícil acesso.

Se pensarmos bem, há algo de assombroso no fato de vivermos numa época em que a maneira mais fácil de gerar energia requer apenas expor ao sol uma placa de vidro. Já visitei vilarejos onde, pela primeira vez na vida, os moradores contam com pequenas geladeiras para guardar vacinas (e também sorvete), além de iluminação suficiente para que as crianças possam estudar à noite. Essa é uma magia tão impressionante quanto a de Hogwarts e, se fôssemos inteligentes e generosos, estaríamos empenhados em difundir ao máximo essa nova tecnologia na próxima década. Isso não bastaria para conter o aquecimento global — não há mais tempo para tanto —, mas seria a melhor aposta para freá-lo e dar uma chance à humanidade.

Saber de onde vem a nossa energia talvez faça com que não a desperdicemos de forma tão perdulária. Em certo sentido, os carros elétricos são um paliativo até dispormos de sistemas de transporte público decentes (movidos a eletricidade). Se usarmos energia renovável barata para construir casas cada vez maiores e enchê-las de tralha, vamos continuar consumindo as áreas de cultivo e de florestas do mundo, bem como os animais. A transição energética talvez seja a nossa crise mais iminente, mas está longe de ser o único perigo que nos ameaça.

Apesar disso, não devemos subestimar o potencial desse movimento. Uma maneira de pensar sobre isso é a seguinte: chegamos a um ponto no qual precisamos deixar de queimar coisas na superfície da Terra. Não deveríamos continuar extraindo do subsolo carvão, gás e petróleo para queimá-los — isso é algo sujo, perigoso e deprimente. Em vez disso, temos de aproveitar a enorme bola de gás que está queimando a 150 milhões de quilômetros da Terra. É uma energia que vem do céu, e não do inferno! /

A transição para a energia renovável vem ocorrendo num ritmo lento demais para permitir compensar os danos do aquecimento global.

4.6

A ascensão da energia renovável

Glen Peters

Antes de 1800, o nosso sistema energético era dominado pela força humana e animal; depois, pela queima de madeira. Em seguida, os combustíveis fósseis se tornaram preponderantes, e as emissões globais de CO_2 cresceram de forma consistente — um aumento bastante associado a uma prosperidade cada vez maior. Durante duzentos anos, as emissões globais de CO_2 aumentaram a uma taxa constante de 1,6% ao ano. A recente e acelerada adoção de fontes de energia não fossilizada — biomassa, hídrica, nuclear, solar e eólica — não foi capaz de acompanhar a nossa demanda cada vez maior por energia. Consequentemente, o percentual das fontes de energia não fossilizada se manteve em torno de 22% durante várias décadas, embora tenha começado a aumentar devagar nos últimos anos devido ao crescimento da energia eólica e solar, alcançando agora o seu nível mais alto desde a década de 1950.

Por trás desses números globais há uma história mais complicada. Nos países de renda alta, as emissões de CO_2 estão diminuindo — num ritmo anual de 0,7% nos Estados Unidos e de 1,4% na União Europeia ao longo da última década. Mas essa é uma história de desenvolvimento, e não de políticas climáticas. Os países ricos, ao menos tomados em conjunto, alcançaram um padrão de vida confortável. Neles, o consumo de energia se estabilizou e, em alguns casos, está sendo reduzido. A sua infraestrutura energética é antiga, e políticas energéticas e climáticas tornaram competitiva, em termos de custos, a geração de energia solar e eólica. À medida que as usinas termelétricas a carvão chegam ao fim de sua vida útil, e uma vez estabilizado o consumo de energia, os geradores solares e eólicos substituem em grande parte a infraestrutura energética envelhecida. Ao mesmo tempo, esses países também estão aproveitando as vantagens de uma cadeia de suprimentos globalizada, com a importação de bens de consumo contribuindo para aliviar a pressão sobre os seus sistemas energéticos e as suas emissões.

Por outro lado, os países de renda média e baixa enfrentam uma realidade diferente. De maneira geral, neles as condições de vida são consideravelmente piores do que na Europa e nos Estados Unidos. Ali a melhoria no padrão de vida vem causando um rápido aumento no consumo de energia. A infraestrutura do setor energético é recente. O crescimento acelerado na geração solar e eólica

Figura 1:
O gráfico do sistema energético global desde 1850 (acima) mostra o predomínio dos combustíveis fósseis e o surgimento recente de fontes alternativas de energia. As emissões de CO_2 (embaixo) se devem sobretudo à queima de combustíveis fósseis, mas também da biomassa e de mudanças no uso do solo (não incluídas). A biomassa costuma ser considerada nas estatísticas como neutra em termos de carbono, com as emissões alocadas nos estoques de carbono florestal. Porém, quando se analisa a evolução a longo prazo do sistema energético, a bioenergia não pode ser ignorada, pois a queima de madeira foi a principal fonte de energia antes da adoção generalizada dos combustíveis fósseis. Antes de 1850, cabe ainda levar em conta a força humana e animal.

Energia primária

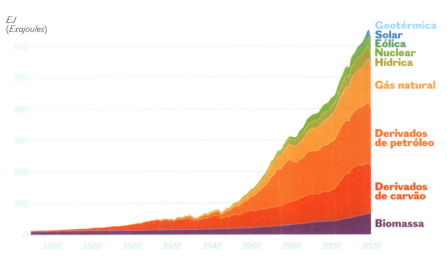

Emissões globais anuais

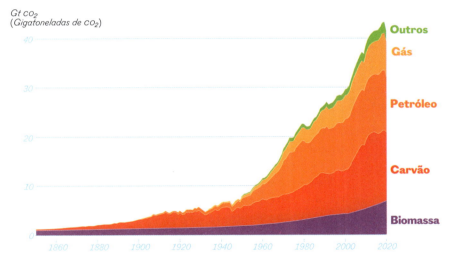

não é suficiente para acompanhar o aumento da demanda e, por isso, o uso de combustíveis fósseis e as emissões de CO_2 continuam a crescer. Não é que esses países de renda média e baixa não estejam empenhados em estabilizar e em seguida reduzir as suas emissões. Em muitos casos, eles estão na liderança mundial do emprego de tecnologias limpas. O problema é que se encontram num contexto histórico diferente.

Na última década, as emissões globais de CO_2 começaram a mostrar sinais de terem chegado ao seu ápice. Esse teto potencial resulta de um cabo de guerra entre as emissões decrescentes nos países de renda alta e as emissões crescentes nos países de renda média e baixa. É possível que o mundo esteja próximo de um ponto no qual essas forças opostas comecem a ser equivalentes. Embora, sob certos aspectos, isso possa ser visto como um avanço, ainda é insuficiente para alcançarmos as nossas ambiciosas metas climáticas.

Esse cabo de guerra também se dá entre o declínio dos combustíveis fósseis e a difusão das fontes de energia renovável, como a solar e a eólica (fig. 1). Estas vêm sendo adotadas rapidamente em muitos países e em várias faixas de renda. O mesmo vale para algumas tecnologias limpas, como carros e ônibus elétricos. O percentual das fontes renováveis no sistema energético mundial está começando a aumentar pela primeira vez em décadas — e hoje chega a valores equivalentes aos da década de 1950, quando o uso da biomassa (energia obtida pela queima de madeira) era generalizado. Ainda que esse seja um avanço positivo, também está longe de ser suficiente.

O agravamento da crise climática não nos dá tempo para uma transição energética global demorada. Os cálculos matemáticos básicos sobre o sistema climático, traduzidos no "orçamento de carbono", revelam que podemos continuar usando os combustíveis fósseis apenas por mais algumas décadas, até por volta de 2050, a menos que sejam aperfeiçoadas tecnologias que evitem a emissão do CO_2 resultante do uso desses combustíveis (por meio da captura e do armazenamento do carbono), ou então que retirem o gás da atmosfera (com a remoção do dióxido de carbono). Mas por enquanto essas duas tecnologias ainda não são viáveis. E, como as usinas elétricas e as instalações industriais movidas a combustíveis fósseis podem ter vidas úteis de cinquenta anos ou mais, isso significa que a nova infraestrutura baseada em combustíveis fósseis que está sendo construída hoje (ou que foi construída há pouco tempo) nos países de renda média e baixa terá de ser desativada antes do fim de sua vida útil. Os países ricos têm a vantagem de que grande parte de sua infraestrutura energética está envelhecida e prestes a ser substituída.

Embora, em termos históricos, as transições de sistemas energéticos tenham sido lentas, não é inevitável que seja assim. Movimentos políticos e sociais associados a avanços tecnológicos podem acelerar essa transição energética tão necessária. Os instrumentos essenciais estão disponíveis — sabemos como aproveitar a energia solar e eólica, como armazená-la em baterias ou hidrogênio, e como descarbonizar sistemas de transporte. Vale notar, contudo, que a descarbonização do sistema energético não se restringe a um simples problema de engenharia; não se trata apenas de substituir a queima de combustíveis fósseis pelo uso de fontes de energia renovável. Todos os aspectos do sistema produtivo que sustenta as nossas vidas estão vinculados ao consumo de energia e, portanto, às emissões de CO_2 — das comunicações até o suprimento essencial de alimento e abrigo —, e mesmo fontes alternativas de energia não estão isentas de custos ambientais e de emissões. Por exemplo, podemos usar eletricidade, hidrogênio ou biocombustíveis para mover veículos, mas a geração e a distribuição dessas três modalidades de energia podem gerar emissões significativas. Parques solares e eólicos não contribuem para as emissões, mas o mesmo não se dá com a fabricação dos seus equipamentos. Por tudo isso, a solução do problema climático requer uma abordagem de cunho sistemático. No fim das contas, trata-se de algo que afeta todos os aspectos da nossa vida. Portanto, antes de tudo, essa solução depende de reduzirmos a pressão sobre o sistema, e isso implica basicamente adotarmos um modo de vida que seja menos dependente do consumo material.

Diagnosticado o problema, o passo seguinte é decidir o que fazer. Durante muito tempo caímos na tentação de buscar a mescla perfeita de políticas para alcançar as metas climáticas, como nos casos da precificação do carbono ou dos sistemas de negociação de emissões. A realidade, porém, é mais complexa. Os países partem de pontos diferentes, têm regimes políticos e contextos distintos. Na prática, precisam implementar as medidas e os incentivos mais viáveis em cada caso, mesmo que sejam imperfeitos. Ainda que esse mosaico de políticas e incentivos seja um pesadelo para os economistas, o fato é que o sistema climático não nos proporciona mais o tempo necessário para encontrar uma solução perfeita e aceitável para todos.

A transição energética também vai acarretar sofrimento para alguns, ao mesmo tempo que beneficiará outros. Não há como evitar isso, mas o mundo está cheio de exemplos dessas mudanças transformadoras. Dos cavalos para os carros, das máquinas de escrever para os computadores, dos telefones fixos para os celulares, dos carros a gasolina para os elétricos, dos combustíveis fósseis para a energia renovável. Muitas dessas transições não se devem a iniciativas deliberadas, mas a tendências tecnológicas e sociais. Os países e as empresas beneficiados são aqueles mais preparados e aptos a moldar essa transição, ao contrário daqueles que tentam preservar um passado cada vez menos relevante. Cabe aos governos proteger e ajudar as vítimas eventuais da transição energética, como os trabalhadores nas minas de carvão, mas não quem se opõe a ela, como algumas corporações poderosas.

O tempo de que dispomos para realizar a transição energética é cada vez menor. Para que seja bem-sucedida, vamos precisar recorrer a todos os instrumentos disponíveis. Só a tecnologia provavelmente não vai resolver o problema e, além disso, as soluções tecnológicas têm os seus próprios riscos e desafios. O mesmo vale para a mudança de comportamento, mas ignorar esse recurso vai tornar ainda mais complicado o problema. A mudança de comportamento advinda de uma consciência climática pode muitas vezes trazer benefícios consideráveis, como saúde, equilíbrio entre trabalho e lazer, e bem-estar. Provavelmente também nesse caso as iniciativas oficiais não vão ser suficientes, uma vez que os governos quase sempre estão limitados pelos interesses conflitantes de eleitores, lobistas e de fazer o que é melhor para a sociedade. Na interseção desses três aspectos é que se dá o progresso: apenas com uma mescla complementar de tecnologia, mudança comportamental e iniciativas políticas é que poderemos evitar os piores riscos da crise climática. /

Fontes de energia renováveis

Energia solar

O potencial da energia solar é enorme. O custo da sua geração é baixo, os equipamentos podem ser instalados com rapidez e ampliados de modo a produzir o mesmo tanto de eletricidade que as usinas tradicionais. Na Alemanha, por exemplo, 10% de toda a eletricidade consumida vêm da energia solar. A sua desvantagem é que o sol precisa estar brilhando — ou pelo menos que o céu não esteja muito nublado — para que seja gerada uma quantidade grande de eletricidade. Em consequência disso, para ser plenamente eficaz, a energia solar tem de ser complementada por dispositivos de armazenamento de eletricidade, como baterias. Desse modo, pode ser guardada para os períodos em que a geração é baixa ou inexistente. Outro problema é que, como os grandes parques solares ocupam áreas muito grandes, a escolha desses locais deve levar em conta os potenciais danos ao meio ambiente. Uma solução é instalar placas solares em edifícios já construídos, evitando assim qualquer prejuízo à biodiversidade. Do mesmo modo, telhados e estacionamentos poderiam ser usados como fontes de energia.

Energia eólica

Tal como a energia solar, a eólica tem inúmeras vantagens, pois também pode ser gerada em muitas regiões, é relativamente rápido instalá-la, além de ser limpa e barata. A crítica mais frequente é que nem sempre há vento. Embora seja válida, essa objeção se aplica apenas às redes elétricas de pequena escala. No caso das redes de âmbito regional ou nacional, a distribuição das unidades geradoras por diversos locais atenua a instabilidade do regime de ventos em nível local. O maior problema no uso mais amplo da energia eólica está no risco de perturbar a fauna silvestre e as pessoas que vivem na área. Ou seja, assim como no caso da energia solar, a localização dos parques eólicos é um fator crucial. Eles podem ser construídos, por exemplo, em áreas industriais, à beira de rodovias ou em locais onde poucas pessoas seriam afetadas e as consequências para a fauna seriam mínimas, como

no mar. A tecnologia está tornando cada vez mais viável a construção de usinas geradoras marítimas móveis, o que reduziria as queixas de quem não quer viver perto de turbinas eólicas.

Hidrogênio verde

O hidrogênio é uma fonte de eletricidade e um combustível que, ao ser usado numa célula eletroquímica, deixa como resíduo apenas água. No entanto, como na natureza quase nunca se encontra isolado, o hidrogênio tem de ser produzido a partir de outras fontes, sobretudo o metano e a água. Esse processo consome mais energia do que a liberada pelo hidrogênio quando usado como combustível. Esse processo, porém, permite que ele seja armazenado, sem perdas no decorrer do tempo.

De acordo com a revista *New Scientist*, hoje 96% do hidrogênio que produzimos requer o uso de combustíveis fósseis, o que o torna uma fonte de energia muito pouco renovável. No entanto, também pode ser obtido a partir da água, por meio de processos alimentados por energia solar ou eólica. Esse hidrogênio verde, como é conhecido, pode ser utilizado como alternativa aos combustíveis fósseis em determinadas situações, como no caso de áreas inacessíveis à rede elétrica ou onde é preciso armazenar energia por períodos mais longos do que os proporcionados por baterias.

O problema, contudo, é que o hidrogênio verde requer energia renovável abundante, algo provavelmente inviável no futuro próximo. O hidrogênio feito por eletrólise usando energia nuclear chama "hidrogênio rosa", e há também o "hidrogênio azul", produzido a partir de combustíveis fósseis por intermédio da captura e do armazenamento do carbono. Todavia, como a tecnologia está em seus primórdios e longe de uma aplicação em grande escala, o uso do hidrogênio em geral continua sendo uma solução muito restrita. Segundo um relatório divulgado pela Global Witness em 2022, uma usina de hidrogênio azul pioneira no Canadá emitia mais gases do efeito estufa do que o volume retirado da atmosfera.

Energia hídrica

As usinas hidrelétricas aproveitam as quedas-d'água ou os cursos rápidos dos rios para gerar eletricidade. De acordo com a Agência Internacional de Energia, essas usinas forneceram 17% da eletricidade mundial em 2020.

Embora sejam uma forma limpa de gerar energia, elas têm um impacto considerável no ambiente do entorno, prejudicando a fauna silvestre e os seus ecossistemas, além de afetar quem vive próximo das usinas geradoras ou das represas necessárias para regular o fluxo da água.

Energia nuclear

Também é possível gerar eletricidade por meio de reatores nucleares, nos quais os átomos de elementos como urânio e plutônio passam por um processo de fissão que libera calor. Essa forma de gerar energia, estável e com baixíssima emissão de carbono, hoje proporciona cerca de 10% da eletricidade consumida no mundo.

Entretanto, são muitas as suas desvantagens, por conta da sua complexidade técnica. As usinas são caras e levam muito tempo para serem construídas. As duas usinas europeias mais recentes, a Olkiluoto 3 na Finlândia e a de Hinkley Point no Reino Unido, sofreram atrasos significativos: concluída no inverno de 2022, a construção da usina finlandesa demorou dezesseis anos. Mesmo se esse prazo pudesse ser muito abreviado, ainda assim seria um desafio enorme substituir as que estão antigas dentro do prazo necessário para cumprir as metas climáticas.

Quanto ao aspecto da segurança, essas usinas apresentaram riscos alarmantes, como se comprovou nos desastres de Tchernóbil, em 1986, e de Fukushima, em 2011. Além disso, também são vulneráveis para a segurança nacional, pois constituem alvos preferenciais em conflitos armados ou atentados terroristas. Em suma, a geração e o consumo dessa forma de energia dependem de estabilidade geopolítica.

Além disso, há o problema do armazenamento seguro dos resíduos radiativos — uma questão que após mais de setenta anos segue sem resposta em todo o mundo. Por causa da complexidade técnica, a energia nuclear ainda é uma fonte de energia global limitada.

Energia de biomassa

A energia obtida a partir da biomassa depende da queima de madeira, assim como de outras plantas ou produtos animais, como resíduos de safras, turfa, *kelp*, lixo e resíduos de matadouros, para a geração de eletricidade ou de calor. Embora seja tida como uma energia renovável, isso depende da existência de uma agricultura e uma silvicultura sustentáveis, o que não ocorre hoje em escala significativa.

Além disso, ela é renovável apenas numa escala de tempo imensa: pode levar mais de cem anos para uma árvore crescer, e muitos séculos para uma floresta se recuperar depois de ter sido derrubada — quando se recupera. A ineficiência relativa das áreas cultivadas

para sequestrar o carbono é outro aspecto negativo, bem como o fato de que as plantações são muito mais vulneráveis a incêndios e pragas.

O fato de a biomassa ser considerada renovável desencadeou o seu uso em larga escala, com a consequente aceleração do desmatamento e da perda da biodiversidade. Esse é um círculo de realimentação negativo de origem humana que agora está se agravando e escapando ao nosso controle em diversos lugares. Para que a biomassa seja sustentável e renovável, é indispensável reduzirmos de forma significativa essa prática.

Hoje, a queima de madeira para gerar eletricidade libera na atmosfera uma quantidade de CO_2 maior do que a queima de carvão, e o fato de essas emissões não constarem das estatísticas nacionais — e que sejam consideradas como renováveis — criou uma brecha potencialmente desastrosa.

Energia geotérmica

A energia geotérmica é obtida a partir do calor proveniente na crosta da Terra. Ela pode ser usada para gerar calor ou eletricidade. Para produzir eletricidade, poços profundos são perfurados no solo de modo a aproveitar o calor e a água aquecida para mover turbinas.

Embora seja uma fonte de energia com pouca emissão de carbono — responde por cerca de 17% das emissões de gases fósseis —, ela também produz outras emissões, como a de gás sulfídrico e anidrido sulfuroso, e ambos são motivo de grande preocupação ambiental. Por outro lado, a energia geotérmica é restrita em termos geográficos, uma vez que precisa estar próxima de linhas de falha tectônicas. Por isso, os principais pontos em que é aproveitada estão em locais como Islândia, Califórnia, Nova Zelândia, Indonésia, El Salvador e Filipinas.

Também contamos com um potencial enorme em:

- Usar menos e economizar energia.
- Fabricar produtos e edifícios mais eficientes em termos energéticos.
- Consumir energia gerada no local e sob demanda.

4.7

Como as florestas podem nos ajudar?

Karl-Heinz Erb e Simone Gingrich

As florestas podem desempenhar um papel importante na mitigação da crise climática. Elas sequestram carbono, armazenando cerca de duas vezes mais que a atmosfera, e fornecem a madeira capaz de substituir produtos e serviços que requerem muita emissão de gases do efeito estufa. Hoje, no Norte global, há países que contam as florestas como uma fonte substancialmente maior de energia e bens no futuro, além de absorverem carbono adicional da atmosfera. Porém, é possível que essa abordagem seja mais prejudicial do que benéfica.

É um fato bem conhecido que, em termos globais, o desmatamento contribui de maneira relevante para as emissões de gases do efeito estufa, produzindo cerca de 13,2 gigatoneladas de CO_2 equivalente por ano (13,2 GtCO_2eq). No entanto, muitas florestas temperadas e boreais atuam como sumidouros de carbono, porque, de forma geral, está aumentando a área e a densidade de carbono dessas florestas. Muitas vezes essa expansão ocorre em áreas de silvicultura industrial — nas quais são plantadas árvores de crescimento rápido para serem abatidas —, não em florestas primárias. Embora seja paradoxal, o incremento na absorção de carbono pelas florestas tem, em muitos casos, sido acompanhado de mais extração de madeira. Entender como e por que isso ocorre é crucial para avaliar o papel que as florestas podem ter nas estratégias de mitigação das mudanças climáticas.

Esse enigma pode ser esclarecido quando se considera que a capacidade de absorção de carbono por uma floresta não resulta apenas do seu manejo atual, mas é bastante afetada por seu passado. Tanto as práticas de manejo atuais como as passadas determinam a quantidade de carbono sequestrado e em que medida a floresta está aquém do seu potencial para acumular carbono. No início do século XIX, em muitas regiões, as florestas haviam sido exauridas por conta de uma longa história de uso intensivo da terra. Com a industrialização, essa pressão sobre as áreas florestadas foi reduzida, devido à disponibilidade de novos combustíveis fósseis, de novas oportunidades de comércio de longa distância e de novos métodos de cultivo intensivo do solo. Tudo isso permitiu que as florestas se recuperassem mesmo com o aumento da extração madeireira, sempre que o reflorestamento era maior que o desmatamento.

Cabe ressaltar que o carbono armazenado nas florestas não aumentou por conta da maior extração de madeira, mas apesar disso. Esta aumenta as emissões do solo e retira da floresta o carbono sequestrado nas árvores. Em termos globais, estima-se que os produtos de madeira sejam responsáveis por emissões associadas ao uso do solo num volume de 2,4 $GtCO_2eq$ por ano, e os estoques de carbono das florestas manejadas são bem menores do que se fossem florestas primárias — em média, 33% nas regiões temperadas, 23% nas boreais, e cerca de 30% nas regiões tropicais.

Assim, quando extraímos madeira precisamos levar em conta o carbono que, de outro modo, estaria sequestrado se a floresta permanecesse intocada. O impacto no clima do emprego da madeira depende do tempo médio que os produtos madeireiros permanecem em uso. O "prazo de validade" dos produtos de madeira de longa duração costuma girar em torno de cinquenta anos, ao passo que as árvores continuariam vivas e armazenando carbono durante décadas ou mesmo séculos se não fossem abatidas. Por outro lado, a queima de madeira para geração de eletricidade causa mais emissões por unidade de energia do que os combustíveis fósseis, e essas emissões só podem ser reabsorvidas por meio do reflorestamento. Portanto, a mitigação das mudanças climáticas ocorre apenas após a regeneração de uma floresta e um corte de emissões equivalente à quantidade de carbono que continuaria sequestrada se ela não tivesse sido abatida. Nas zonas temperadas e boreais, esse "prazo de paridade" pode se estender por várias décadas, e mesmo por séculos.

O que isso significa para as estratégias de mitigação climática que se baseiam em florestas? Seria um equívoco afirmar que devemos manter as florestas intocadas. A madeira pode substituir muitos produtos que requerem emissões de gases estufa e contribuir para a redução dos problemas causados por outros materiais, como os plásticos. Mas ela deveria ser usada sobretudo em produtos de longa duração e dentro de parâmetros sustentáveis. O suprimento de madeira tem de ser restrito à quantidade produzida pelo reflorestamento para evitar o desmatamento e a degradação das florestas. Outra restrição se refere à preservação da biodiversidade. Porém, num mundo em que a massa dos artefatos humanos já ultrapassa toda a biomassa de organismos vivos, o mais conveniente seria uma mudança visando à diminuição do uso de recursos nos países industrializados.

Além do mais, dada a urgência da crise climática, o prazo de paridade da bioenergia florestal é proibitivamente longo. Hoje, na União Europeia, de um quarto a um terço de toda a madeira extraída é usada diretamente na geração de eletricidade. Embora a legislação da União Europeia classifique a bioenergia florestal como sustentável e inerentemente "neutra em termos de carbono" sempre que a extração for menor que a regeneração, a biomassa deveria ser considerada sustentável apenas quando o material incinerado for limitado aos resíduos industriais que não poderiam ser aproveitados de outro modo. No processamento industrial da madeira, as aparas não são incluídas nos fluxos de resíduos, mas viram insumos para o setor de papel e cartonagem — e, nesse caso, a bioenergia compete com esses usos.

Portanto, a expansão das áreas florestais no Norte global tem um potencial limitado de sequestro de carbono, pois requer tempo demais diante da urgência da crise e poderia acirrar a competição pelo uso do solo. Em consequência, a proteção dos sumidouros florestais de carbono, por meio da redução da extração de madeira, parece ser a melhor estratégia. Hoje esses sumidouros absorvem 10,6 Gt_{CO_2eq} por ano, compensando cerca de 30% de todas as emissões anuais. Essa é a única estratégia de sequestro do carbono atmosférico de que já dispomos em grande escala.

Os sumidouros de carbono florestais vão acabar saturados — não a curto prazo, mas daqui a cerca de cinquenta a cem anos. Perturbações naturais vão afetar e reduzir os estoques de carbono nas florestas, com as monoculturas industriais sendo particularmente sensíveis. Por isso, precisamos de uma estratégia diversificada: as coletas devem ser feitas nessas monoculturas, ao mesmo tempo que se empreendem esforços para reforçar a resiliência florestal, aumentando a sua biodiversidade e permitindo que ao menos parte das árvores vivam mais tempo. Florestas resilientes e biodiversificadas deveriam ser preservadas e consideradas uma "tecnologia de transição" — permitindo que outros setores tenham mais tempo para se descarbonizar e, ao mesmo tempo, otimizando os benefícios da biodiversidade.

Potencializar o papel das florestas na mitigação das mudanças climáticas provavelmente vai implicar na redução da disponibilidade de produtos de madeira. Para impedir que esse suprimento reduzido seja compensado pelo uso de combustíveis fósseis, será preciso explorar estratégias no lado da demanda que permitam diminuir o uso de materiais, ao mesmo tempo preservando o bem-estar humano e o acesso igualitário aos recursos. /

Florestas resilientes e biodiversificadas deveriam ser preservadas e consideradas uma "tecnologia de transição" — permitindo que outros setores tenham mais tempo para se descarbonizar.

4.8
Perspectivas da geoengenharia
Niclas Hällström, Jennie C. Stephens e Isak Stoddard

"Geoengenharia" é o termo usado para designar a manipulação tecnológica intencional da atmosfera e dos ecossistemas da Terra, numa escala tão grande que iria interferir e alterar os sistemas climáticos globais. Quase todas as tecnologias de geoengenharia ainda não passam de especulações, mas já se mostram muito controversas.

A área não tem como objetivo reduzir a produção de combustíveis fósseis nem as emissões de gases do efeito estufa, as principais causas do aquecimento global. Em vez disso, os seus defensores visam reduzir o aquecimento produzido pela radiação solar, seja refletindo parte de volta ao espaço, seja removendo da atmosfera o dióxido de carbono a fim de armazená-lo de alguma forma. A geoengenharia solar inclui propostas amplamente contestadas, como o uso de esquadrilhas de aeronaves em todo o planeta que borrifariam uma enorme quantidade de aerossóis bloqueadores da luz solar, ou a cobertura de extensas áreas do gelo ártico com contas de vidro. Já a remoção de dióxido de carbono na escala da geoengenharia abrange sugestões como a fertilização de grandes trechos oceânicos para provocar imensas florações de algas, ou então o reflorestamento de enormes áreas terrestres com o intuito de queimar a madeira e sequestrar o CO_2.

Todas as abordagens da geoengenharia implicam riscos enormes, com algumas até mesmo podendo levar ao colapso do ecossistema global e da estabilidade social. Muitos impactos seriam irreversíveis e imprevisíveis, contribuindo para exacerbar as injustiças já existentes. Isso ocorre sobretudo com os projetos de geoengenharia solar, nos quais a dispersão de aerossóis na estratosfera pode desorganizar o regime das monções, intensificar secas e ameaçar os meios de subsistência de bilhões de pessoas. Pior ainda, se esse processo fosse iniciado e mais tarde interrompido, o efeito de aquecimento do CO_2 acumulado na atmosfera, até então mascarado, poderia levar à elevação abrupta e considerável das temperaturas, impedindo qualquer possibilidade de adaptação e ultrapassando um "limiar decisivo" e catastrófico.

Muitos estudiosos, especialistas e ativistas chegaram à conclusão de que não há como aplicar essas tecnologias de forma equitativa e segura. A defesa da geoengenharia solar pressupõe a existência de sistemas estáveis de governança global, capazes de funcionar sem falhas durante séculos ou milênios — um requisito claramente impossível. O desenvolvimento dessas tecnologias também traz a perspectiva assustadora de que Estados, organizações ou mesmo indivíduos muito ricos exerçam um controle unilateral sobre elas, agravando as atuais desigualdades de poder, controle e acesso financeiro, e aumentando o risco de guerras para tentar dominar os sistemas climáticos do planeta. Por todo o mundo, crescem os clamores por uma interdição internacional imediata do desenvolvimento das tecnologias de geoengenharia solar (ver solargeoeng.org), e muitos estão empenhados em reforçar a atual suspensão temporária dos projetos de geoengenharia sob a égide da Convenção sobre Diversidade Biológica das Nações Unidas.

As iniciativas no sentido de realizar experimentos e pesquisas práticas na área de geoengenharia solar são recebidas de forma consistente com bastante resistência por parte de povos indígenas, cientistas e da sociedade civil, que alertam que a humanidade não deve seguir adiante num caminho que pode conduzir à normalização dessa tecnologia. As tentativas de reembalar o polêmico termo "geoengenharia" em expressões novas e menos maculadas como "intervenção climática", "reparação climática" e "tecnologias de proteção do clima" revelam o quanto certos atores estão buscando embaralhar a discussão sobre essas tecnologias controversas.

Todos os projetos de geoengenharia visam manipular a Terra com a mesma mentalidade de dominação que nos fez chegar até a atual crise climática. As consequências desses interesses em normalizar a ideia de geoengenharia, discutindo-a como se fosse uma opção viável, podem ser tão perigosas quanto os próprios impactos de colocar tais ideias em prática. A sugestão de que ela é um "plano B" proporciona uma desculpa conveniente para que o setor de combustíveis fósseis, bilionários do setor de tecnologia e outros adiem e impeçam as transformações sociais fundamentais cada vez mais urgentes. A geoengenharia não é uma opção viável. A intensificação das perturbações e injustiças climáticas requer algo muito diverso: um foco na autonomia e no bem-estar, reduzindo as emissões onde são produzidas por meio da substituição dos combustíveis fósseis e, ao mesmo tempo, reforçando os princípios da igualdade, dos meios de sustento locais e da integridade ecológica.

4.9

Tecnologias de mitigação

Rob Jackson

A necessidade de "mitigação" — aqui entendida como a remoção de dióxido de carbono, metano e outros gases estufa da atmosfera *depois* que foram emitidos — surgiu por conta de um fracasso. Nós inundamos a atmosfera do planeta com mais de 2 trilhões de toneladas de CO_2 — em grande parte apenas nos últimos cinquenta anos —, mesmo estando cientes do quanto isso ameaçava a vida no planeta. Na verdade, as emissões globais de CO_2 decorrentes da queima de combustíveis fósseis aumentaram 60% desde a publicação do primeiro relatório do IPCC, em 1990. Nesse sentido, fracassamos, e de forma espetacular.

Por causa da nossa falha em agir, deixamos para a geração de Greta Thunberg poucas opções para além de recorrer a uma varinha mágica e diminuir de modo retroativo as emissões para manter o aumento da temperatura global abaixo dos limites de 1,5°C ou 2°C, pagando mais para remover depois da atmosfera os gases do efeito estufa.

O quão viáveis são, na prática, as tecnologias de mitigação? Elas não são mágicas — como veremos adiante — e são extremamente caras.

Em quase todos os cenários futuros, o cumprimento da meta de um aumento adicional de 1,5°C depende da remoção da atmosfera de parte do dióxido de carbono emitido no passado. De acordo com uma análise recente, se conseguíssemos manter as emissões globais cumulativas abaixo de 750 bilhões de toneladas (cerca de duas décadas das taxas de emissão atuais) entre 2019 e 2100, ainda assim teríamos de remover da atmosfera cerca de 400 bilhões de toneladas de dióxido de carbono "excedente" para manter o aumento da temperatura global abaixo de 1,5°C em 2100.

Considerando um valor desejável de cem dólares por tonelada de CO_2 removida, a retirada de 400 bilhões de toneladas da atmosfera teria um custo de 40 trilhões de dólares — e outras análises indicam que essa é uma estimativa conservadora. Com toda razão, as gerações mais novas estão perguntando "Por que temos de pagar por isso?".

A realidade é que impedir hoje que os gases do efeito estufa cheguem à atmosfera sempre é mais barato do que removê-los depois. Como a atmosfera contém aproximadamente uma molécula de dióxido de carbono para cada 2500 moléculas de outros gases, a tarefa de encontrar e "remover" é algo como encontrar e tirar agulhas num palheiro. Entre as moléculas emitidas por uma usina geradora de eletricidade a partir de combustíveis fósseis típica, cerca de um décimo é constituído de dióxido de carbono — portanto, não faz sentido que elas continuem a lançar no ar o composto concentrado e, em seguida, tenham de pagar para removê-lo quando estiver disperso no ar. Em todos os locais onde há queima de combustíveis fósseis, faz muito mais sentido capturar o CO_2 em escapamentos e chaminés antes que polua o ar.

Hoje, existem apenas cerca de trinta usinas de captura e armazenamento de carbono (CCS, na sigla em inglês) em todo o mundo, em contraste com milhares de usinas queimando combustíveis fósseis. Se todas estas últimas continuarem em operação até o final de suas vidas úteis, sem mecanismos de captura e armazenamento de carbono, as suas "emissões previstas" vão lançar centenas de bilhões de toneladas adicionais de CO_2, mais do que o suficiente para inviabilizar a meta de 1,5°C, ou mesmo a de 2°C.

Se fracassarmos em restringir as emissões e em capturar e armazenar a poluição de CO_2, seremos obrigados a recorrer às tecnologias de mitigação ou remoção de dióxido de carbono. A terra é uma das opções mais óbvias — em especial as florestas e os solos — ao substituir o carbono disperso na atmosfera pelo desmatamento e pelas atividades agrícolas.

Durante o século XX, o mundo perdeu 1 bilhão de hectares de florestas, grande parte dos quais passou a ser destinada ao cultivo intensivo e à pecuária. Atividades agrícolas, como o preparo do solo com arados, liberaram meio bilhão de toneladas de CO_2 na atmosfera. Essas perdas de carbono dos solos e das árvores das florestas estão na base das soluções climáticas naturais (NCS, na sigla em inglês), das abordagens que visam estancar essa perda e manter fixado o carbono por meio da preservação, da regeneração e do aperfeiçoamento do manejo da terra. Segundo estimativas relativamente otimistas, essas práticas poderiam responder por um terço da mitigação climática necessária até 2030 para que o aquecimento global se estabilize abaixo de 2°C. Hoje as soluções climáticas naturais são a maneira mais barata de compensar a poluição decorrente da queima dos combustíveis fósseis, com custos estimados muitas vezes em cerca de dez dólares por cada tonelada armazenada de CO_2.

Bilhões de toneladas de carbono podem ser armazenadas por meio de soluções climáticas naturais, como a regeneração de florestas e áreas úmidas, reflorestamento, plantio direto (sem preparo do solo) e outras medidas. A adoção de dietas com mais vegetais e menos carne vermelha, bem como uma população mundial menor, também ajudariam a reduzir o desmatamento e os rebanhos de gado (o que também diminuiria as emissões de metano), liberando terras para outros ecossistemas e usos.

Mas podemos depender principalmente dessas soluções climáticas naturais? Na verdade não muito, pois dificilmente elas compensariam os 35 bilhões a 40 bilhões de toneladas de poluentes que lançamos no ar todos os anos com a queima de combustíveis fósseis.

Sem cortes drásticos nas emissões, apenas a remoção industrial dos gases do efeito estufa vai possibilitar que o aumento da temperatura global fique abaixo de 1,5°C e 2°C. Há mais de uma década os cientistas vêm estudando a remoção do CO_2 atmosférico, tanto no aspecto da captura como no do armazenamento seguro. Para extraí-lo do ar podemos usar plantas, rochas e substâncias químicas industriais. As plantas, entre as quais árvores, gramíneas e fitoplâncton, assim como alguns micróbios, absorvem o dióxido de carbono por meio da fotossíntese. Além das soluções climáticas naturais, há outra abordagem comum baseada em plantas, os sistemas de "bioenergia com captura e armazenamento de carbono", ou BECCS (na sigla em inglês). Nesses sistemas, a biomassa vegetal é queimada para produzir eletricidade ou biocombustíveis, que acionam um sistema que retira o dióxido de carbono do ar e o injeta em formações rochosas subterrâneas. De todas as tecnologias de mitigação ou de emissões negativas, o BECCS é a única com um saldo positivo de energia (e, quando devidamente aplicada, quase chega a gerar energia descarbonizada). Como todas as soluções climáticas numa escala de bilhões de toneladas, ele tem inconvenientes: requer um uso intensivo de terra e água, e, com todo bombeamento de gás para o subsolo, é preciso que o reservatório seja monitorado durante décadas para garantir que não haja vazamento de CO_2. Apesar disso, o BECCS é relativamente barato pelos padrões de emissões negativas (de cinquenta a duzentos dólares por tonelada de CO_2 sequestrado) e hoje já existem usinas de BECCS operando comercialmente. Em 2019, elas estavam removendo cerca de 1,5 milhão de toneladas de CO_2 por ano, e a maior era uma usina de etanol de milho localizada em Decatur, no estado americano de Illinois. Segundo um estudo da Academia Nacional de Ciências dos Estados Unidos, os sistemas de BECCS poderiam processar algo entre 3,5 bilhões e 5,2 bilhões de toneladas de CO_2 por ano sem grandes impactos negativos.

Outra tecnologia de mitigação é o "intemperismo aprimorado". Trata-se de uma solução que busca acelerar o ritmo com que determinadas rochas, como os silicatos, reagem naturalmente com o CO_2 na atmosfera. O basalto é uma das rochas mais comuns, presente no subsolo de um décimo da superfície continental e de quase todo o leito dos oceanos. Ele contém silicatos ricos em cálcio, magnésio e ferro que reagem com o dióxido de carbono, formando carbonatos e outras rochas ricas em carbono. O carbonato de cálcio — o calcário comum —, por exemplo, é formado por um átomo de cálcio, um de dióxido de carbono e um átomo adicional de oxigênio: $CaCO_3$. Tanto o Empire State Building como a Grande Pirâmide de Gizé foram construídos com calcário.

No processo de intemperismo aprimorado, o basalto é minerado, triturado e exposto ao ar a fim de reagir com o dióxido de carbono. Seria possível até dispersá-lo sobre um campo de cultivo, reforçando o crescimento das plantas, devido ao cálcio, ao magnésio e a outros nutrientes adicionais liberados pelas rochas. Ou então, basta expor o basalto triturado ao ar e reenterrá-lo depois de reagir com o CO_2 atmosférico. As estimativas de custo dessa tecnologia variam de 75 a 250 dólares por cada tonelada removida de CO_2. Novas empresas estão se formando para implantar a técnica, mas por enquanto não há nenhum projeto viável em termos comerciais. Na natureza, o intemperismo de fato absorve o CO_2 ao longo de milhares de anos; a questão é descobrir uma maneira de acelerar esse processo, de modo que ocorra num prazo relevante, ou seja, de anos ou décadas.

Por último, dezenas de empresas estão desenvolvendo sistemas de captura direta no ar (DAC, na sigla em inglês) do dióxido de carbono por meio de determinadas substâncias químicas. Há décadas, aminas de base nitrogenada vêm sendo usadas em refinarias e usinas petroquímicas para extrair o dióxido de carbono de fluxos gasosos. Os hidróxidos constituem outra família de compostos químicos hoje empregados em operações de captura direta do CO_2 atmosférico. Em ambos os casos, as substâncias originais podem ser regeneradas por meio do calor ou da alteração da acidez de uma solução. O resultado dessa regeneração química é o dióxido de carbono concentrado.

Na maioria dos processos de captura direta, o dióxido de carbono concentrado tem de ser pressurizado e bombeado para reservatórios subterrâneos, tal como no caso do BECCS. Hoje, o custo desses processos de captação direta do ar varia de 250 a seiscentos dólares por tonelada de CO_2 removida, ou seja, bem mais do que as soluções climáticas naturais. Atualmente existem empresas removendo da atmosfera alguns milhões de toneladas de dióxido de carbono por ano graças a processos industriais. Embora seja um passo adiante, ainda falta muito para chegarmos aos bilhões de toneladas que fariam diferença.

Além do dióxido de carbono, também precisamos remover da atmosfera outros gases do efeito estufa. O metano (CH_4) é o segundo gás estufa mais importante, aquecendo o planeta de oitenta a noventa vezes mais do que uma massa equivalente de CO_2 nos vinte anos subsequentes à sua liberação na atmosfera. Mais de metade das emissões globais de metano resultam de atividades humanas, entre as quais o uso de combustíveis fósseis e a agricultura. As concentrações globais de metano são hoje 2,6 mais altas do que duzentos anos atrás.

A "remoção" (ou, de forma mais literal, a "oxidação") do metano é complicada. Como é duzentas vezes menos abundante na atmosfera do que o dióxido de carbono, esse gás é muito mais difícil de ser isolado. Outro obstáculo é a sua estrutura piramidal, com maior estabilidade do que a molécula de CO_2, exceto em temperaturas muito altas.

Ainda assim, a remoção de metano tem algumas vantagens. Antes de tudo, não é preciso capturá-lo e armazená-lo em reservatórios subterrâneos. Se for oxidado por meio de catalisadores ou de agentes oxidantes naturais (radicais atmosféricos como hidróxidos e cloro), ele pode ser convertido em CO_2 e reintroduzido na atmosfera. De todo modo, o metano emitido acaba por se oxidar e virar CO_2, a remoção do gás é simplesmente um meio de acelerar a reação natural. Como ele é bem mais potente do que o dióxido de carbono, a conversão de CH_4 em CO_2 é favorável para o clima. Outra vantagem é que precisamos remover quantidades muito menores de metano se comparado com as de dióxido de carbono para obter um efeito significativo no clima: são "apenas" dezenas ou centenas de milhões de toneladas anuais, em vez de bilhões de toneladas.

Caso se mostre possível na escala necessária, a remoção de metano também poderia contribuir para reduzir décimos de graus nos picos de aquecimento e adiar que ultrapassemos o limiar de determinada temperatura. A criação imediata de mecanismos para o sequestro de metano também criaria uma margem de segurança contra liberações catastróficas desse gás no Ártico, algo que os cientistas consideram possível, e até provável, neste século.

Por mais importante que seja, ainda são necessários mais investimentos e pesquisas para a remoção do metano se tornar comercialmente viável. A combinação de remoção de dióxido de carbono e de metano nos mesmos complexos industriais parece especialmente promissora, sobretudo com o uso de ventiladores centrífugos e sistemas de processamento do ar para remover diversos gases ao mesmo tempo.

No final, a despeito de todas essas soluções de mitigação, vamos precisar atribuir um preço global ao carbono como estímulo para a ação. Uma precificação da emissão do carbono acrescenta uma taxa sempre que há extração de combustíveis fósseis, com o custo adicional sendo repassado aos consumidores no preço dos produtos obtidos com energia fóssil (acompanhado das discussões necessárias sobre o destino desses recursos e as formas de evitar que as pessoas mais pobres paguem mais pela energia que consomem). Essa precificação seria uma forma melhor de transferir o encargo financeiro das emissões para os responsáveis por elas e refletiria (com mais precisão) o custo efetivo da poluição por combustíveis fósseis. Nenhuma das opções acima é viável em grande escala sem uma precificação do carbono ou, na ausência desta, sem diretrizes políticas compulsórias.

Embora o custo da mitigação seja elevado, o custo de não fazer nada é absolutamente assombroso. Ninguém conhece tanto sobre custos e riscos quanto as seguradoras. E recentemente uma delas, a gigante Swiss Re (a segunda maior empresa de resseguros do mundo, ou seja, uma empresa de seguros cujos clientes são outras seguradoras), estimou que a economia global pode encolher 18% caso não seja tomada nenhuma medida de mitigação climática, a um custo que pode chegar em 2050 a 23 trilhões de dólares por ano. E concluiu: "A nossa análise mostra o benefício dos investimentos numa economia neutra em carbono. Por exemplo, um acréscimo de apenas 10% nos investimentos globais anuais em infraestrutura, hoje da ordem de 6,3 trilhões de dólares, manteria o aumento da temperatura média abaixo de 2°C. Isso é apenas uma fração da perda no PIB global que enfrentaremos se não tomarmos as medidas adequadas".

Para reduzirmos esses custos, precisamos cortar as emissões — e, depois, voltar a cortá-las ainda mais. Precisamos implementar soluções climáticas naturais, regenerando florestas e solos sempre que possível. Precisamos reduzir o custo das tecnologias de mitigação e esperar que sejam aceitas. Precisamos discutir as questões relativas a demografia, dieta, consumo de energia e desigualdade.

No fundo, escrevo a contragosto este capítulo sobre tecnologias de "mitigação", pois nem sequer deveríamos precisar delas. Acompanhei durante anos a inércia diante das mudanças climáticas. Quando vamos enfim começar a fazer algo?

4.10
Uma forma de pensar completamente nova

Greta Thunberg

"O modo de vida americano não está aberto a negociação. Ponto-final."

Assim disse o presidente dos Estados Unidos George H. W. Bush pouco antes da Cúpula da Terra das Nações Unidas, ocorrida em 1992 no Rio de Janeiro. Em retrospecto, está claro que ele falou em nome de todo o Norte global. E essa continua sendo a nossa posição até hoje. A solução para a crise não é exatamente muito difícil. Cabe a nós acabar com as emissões dos gases do efeito estufa, o que, em teoria, é algo bastante fácil de ser conseguido, ou pelo menos era bem fácil — antes de permitirmos que o problema saísse do nosso controle. O difícil mesmo é solucionar a crise climática ao mesmo tempo que privilegiamos o crescimento econômico. Tão difícil que é quase impossível.

Desde que o presidente George H. W. Bush pronunciou aquelas palavras, as nossas emissões anuais de CO_2 aumentaram mais de 60%, transformando o que na época era um "enorme desafio" numa emergência existencial. Nesse período criamos um conjunto impressionante de brechas, contabilidades criativas, esquemas de terceirização e *greenwashing* que dão a impressão de que medidas estão sendo tomadas quando na verdade nada está sendo feito. Por outro lado, o crescimento econômico incessante teve um enorme sucesso... ao menos para o pequeno grupo de indivíduos cujo impacto ambiental é equivalente ao de cidades inteiras. Mesmo assim, o crescimento econômico registrado desde a Cúpula da Terra em 1992 nos proporcionou ao menos uma vantagem considerável — ele comprovou, para além de qualquer dúvida razoável, que a nossa ambição nunca foi a de salvar o clima, mas se limitava a salvar o nosso modo de vida. E continua sendo assim.

Até pouco tempo, ainda podíamos argumentar que era viável salvar o clima sem mudar o nosso comportamento. Agora, porém, isso não é mais possível. As evidências científicas demonstram claramente: as nossas lideranças demoraram demais para agir e agora não há como evitarmos importantes mudanças sistêmicas e em nosso modo de vida. Ou asseguramos condições de sobrevivência para as gerações futuras, ou permitimos que algumas poucas pessoas afortunadas mantenham o seu constante e destrutivo empenho em maximizar os lucros imediatos. Se escolhermos a primeira opção e decidirmos preservar a civilização, então precisamos estabelecer as nossas prioridades. Nos próximos anos, décadas

Páginas seguintes: Uma campanha de florestamento voluntário às margens do deserto Badain Jaran, no condado de Linze, na província chinesa de Gansu.

e séculos teremos sem dúvida de fazer muitas transformações que vão afetar todos os aspectos das nossas sociedades. E como dispomos de recursos limitados, é fundamental estabelecermos corretamente as prioridades.

Indo além do absolutamente básico, a maior prioridade deve ser a distribuição do orçamento remanescente de carbono de forma justa e holística por todo o mundo, assim como saldar a nossa enorme dívida histórica. Isso significa que os países com maior responsabilidade pela crise devem reduzir as suas emissões de forma imediata e drástica. Sabemos que o mundo é muito complexo e que existem inúmeros parâmetros importantes a serem levados em conta. É exatamente por isso que precisamos começar o quanto antes. Isso vai requerer um modo completamente novo de pensar as nossas sociedades, ao menos nas regiões mais ricas do mundo.

As pessoas costumam perguntar para os ativistas do clima o que devemos fazer para *salvar o clima*. Talvez essa pergunta esteja errada. Em vez disso, talvez devêssemos perguntar o que precisamos deixar de fazer. Às vezes, ouvimos falar que já temos todas as soluções para resolver a crise climática e que nos resta apenas colocá-las em prática. Mas isso só é verdade se considerarmos que *não fazer algo* é uma solução válida. Se aceitarmos essa ideia, então ainda teremos a capacidade de sair dessa confusão.

Não há, de fato, nenhum motivo para acreditar que as mudanças necessárias vão nos tornar menos felizes ou menos satisfeitos. Estou plenamente convencida de que, se conseguirmos fazer isso direito, as nossas vidas acabarão tendo mais sentido do que o consumismo, o egoísmo, a superficialidade e a ganância podem nos proporcionar. Em vez disso, teremos tempo e espaço para coisas como propósito, sentido, comunidade, solidariedade e amor. Não há como considerar tudo isso um retrocesso em nosso desenvolvimento. Pelo contrário, seria um passo à frente na evolução humana — seria uma revolução humana.

Um clima estável e uma biosfera saudável são condições básicas para a vida na Terra como a conhecemos, que depende de uma atmosfera que não tenha gases do efeito estufa demais. Estima-se que o nível seguro de dióxido de carbono gire em torno de 350 partes por milhão (ppm) — um nível que ultrapassamos por volta de 1987. Em fevereiro de 2022, chegamos a 421 ppm. Com os níveis atuais de emissões, o orçamento de carbono que ainda nos resta para ter boas chances de o aquecimento global ficar abaixo de 1,5°C — e, com isso, reduzir o risco de reações em cadeia fora do nosso controle —, terá sido completamente consumido antes do final desta década. Nenhuma medida efetiva está sendo tomada. Não podemos contar com nenhuma bala de prata ou solução tecnológica mágica. É bom lembrar que ninguém consegue escapar às leis da física. Nem mesmo o presidente George H. W. Bush.

241 O QUE FIZEMOS ATÉ AGORA

4.11

Nosso impacto no planeta

Alexander Popp

A terra não é apenas onde vivemos, mas também o lugar que nos sustenta. Da terra extraímos o alimento e as fibras, a madeira e a bioenergia — um conjunto de serviços diários aos quais mal prestamos atenção, embora sejam literalmente o sistema que assegura a nossa sobrevivência. A terra é um dos principais fundamentos do bem-estar humano, e ela vem sendo usada há incontáveis gerações. Porém, o quanto abusamos dela pode ser fatal para as próximas. Todas as atividades humanas estão integradas e limitadas por processos e funções dos ecossistemas, e durante toda a nossa existência enquanto espécie nós manejamos e transformamos a terra e os seus recursos naturais. Entretanto, na história recente, a amplitude do uso da terra pelos seres humanos alterou esses processos e essas funções dos ecossistemas com consequências quase sempre adversas para as pessoas e o planeta.

Quando pensamos na marca da civilização humana na Terra, o que costuma vir à mente são as metrópoles e megacidades do mundo, interligadas por uma densa malha de rodovias, redes elétricas e outras obras de infraestrutura. Embora sejam exemplos difusos de uso da terra, são quase insignificantes em termos de influência ecológica, econômica e social quando comparadas com a agropecuária. Globalmente, essa é hoje a principal forma de manejo da terra e está mudando a aparência e a função do nosso planeta. Nas últimas décadas, a produção agrícola aumentou muito mais do que a população. O principal motor desse crescimento é, simplesmente, a demanda crescente por alimentos. Não só o suprimento calórico por pessoa aumentou de modo significativo, como houve mudanças na composição da dieta — uma tendência bastante associada ao desenvolvimento econômico mais amplo e às alterações no modo de vida. Ou seja, à substituição das dietas frugais, baseadas em vegetais e alimentos não processados, por dietas ricas em açúcares, gordura e produtos de origem animal, bem como alimentos ultraprocessados — dietas que também resultam no aumento da quantidade de alimentos desperdiçados. Em consequência, os seres humanos e os rebanhos de animais hoje respondem pela maior parte da biomassa total de mamíferos no planeta, e a biomassa das aves domésticas é quase três vezes maior que a das aves silvestres. Isso é algo sem precedentes. Desde 1961, a produção agrícola aumentou cerca de 3,5 vezes; a de produtos de origem animal, 2,5 vezes; e a da silvicultura, 1,5 vez.

Historicamente, uma população em crescimento atenderia a sua necessidade cada vez maior por produtos agrícolas sobretudo por meio da expansão das áreas de cultivo. Por isso, hoje cerca de três quartos da superfície terrestre (com exceção daquela coberta por gelo) e a maioria das áreas mais produtivas estão sendo de alguma forma aproveitadas para finalidades humanas. As áreas de pastagem para rebanhos de todo tipo são de longe a maior categoria de uso do solo, seguida pelas áreas florestadas, com as plantações vindo em terceiro lugar. A área terrestre total destinada à criação de animais é impressionante: cerca de 37 milhões de quilômetros quadrados, aproximadamente quatro vezes o território do Brasil. E inclui não só todas as áreas de pastagem, mas também uma parcela significativa de zonas agrícolas destinadas à produção de ração animal. Quanto às regiões arborizadas, a parcela predominante da área florestada total no mundo é usada pelos seres humanos com diferentes níveis de intensidade. Estima-se que menos da metade de toda a área de floresta tenha árvores antigas, e áreas extensas de floresta primária hoje são encontradas apenas nos trópicos e nas zonas boreais setentrionais. As florestas não são o único elemento "natural" do planeta sujeito ao uso humano. De todos os outros ecossistemas naturais não florestais — pradarias, savanas etc. —, a maioria vem sendo explorada por seres humanos. Resta pouco de "natural" na natureza.

Além do aumento da produção agrícola, o volume de bens agrícolas negociados no mercado internacional também cresceu — sendo multiplicado por nove nos últimos cinquenta anos —, o que ampliou a desconexão entre regiões produtoras e consumidoras. O resultado é um aumento da concentração de terras agrícolas nos trópicos. Embora a maior parte da ampliação das áreas de pastagem tenha ocorrido à custa de pradarias naturais, a expansão das áreas de cultivo acabou substituindo sobretudo florestas. Transformações desse tipo em grande escala ocorreram nas florestas e savanas secas de regiões tropicais: por exemplo, o cerrado brasileiro foi aproveitado para uso agrícola, e as savanas africanas correm o risco de ter o mesmo destino. Atualmente, as pradarias temperadas naturais são tidas como um dos biomas mais ameaçados, ao passo que a maioria das áreas úmidas do mundo já foi perdida para dar lugar à agricultura. Enquanto esta continua a se expandir em determinadas regiões, como a África subsaariana e a América Latina, na maior parte do mundo — numa ruptura dramática das tendências históricas — a ampliação das áreas cultivadas desempenha um papel significativamente menor no crescimento da produção agrícola. Ao invés disso, a produção aumentou por conta da intensificação da agricultura. O cultivo intensivo da terra requer um uso maior de fertilizantes, pesticidas e irrigação, novos tipos de cultivares e outras tecnologias da "revolução verde": desde o início da década de 1960, houve uma duplicação da área irrigada global, o uso de fertilizantes nitrogenados decuplicou e hoje praticamente todos os solos cultivados são fertilizados. Atualmente, em nível global, cerca de um décimo da superfície terrestre sem cobertura de gelo é manejado de forma intensiva (por meio de práticas como o reflorestamento, a pastagem com alta densidade de rebanhos e o emprego

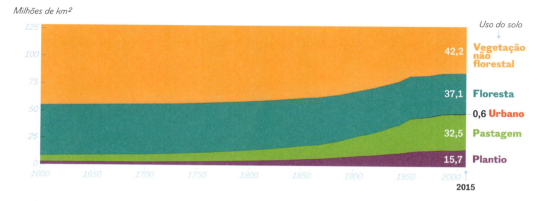

Figura 1

amplo de insumos agrícolas); dois terços, de forma moderadamente intensiva; e o restante, com técnicas de baixa intensidade. Esse aumento da produtividade agrícola assegurou padrões de vida melhores para muita gente, reduzindo a parcela da população ameaçada pela fome. No entanto, muitos países, sobretudo na Ásia e na África, ainda sofrem com a subnutrição generalizada e os problemas de saúde consequentes, ao passo que muitos outros enfrentam cada vez mais o problema das dietas inadequadas que levam à obesidade e a doenças associadas, como o diabetes e o câncer.

 Além dessas questões de saúde, o problema fundamental está no fato de a terra ser um recurso limitado e ter de cumprir múltiplas funções. Os ganhos decorrentes da maior produtividade agrícola, seja pela expansão da área cultivada, seja por seu aproveitamento mais intensivo, foram contrabalanceados por impactos danosos no meio ambiente, em serviços de ecossistemas relacionados (como água ou ar limpos) e, por fim, no bem-estar humano. Por exemplo, o uso de água doce para irrigar plantações responde pela maior parte da captação humana, mas essa interferência gera degradação de muitos ecossistemas aquáticos e o declínio significativo de populações de vertebrados. Os fertilizantes nitrogenados artificiais, há mais de um século essenciais para o aumento da produtividade da lavoura, ao se infiltrar em ecossistemas aquáticos, causaram a poluição de aquíferos e o aumento dos nitratos na água potável, a eutroficação dos ecossistemas agrários, além de arruinar zonas costeiras e aumentar a frequência e a intensidade das florações de algas. Junto com os impactos das mudanças climáticas e a introdução de espécies invasoras, os ecossistemas agrários acarretaram o rápido declínio da biodiversidade e a degradação de ecossistemas em todo o mundo. Os vertebrados terrestres estão se extinguindo num ritmo sem precedentes, e nunca foi tão alto na história humana o risco de extinção de muitas espécies.

 Tanto a expansão agrícola — dada a perda associada de ecossistemas ricos em carbono — como a intensificação da agricultura estão entre os principais fatores que contribuem para as mudanças climáticas. Hoje, o setor de agricultura, silvicultura e outros usos da terra é responsável por cerca de 20% das emissões globais de gases do efeito estufa de origem humana, em grande parte emissões de CO_2 causadas pelo desmatamento nos trópicos, de metano por rebanhos e arrozais e de óxido nitroso por rebanhos e solos fertilizados.

Assim, estamos diante de um dilema e tanto. Para sobreviver, a humanidade está transformando a terra de um jeito sem precedentes — e, com isso, colocando em risco a sua capacidade de proporcionar os serviços dos quais dependemos.

Alcançar um equilíbrio entre a satisfação das necessidades humanas imediatas e a manutenção de outras funções dos ecossistemas requer, portanto, abordagens holísticas e sustentáveis do uso da terra, sobretudo quando se leva em conta que os diversos usos e serviços de ecossistemas associados não são independentes de seu uso e de sua preservação. Cabe a nós encontrar novas maneiras de aumentar a produção agrícola e, ao mesmo tempo, preservar os hábitats naturais e a biodiversidade. Nesse contexto, a conservação de ecossistemas ricos em carbono e biodiversidade pode ter um efeito crucial para atenuar o declínio da biodiversidade, ao mesmo tempo que contribui para a mitigação das mudanças climáticas. Essa seria uma nova maneira de aproveitar a natureza para manter a vida humana — aproveitando a terra ao *não* explorar a sua utilidade. Trata-se de alterar o modo como usamos a terra. E implicaria em intensificar ainda mais a agricultura para sustentar uma população mundial crescente e, também, proteger a terra da incessante expansão das áreas cultivadas. A grande questão aqui não é "se", mas "como". Como podemos ampliar, de forma sustentável, a produção de alimentos em todo o mundo?

Temos de aumentar a produtividade agrícola para alimentar uma população global em crescimento, mas sem aumentar os impactos ambientais negativos associados à agricultura, o que significa, por exemplo, ampliar de forma significativa a eficiência do uso do nitrogênio, do fósforo e da água. As sinergias positivas são possíveis quando medidas desse tipo no nível da oferta são associadas a medidas no lado da demanda, como o ajuste de dietas para se ter uma ingestão mais saudável e equilibrada de proteína animal e da redução do desperdício de alimentos. Se mais pessoas basearem a sua dieta em vegetais e evitarem o desperdício de comida, acabaríamos reduzindo a pressão sobre a terra — e, assim, contribuindo para a manutenção da saúde, do clima e da biodiversidade.

Esta terra é nossa, para o bem ou para o mal. Devemos defender a sua integridade. Defendê-la por meio da inovação e da preservação — e, se preciso, defendê-la contra nós mesmos. Já realizamos uma "revolução verde" para alterar como usamos a terra para alimentar o mundo. Agora chegou o momento de tornar essa mudança sustentável e assegurar que desta vez haja uma outra revolução, de fato verde. /

4.12

A questão das calorias

Michael Clark

A origem das nossas calorias é uma questão global. Os sistemas alimentares constituem, possivelmente, a maior causa isolada da degradação ambiental. Eles respondem por 30% de todas as emissões de gases do efeito estufa, ocupam 40% da superfície terrestre, usam ao menos 70% da água doce e são o principal impulsionador da perda de biodiversidade e da poluição por nutrientes. Também são uma causa importante da saúde e da nutrição precárias por conta dos alimentos que ingerimos e do modo como são produzidos.

O impacto ambiental de cada alimento varia bastante. Em termos gerais, podemos dividi-los em três grupos, de acordo com o efeito no ambiente de cada caloria produzida: o menor impacto é o dos alimentos baseados em plantas; laticínios, ovos, carne de aves e porcos e a maioria dos peixes têm um impacto de cinco a vinte vezes maior que o dos vegetais; e alguns peixes, assim como a carne bovina, caprina e ovina, têm um impacto de vinte a cem vezes maior que os alimentos vegetais. Essa diferença se deve em grande parte aos recursos necessários para a produção de cada um desses alimentos. Para cada vegetal consumido, é preciso produzir uma quantidade um pouco maior devido às perdas ou aos desperdícios na cadeia de suprimentos. No entanto, para produzir laticínios, ovos, aves, carne de porco e peixes, é preciso em geral de duas a dez calorias de origem vegetal para se obter uma única de alimento consumível. Já a produção de carne bovina ou ovina requer de dez a mais de cinquenta calorias vegetais para se obter uma de carne consumível. Os alimentos de origem animal (carnes, laticínios e ovos) provocam um dano adicional por conta do estrume gerado pelos rebanhos e do metano liberado naturalmente durante a digestão de vacas, ovelhas e cabras. Há poucas exceções nessa tendência geral. Por exemplo, o café, o chá e o cacau têm um impacto maior que outras plantas, sobretudo porque a crescente demanda global muitas vezes leva ao desmatamento em regiões tropicais e de grande biodiversidade, o que leva a mais emissões de gases do efeito estufa e a uma perda maior de biodiversidade. Os frutos secos, como nozes e amêndoas, também têm um impacto geral maior, pois requerem volumes relativamente grandes de água, muitas vezes escassa nas regiões em que são produzidos (um exemplo é o do vale Central na Califórnia).

O impacto ambiental de determinado alimento também varia em função do modo de produção. Por exemplo, de acordo com um estudo recente, constatou-se que alguns produtores de carne conseguem ter um décimo do impacto dos produtores que adotam práticas menos ambientalmente sustentáveis. No entanto, essa disparidade é em geral bem menor do que a diferença no impacto de alimentos distintos. Segundo as conclusões de um estudo que abrangeu quase 40 mil propriedades rurais, até mesmo os alimentos de origem animal produzidos de forma mais sustentável têm um impacto maior no meio ambiente do que os alimentos vegetais cultivados da forma menos sustentável.

Em todo o mundo, as dietas estão passando a incluir mais comida, além de mais carne, laticínios e ovos à medida que as populações se tornam mais afluentes. Em escala global, o consumo diário médio de uma pessoa aumentou de cerca de 2,2 mil calorias em 1961 para 2,85 mil calorias em 2010, com aumentos proporcionais maiores no consumo de alimentos de origem animal e de calorias vazias (como açúcar, óleos pouco saudáveis e bebidas alcoólicas). Essa transição ocorre em ritmos diferentes conforme a região, com as mudanças mais rápidas sendo registradas nos países de renda média e baixa, entre os quais muitos no Sudeste Asiático, nas Américas do Sul e Central, e no Norte da África; e com alterações mais lentas em países tanto de renda mais baixa quanto mais alta. Nos países mais ricos, acostumados a um consumo elevado de carne, o impacto ambiental da dieta chega a ser até dez vezes maior do que nos mais pobres. São essas nações que têm a maior responsabilidade pelos danos ao planeta por conta dos sistemas alimentares, e cabe a elas, mais do que às outras, reduzir o seu

Figura 1:
O impacto ambiental relativo médio (AREI, na sigla em inglês) é uma medida que resume a informação de cinco indicadores ambientais: emissões dos gases do efeito estufa; uso do solo; uso da água; eutrofização potencial; e acidificação potencial. O AREI é comparado com o impacto ambiental de uma porção de hortaliças: um determinado alimento cujo valor AREI é dez tem um impacto dez vezes maior que o das hortaliças.

Impacto ambiental da produção de tipos distintos de alimentos por caloria

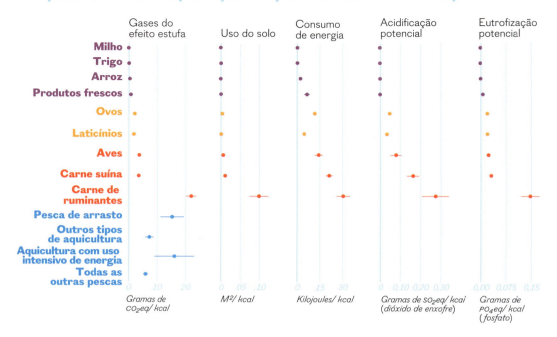

Figura 2: Os pontos representam o impacto mediano do alimento, enquanto as barras que saem deles indicam o erro padrão para mais ou para menos. Esses cinco indicadores são usados no cálculo do AREI. O item Produtos frescos inclui frutas e hortaliças. Carne de ruminantes inclui as carnes bovina, ovina e caprina.

impacto. Esse é o caso de Estados Unidos, Reino Unido, Austrália, Nova Zelândia, grande parte da Europa, além de Brasil e Argentina.

À medida que cresce a população mundial e que os habitantes dos países de renda média e baixa continuam a alterar a sua dieta, os sistemas alimentares vão ultrapassar os limites de sustentabilidade já nas próximas décadas. Segundo um estudo recente, mesmo no caso de eliminarmos todas as outras fontes de emissões de gases do efeito estufa, vamos superar a meta de 1,5°C de aquecimento nas próximas décadas e chegaremos a 2°C logo após o final do século se não mudarmos a forma como produzimos e consumimos alimentos. A área a mais necessária para assegurar a produção futura de alimentos também pode fazer com que 1280 espécies de aves, mamíferos e anfíbios percam nas próximas décadas mais de 25% de seus hábitats remanescentes.

Uma das maneiras mais eficientes de reduzirmos os impactos ambientais associados à produção de alimentos é manter o consumo de carne, laticínios e ovos alinhado com as diretrizes médicas (fig. 1). Na maioria dos países, isso implica em reduções imediatas no consumo desses produtos. Por exemplo, no caso dos Estados Unidos e do Reino Unido, acarretaria uma diminuição de 80% no consumo de carne bovina e suína. Por outro lado, nos países de renda mais baixa, isso poderia significar um aumento no consumo, melhorando a saúde e o bem-estar. De maneira geral, diversas estimativas apontam que a transição global para uma dieta mais vegetariana reduziria de 50% a 70% as emissões dos gases do efeito estufa associados à produção de alimentos — e também traria benefícios a outros aspectos do ambiente.

Embora a adoção de dietas baseadas em plantas seja a mudança isolada mais importante ao nosso alcance para reduzir o impacto ambiental da produção de alimentos, existem outras oportunidades para criar sistemas alimentares que contribuam tanto para a sustentabilidade ambiental como para o bem-estar humano. Entre elas está a possibilidade de alterar o modo de produção dos alimentos por meio de novos regimes de manejo de fertilizantes ou de rotações de plantações, assim como pela redução das perdas e dos desperdícios na cadeia de suprimentos (hoje um terço de todos os alimentos produzidos não chegam a ser consumidos). No entanto, ainda que muitas dessas estratégias sejam implementadas de forma rápida em âmbito global, é improvável que consigamos alcançar a meta climática de limitar o aquecimento global a 1,5°C, a menos que ocorra ao mesmo tempo a adoção de dietas baseadas em plantas.

Por sorte, muitas dessas mudanças que contribuiriam para melhorar o ambiente também seriam benéficas para a saúde humana. Grande parte dos alimentos mais sustentáveis em termos ambientais são mais saudáveis e nutritivos, e muitas das dietas mais sustentáveis reduziriam em 10% a taxa global de mortalidade prematura.

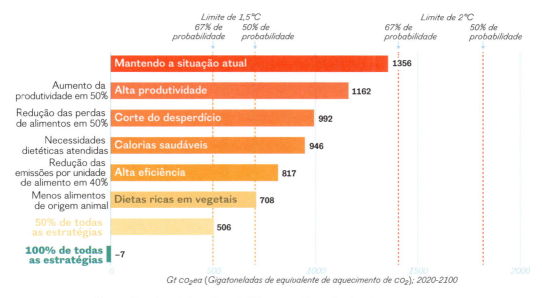

Figura 3: Supondo que todas as cinco estratégias para os sistemas alimentares fossem implementadas de forma simultânea até 2050 e se fosse alcançado metade de seus resultados potenciais, teríamos uma probabilidade de 67% de restringir o aquecimento global a 1,5°C.

4.13

O projeto de novos sistemas alimentares

Sonja Vermeulen

Depois dos combustíveis, os alimentos são a próxima frente a ser explorada na busca por soluções para a crise climática. Dando um passo além da neutralidade de carbono, as paisagens agrícolas e os sistemas de suprimento alimentar podem deixar de ser emissores para se tornar captadores de carbono. Essa não é apenas uma capacidade teórica. Durante milênios, as paisagens nas quais cultivamos alimentos e criamos gado foram áreas de sequestro de carbono. Ao longo de milhões de anos, os organismos vivos foram o caminho pelo qual o carbono fluía da atmosfera para a superfície terrestre — impregnando o solo e se transformando em petróleo e carvão. O desafio que temos pela frente é o de recompor a circulação de carbono entre a terra, a biota e a atmosfera para restaurar o acúmulo de carbono no solo. O ciclo do nitrogênio está estreitamente associado ao do carbono e também precisa ser recomposto.

Há um forte consenso entre os cientistas sobre o modo como podemos fazer com que sistemas alimentares deixem de ser emissores e passem a ser captadores de carbono. A conclusão fundamental é que, para fazer diferença, temos de agir em todas estas três frentes: dieta, desperdício de alimentos e agricultura. O lado do consumo — dieta e desperdício — é crucial pois influi na demanda pelo uso do solo e por áreas cultiváveis. Mas também importa o lado da oferta, ou seja, a forma como cultivamos a terra. Estudos empíricos mostram que o impacto ambiental do mesmo produto alimentício pode variar em até cinquenta vezes, dependendo das práticas agrícolas.

Hoje temos uma boa ideia coletiva do conjunto de medidas indispensáveis para converter a agricultura, em escala global, num sistema de captura de carbono e, ao mesmo tempo, garantir a segurança alimentar, a subsistência em nível local, a biodiversidade e outros benefícios ambientais. Mas essas medidas podem ser lidas como uma longa lista de itens desconexos: controlar o nível da água em arrozais para reduzir as emissões de metano, modificar o pasto e a ração dos rebanhos, recorrer à cobertura morta das lavouras, plantar árvores em fazendas. Para entendermos o que une tudo isso, quais são os princípios subjacentes, temos de examinar como perturbamos os ciclos do carbono e do nitrogênio — e como seria possível restaurá-los.

Por exemplo, antes da invenção dos fertilizantes artificiais no começo do século XX, o gado era tão valorizado por seus excrementos — bem como pela força motriz, pelo leite e pela importância cultural — que raras vezes era abatido para obter carne. Isso continua valendo em muitas economias rurais na África e na Ásia. Porém, nas regiões mais ricas, esses ciclos de nutrientes foram desconectados. Extraímos da atmosfera o nitrogênio inerte e o convertemos em fertilizante por meio de processos que fazem uso intensivo de energia, depois em safras que viram ração para rebanhos e, por fim, em proteína animal para consumo humano. Enormes quantidades de nitrogênio reativo intensificam as mudanças climáticas em decorrência das emissões de óxido nitroso nas propriedades rurais e, em seguida, se deslocam através dos continentes graças a redes complexas de comércio internacional, para ser afinal descartados como esgoto urbano em cursos d'água e áreas costeiras, prejudicando a biodiversidade e o funcionamento dos ecossistemas. Assim, é evidente que outras abordagens devem ser adotadas, tanto no nível local como no global.

Reconhecer a inviabilidade do sistema atual não significa que precisamos retomar as práticas do passado, nem que o cultivo agrícola de pequena escala e baixa tecnologia seja sempre o melhor caminho. Hoje temos a capacidade de implementar formas de cultivo mais inteligentes para criar uma agricultura moderna e inovadora. O uso dos recursos tecnológicos avançados sem dúvida tem o seu lugar — por exemplo, no entendimento e no manejo de fungos radiculares nas plantações, ou em novos métodos de produção de fertilizantes —, mas é preciso que sejam adequados aos contextos ecológicos e sociais locais, em vez de serem adotados como soluções milagrosas universais.

De uma perspectiva ecológica, e levando em conta os números, o maior impacto sobre a captação de carbono está na preservação da maior quantidade possível de ecossistemas biodiversificados e sequestradores de carbono — florestas, turfeiras, manguezais, áreas úmidas —, bem como na regeneração daqueles danificados ou destruídos. A agricultura continua sendo o fator mais importante de destruição desses ecossistemas por conta tanto do desmatamento proposital como de incêndios descontrolados. Por isso, a mudança isolada mais urgente no setor é a reversão, ou pelo menos a atenuação, da expansão cada vez maior das áreas de cultivo. Para tanto, precisamos diminuir a demanda por produtos agrícolas (daí a importância da dieta e da redução do desperdício) e buscar um aproveitamento mais inteligente das terras de cultivo existentes — o que, embora seja tecnicamente viável, implica um dilema político complexo.

Grande parte dessa dificuldade política para se reverter o agravamento do impacto da agricultura gira em torno da questão de cultivar mais com menos recursos. A agricultura intensiva sustentável pressupõe o aumento da produtividade sem um impacto ambiental negativo e sem a incorporação adicional de terras não cultivadas. Na prática, os esforços nesse sentido tendem a se concentrar na otimização da produtividade de safras isoladas — por exemplo, por meio do cruzamento de variedades mais produtivas ou de mudanças no uso de fertilizantes —, e não na busca por formas inovadoras de otimizar o valor das áreas cultivadas ao longo do ano, como a rotatividade do plantio, o uso variado da terra em períodos de pousio ou a diversificação tanto dos produtos cultivados como das atividades econômicas.

Foram propostas outras abordagens concomitantes ao cultivo intensivo sustentável, mas que sugerem uma ênfase diferente. Uma delas é a agricultura orgânica, na qual se procura evitar insumos industriais, como fertilizantes e pesticidas. Outra é a agroecologia, uma prática mais holística e um movimento social, que tem como objetivo uma agricultura balizada por conhecimentos locais e adaptada à ecologia da área, visando à justiça social e à integridade ambiental. No entanto, essas abordagens alternativas apresentam dificuldades próprias — não podem ser ampliadas com facilidade nem bastam para assegurar uma nutrição acessível e adequada para 10 bilhões de pessoas.

As discussões sobre agricultura são muito polarizadas e acaloradas, em parte devido à dificuldade de encontrar soluções que se apliquem a todos. As controvérsias em andamento a respeito do cultivo intensivo sustentável e da agroecologia demonstram a impossibilidade de se adotar uma receita universal para o aperfeiçoamento da agricultura. O contexto é fundamental, e os agricultores terão de fazer escolhas estratégicas a partir das opções viáveis em cada lugar.

A mudança mais prioritária tem a ver com os 5% de calorias que respondem por 40% do impacto ambiental da produção de alimentos. Trata-se aqui sobretudo da criação de gado e dos cultivos intensivos destinados aos mercados urbanos. Os fornecedores principais são as fazendas mecanizadas nos Estados Unidos, na China, no sul da Ásia e na Europa, que produzem trigo, arroz, milho, soja, girassol, batata, colza (canola) e outras safras usadas como ração animal, alimento humano e insumos para o setor industrial. O mais urgente nesse caso é a otimização dos insumos agrícolas, o que muitas vezes significa reduzir o emprego de fertilizantes inorgânicos e pesticidas. Por outro lado, em determinados sistemas de baixa produtividade, mas grande potencial, como a produção artesanal de azeite de dendê, talvez seja conveniente adotar processos mais intensivos, de preferência associados a um uso diversificado do solo.

No entanto, também existem aqueles sistemas de "baixa intensidade, pequena produtividade e pouco impacto" para os quais a otimização não faz sentido. Por exemplo, as vacas nas fazendas industriais europeias modernas são muito mais eficientes, em termos de emissões de carbono por litro de leite ou quilo de carne, do que as criadas de forma tradicional por pastores africanos. Por outro lado, as vacas africanas são bem mais resistentes a variações climáticas e doenças — além de proporcionarem um valor inestimável para os donos, como leite nutritivo e fresco todos os dias que não precisa de refrigeração nem depende de cadeias de suprimento ou de energia para o preparo do pasto — e funcionam como reserva de capital, que pode ser convertido em dinheiro ou usado em trocas. Sistemas equivalentes de "baixa intensidade, pequena produtividade e pouco impacto" também se encontram em contextos de renda alta, como no cultivo de trigo na Austrália.

Assim como o uso mais intensivo pode liberar terras para outros fins que não a agricultura, também há opções para se conseguir um incremento direto da fixação de carbono no solo ou no subsolo das áreas cultivadas e em pastos. Podemos aumentar a biomassa por meio de árvores produtivas e vegetação perene (em sistemas agroflorestais), ou de quebra-ventos, cinturões verdes, árvores estabilizadoras de vertentes ou dunas arenosas etc. Com cerca de 20% de cobertura de arbustos e árvores já é possível obter benefícios significativos para a biodiversidade e a fixação de carbono, na maioria dos casos com efeitos irrisórios na produtividade. Também deveríamos fazer um esforço para aumentar a fixação do carbono no solo, reduzindo o revolvimento da terra, melhorando técnicas de irrigação e conservação da umidade (como a coleta da água da chuva por meio de práticas indígenas e locais e da irrigação por gotejamento), mantendo a vegetação e a cobertura morta pelo maior tempo possível ao longo do ano e deixando resíduos da colheita no próprio local, sem incinerá-los. Os sistemas de manejo de pastos baseados na pastagem sustentável e na regeneração da vegetação podem incrementar a produtividade da carne e do leite, reduzir as emissões de metano e aumentar a fixação do carbono no solo.

Muitas das práticas aqui descritas contribuem tanto para a adaptação como para a mitigação das mudanças climáticas — a agricultura oferece muitas dessas oportunidades em que vários aspectos são atendidos. Quase todas as práticas são óbvias para quem cuida da nossa terra e da nossa água — agricultores, criadores de gado e pescadores. No entanto, eles se defrontam com um conjunto de diretrizes e incentivos econômicos que restringem as opções e favorecem os procedimentos contrários. Muitos agricultores estão presos a contratos — relativos a insumos, manejo, seguro e financiamento — que deixam pouco espaço de manobra para abordagens mais progressistas. Se reformulados, esses contratos poderiam ser incentivos poderosos para a sustentabilidade. Do mesmo modo, há cada vez mais gente pedindo que mais de 500 bilhões de dólares em subsídios destinados todos os anos à agricultura sejam redirecionados para apoiar práticas e trajetórias mais sustentáveis. E avanços em questões sociais mais profundas, como a igualdade das mulheres e a posse da terra, também contribuiriam para acelerar mudanças positivas no setor agrícola.

Para aqueles empenhados em transformar e que não são agricultores, cabe aqui um conselho sobre a remodelação do futuro da agricultura: não podemos esquecer que precisamos agir nas três frentes interconectadas da dieta, do desperdício de alimentos e da produção agrícola — e tudo isso em várias escalas. O consumo individual faz diferença, e portanto o primeiro passo é sabermos de onde vem o alimento e tomarmos decisões em função disso. Em seguida, as políticas e os mercados são extremamente importantes, e mudanças em grande escala dependem de grupos de pressão e do comprometimento coletivo e estratégico. Por fim, como o sistema alimentar é determinado por questões mais amplas de justiça social, o ativismo em esferas como o direito das mulheres, a ética nos negócios, a transparência jurídica e governamental são todos aspectos que vão definir o futuro dos nossos alimentos e do nosso clima.

4.14

O mapeamento das emissões no mundo industrializado

John Barrett e Alice Garvey

O mundo em que vivemos foi, literalmente, construído pela "indústria" — um termo que designa toda atividade econômica associada à extração ou ao cultivo de matérias-primas, ao processamento desses materiais e à sua transformação na infraestrutura que habitamos e nos produtos que compramos. Hoje, essa complexa cadeia de suprimento inclui milhões de empresas, que trocam bens e serviços numa economia de fato global, proporcionando empregos e renda para uma enorme quantidade de pessoas ao redor do mundo. No entanto, ela também é responsável por cerca de um terço de todas as emissões globais de gases do efeito estufa, além de causar outros danos graves à saúde humana devido à poluição do ar e dos rios.

O setor industrial global é constituído de uma quantidade enorme e diversificada de empresas, mas algumas atividades específicas concentram as emissões. Estas são quase todas produzidas pela "indústria pesada", ou seja, pela fabricação de materiais e produtos que requerem equipamentos de grande porte e processos complexos. A maior parte das emissões industriais cabe à produção de ferro e aço, seguida pela de cimento. De maneira geral, apenas três setores da indústria pesada (siderurgia, petroquímica e cimento) contribuem com 70% das emissões industriais de CO_2.

O que distingue os setores do aço e do cimento é a importância das "emissões intrínsecas aos procedimentos" — o resultado em grande parte inevitável das reações químicas que fazem parte do processo de fabricação desses materiais. No caso do cimento, metade de todo o CO_2 emitido é exatamente desse tipo.

Em termos globais, as emissões do setor industrial costumam ser medidas pelo cálculo contábil das chamadas emissões territoriais, que são as emissões de gases do efeito estufa que ocorrem no âmbito territorial de um país e, portanto, consideradas de sua responsabilidade. No entanto, esse cálculo não leva em conta que, uma vez produzido um bem ou um material, ele pode ser enviado a qualquer parte do mundo — o que nos permite fazer uma distinção entre a produção de bens industriais, com emissões muito intensivas de carbono, e o consumo desses bens, que implicam menos emissões. Por isso, nas últimas décadas, quase todas

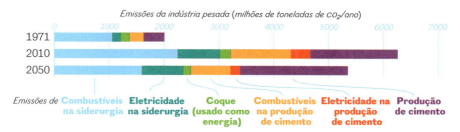

Figura 1: Cenário em que nenhuma medida de mitigação é tomada até 2050.

as nações desenvolvidas reduziram as suas emissões ao transferirem para os países em desenvolvimento a sua produção de bens industriais. Embora permita que essas nações mais ricas cumpram com os seus compromissos nacionais de redução das emissões, isso não contribui para o empenho global de diminuir emissões industriais como um todo.

O método de cálculo das emissões territoriais não reflete, portanto, uma demanda crescente e relevante de bens industriais nas regiões desenvolvidas e aloca as emissões decorrentes da fabricação desses bens nos países em desenvolvimento onde são produzidos. Esse procedimento permitiu que os países desenvolvidos se eximissem da responsabilidade por seu consumo crescente, ao mesmo tempo que davam a impressão de estar avançando em relação às medidas contra as mudanças climáticas.

O cálculo das emissões decorrentes do consumo oferece outra perspectiva: nesse caso, elas são alocadas no país onde o consumo ocorre. Por exemplo, ao se calcular o impacto ambiental da fabricação de um carro, a maior parte das emissões seria alocada no país para onde foi enviado o veículo, pois a demanda foi gerada ali; já na perspectiva territorial, a maior parte das emissões seria alocada nos países em desenvolvimento onde os componentes do carro foram fabricados. O número final costuma ser calculado assim: das estimativas das emissões devidas à produção industrial de um país são subtraídas as emissões relativas aos produtos exportados e acrescentadas as relativas aos produtos importados.

Assim, a contabilidade das emissões com base no consumo reflete o pleno impacto internacional da demanda final por materiais e bens industriais. Esse é um passo importante para alcançarmos uma equidade global e reconhecermos aquele princípio das Nações Unidas segundo o qual os Estados têm "uma responsabilidade comum, mas diferenciada", no processo de descarbonização, em função das disparidades no desenvolvimento econômico e das emissões passadas que existem entre países desenvolvidos e em desenvolvimento.

A tarefa de lidar com as emissões baseadas no consumo é, portanto, muito mais difícil para as nações desenvolvidas com níveis maiores de demanda final absoluta — sobretudo quando se prevê que esse nível deve permanecer constante ou mesmo aumentar.

Emissões de CO_2 dos países do G20 segundo duas abordagens contábeis, com base no território e no consumo

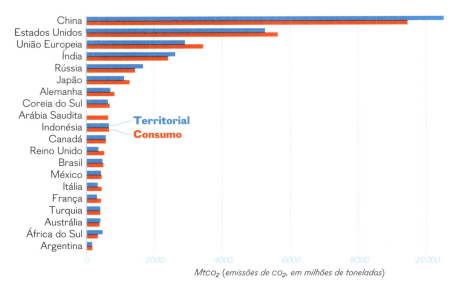

Figura 2:
O cálculo baseado no consumo aloca a maior parte das emissões no país onde é gerada a demanda e onde ocorre o consumo final, e não no país produtor; dados de 2021.

Até agora, o setor industrial buscou sobretudo mitigar as emissões por meio de ganhos de eficiência, ou seja, diminuindo o consumo energético dos seus equipamentos e processos. Porém, ao tomar assim as medidas mais fáceis — promovendo as melhorias mais eficientes em termos de custo —, a amplitude e o ritmo da resposta do setor deixou muito a desejar. A inércia para avançar com a descarbonização se deve em parte aos longos ciclos de investimento requeridos para a substituição de equipamentos e produtos essenciais (como os altos-fornos na siderurgia), associados a pressões do mercado globalizado, que tornam mais difícil para empresas e governos fazerem investimentos significativos em tecnologias de produção com baixa emissão de carbono. Ainda assim, nos últimos anos o setor como um todo conseguiu usar a energia de maneira mais eficiente, reduzindo as emissões médias de carbono em sua produção. Esses ganhos, porém, foram anulados pela demanda cada vez maior por materiais e produtos industriais, sobretudo nas economias emergentes.

A estimativa é que essa demanda seja no mínimo duas vezes maior em 2050, impulsionada sobretudo por mercados emergentes e países em desenvolvimento, que precisam investir em infraestrutura e capital social, e a demanda por aço e cimento está estreitamente associada aos padrões gerais de atividade econômica. Os países desenvolvidos já se beneficiaram com décadas de desenvolvimento de suas infraestruturas e com o uso intensivo de materiais como aço, cimento e outros. Já os países em desenvolvimento só agora estão começando a fazer isso. Por exemplo, 61% do aumento das emissões de gases do efeito estufa na China foram resultado de investimentos em rodovias, redes de transmissão elétrica e ferrovias entre 2005 e 2007. De modo similar, estima-se que, em 2050, 20% da produção mundial de aço esteja localizada na Índia, em comparação com os 5% atuais. O mais preocupante, contudo, é que as estimativas indicam que 37% do orçamento de carbono que nos resta (com o objetivo de alcançar as metas climáticas globais) para produzir aço até 2050 já foram emitidos.

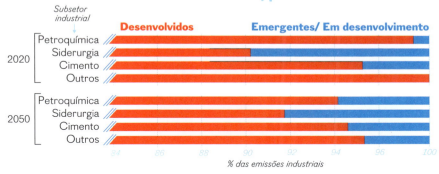

Figura 3

Além da adoção de tecnologias industriais de baixo carbono, é evidente que também precisamos atuar no lado da demanda para que o setor industrial siga um roteiro de emissões setoriais compatível com a meta de 1,5°C. Uma redução no nível da demanda por materiais e bens industriais é viável por meio de uma estratégia de "uso mais eficiente dos insumos" — ou seja, com o emprego de menos insumos para obter o mesmo resultado. Isso pode requerer que sejam projetados produtos mais eficientes, tornando-os menores e mais leves e minimizando desperdícios no processo produtivo. Porém, à medida que caem os níveis da demanda por alguns insumos, e em algumas regiões eles não vão desaparecer, também será necessário investir em soluções tecnológicas.

As economias em transição não podem ser penalizadas por sua demanda crescente por materiais e produtos industriais. Dada a sua responsabilidade histórica e cumulativa e as vantagens conferidas pelas oportunidades iniciais de desenvolvimento industrial, cabe aos países desenvolvidos se empenharem ao máximo para conter os seus níveis de demanda. Todos nós precisamos fazer o que está ao nosso alcance para descarbonizar o setor industrial, dando passos como o uso de energia renovável ou de baixas emissões no lugar dos combustíveis fósseis e a adoção de processos industriais mais eficientes para reduzir o impacto do que produzimos. Acima de tudo, temos de consumir menos, de modo a gerar valor econômico de outras maneiras e substituir a incessante produção de materiais e bens manufaturados por uma economia circular.

4.15
O obstáculo técnico
Ketan Joshi

Quem se der ao trabalho de ler os documentos sobre o clima e a sustentabilidade produzidos pelos setores responsáveis pelas maiores emissões no mundo vai deparar com uma montanha de conteúdo voltado para forçá-lo a adotar uma perspectiva otimista. Uma avalanche de PDFs vistosos, recheados de fotos genéricas de engenheiros sorrindo de forma calorosa e empresários muito sérios, dão ao leitor a impressão de que há um *plano* para o futuro e que as empresas que mais emitem gases do efeito estufa estão com pleno *controle* da situação. Em vídeos promocionais muito bem editados, com foco suave e câmera lenta, o narrador se estende sobre o conjunto de soluções que estão prestes a serem adotadas. A mensagem é óbvia: o setor da indústria pesada está calmamente deixando para trás a sua profunda dependência de combustíveis fósseis.

Setores como os de geração de eletricidade, transportes e agricultura são notórios por sua contribuição significativa para as emissões de gases do efeito estufa. Mas o setor industrial não está tão presente na consciência pública, pois abrange várias etapas anteriores dos produtos acabados com que nos relacionamos todos os dias. Entendemos que uma usina a carvão gera eletricidade e que os nossos carros têm motores a combustão. Porém, é bem mais opaca a sequência de etapas que tornam possível o cimento das nossas paredes, as chapas de aço dos ônibus ou a embalagem plástica das barras de chocolate.

Em 2020, o setor industrial foi responsável pela emissão de 8736 megatoneladas de CO_2; o total de emissões globais no mesmo ano foi de 34 156 megatoneladas de CO_2, segundo a publicação anual *World Energy Outlook* [Perspectiva da energia mundial], da Agência Internacional de Energia (AIE). A despeito do otimismo das brochuras de marketing, as emissões do setor são ali descritas como de "difícil redução", e por um bom motivo. Os equipamentos usados no setor são projetados para durar décadas, e só raramente são substituídos. As temperaturas elevadas dos processos hoje só podem ser obtidas com a queima de combustíveis fósseis. Por outro lado, há menos pressão do público e dos investidores para a descarbonização da indústria pesada. Os seus processos altamente poluentes não são tão visíveis na cadeia de suprimentos quanto os das termelétricas a carvão ou dos automóveis, e com frequência estão fisicamente distantes, pois os bens que resultam em emissões altas muitas vezes são exportados.

Há algumas opções técnicas que reduziriam em parte as emissões elevadas hoje associadas à indústria pesada. Tanto o *World Energy Outlook* de 2021 como o relatório "Energy Technology Perspectives" de 2020, também da AIE, citam de forma detalhada métodos como a eletrificação de processos industriais (por exemplo, na siderurgia ou na combustão a baixa temperatura), o aumento da eficiência em determinadas cadeias de suprimentos, como a fabricação de cimento ou a produção de minério de ferro, ou o emprego do hidrogênio (produzido com energia renovável) como substituto dos combustíveis fósseis, uma vez que não produz dióxido de carbono quando usado como fonte de energia.

O *World Energy Outlook* também nos permite vislumbrar qual poderia ser o impacto climático futuro da indústria de base. Ele inclui modelos de uma variedade de cenários, entre os quais as emissões do setor se forem mantidas as políticas atuais, os "compromissos anunciados" (emissões resultantes do cumprimento das promessas governamentais) e um no qual as emissões seriam zeradas em 2050, com o setor alcançando a neutralidade de carbono e o aquecimento global sendo restringido a 1,5°C acima das temperaturas pré-industriais. Em seguida, os processos tecnológicos atuais para descarbonizar o setor são examinados nesses três cenários.

Há uma distância enorme entre as emissões previstas se as políticas atuais forem mantidas e o que é necessário para se chegar ao melhor cenário de 1,5°C. Mesmo em relação aos compromissos anunciados, supondo que sejam cumpridos, a defasagem na descarbonização continua sendo imensa.

A Agência Internacional de Energia classifica essa defasagem de acordo com as várias opções de processos e tecnologias para a descarbonização do setor — entre as quais, por exemplo, o aumento da reciclagem dos plásticos. Dessas opções, a maior parcela cabe à captura e ao armazenamento de dióxido de carbono (CCS, na sigla em inglês). Sob as diretrizes já anunciadas, as tecnologias de CCS podem sequestrar quinze megatoneladas de carbono industrial em 2030, mas o cenário de neutralidade de carbono previsto pela AIE exigiria a captura de 220 megatoneladas.

Não é incomum o uso do CCS para preencher os hiatos nos planos climáticos. Entretanto, historicamente, essa tecnologia acumula tantos fracassos que talvez não deva ter um papel tão central, sobretudo no caso dos setores de difícil descarbonização. Não há exemplos mais claros da história moderna do CCS do que os apresentados pelo país onde eu nasci, a Noruega. Em 2007, o então primeiro-ministro Jens Stoltenberg anunciou, usando termos excessivamente otimistas, o projeto de CCS da refinaria Mongstad, concebido para capturar as emissões de uma termelétrica abastecida com gás natural. "Esse será um avanço importante para reduzirmos as emissões na Noruega, e estou convencido de que o mundo vai nos seguir quando conseguirmos", disse ele. "Esse é um projeto essencial para o país. Esse é o nosso equivalente a pousar na Lua."

Seis anos depois, o projeto foi cancelado ao superar o orçamento previsto em nada menos que 1,7 bilhão de coroas, com o governo gastando no final 7,2 bilhões de coroas (o equivalente a cerca de 3,8 bilhões de reais). Após o cancelamento, o então ministro do petróleo, Borten Moe, insistiu que uma instalação plenamente operacional seria construída no local até 2020. Até o final de 2021 a usina ainda não havia sido inaugurada. A missão norueguesa à Lua nunca saiu da superfície da Terra.

Mesmo assim, nada mudou no ciclo de promessas exageradas e não cumpridas: o ccs ainda ocupa um lugar central nos esforços de mitigação das emissões industriais na Noruega. Uma das suas principais políticas climáticas modernas é conhecida como Langskip ("Dracar", um tipo de embarcação viking), alardeada como o maior projeto climático da história do país. Ele abrange uma série de etapas de captura, transporte e armazenamento permanente no subsolo do dióxido de carbono produzido pelos setores industrial e de resíduos, a ser implantado ao longo da próxima década.

A primeira etapa do Langskip prevê a captura do dióxido de carbono gerado pela fábrica de cimento Norcem, na cidade de Porsgrunn. O setor é responsável por 5% a 7% das emissões globais de CO_2 — um número assombroso.

No início de novembro de 2021, o projeto de ccs da Norcem anunciou que havia ultrapassado o orçamento previsto em cerca de 912 milhões de coroas, elevando o investimento total a 4,146 bilhões de coroas (cerca de 2,2 bilhões de reais). Com isso, o futuro do projeto está ameaçado. "A menos que os participantes decidam seguir em frente, ou que um deles assuma sozinho o financiamento necessário para a conclusão, o projeto será cancelado, com cada participante contabilizando os seus prejuízos", declarou o governo norueguês. Caso seja concluído (o que se daria por volta de 2024), estima-se que seja capaz de capturar cerca de 0,4 megatonelada de dióxido de carbono por ano, menos de 0,5% das emissões totais da empresa de cimento.

Outro projeto importante incluído no Langskip é o equipamento de ccs da usina de tratamento de resíduos de Klemetsrud. Esse projeto também acumula atrasos: originalmente prevista para entrar em funcionamento em 2020, a iniciativa para capturar as emissões consideráveis geradas pela incineração dos resíduos "não recicláveis" de Oslo avança com lentidão. A meta da cidade de reduzir as suas emissões em 95% até 2030 não pode ser alcançada sem que algo seja feito em relação às emissões dessa usina de incineração, a maior fonte isolada de CO_2 na capital norueguesa. A despeito de vários testes bem-sucedidos de pequena escala, a unidade de ccs continua a não existir, pois depende de financiamento da União Europeia (que foi rejeitado em novembro de 2021).

Um consórcio de companhias petrolíferas (Shell, Equinor e Total) ficou encarregado da etapa final do Langskip — na qual o dióxido de carbono capturado é armazenado nas profundezas do subsolo. O projeto Northern Lights [Aurora Boreal] supostamente vai transportar o CO_2 capturado e injetá-lo em jazidas de petróleo e gás já esgotadas no entorno da Noruega. Nos 25 anos iniciais, prevê-se que o projeto tenha a capacidade de armazenar 1,5 megatoneladas de CO_2 por ano e, depois, cinco megatoneladas pelo mesmo período. Apenas em 2019, as emissões somadas da Shell, da Equinor e da Total foram de 2350 megatoneladas. Ou seja, mesmo quando um sistema de ccs funciona, ele opera numa escala quase nula em relação ao problema que deveria solucionar.

Hoje, a capacidade global dos projetos de ccs gira em torno de quarenta megatoneladas por ano (Mtpa). Mais de cem dos 149 projetos de ccs previstos originalmente para entrar em operação até 2020 foram cancelados ou adiados de forma indefinida. Uma pesquisa recente constatou que esses fracassos frequentes se devem aos enormes custos de implantação, a falhas na tecnologia e à impossibilidade de gerar lucros, a menos que o CO2 capturado seja usado — o que seria um horror — para facilitar a extração de petróleo e gás em reservas subterrâneas.

Mesmo que pudéssemos confiar na implantação efetiva desses projetos, o cenário de "neutralidade de carbono em 2050" proposto pela AIE pressupõe que teriam uma capacidade de 1578 Mtpa já em 2030.

No mundo dos planos climáticos divulgados em vistosas brochuras com fotos genéricas, os projetos de CCS são apresentados como a salvação da pátria. Mas no mundo real e poluído, eles são um fracasso. Essa desconexão persiste porque o CCS tem uma serventia mais emocional do que tecnológica. Ele confere uma proteção mágica e retórica à fantasia do uso continuado e inalterado dos combustíveis fósseis. É algo que sempre está "prestes a acontecer" e, ao mesmo tempo, serve de justificativa para a expansão cada vez maior da exploração de combustíveis fósseis, e de entrave para que sejam tomadas medidas efetivas.

Quando se elimina das soluções climáticas esse talismã, a realidade se impõe de maneira brutal — a mudança tem de ser rápida e abrangente e, sobretudo, precisa se contrapor aos interesses mais imediatos e arraigados na economia baseada nos combustíveis fósseis. As reduções na demanda devem ir muito além da busca por ajustes e por maior eficiência nas metodologias concretas. A causa social básica do consumo excessivo de materiais deve ser enfrentada de forma

Mitigação por CCS: cenário histórico, planejado e com neutralidade de carbono em 2050

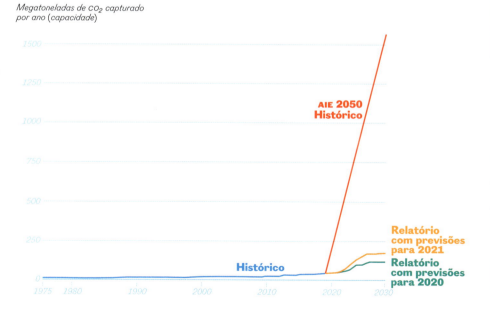

Figura 1: A capacidade instalada prevista é muito inferior às 1578 megatoneladas requeridas por ano em 2030 para ser alcançada a meta de "neutralidade de carbono em 2050" da AIE. Os relatórios de 2020 e 2021 são do Global CCS Institute.

direta, sobretudo nos países de população branca, rica e dependente da acumulação material. Agora temos de nos preocupar com a forma da sociedade, e não apenas com os tipos de equipamentos.

Não há manifestação mais clara dos riscos do solucionismo tecnológico do que a captura e o armazenamento do carbono. Eles se tornaram um farol de falsas esperanças para os maiores emissores, amedrontados com a urgência e a abrangência das mudanças necessárias. Para os setores que de fato têm dificuldades para reduzir as suas emissões, como o da indústria de base, a fantasia tecnológica serve a um propósito mais imediato: o de evitar qualquer tipo de discussão sobre a possibilidade de simplesmente consumirmos e produzimos muito menos coisas.

Não há a menor dúvida de que o design e a tecnologia têm um papel a desempenhar na descarbonização. Como ressaltou a AIE, uma "eficiência material ampliada" pode ajudar a conter a demanda por bens industriais e pela energia consumida em sua produção. No caso do cimento, por exemplo, isso significa reformas que permitam ampliar a vida útil das construções existentes ou otimizar o projeto dos edifícios de modo a reduzir o uso de concreto. Mas não podemos adotar um ritmo de descarbonização rápido o bastante sem uma discussão mais profunda sobre demanda.

Ninguém precisa trocar de celular todo ano. Muitos de nós na verdade não têm a menor necessidade de ter um veículo que pesa várias toneladas, seja com motor a combustão, seja elétrico. As nossas vidas podem ser boas e plenas de sentido mesmo sem se tornarem uma fonte de demanda por *bens de consumo* que geram emissões. No entanto, um esforço amplo para reduzir a demanda por produtos industriais é frustrado pelo predomínio de promessas vazias por parte dos seus fabricantes, que dependem dos combustíveis fósseis. Enquanto não abandonarmos fantasias tecnológicas brilhantes e rebuscadas e retornarmos à realidade, vamos continuar pagando um preço terrível. /

O ccs tem uma serventia mais emocional do que tecnológica. Ele confere uma proteção mágica e retórica à fantasia do uso continuado e inalterado dos combustíveis fósseis.

4.16

Desafios no setor de transportes

Alice Larkin

As viagens sempre foram um elemento essencial para os seres humanos cultivarem relacionamentos, organizarem comunidades, realizarem trocas comerciais e se desenvolverem como civilizações e sociedades. Andando a pé ou usando veículos motorizados, todos nós viajamos: para trabalhar, estudar, descansar; para mover pessoas e mercadorias; e, às vezes, simplesmente por prazer — para aumentar o nosso bem-estar físico ou mental.

As modalidades de transporte, das bicicletas aos aviões, estão em constante evolução, e o mesmo se dá com os nossos hábitos de viagem. À medida que aumenta a renda, as pessoas tendem a viajar mais e mais longe, não porque dedicam mais tempo a isso — na verdade, o tempo dedicado às viagens permanece estável há muitos anos —, mas porque os avanços tecnológicos aumentam a velocidade e reduzem o tempo dos deslocamentos. Para alguns, isso tornou possível percorrer todos os dias longas distâncias entre a casa e o trabalho; para outros, gerou oportunidades para estudar ou passar férias em outros países. Os avanços tecnológicos nos veículos também transformaram o comércio: embora as trocas internacionais por via marítima tenham uma história longa, as coisas que hoje consumimos dependem de cadeias complexas de suprimento globais, e muitos já estão acostumados a receber produtos de origem remota pouco tempo depois de serem encomendados.

No entanto, a despeito de todos os benefícios trazidos, os transportes causam impactos significativos e abrangentes no meio ambiente. A extração de matérias-primas — para a construção de rodovias e ferrovias ou para a fabricação de bicicletas, automóveis e caminhões — consome energia, polui e, muitas vezes, causa danos à biodiversidade. Ao cruzar o oceano, um navio produz vibrações que podem perturbar a fauna marinha, e quem vive perto de aeroportos está sujeito a níveis de ruído prejudiciais à saúde. A queima de gasolina nos carros, de diesel nos navios e de querosene nos aviões libera gases danosos no ar que respiramos e contribui para o aquecimento global: de maneira geral, o setor dos transportes responde por cerca de um quarto das emissões globais de dióxido de carbono decorrentes do uso de combustíveis fósseis. Com o crescimento econômico e, consequentemente, do setor de transporte, as emissões aumentam tanto em termos absolutos como em relação a outros setores (fig. 1, destaque).

Cientes dos benefícios dos transportes para as pessoas, os gestores públicos muitas vezes se mostram reticentes para mitigar o dano ambiental causado pelo setor. Porém, isso não pode continuar assim, pois estamos diante de uma emergência climática de âmbito global. Os transportes têm um papel crucial a desempenhar na contenção do aumento da temperatura e na preservação de vidas, mas isso só vai ocorrer se os seus impactos ambientais forem reconhecidos e enfrentados.

O setor de transportes é enorme e diversificado, e há grande variedade nas modalidades predominantes em cada região do mundo. De acordo com um estudo global, 47% dos quilômetros percorridos por veículos no sul da Ásia foram em ciclomotores e motocicletas e apenas 15% em automóveis, ao passo que na América do Norte menos de 0,5% foram percorridos em ciclomotores e motos, enquanto 57% foram feitos em carros. Do mesmo modo, estima-se que cerca de um quarto

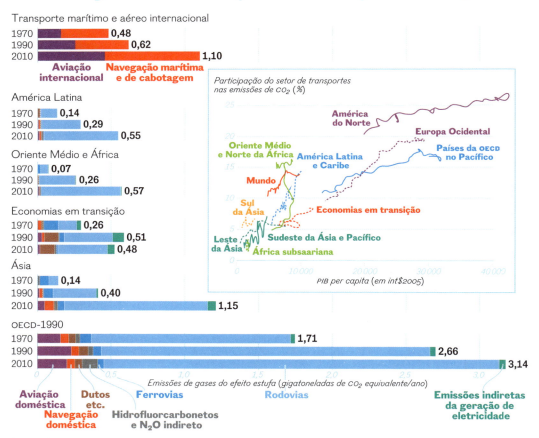

Figura 1: O total de emissões de gases do efeito estufa não inclui emissões indiretas. Destaque: a proporção das emissões de transportes tende a crescer em função de mudanças estruturais à medida que os países ficam mais ricos. As emissões de CO_2 são relativas ao PIB no período de 1970-2010, com o PIB sendo medido em dólares internacionais de 2005, uma unidade contábil para comparação do poder de compra de moedas diferentes.

da população mundial poderia, em teoria, ter viajado de avião em 2018; porém, isso vale para menos de 2% nos países de renda baixa e chega a 100% nos países de renda alta. Entretanto, segundo os dados disponíveis, mesmo nestes últimos a maioria das pessoas não voa todos os anos, ou seja, as viagens aéreas são realizadas apenas por uma porcentagem pequena da população mundial. Essa variação no uso dos transportes (fig. 2) faz diferença na atribuição da responsabilidade pelos impactos ambientais e na adoção de medidas para mitigar danos.

No que se refere à geração de gases do efeito estufa, cada tipo de veículo emite um volume diferente por quilômetro percorrido (fig. 3). Por exemplo, a intensidade das emissões de um voo doméstico no Reino Unido é quase sete vezes maior do que a mesma viagem feita por trem, mesmo que os trens britânicos sejam movidos por uma mescla de diesel e eletricidade. Uma viagem aérea de longa distância na primeira classe pode ser mais de 130 vezes pior, em termos ambientais, do que percorrer de trem a mesma distância. E quando se leva em conta o fator "capacidade de carga" (a quantidade de pessoas num veículo), os números mudam: por exemplo, se há duas pessoas num carro, em vez de uma, as emissões por pessoa caem pela metade. Além disso, embora as *emissões por quilômetro* num voo de longa distância na classe econômica sejam similares às de uma pessoa num carro pequeno a gasolina, é provável que a quantidade *total* de quilômetros

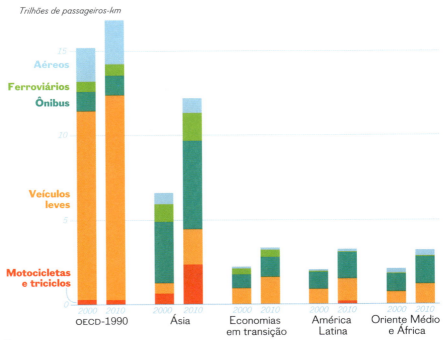

Figura 2

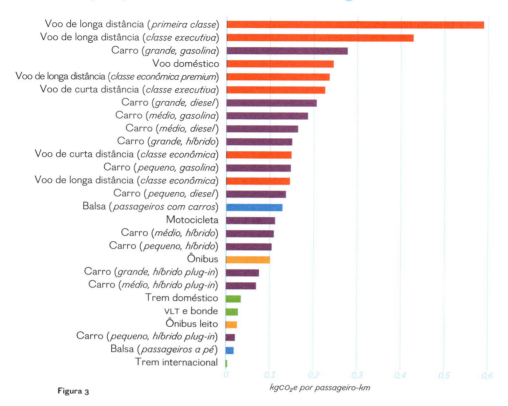

Figura 3

percorridos na viagem aérea seja maior, fazendo com que, na verdade, as emissões sejam bem maiores.

O quadro se complica mais quando são levadas em conta as emissões decorrentes da extração, da conversão e do processamento — as chamadas "emissões do poço [de petróleo] à roda". Por exemplo, um veículo elétrico cuja bateria é recarregada com eletricidade gerada pela queima de gás vai ter emissões maiores do que um que seja recarregado com eletricidade gerada com energia nuclear ou eólica. É preciso cautela ao supor que determinados tipos de combustível, como os biocombustíveis ou o hidrogênio, sempre são uma alternativa melhor aos combustíveis fósseis, uma vez que podem ter sido produzidos por meio de processos com muito consumo energético e muitas emissões. Apenas no caso da energia obtida de fontes renováveis, e/ou associada a tecnologias de captura do CO₂ atmosférico, podemos considerar o produto final como efetivamente de "baixo carbono".

A descarbonização dos transportes tende a ser vista como mais difícil do que a de outros setores. Em algumas nações ricas, são registrados avanços na contenção das emissões totais, mas também crescimento nas emissões dos transportes (fig. 1). E há ainda uma complicação adicional e muito significativa: a aviação e a navegação internacionais ficam em geral de fora da contabilidade, das metas, das diretrizes e dos orçamentos das emissões nacionais (fig. 1). Esse é um legado do Protocolo de Kyoto, que encarregou a Organização da Aviação Civil Internacional (OACI) e a Organização Marítima Internacional (OMI) da mitigação das emissões produzidas nas águas e no espaço aéreo internacionais. Lamentavelmente, esse arranjo depende de esses setores desenvolverem e aplicarem diretrizes alinhadas com a meta global de 1,5°C. Isso é muito problemático, pois em conjunto a aviação e a navegação internacionais respondem por uma quantidade de CO_2 equivalente às emissões do Japão, o quinto maior emissor mundial de dióxido de carbono.

Embora sejam similares no aspecto de produzirem emissões que não podem ser facilmente atribuíveis a um país específico, os transportes aéreo e marítimo apresentam na verdade características e desafios bem distintos. Primeiro, um é usado sobretudo para viagens de lazer, ao passo que o outro serve em especial ao transporte de mercadorias, incluindo alimentos e matérias-primas. As viagens aéreas também acabam sendo restritas a uma minoria da população mundial, enquanto o setor marítimo transporta bens e recursos para a grande maioria das pessoas, de forma direta ou indireta — embora caiba ressaltar que os níveis de consumo são extremamente desiguais e favorecem as nações mais ricas. Ambos os setores estão estreitamente associados ao crescimento da economia global, mas se deixássemos no solo a maioria dos aviões o impacto econômico seria pequeno em comparação com o que aconteceria se não pudéssemos mais transportar mercadorias pelos mares ao redor do mundo.

No caso do setor aéreo, não resta dúvida de que ainda precisaremos de muitos anos para implementar soluções tecnológicas que nos permitam abandonar em grande escala a propulsão baseada em combustíveis fósseis. Isso se deve em parte ao fato de as aeronaves, assim como os navios, terem em geral uma vida útil de vinte anos ou mais. Mas também porque a produção em grande escala de combustíveis renováveis com a qualidade e a alta densidade requeridas para manter no ar um avião de passageiros comum depende de enormes avanços tecnológicos e, provavelmente, de algum dispositivo de captura direta do CO_2 no ar — uma tecnologia que, em 2021, só existia em pequena escala e de forma experimental. Embora algumas pessoas sejam otimistas e considerem que falta pouco para vermos essas mudanças tecnológicas, os obstáculos técnicos e socioeconômicos a serem transpostos são enormes, e muitos no setor reconhecem que vai demorar muito, talvez décadas, até que se obtenham resultados efetivos.

Enquanto isso não ocorre, o setor da aviação está procurando mitigar o seu impacto por meio de compensações voluntárias de carbono. Há muitas dúvidas, porém, quanto à eficácia de esquemas desse tipo para a redução das emissões, sobretudo porque não levam em conta o aquecimento adicional causado por outros gases que não o CO_2, gerados pelas aeronaves em grandes altitudes, onde as emissões provocam um aquecimento maior do que se ocorressem perto do solo. Tudo isso significa que a contenção imediata da demanda é essencial para reduzir o impacto da aviação no clima — sob o risco de consumirmos o nosso orçamento de carbono cedo demais. Vários mecanismos poderiam ser usados com esse objetivo, entre os quais uma moratória na expansão dos aeroportos nas regiões mais ricas, assim como a cobrança de taxas dos usuários mais frequentes.

Ainda que também tenha uma vida útil longa, o setor de transporte marítimo conta com muitas opções para conter as suas emissões a curto prazo, como incluir sistemas de propulsão eólicos ou reduzir a velocidade de cruzeiro das embarcações. A longo prazo, uma variedade de novos combustíveis vai contribuir para aliviar as emissões. Dado que os combustíveis fósseis são transportados sobretudo pelo mar, uma adoção mais ampla de combustíveis renováveis também acarretaria um declínio considerável do tráfego marítimo, o que provavelmente ajudaria a reduzir as emissões do setor. Evidentemente, como o aumento dos níveis de consumo se reflete num crescimento da demanda pelo transporte marítimo, é crucial o nosso empenho em termos individuais e coletivos para conter essa tendência, a fim de minimizar os danos ambientais e, ao mesmo tempo, redistribuir de forma justa a capacidade, de modo a sustentar o desenvolvimento global.

Enfim, temos de repensar o quanto nós mesmos — e as nossas mercadorias — viajamos, os motivos para isso e o modo de transporte mais apropriado para esses deslocamentos físicos. Fazer isso poderia levar a reduções transformadoras no uso de recursos e na poluição nos níveis local e global. No que se refere às mudanças climáticas, nunca podemos esquecer o quão difícil é fazer com que os nossos hábitos de transporte contribuam para minimizar o seu impacto total no ambiente, bem como a demorada descarbonização do setor dos transportes. /

A aviação e a navegação internacionais respondem por uma quantidade de CO_2 equivalente às emissões do Japão, o quinto maior emissor mundial de dióxido de carbono.

4.17

O futuro é elétrico?

Jillian Anable e Christian Brand

Quando se trata de descarbonizar os transportes, as discussões sobre políticas locais, nacionais e internacionais enfatizam principalmente, e às vezes apenas, as soluções tecnológicas. Quase sempre, estas têm como foco a eletrificação das frotas de veículos leves (carros e peruas), ônibus, bondes e trens. Fora isso, também se atribui a curto prazo um papel restrito à produção sustentável de hidrogênio, biocombustíveis e outros combustíveis líquidos sintéticos.

A principal limitação dessa abordagem é a sua incapacidade de acompanhar os aumentos previstos na demanda por mobilidade. À medida que as economias e as populações crescem, aumenta a demanda por bens e a quantidade de pessoas com vontade e condições financeiras para viajar. Em termos globais, estima-se que o setor dos transportes como um todo vai se tornar em 2050 duas vezes maior do que era em 2015. Esse enorme crescimento no uso e na propriedade de automóveis, assim como na movimentação de caminhões, aeronaves e navios, vai superar em muito qualquer redução proporcionada por avanços tecnológicos, sobretudo nas próximas duas décadas críticas. Hoje o consenso é de que será impossível alcançar as metas de descarbonização estabelecidas no Acordo de Paris para o ano de 2050 se não levarmos em conta o volume de deslocamentos de pessoas e bens.

A escala do desafio se torna mais nítida quando é levada em consideração a nossa dependência (quase) total do petróleo — em todas as modalidades de transporte de passageiros e de cargas. Em 2021, o setor de transportes ainda depende em 95% dos derivados de petróleo. Automóveis, peruas e ônibus costumam ficar em circulação durante quinze a vinte anos; as aeronaves, por 25 anos; e os navios, por cinquenta anos. Ou seja, mesmo que amanhã todos os novos carros e outros veículos de carga passem a ser elétricos ou movidos por energia renovável, ainda assim seriam necessárias décadas para que os combustíveis fósseis deixassem de ser usados no setor. Ainda que seja considerado um cenário otimista, no qual a venda de novos carros seja de 60% de veículos elétricos no final desta década, as emissões globais de CO_2 produzidas pelos veículos cairia "apenas" 14% em 2030 se comparadas com os níveis de 2018.

Quando se levam em conta esses prazos, os veículos elétricos (VE) não são, portanto, uma panaceia, uma vez que as emissões durante os ciclos de vida útil dependem muito do teor de carbono na geração de eletricidade, nos materiais empregados e na produção de baterias. Ao longo dos últimos cinquenta anos, o aumento do peso e da potência dos veículos acabou reduzindo o efeito dos ganhos de eficiência em todos os modelos de veículos. O tipo de carro mais comum hoje, os veículos utilitários esportivos (suv, na sigla em inglês), respondeu por 45% das vendas globais de veículos leves em 2021, superando os carros elétricos numa proporção de cinco para um. Isso neutralizou até 40% dos ganhos obtidos com a economia de combustível. Devido à pandemia, a Agência Internacional de Energia relatou que as emissões de CO_2 em 2022 caíram em *todos* os setores, com uma única exceção — o dos suvs. Em função das margens de lucro maiores que conseguem com esses veículos, os fabricantes têm um claro incentivo financeiro para vender carros maiores e mais luxuosos. Os Estados Unidos, por exemplo, oferecem créditos compensatórios de emissões para estimular a produção de veículos elétricos maiores. O governo alemão fornece subsídios diretos para os fabricantes de veículos híbridos *plug-in*, muitos dos quais são suvs. É preocupante que muitas das estatísticas divulgadas para anunciar o crescimento nas vendas de veículos elétricos incluam esses carros híbridos *plug-in* — que constituem cerca de um terço das vendas globais de veículos elétricos —, mesmo que eles ainda dependam bastante, e vão continuar a depender por muito tempo, de combustíveis fósseis. Um dos métodos mais rápidos, fáceis e eficientes para reduzir as emissões seria a reformulação dos incentivos para que estimulem a venda de veículos elétricos leves, diminuam de imediato o uso de suvs grandes nas cidades, proíbam a publicidade desses carros e aumentem os impostos para quem quiser comprá-los e usá-los. Apenas no Reino Unido, uma eliminação gradual dos veículos maiores e mais poluidores resultaria numa economia cumulativa de cerca de 100 milhões de toneladas de CO_2 até 2050.

Há outro problema, ainda mais fundamental, em nossa confiança nos meios de transporte eletrificados: eles dependem de um suprimento constante de eletricidade, o que nem sempre é algo garantido em muitas partes do mundo. Os veículos elétricos não afetam a desigualdade social no interior e entre esses países, sobretudo no Sul global, onde esses veículos são uma opção apenas para os mais ricos e poderosos. E mesmo que pudessem se tornar amplamente acessíveis, os veículos elétricos não "resolvem" o problema dos congestionamentos viários, das áreas de estacionamento, da segurança ou da precariedade dos transportes. A dependência em relação ao carro facilita o espraiamento urbano e desencadeia um círculo vicioso no qual os locais e os empregos se tornam cada vez menos acessíveis por outros meios de transporte que não os carros. Isso acarreta uma diminuição no uso dos transportes coletivos e, como consequência, a inviabilidade financeira e os cortes nos serviços públicos, resultando numa dependência ainda maior dos carros, e assim por diante. O lado negativo da liberdade oferecida pela propriedade individual de automóveis é que uma quantidade cada vez maior de pessoas é obrigada a comprar um carro que mal consegue pagar e cuja manutenção implica o sacrifício de outras coisas em sua vida.

Então, o que podemos fazer? A curto prazo, enquanto a maioria dos veículos continua sendo movida por combustíveis fósseis, uma medida fácil é reduzir os limites de velocidade nas estradas. A limitação da velocidade a 130 quilômetros por hora nas autoestradas da Alemanha diminuiria as emissões de carbono em 1,9 milhão de toneladas por ano. Esse volume de CO_2 é maior do que as emissões anuais dos sessenta países que menos emitem. A redução da velocidade máxima a cem quilômetros por hora evitaria a liberação de 5,4 milhões de toneladas de CO_2 por ano — mais do que as emissões anuais de 86 países, entre os quais Nicarágua e Uganda. No entanto, o amor dos alemães pela velocidade é tão grande que as discussões vêm se arrastando há décadas, e nenhum partido político que chega ao poder se mostra disposto a implementar uma restrição desse tipo. O sentimento coletivo de que se trata de um direito adquirido e a aversão a qualquer restrição das "escolhas pessoais" são causas importantes dessa dificuldade para agir.[1]

Como se nota nesse exemplo, além das mudanças tecnológicas, vamos precisar de mudanças significativas em nosso comportamento, e ambas estão estreitamente associadas: líderes políticos, urbanistas, empresários e consumidores têm de se adaptar, permitir e promover novos hábitos de viagem, além de adotar novas tecnologias. Quando se discute essa "mudança comportamental" no setor dos transportes, ela costuma ser evocada em termos de "mudança na modalidade de transporte", na qual deslocamentos equivalentes deixam de ser feitos de forma ineficiente ou poluidora em favor de modalidades mais eficientes: por exemplo, em distâncias menores, pelo uso de transporte público, bicicletas e caminhadas em vez de carros. Esse é claramente um passo importante: no Reino Unido, por exemplo, 59% dos deslocamentos em carros não superam a distância de oito quilômetros. Os deslocamentos a pé e em bicicletas (elétricas ou não) — ou ativos, como são conhecidos — podem contribuir para uma queda relativamente rápida das emissões. Ao lado disso, novos veículos elétricos leves, incluídos na categoria de micromobilidade, estão ficando em geral mais baratos e superando as vendas de carros elétricos em muitas regiões do mundo, incluindo a África subsaariana e partes da Ásia, e têm o potencial de servir para deslocamentos maiores e fora das áreas urbanas. Há muito tempo, os sistemas de VLT constituem uma forma eficiente de transporte em cidades grandes e pequenas, e são quase todos eletrificados desde o princípio; por outro lado, os ônibus estão entre os veículos de transporte coletivo que estão fazendo mais rápido a transição para o uso de baterias.

Contudo, há duas limitações importantes nessa busca por soluções no transporte coletivo eletrificado, no uso de bicicletas e nas caminhadas. A primeira é que, na ausência de políticas de restrição aos automóveis, o uso de carros vai

---

1   O mesmo princípio — de uma simples redução da velocidade — também tem um potencial importante de reduzir as emissões na dificuldade de descarbonizar o setor de transporte marítimo, o que não era parte do Acordo de Paris e está projetado para crescer na proporção das emissões globais. Cerca de 80% do comércio global é feito por via marítima. Quase todos os navios cargueiros são movidos por combustíveis fósseis — em geral o tipo mais poluente de diesel. A eletrificação não é uma opção viável para os navios que cruzam os oceanos — tampouco para os voos de longa distância —, mas o setor pode reduzir as suas emissões por meio de uma combinação de "navegação lenta" e reforma dos navios para que usem combustíveis não poluentes, como a amônia verde. Uma redução de 20% na velocidade das embarcações resultaria em cerca de 24% menos emissões de CO_2.

continuar a crescer em paralelo às modalidades alternativas. Foi o que se constatou em experimentos nos países europeus, onde a oferta de serviços de ônibus gratuitos para todos fez com que usuários já existentes, como pedestres e ciclistas, passassem a usar mais a modalidade, mas ao mesmo tempo teve um efeito limitado na diminuição do uso dos carros. Do mesmo modo, as medidas de restrição aos automóveis foram cruciais para que a Holanda exibisse as maiores taxas mundiais de uso de bicicletas, pois as tornaram mais convenientes do que os carros. No entanto, mesmo depois do êxito obtido com uma combinação de estímulos e restrições em nível local, as emissões médias de CO_2 per capita decorrentes dos transportes pessoais continuam tão altas na Holanda quanto na maioria dos países da Europa Ocidental. Isso se explica pelo fato de que as restrições aos carros não se aplicam a viagens de longa distância, que demandam mais quilometragem e, portanto, mais emissões.

A mudança de modalidade de transporte nos deslocamentos mais curtos em áreas urbanas relativamente adensadas é importante, mas vai contribuir apenas com uma fração da redução da quilometragem rodada por automóveis nos países desenvolvidos até 2030 necessária para não ultrapassarmos os orçamentos de carbono. No Reino Unido, por exemplo, a falta de alguma redução nas liberações de CO_2 pelos transportes desde 1990 significa que o setor agora só dispõe de dez anos para cortar em dois terços as suas emissões. Vários estudos identificaram que a quilometragem percorrida pelos carros terá de diminuir de 20% a 50% em relação aos níveis atuais, mesmo que aumentem as vendas de veículos elétricos.

Esse nível de transformação requer não apenas uma mudança de modalidade, mas também "de destinos", a fim de reduzir as distâncias percorridas por passageiros e cargas. E isso é impossível sem políticas que se estendam muito além do próprio sistema de transporte: será preciso adotar diretrizes de planejamento regional que coloquem residências, empregos e serviços mais perto para que sejam criadas comunidades em que tudo está a quinze ou vinte minutos de distância, devem ser reorganizados serviços como escolas e postos de saúde em áreas urbanas e suburbanas das quais muitas vezes eles desapareceram, e precisa ser assegurado o suprimento de bens e serviços em nível local. Alguns tipos de deslocamento terão de ser abandonados em definitivo: a pandemia da covid-19 acelerou a tendência de reuniões virtuais, por exemplo, eliminando a necessidade de viagens internacionais para encontros e conferências e, ao mesmo tempo, aumentando a participação. Por outro lado, outras viagens devem se consolidar, com os veículos sendo compartilhados por diferentes passageiros e cargas — essa prática é um componente importante dos meios de transporte menos formais em muitos países em desenvolvimento e registrou um ressurgimento mundial devido à novas tecnologias que permitem o compartilhamento sob demanda de veículos e serviços de pagamento. Esses esquemas vêm crescendo também em muitos países onde há poucas vagas de estacionamento e nos quais os custos de aquisição e manutenção de um veículo são altos. O foco no *acesso* ao automóvel, mais do que em sua propriedade, a fim de permitir uma mobilidade pessoal flexível e equitativa, seria

Páginas seguintes: Contêineres empilhados no primeiro terminal portuário completamente automatizado da Ásia, em Qingdao, na província chinesa de Shandong, em janeiro de 2022.

uma maneira de os países em desenvolvimento evitarem os erros cometidos pelos países desenvolvidos no que se refere à dependência do transporte individual.

Não há como evitar o fato de que a descarbonização dos transportes implica necessariamente um uso menor de automóveis, caminhões e aeronaves, bem como a abolição simultânea de seus motores baseados em combustíveis fósseis. Não temos como reverter as tendências atuais no setor e acabar com a nossa dependência de uma infraestrutura com emissões de carbono elevadas sem uma reorganização radical das nossas prioridades no que se refere ao modo como usamos o solo e transformamos as nossas cidades. Naquelas sociedades dependentes dos carros, as iniciativas bem-sucedidas de reduzir a quilometragem dos veículos terá de ser complementada por uma realocação posterior das vias liberadas para as modalidades mais sustentáveis. Sem isso, o aumento dos deslocamentos de carros e caminhões simplesmente vai esgotar a nova capacidade e logo corroer os benefícios. Não se trata aqui de algo muito complexo, mas vai exigir uma liderança política efetiva, um grande volume de recursos e uma estratégia clara para comunicar à sociedade tanto os "benefícios" como os "custos" dessa mudança.

O principal desses benefícios é a promessa de uma sociedade mais justa. Os sistemas de transporte são intrinsecamente desiguais, e uma quantidade cada vez menor de pessoas é responsável pela maioria das emissões do setor. Por exemplo, apenas 11% da população inglesa respondem por quase 44% de toda a quilometragem rodada pelos automóveis. Em nível global, 50% das emissões do setor aéreo em 2018 foram geradas por apenas 1% da população mundial. Cerca de 80% das pessoas no mundo nunca viajaram de avião. Se conseguirmos mudar o debate para ressaltar essas injustiças, em vez de permitirmos que o discurso seja dominado por políticas supostamente "injustas" que visam uma pequena diminuição na velocidade máxima em autoestradas, uma abordagem redistributiva da acessibilidade e da mobilidade poderia ajudar a romper a resistência à mudança nos hábitos de viagem. Mesmo sem a perspectiva das mudanças climáticas, há décadas sabemos que temos muito a ganhar com a redução do tráfego viário. É algo bom para a saúde, para a segurança e para a qualidade do ar; permite um uso mais eficiente e equitativo dos recursos; contribui para melhorar a vitalidade da sociedade e da economia; e leva à criação de vizinhanças melhores. /

4.18

Eles continuam dizendo uma coisa e fazendo outra

Greta Thunberg

O primeiro passo para resolver uma crise não é fazer um exame completo da situação ou agir de imediato. Isso vem depois. A primeira etapa é tomar consciência de que estamos em crise. Ainda não fizemos isso. Não temos plena consciência de que estamos vivendo uma emergência climática. Mas esse não é o maior problema. O pior é que nem sequer estamos cientes *de que não temos essa consciência*. O reconhecimento dessa falta de consciência dupla é indispensável para entender a crise climática. No entanto, é exatamente isso o que não conseguimos entender. Não apenas como sociedade, mas também enquanto indivíduos. Todos partem do pressuposto de que os outros sabem, e com isso o círculo da ignorância não tem fim.

Antes da COP26 em Glasgow, fui convidada para ajudar na organização de uma pesquisa de opinião na Suécia. Entre outros objetivos, esse levantamento pretendia investigar o nível geral de consciência da crise climática. A ideia é que seria um relatório inovador — o primeiro desse tipo —, uma vez que não havia estatísticas referentes a esses parâmetros. Porém, concluída a pesquisa, eles me disseram que não conseguiam entender os resultados. Aparentemente o nível de conhecimento era tão baixo que os dados coletados não serviam para nada. As respostas eram tão imprecisas ou despropositadas que toda aquela seção do levantamento acabou sendo descartada.

Para mim, no entanto, isso confirmou o que eu já sabia por experiência pessoal — não só pelas incontáveis conversas que mantive com gente do mundo todo, mas também por encontros com jornalistas, empresários, políticos e até líderes mundiais. Eis alguns dos comentários que costumo ouvir:

"O Acordo de Paris [...], bem, para ser sincero, não acho que fazíamos alguma ideia do que estávamos assinando."

"Gostaria que os detentores do poder soubessem a metade do que você e outras crianças sabem sobre as mudanças climáticas."

"Por que é importante que eu saiba esses fatos?"

"Prefiro, por favor, não falar dos fatos, pois na verdade não estou a par disso no que se refere às mudanças no clima."

Eu ouvi essas frases em conversas particulares com alguns dos chefes de Estado mais poderosos e dos porta-vozes das instituições mais influentes do mundo. São pessoas que têm acesso a todos os recursos imagináveis para sanar a sua ignorância; mesmo assim, é chocante ver que tantas não se deram ao trabalho. Pelos motivos mais diversos, escolheram não se manter informadas e, mesmo quando se trata da física mais elementar, em muitos casos elas têm um nível de entendimento das questões climáticas constrangedoramente baixo. Na verdade, a quantidade de pessoas que têm consciência da crise climática é talvez bem menor do que a maioria de nós imagina. E, no entanto, há um consenso de que todos entendemos o problema. Nós ouvimos e balançamos a cabeça quando recebemos de todos os lados informações novas e desconhecidas. Ninguém gosta de parecer estúpido, e todos acham que os outros estão entendendo, e assim a situação segue.

Claro que há muita gente que vai discordar do que estou dizendo. Por isso, vamos explorar brevemente a possibilidade de que essas pessoas estejam certas, e de que eu estou enganada. Vamos supor, por um instante, que elas não falharam, que os imperadores não estão nus, mas completamente vestidos. Os políticos e os meios de comunicação foram bem-sucedidos em seus deveres democráticos e informaram de forma adequada cidadãos como nós sobre a natureza da situação em que nos encontramos hoje. Vamos supor também que tenham explicado todas as consequências de continuarmos a agir como sempre e que tenham ressaltado a injustiça histórica que está no cerne do problema. Bem, o que isso na verdade significaria?

Significaria que as populações das nações que mais emitem gases do efeito estufa, entre as quais está o meu país, estão causando toda essa destruição de propósito. Essas pessoas estão de maneira consciente colocando em risco a sobrevivência da civilização e da vida na Terra como a conhecemos. Estão condenando seus irmãos e suas irmãs nas áreas mais afetadas a um sofrimento inimaginável tanto agora como no futuro. Um sofrimento que pode levar até 1,2 bilhão de seres humanos a abandonarem as suas casas em meados deste século.

Se aqueles em posição de poder de fato cumpriram os seus deveres pedagógicos, então sem dúvida isso significa que pessoas como você e eu estamos causando de modo deliberado danos irreparáveis aos sistemas que nos mantêm vivos. Que estamos desencadeando de forma voluntária uma extinção em massa que vai, em última análise, ameaçar a sobrevivência de toda a nossa espécie. Pois, se não é o caso de que falharam em nos informar de maneira adequada, então nós — o povo — estamos causando toda essa destruição inimaginável de propósito. E se for assim, então somos malignos, e pouco importa o que fizermos pois já estamos todos condenados — mas eu me recuso a acreditar nisso.

O que importa é o seguinte: no que se refere à crise climática, todos sabemos que algo está errado. O que não sabemos exatamente é o que é esse *algo*. Temos plena consciência de que muitos cientistas dizem que estamos diante de uma crise existencial que vai acabar pondo em risco a sobrevivência da nossa civilização. Mas há outras pessoas que, embora afirmem coisas similares, também acrescentam um ou outro comentário, sugerindo que podemos "consertar" a situação sem precisar fazer mudanças em nosso modo de vida ou em nossa sociedade como um todo. Na verdade, alguns chegam a dizer que, com apenas alguns ajustes técnicos, podemos limitar o aquecimento global a 1,5°C, mesmo que já estejamos rumando para 3,2°C — no mínimo, dado que essa estimativa está baseada em números imprecisos ou muito subestimados. Essas mesmas pessoas também afirmam que muitos países já reduziram de forma significativa as suas emissões nas últimas três décadas, mesmo que isso seja em grande parte consequência da terceirização de indústrias e da exclusão de grandes parcelas de nossas emissões efetivas (por exemplo, as decorrentes do uso de biomassa). O problema é quem está dizendo isso: são presidentes, primeiros-ministros, grandes empresários e jornais internacionais importantes.

Sim, fomos informados de que estamos diante da maior ameaça que a humanidade já enfrentou. Fomos alertados de que estamos prestes a ultrapassar limiares irreversíveis. Fomos até mesmo informados de que toda a nossa civilização corre o risco de desaparecer se não tomarmos medidas imediatas e sem precedentes. Mas nada disso nos foi dito da maneira correta. E, com certeza, tampouco fomos informados disso pelas pessoas certas. Além disso, as mesmas pessoas que nos alertaram simplesmente continuaram agindo como se não houvesse nada errado. As celebridades escolhidas como porta-vozes em favor do clima continuam a voar em jatinhos particulares. Os órgãos de imprensa que se empenham em relatar a crise climática continuam a exibir anúncios que promovem o uso de combustíveis fósseis etc. Enquanto essas pessoas continuarem a dizer uma coisa e fazer outra, ninguém vai acreditar nelas. Enquanto continuarem a viver como se não houvesse amanhã, a grande maioria de nós vai querer fazer exatamente o mesmo.

Não temos, no âmbito do sistema atual, todas as soluções para a crise. Mas isso não pode nos impedir de recorrer sempre que possível às soluções disponíveis. Já sabemos um pouco do que devemos fazer, e um pouco do que não devemos. Precisamos aproveitar, aperfeiçoar e continuar avançando com os milagres já em curso, como a transição para as energias solar e eólica. Porém, é tão importante quanto, à medida que nos esforçamos ao máximo, sempre lembrar a nós mesmos e aos outros de que isso não vai ser suficiente, porque na verdade precisamos de uma mudança de sistema. A nossa principal prioridade deve continuar a ser despertar as pessoas — e não colocá-las de novo para dormir com relatos de avanços num sistema muito imperfeito e que opera num quadro concebido para garantir a continuidade dos negócios. Por exemplo, é claro que devemos processar os grandes poluidores — governos e companhias petrolíferas — com frequência e sempre que possível. Mas também cabe lembrar que ainda não dispomos de legislação para manter o petróleo nas jazidas e preservar a nossa civilização a longo prazo. Precisamos de novas leis, novas estruturas, novos parâmetros. Precisamos deixar de definir o progresso apenas pelo crescimento econômico, pelo produto interno bruto ou pela taxa de lucros conferidos aos acionistas. Precisamos abandonar o consumismo compulsivo e redefinir o crescimento. Enfim, precisamos de uma forma inteiramente nova de pensar.

4.19

O custo do consumismo

Annie Lowrey

Quem é responsável pela crise climática? Quem precisa mudar o comportamento para que seja possível evitar a catástrofe das mudanças climáticas?

Ao responder a essas questões, muitas vezes voltamos os olhos para os governos. E também para o setor industrial. Nos Estados Unidos, os setores agrícola, de construção, de geração de eletricidade, de produção manufatureira e de transporte são os maiores emissores, e o mesmo ocorre em muitos países, que precisam adotar o quanto antes fontes renováveis de energia e métodos produtivos sustentáveis. Também responsabilizamos empresas: apenas vinte delas respondem por um terço de todas as emissões de carbono, com Saudi Aramco, Chevron, Gazprom e ExxonMobil no topo da lista.

Não há dúvida de que os países, os setores econômicos e as empresas vão ter de mudar as suas práticas se quisermos salvar o planeta. No entanto, essas análises não incluem famílias e indivíduos que adquirem produtos vendidos por essas corporações e que são responsáveis por eleger os governantes. Não levam em conta pessoas cujo consumo excessivo — e descontrolado — está prejudicando o planeta, e cujas casas, carros e despensas também precisam mudar. Em suma, elas deixam de lado uma das causas básicas do problema: o consumismo.

Claro que nenhuma pessoa ou família isolada, por mais voraz e esbanjador que seja o seu modo de vida, é responsável por mais do que uma parcela ínfima do excesso de carbono na atmosfera, do lixo nos aterros sanitários ou do plástico nos oceanos. Tampouco uma mudança de hábitos num agregado familiar vai fazer diferença significativa no combate às mudanças no clima. Uma família urbana e rica que deixe de comer carne, de fazer viagens aéreas e de usar o carro poderia reduzir as suas emissões de carbono em algumas toneladas por ano, mas os problemas do mundo são medidos em dezenas de bilhões de toneladas. Além disso, o impacto ambiental e os orçamentos de carbono das famílias são em grande parte determinados pelo ambiente urbanizado em que vivem, pela economia da qual fazem parte e pelas escolhas políticas feitas por seus representantes eleitos. Em função de tudo isso, as medidas que são de fato decisivas para preservar o planeta cabem sem dúvida a governos e grandes corporações.

No entanto, os indivíduos são os consumidores finais de grande parte do que é extraído, construído, abatido, minerado, tecido, cortado, processado e transportado em todo o mundo ano após ano. E são o materialismo e o consumismo individuais — *nosso* materialismo e consumismo — que estão levando à destruição do planeta. Mais de 60% das emissões de gases do efeito estufa, e até 80% do uso do solo, das matérias-primas e da água decorrem da demanda doméstica, com as famílias mais ricas tendo a maior responsabilidade.

Na verdade, a ascensão das classes médias em todo o mundo poderia explicar grande parte do aumento mais recente das emissões de gases do efeito estufa e da demanda por recursos, com países como a China, a Nigéria e a Indonésia registrando um crescimento tanto das emissões absolutas como per capita à medida que o padrão de vida das famílias antes empobrecidas melhora. Entretanto, isso não significa que os países de baixa renda ou os seus habitantes respondam por uma parcela desproporcional do problema, ou que o mundo deva aceitar a pobreza extrema e a desigualdade cruel se quiser conter as mudanças no clima.

Os grandes responsáveis pelo esgotamento dos recursos do planeta são os ricos de países de renda alta. Um americano que faça parte do 1% mais rico responde por dez vezes mais emissões poluentes do que um americano médio; este último é responsável por três vezes mais emissões do que um habitante médio da França; e esse francês médio emite dez vez mais do que alguém de renda média de Bangladesh. Outras medidas do uso de recursos seguem padrões similares, seja no caso de quilos consumidos de carne produzida de forma intensiva, de quilos de lixo enviados a aterros, de gramas de plástico lançados nos mares, da quilometragem das viagens aéreas realizadas, dos litros de gasolina vendidos nos postos, dos metros quadrados em que cada pessoa mora.

A nossa cultura aprecia a conveniência, valoriza o excesso, estimula a competição e camufla de nós mesmos o custo real do nosso padrão de vida — ignorando o fato de que as piores consequências recairão sobre os animais não humanos e sobre os humanos das próximas gerações. Gente demais consome demais. Tem coisas demais. E se preocupa de menos. O problema é grave em especial nos Estados Unidos, onde a educação superior, os serviços médicos e a criação dos filhos são extremamente caros, mas os bens materiais são baratos. A residência média americana triplicou de tamanho nos últimos cinquenta anos, mesmo com as famílias se tornando menores. Nos Estados Unidos, uma casa contém, em média, 300 mil itens individuais — não surpreende, portanto, que uma em cada dez famílias alugue um depósito para armazenar coisas, e um em cada quatro donos de garagens afirme que ela está tão atulhada que não há como guardar o carro ali.

Sem dúvida, alguns desses objetos são necessários, e parte desse consumo torna as pessoas mais felizes, saudáveis e satisfeitas. Mas quase sempre não é assim. Na verdade, as pesquisas costumam indicar que, assim que uma família alcança uma condição de classe média, os gastos com bens materiais não reforçam o seu bem-estar declarado, ao contrário dos gastos com experiências práticas. Isso talvez se explique pelo fato de que, quando aumenta a renda das famílias, elas passam a gastar mais em bens "de prestígio", desvinculados da satisfação de necessidades básicas e cuja função é destacar a família entre os seus pares e exibir a sua riqueza e o seu gosto. (O economista e sociólogo Thorstein Veblen reconheceu essa dinâmica há mais de um século.)

De um modo ou de outro, o consumismo vem causando danos a um planeta que já está submetido a um estresse gigantesco. Um exemplo é a obsessão atual pelos veículos utilitários esportivos, os suvs. A proporção desses veículos beberrões no mercado dobrou na última década, impulsionada apenas pela preferência dos consumidores. (O tamanho das famílias se manteve estável ou diminuiu, e a proporção de trabalhadores nos setores agrícola e industrial está caindo nos países relativos.) Essa mudança anulou o efeito benéfico dos veículos elétricos no consumo total de energia. Outro exemplo é o da *fast fashion*. Hoje são produzidas mais de 100 bilhões de novas peças de vestuário por ano, com o consumidor médio comprando o dobro de itens em comparação com uma geração atrás. Muitas dessas roupas nunca são usadas, ou são usadas apenas algumas vezes, e só 1% dos tecidos acaba sendo reciclado, segundo a Fundação Ellen MacArthur. A produção do setor da moda acaba em aterros, e não nos guarda-roupas.

A resposta, insistem os varejistas, está na alteração do consumo da elite mundial. Uma garrafa de água reutilizável, uma sacola de compras de lona, um canudo de silicone, um veículo elétrico, eletrodomésticos inteligentes — cada aquisição desse tipo seria um pequeno passo na direção de um mundo melhor, de acordo com as empresas. Mas a verdade é que não são nada disso. Em termos de redução do uso de recursos e das emissões, quase sempre o mais eficaz é simplesmente deixar de consumir novos produtos: é melhor continuar usando o carro que já temos do que adquirir um Tesla zero-quilômetro, ou usar as roupas acumuladas do que montar um novo guarda-roupa com poucas peças neutras, de boa qualidade e intercambiáveis em nome da moda ética. Segundo uma estimativa esclarecedora do governo dinamarquês, uma pessoa teria de usar uma sacola de algodão orgânico todos os dias durante meio século para compensar o impacto de sua produção.

Não há como escapar do óbvio: menos precisa ser menos. Essa é a verdade essencial e incômoda. Enquanto indivíduos, precisamos cortar tudo o que é excessivo e desnecessário: desde sacolas de plástico, passando por viagens aéreas, até carros extras. Precisamos morar em casas menores e mais sustentáveis, e usar o transporte público. Mais do que isso, precisamos reforçar o nosso ceticismo diante das ideologias econômicas que nos trouxeram à beira das extinções em massa e do aquecimento catastrófico do planeta, e começar a reconhecer a amplitude desse desastre e agir em função disso.

Ora, não acabei de dizer que a mudança de hábitos individuais não tem impacto relevante e que os grandes responsáveis são os governos e as corporações? Quanto a isso, não resta a menor dúvida. Mas as ações em nível individual e familiar são um fator crucial para ações mais amplas. Os seres humanos são animais sociais, e as pessoas influenciam parentes, amigos e vizinhos de maneira concreta e mensurável.

As preferências dos consumidores também influem nas práticas empresariais, com as empresas se empenhando tanto em convencer o mercado a adquirir certas coisas, como em suprir as demandas desse mercado. Além disso, se os indivíduos começarem a tomar iniciativas pessoais para combater a crise climática, será mais provável que os governos façam o mesmo. Impostos significativos sobre a gasolina ou taxas sobre veículos maiores poderiam ser aprovados e implementados com mais facilidade se uma quantidade menor de pessoas dependesse de suvs beberrões, por exemplo. Aqueles que usam bicicletas para ir ao trabalho exigem ciclovias, e isso estimula mais gente a usar esse meio de transporte em vez dos automóveis. E as pessoas que rejeitam o consumismo e votam pensando no futuro do planeta também contribuem para eleger políticos mais favoráveis às iniciativas sustentáveis.

É preciso mudar tudo, e tudo tem de mudar. E essa mudança começa em casa. /

Nos Estados Unidos, uma casa contém, em média, 300 mil itens individuais — não surpreende, portanto, que uma em cada dez famílias alugue um depósito para armazenar coisas, e um em cada quatro donos de garagens afirme que ela está tão atulhada que não há como guardar o carro ali.

4.20
Como (não) comprar

Mike Berners-Lee

Eis que estamos diante de uma emergência climática e ecológica. Para enfrentá-la, há algo essencial que precisamos repensar e mudar: o modo como nós, em todo o mundo, consumimos. Todo o combustível fóssil que retiramos do subsolo é queimado para atender as necessidades e os desejos dos consumidores. Às vezes as emissões são diretas e óbvias, como na fumaça liberada pelos escapamentos dos carros, mas também, e com a mesma frequência, elas saem de chaminés em outras partes do mundo onde se produzem bens e insumos essenciais para a fabricação de outros produtos. Estes, por sua vez, podem ser componentes de ainda outros itens que são adquiridos por alguém que não faz a menor ideia de todas as emissões liberadas na atmosfera que tornaram possível a existência do produto. Por exemplo, um notebook novo pode ter um impacto ambiental equivalente à de uma viagem de carro por 1800 quilômetros, ao passo que um jeans novo pode ter o mesmo impacto no clima de algumas semanas de consumo de alimentos cultivados de forma sustentável ou de uma grande peça de carne. O fato é que a maioria de nós quase nunca tem ideia da escala dos impactos ambientais invisíveis de muito do que fazemos e compramos.

Com o avanço da globalização, as nossas cadeias de suprimento se tornaram cada vez mais complexas e opacas. Sobretudo no Norte global desenvolvido, estamos acostumados a um mundo no qual as coisas simplesmente aparecem numa prateleira, como mágica. Estamos quase totalmente protegidos da necessidade de entender algo dos impactos climáticos, sociais ou ambientais que resultam do complexo conjunto de processos que possibilitaram a produção do bem que adquirimos.

Por que compramos tanto e de forma tão pouco consciente?

Não consumimos apenas bens e serviços que têm impactos no meio ambiente. Também consumimos informação e desinformação que influenciam no modo como pensamos sobre aquilo que podemos ou gostaríamos de adquirir. Os setores de publicidade e marketing, que movimentam muitos bilhões de dólares, estão completamente dedicados a nos estimular a comprar coisas, sejam ou não convenientes para nós, sejam ou não boas para o planeta. Uma campanha famosa da L'Oréal afirmava "Porque eu mereço", sugerindo que, se alguém não comprasse os produtos deles, então era alguém que merecia menos.

Quase toda a renda (97%) do Facebook vem de anunciantes que pagam para influenciar o modo como os usuários da plataforma pensam e a disposição deles para adquirir os seus produtos. Os produtores de filmes recebem valores consideráveis para sugerir sub-repticiamente que também podemos ter o estilo do 007 se bebermos determinada cerveja ou comprarmos um notebook de certa marca. A Heineken supostamente desembolsou nada menos do que 45 milhões de dólares para que James Bond tomasse um gole de sua cerveja num único filme. Esse estímulo para o consumo excessivo é generalizado e afeta a todos nós. Ele pode vir de todos os cantos da nossa cultura, incluindo locais de trabalho, meios políticos, conglomerados de mídia e, provavelmente, até nossos círculos familiares e de amizades — pois eles também são vítimas dessa manipulação persuasiva.

Portanto, este breve guia de consumo sustentável vai se concentrar no aspecto prático de quando e como comprar coisas, e, igualmente importante, vai explicar como podemos nos proteger das influências irresistíveis que, por meio de falsas promessas de felicidade, nos levam a adotar padrões de vida que destroem o planeta.

O consumo de informações

Precisamos aprender a identificar e avaliar de forma crítica todas as mensagens. Essa é uma habilidade que convém aperfeiçoar ao máximo. É sempre importante questionar quem está nos influenciando e como isso ocorre. Diante de cada anúncio publicitário, temos de nos perguntar: "No que eles querem que eu acredite? É verdade que vou ficar mais feliz ou atraente se comprar esse produto? Que valores estão implícitos? São valores que fazem diferença para mim?". Isso se aplica a todas as mídias, sejam elas baseadas em fatos ou ficções. Esse mesmo princípio de questionamento vale para conversas com amigos, parentes e colegas de trabalho. Cabe sempre a pergunta: "Estou sendo levado a acreditar que preciso comprar algo desnecessário por causa de uma mensagem explícita ou implícita?".

Ao notar que está rejeitando a mensagem de que é alvo, pense em como fazer para se proteger de influências similares. Assista a outros canais de TV, assine uma fonte diferente de notícias, instale um bloqueador de anúncios em seu navegador ou mude de rede social.

No caso dos meios de comunicação, importa saber quem são os donos e financiadores da organização: quais são os seus interesses e como eles gostariam que você pensasse? Os interesses financeiros e políticos desse grupo o levam a acreditar que são confiáveis para ajudá-lo a entender o que acontece no mundo? Caso contrário, busque outra fonte de notícias.

Como não comprar

- **Aprenda a parar antes de comprar.** Grande parte do consumo desatento e prejudicial para o ambiente decorre de impulsos espontâneos.

De acordo com a CNBC, o consumidor americano médio gasta 5,4 mil dólares anuais em compras desse tipo. Pergunte a si mesmo: "Por que, exatamente, sinto a necessidade de adquirir isso? Será que essa ânsia aquisitiva é um sinal de que algo não vai bem em minha vida? Se for assim, há outra maneira de lidar com isso? Fui influenciado por pessoas, anúncios ou mídias para achar que preciso desse produto para me sentir bem ou privilegiado? Eles estão certos, ou seria o caso de eu pensar melhor?".

- **Conserte o que não funciona.** Ao consertar algo você revela maior responsabilidade pessoal e consome bem menos recursos do que ao comprar algo novo para substituir. Além disso, o dinheiro gasto no reparo provavelmente vai para alguém em sua vizinhança que, assim, pode se manter de forma digna. Ao mesmo tempo, ao gastar menos, você evita a necessidade de ganhar mais para comprar mais. E ainda apoia um modelo econômico sustentável, que lhe permite continuar a desfrutar de um produto com o qual você já tem uma história e uma conexão.

- **Compartilhe.** Se precisa de algo, você pode reduzir o impacto no mundo tomando emprestado o que precisa (e aproveitando para conhecer melhor um vizinho), alugando (e, com isso, reforçando uma economia sustentável) ou, ainda, recorrendo a um esquema de compartilhamento.

- **Improvise.** Há muita criatividade ao obter o que queremos aproveitando os recursos que temos à mão.

Se você precisa comprar

Caso esteja numa situação em que de fato precisa adquirir algo, antes de tudo convém fazer algumas perguntas. O que há por trás desse produto? Como foi fabricado? Tente imaginar a cadeia de suprimentos em toda a sua complexidade, remontando até mesmo à extração das matérias-primas. Imagine as emissões decorrentes e o uso de substâncias químicas. Pense nas pessoas envolvidas em cada etapa da produção e nos recursos naturais que podem ter sido usados. Embora, provavelmente, você não obtenha todas as respostas, o simples fato de tentar imaginar já é um passo e tanto. Acostume-se a fazer isso com cada item que vai comprar.

Se não for possível pesquisar um produto específico, investigue os fabricantes. O que eles dizem de si mesmos, e o que os outros dizem deles? Quais são os seus valores? O que já fizeram no passado? São confiáveis? Estão atentos à emergência climática e empenhados em fazer todas as mudanças possíveis e necessárias? Se uma companhia aérea tenta convencê-lo de que você pode anular o impacto climático de um voo gastando um pouco mais num "esquema de compensação de carbono", então é óbvio que também não dá para confiar em nada mais do que a empresa diz. Um lugar para buscar informações é o site www.ethicalconsumer.org, no qual, por uma taxa de inscrição irrisória, é possível encontrar pesquisas independentes sobre uma ampla variedade de lojas, marcas e produtos. Por exemplo, se você precisa de roupas e não pode comprá-las de segunda mão, o site pode ajudá-lo a entender por que seria melhor evitar a Amazon e a Primark e preferir outras marcas.

O ideal seria comprar tudo de segunda mão, evitando desde o princípio o impacto da produção. E quando você não precisa mais de uma coisa, tente colocá-la no mercado de segunda mão, seja para venda direta ou para alguém que a venda.

Se decidiu comprar algo novo, dê preferência a produtos feitos para durar e que podem ser consertados com facilidade. Isso se aplica sobretudo a roupas, móveis e equipamentos eletrônicos, como celulares e notebooks, pois a energia que consomem em sua vida útil em geral é irrisória em comparação com o impacto de sua fabricação. No caso dos eletrodomésticos, muitas vezes vale o oposto, pois aí a eficiência energética é fundamental. Já no que se refere a veículos, dê preferência às bicicletas, incluindo as elétricas. Para evitar o impacto do processo de fabricação e contribuir para o desprestígio dos automóveis, continue usando o seu carro atual em vez de trocá-lo por um novo, a menos que consuma muita gasolina ou que tenha uma quilometragem alta demais. E se a troca de carro é inevitável, escolha um modelo pequeno e econômico, se possível elétrico ou movido a hidrogênio. Ao comprar comida, as regras básicas são reduzir o consumo de carne (sobretudo bovina e ovina) e laticínios, não desperdiçar nada do alimento e evitar tudo o que possa ter sido transportado por avião, cultivado em estufa ou embalado em excesso.

Se você trabalha nos setores de marketing ou publicidade

Na situação atual, *não* é aceitável ganhar a vida convencendo as pessoas a pensarem de certo modo ou a comprar coisas mesmo que não seja o melhor para elas ou para o planeta. Verifique com muito cuidado se essa é a natureza do seu trabalho. Em caso afirmativo, é preciso mudar. Se a empresa exige isso de você, faça o possível para mudar de função ou então peça demissão. Todos os que trabalham com publicidade precisam enfrentar o desafio de reformular por completo essa área.

Se você é um produtor

Adote um modelo de negócio que permita às pessoas comprar menos coisas e com menor frequência. Garanta que seus produtos sejam feitos de maneira sustentável, sejam duráveis e passíveis de consertos. Meça todo o seu impacto ambiental, incluindo o de seus fornecedores, e estabeleça metas e ações para reduzir o mais rápido possível as suas emissões — de modo que fiquem alinhadas com o objetivo global de limitar o aquecimento a 1,5°C. Informe com clareza aos seus clientes o que está por trás dos produtos, priorizando a honestidade e evitando o *greenwashing*.

Se você é um varejista

Compre apenas de produtores que sigam os critérios acima. Ajude os seus fregueses a se informar. Inclua reparos e vendas de produtos usados em seu negócio.

Por fim, é bom ressaltar que, ao comprarmos menos coisas, podemos escapar do círculo infernal de precisar ganhar mais para consumir mais — e também conquistamos mais liberdade. Um mundo repleto de itens sustentáveis é melhor e nele nos sentimos melhores. O nosso valor não depende do que possuímos, mas do modo como tratamos os outros e o meio ambiente. Eliminar o fator de status dos nossos bens reluzentes, mas de alto impacto, pode ser psicologicamente libertador, assim como um componente essencial da resposta à crise climática. /

O fato é que a maioria de nós quase nunca tem ideia da escala dos impactos ambientais invisíveis de muito do que fazemos e compramos.

289   O QUE FIZEMOS ATÉ AGORA

4.21

Os resíduos ao redor do mundo

Silpa Kaza

Os resíduos ou lixo — desde sacos plásticos e papel até restos de comida — são um problema de todos. São produzidos todos os dias por residências. pequenos negócios e instituições, e costumam ser processados por governos locais. Globalmente, o setor de manejo de resíduos sólidos costuma estar entre as três maiores fontes de gases do efeito estufa, contribuindo com cerca de 5% das emissões de dióxido de carbono e com até 20% das emissões de metano. Isso afeta de forma significativa a nossa capacidade de mitigar e nos adaptar ao aquecimento global, assim como a saúde, a produtividade e a resiliência das comunidades locais. O manejo inadequado dos resíduos pode levar à transmissão de doenças, problemas respiratórios, contaminação do solo e da água, poluição do ar e dos mares, prejudicando até mesmo as economias locais (ao afastar turistas, por exemplo). Esse é um setor que afeta de forma desproporcional os países e as comunidades de baixa renda, onde os resíduos costumam ser incinerados ou despejados em locais inadequados. Em todo o mundo vem sendo registrado um aumento alarmante dos resíduos, e a má gestão deles contribui para a crise climática.

No que se refere aos resíduos municipais, temos a possibilidade incomum de reagir localmente a um problema global, com as prefeituras apoiando os esforços nacionais para que as metas globais de emissões sejam alcançadas. Cerca de três quartos dos países incluíram iniciativas para a redução de emissões de resíduos em seus planos para cumprir as metas estabelecidas no Acordo de Paris. O setor de resíduos pode ser menos caro e complicado do que, por exemplo, o da indústria, em que as decisões são tomadas em vários níveis, do governo federal às empresas individuais, e as soluções são por vezes mais caras. Como os municípios já dispõem de infraestrutura para gestão dos resíduos sólidos para manter a limpeza e a saúde pública, uma iniciativa climática vigorosa pode reforçar os serviços já existentes.

Algumas das principais emissões nesse setor são formadas pelo dióxido de carbono liberado na decomposição dos resíduos, pelo metano gerado pelo manejo inadequado de material orgânico e pelo carbono negro, ou fuligem, liberado durante o transporte e a incineração malfeita do lixo. Parte dessas emissões pode ser eliminada por meio de intervenções básicas, como a coleta de lixo ampla e a criação de aterros sanitários, nos quais o lixo é devidamente isolado do ambiente e o metano liberado é captado. Outras emissões do setor são resultado indireto das nossas economias "lineares", nas quais materiais como metais e plásticos são minerados ou manufaturados, transportados, usados e em seguida descartados, em vez de serem reutilizados ou reciclados.

Além das emissões, a gestão inadequada dos resíduos também contribui de forma direta para enchentes e poluição. Quando não é coletado de forma apropriada, o lixo pode bloquear bueiros e canais e provocar inundações maiores, que por sua vez facilitam a disseminação de doenças transmissíveis por vetores, como a malária. Os resíduos também podem acabar nos cursos d'água e seguir depois para os oceanos, ameaçando os ecossistemas marinhos. O lixo despejado em locais inadequados pode causar deslizamentos de terra quando associado a chuvas torrenciais ou inundações. E a sua queima descontrolada leva à poluição do ar, afetando a saúde das pessoas e do ambiente em geral.

Esses problemas podem se agravar de forma acentuada nos próximos anos. A geração de resíduos está aumentando rapidamente: a previsão é de que, em 2050, os resíduos municipais superem o crescimento da população em mais de 200%. Em 2020, estima-se que tenham sido gerados 2,24 bilhões de toneladas de resíduos, que, segundo projeções, vão saltar para 3,88 bilhões de toneladas em 2050 — um aumento de 73%. A geração de resíduos per capita varia de maneira drástica em função do nível de renda: todos os dias, os habitantes dos países de renda baixa geram um quarto dos resíduos produzidos pelos indivíduos que vivem em países ricos. Isso também se reflete em variações regionais, com os habitantes do sul da Ásia e da África subsaariana gerando 0,39 kg e 0,47 kg diários por pessoa, respectivamente, enquanto os americanos geram 2,2 kg por pessoa a cada dia. Para evitar o agravamento da crise dos resíduos — e um consequente aumento das emissões —, precisamos atuar de imediato para desvincular a geração de resíduos do nível de renda. A Coreia do Sul é um exemplo de como isso pode ser realizado: incentivos financeiros, empenho dos cidadãos e aplicação efetiva das leis levaram a uma diminuição de 50% nos resíduos per capita entre 1990 e 2000, e a geração se manteve constante desde então — mesmo com o país tendo triplicado o seu PIB desde 2000.

Contudo, na situação atual, as previsões de desenvolvimento econômico, crescimento demográfico e urbanização indicam que os resíduos totais gerados pela África subsaariana e o sul da Ásia vão, respectivamente, triplicar e dobrar, e em 2050 passarão a responder por mais de um terço de todos os resíduos gerados no mundo. De uma perspectiva direta das emissões, isso é preocupante, pois são os países de renda baixa e média — onde a gestão dos resíduos é mais precária ou inexistente — que estão impulsionando as emissões globais. Em especial nos países de renda baixa, há uma desconexão patente entre os gastos em nível local para gestão de resíduos sólidos e a qualidade e abrangência desses serviços. Grande parte desse orçamento é destinada à coleta do lixo e limpeza das vias públicas, restando pouco para o manejo eficiente e para a destinação final do lixo. Ao mesmo tempo, parte disso é processada por trabalhadores informais, como

Figura 1

catadores de lixo, que muitas vezes subsistem de forma precária, sem renda certa e equipamentos adequados, e em condições insalubres. E eles tendem a ser um grupo demográfico vulnerável — mulheres, crianças, idosos, desempregados ou migrantes —, com frequência socialmente estigmatizado, a despeito de seu papel na redução das emissões, na contenção da poluição por plásticos e na reciclagem do lixo. Estima-se que, nessas regiões, 1% da população urbana trabalhe de modo informal no manejo de resíduos, expondo-se a riscos sanitários e de segurança que abreviam a expectativa de vida.

Nos países de renda baixa, 39% dos resíduos são coletados, mas 93% do total (tanto coletados como não coletados) são queimados a céu aberto ou descartados em locais inapropriados. Em contraste, nos países de renda alta a coleta é quase universal e o manejo dos resíduos é seguro em termos ambientais até a destinação final. Numa estimativa conservadora, um terço dos resíduos globais acaba descartado de modo inadequado ou incinerado a céu aberto, mas a proporção provavelmente é ainda maior, dada a gestão precária de instalações construídas para o processamento final. A queima dos resíduos libera toxinas e material particulado, que podem causar doenças respiratórias e neurológicas, e o descarte ilegal resulta em contaminação ambiental provocada por chorume tóxico. Nas regiões de crescimento mais acelerado, como a África subsaariana e o sul da Ásia, mais de dois terços dos resíduos são hoje descartados e incinerados de forma imprópria, e esse é um problema a ser resolvido com urgência.

Apenas 19% dos resíduos urbanos são reciclados e compostados, e o escoamento de plásticos para os oceanos é cada vez mais preocupante. A cada ano, os resíduos sólidos urbanos contêm 269 milhões de toneladas de plástico. Estima-se que 11 milhões de toneladas de plástico chegaram aos oceanos em 2016 e, se nada for feito, prevê-se que esse volume vai quase triplicar, chegando a 29 milhões de toneladas anuais em 2040. Para visualizar a escala disso, basta imaginar um caminhão despejando no mar garrafas plásticas a cada minuto durante um

Projeção da geração total de resíduos por região, de 2020 a 2050

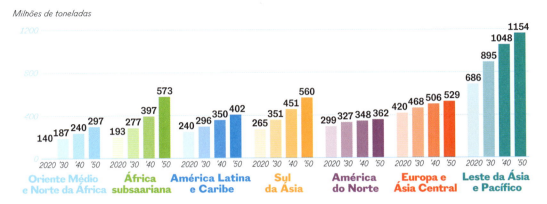

Figura 2

ano inteiro. A estimativa é que 80% de todo esse plástico vai acabar nos oceanos devido à inexistência de sistemas de manejo de resíduos formais, ou seja, eles são constituídos de resíduos não coletados ou descartados de modo impróprio. Além disso, estima-se que os 150 milhões de toneladas de plástico que se acumularam nos mares até agora vão mais do que quadruplicar, alcançando 646 milhões de toneladas em 2040, se nada for feito. A falta de gestão dos resíduos em terra, desde a coleta até o descarte, é a maior causa de poluição dos mares.

Os plásticos se tornaram um material onipresente na sociedade, e a limitação do seu uso, sobretudo dos descartáveis, será essencial diante do crescimento do consumo, tanto nos países de renda baixa como no resto do mundo. Esse é um fluxo de resíduos que não se pode atacar de forma isolada, mas tem de ser enfrentado como parte de um sistema integrado de gestão. Há uma necessidade premente de campanhas e políticas voltadas para a redução do consumo, em especial dos plásticos descartáveis, e para uma maior reciclagem tanto de plásticos como de outros materiais.

Para a implantação de uma economia circular — na qual os resíduos são reduzidos, reutilizados, recuperados e reaproveitados em outros produtos, com o menor resquício final —, a prática do descarte inapropriado tem de ser abolida, e todos deveriam contar com serviços de coleta que permitam a reciclagem de materiais como plástico, papel e restos de alimentos. Contudo, não há solução única: tudo depende dos contextos locais. De acordo com os recursos, a densidade demográfica, o envolvimento dos cidadãos, a disponibilidade de terrenos, os mecanismos e as políticas de aplicação das leis, é possível tanto o manejo local dos resíduos como uma gestão regional que se beneficie de economias de escala. Naqueles locais em que os resíduos já são processados de forma abrangente e segura, os gestores públicos deveriam se concentrar na redução do consumo, na otimização do reaproveitamento, na recuperação ou no tratamento dos materiais (ou seja, na reciclagem e na compostagem) e em assegurar um descarte final ambientalmente sustentável (com aterros sanitários e incineração com recuperação de energia).

O setor de resíduos pode ser parte de um mundo resiliente de baixo carbono, e os seus problemas são solucionáveis com iniciativas que só trazem benefícios. No entanto, as melhoras cumulativas registradas nos países mais ricos não bastam para reverter as tendências atuais — o que precisamos é de um esforço global. Investimentos consideráveis serão necessários para impedir o descarte inadequado do volume crescente de resíduos nos próximos anos. A ampliação da coleta, a eliminação dos descartes ilegais e a implementação de sistemas que recuperem e reaproveitem os materiais são todas iniciativas que podem contribuir para mitigar as crises climática e dos resíduos. Isso significa um futuro com menos lixo ao nosso redor — e menos emissões, água mais limpa, ar mais respirável e um mundo mais resiliente. /

Estima-se que 29 milhões de toneladas de plástico vão chegar aos oceanos em 2040. Para visualizar isso, basta imaginar um caminhão despejando no mar garrafas plásticas a cada minuto durante um ano inteiro.

4.22

O mito da reciclagem

Nina Schrank

Nos Estados Unidos, em 1970, o crescente movimento contra os plásticos descartáveis desembocou em protestos por todo o país. As grandes empresas de alimentos e bebidas foram apontadas de forma correta como as maiores responsáveis. Os plásticos vinham sendo usados como produto de consumo de massa por quase duas décadas, e a Coca-Cola tinha deixado de usar as garrafas de vidro que costumavam ser recolhidas, lavadas e reutilizadas. Ao adotar o plástico descartável, essas empresas não precisavam mais pagar pelas operações de lavagem e reaproveitamento; em vez disso, elas transferiram todos os custos de processamento das garrafas de plástico descartáveis para os governos e os contribuintes municipais.

As corporações reagiram aos protestos divulgando nos canais de televisão o que foi tido como um dos anúncios mais emblemáticos de todos os tempos: o "indígena chorando". Um ator vestido com uma roupa tradicional de indígenas americanos aparece numa canoa, remando num rio coalhado de embalagens de plástico, antes de derramar uma lágrima ao ver um carro em movimento jogar lixo pela janela.

"As pessoas são responsáveis pela poluição, e só elas podem acabar com isso", era a frase de efeito. O objetivo era desviar a atenção das empresas e culpar as pessoas pelo dilúvio de lixo. O grupo de lobistas por trás dessa campanha, chamado de "*Keep America Beautiful*" [Preserve a beleza dos Estados Unidos], era formado pelas principais companhias americanas de alimentos e embalagens, entre as quais a Coca-Cola. Enquanto os seus anúncios apareciam nas telas de todo o país, essas empresas estavam ativamente empenhadas em bloquear a legislação que as obrigaria a retomar o uso de garrafas reaproveitáveis.

Hoje, a Coca-Cola produz 100 bilhões de garrafas de plástico descartáveis, mais de um quinto dos 470 bilhões de vasilhames desse tipo produzidos todos os anos pelos fabricantes de bebidas gaseificadas. Os outros grandes conglomerados que poluem o mundo — Nestlé, Unilever, Procter & Gamble — despejam juntos bilhões de toneladas de embalagens plásticas de uso único a cada ano, a despeito de que em nenhum lugar haja um sistema de processamento de resíduos que consiga dar conta desse volume de plástico descartável.

A frase sempre repetida de que a população é responsável pela crise global de poluição ainda ecoa em toda a sociedade. Os representantes dos grandes fabricantes de bebidas e embalagens costumam ressaltar o quanto "abominam a sujeira causada pelo lixo". Um deputado britânico, recentemente flagrado na presidência de um grupo de lobistas do setor de embalagens, manifestou-se no Parlamento contra um projeto de lei que visava restringir o uso de alguns tipos mais danosos de plásticos descartáveis. "Não é o fabricante de embalagens que polui — são as pessoas", afirmou ele.

Segundo as maiores empresas de bens de consumo do planeta, a solução para a crise dos resíduos é a reciclagem. "Reciclável" é uma etiqueta impressa nas embalagens, algo realçado com entusiasmo por iniciativas que visam à sustentabilidade e apoiado por governos de todo o mundo. Esta é a mensagem transmitida ao Norte global: se fizermos a nossa parte e usarmos a lata de lixo certa, as embalagens de plástico vão ser magicamente recolhidas e depois convertidas em novos produtos, num círculo fechado incessante e interminável.

Essa narrativa talvez seja o maior exemplo de *greenwashing* no mundo atual. O princípio da reciclagem é algo positivo, associado a um modo de vida sustentável, mas acabou sendo cooptado e usado para manter o status quo. No Norte global, fomos convencidos de que os nossos resíduos estão sendo de algum modo submetidos a um manejo sustentável, enquanto, longe da nossa vista, os negócios continuam como sempre. E os governos nacionais e as corporações fracassaram em lidar com o problema do plástico descartável num nível sistêmico. Algumas empresas se comprometeram a reduzir a produção de plásticos não recicláveis, e há países que se preparam para proibir alguns itens descartáveis, mas um estudo recente mostrou que, se todos os compromissos assumidos por governos e empresas forem cumpridos até 2040, haveria uma diminuição global de apenas 7% na quantidade de plásticos lançados nos mares.

Na verdade, a maioria das embalagens plásticas nunca é reciclada. Algumas podem até ser tecnicamente recicláveis, mas o restante é de qualidade tão baixa que foi pensada para ser descartável. A parcela estimada de 9% dos plásticos no mundo que teria sido reciclada acaba virando produtos inferiores — capachos ou cones de trânsito — só uma ou duas vezes, até que a sua composição química inviabilizasse qualquer reaproveitamento, e então eles também terminariam a sua vida útil em aterros, incineradores ou descartados no meio ambiente.

Embora alguns dos piores efeitos da poluição por plásticos estejam ocorrendo nos oceanos, em grande parte longe da nossa vista, esse é um problema extremamente visível nos países da Ásia e da África, onde o plástico polui praias e rios, se acumula em favelas e invade cidades, vilarejos e povoados. Os enormes aterros e lixões na Índia, nas Filipinas e na Indonésia são um retrato acabado da inundação de embalagens plásticas descartáveis que assola os países — em quantidades muito maiores do que os seus sistemas de gestão de resíduos conseguem processar. Nos últimos quatro anos, o movimento global Break Free From Plastic [Liberte-se do Plástico] promoveu a limpeza de praias com a ajuda de cerca de 11 mil voluntários em mais de 45 países com o objetivo de identificar as empresas que mais contribuem para esse tipo de poluição. No relatório de 2021, nos primeiros lugares estavam Coca-Cola, Pepsico, Unilever, Nestlé e Procter & Gamble.

Mesmo quando não são simplesmente despejados no meio ambiente, os resíduos plásticos têm consequências ambientais graves. Em termos globais, os aterros recebem cerca de um quarto de todos os plásticos, que liberam metano e etileno quando expostos à radiação solar e se fragmentam em micropartículas por conta do vento e da chuva, contaminando os terrenos e cursos d'água próximos. Por outro lado, a energia gerada pelos incineradores de resíduos plásticos está entre as fontes de eletricidade com mais emissões de CO_2, ficando atrás apenas do carvão, e as cinzas tóxicas que restam do processo acabam sendo jogadas nos aterros.

Mesmo assim permanece vivo o mito da reciclagem, graças sobretudo à exportação dos resíduos plásticos. Os maiores produtores de plástico — como Reino Unido, Estados Unidos, Japão e Alemanha — não têm capacidade para processar os seus próprios resíduos; em vez disso, esses países exportam todos os anos milhares de toneladas de lixo plástico, quase sempre para o Sudeste da Ásia. Tais exportações são classificadas como reciclagem, ainda que os países receptores costumem ter sistemas de gestão de resíduos precários e normas ambientais frouxas ou mal aplicadas. Isso significa que são incapazes de proteger as comunidades e o meio ambiente desse dilúvio plástico. Com frequência, esse comércio de resíduos é feito segundo um modelo de negócio baseado na seleção dos tipos de plástico mais valiosos, por meio do emprego de mão de obra barata, muitas vezes de migrantes, com o restante sendo depois simplesmente descartado.

Em 2018, investigadores do Greenpeace visitaram a Malásia e encontraram resíduos domésticos originários da Europa em lixões com seis metros de altura. Os ativistas locais relataram que os resíduos eram incinerados à noite e que, no dia seguinte, a população acordava com dificuldades para respirar. O impacto na saúde da queima de plástico é terrível: comunidades na Índia e em todo o Sudeste Asiático registraram casos de dificuldade respiratória, e há o temor de que a exposição à fumaça tóxica também possa causar problemas menstruais e taxas mais altas de câncer.

Agora muitos países estão se mobilizando para proibir a importação de resíduos plásticos, tal como fez em 2018 a China, que já chegou a ser o maior desses importadores. A Índia, a Malásia, o Sri Lanka e a Tailândia estão entre os países que pretendem introduzir restrições a esse comércio. No entanto, isso não é um obstáculo para o setor. Os carregamentos são enviados para outros destinos, adaptações são feitas, e o jogo de passar a batata quente continua. São feitas escalas em outros países para camuflar a origem dos resíduos, as cargas são enviadas com rótulos enganadores, e plásticos limpos, selecionados e de maior valor são colocados junto à porta dos contêineres, enquanto no fundo estão resíduos sujos e misturados. Muitas vezes as importações são feitas com licenças falsificadas e por empresas sem instalações adequadas, com os supostos recicladores simplesmente descartando e queimando o lixo onde for possível, como se vê na Malásia e em outras partes do mundo.

No entanto, os governos que permitem a exportação de resíduos parecem pouco preocupados em mudar essas práticas. No Reino Unido, a situação é particularmente óbvia. O país é o segundo maior produtor de resíduos plásticos per capita no mundo, atrás apenas dos Estados Unidos. Em 2020, o ministro encarregado dos resíduos alegou que a Grã-Bretanha estava reciclando 46% do plástico que produzia. No mesmo ano, o Greenpeace constatou que metade dos resíduos plásticos que o governo britânico contava como "reciclados" estava sendo enviado a outros países.

Na primavera seguinte, os investigadores do Greenpeace foram à Turquia, o principal destino dos resíduos plásticos britânicos em 2020, que recebeu cerca de 40% das suas exportações. Foi descoberto, então, que metade dessas exportações era de plásticos mesclados (que dificilmente podem ser separados e reciclados) ou de plásticos não recicláveis — mesmo assim, o Reino Unido continuava a considerá-los como reciclados. Em dez locais nos arredores de Adana, no sul da Turquia, montanhas de resíduos plásticos, originárias sobretudo de domicílios britânicos e despejadas ilegalmente em campos e nas margens de rios, vias férreas e rodovias, foram documentadas. Em muitos casos, esses resíduos estavam sendo ou haviam sido incinerados.

Tudo isso é, sem dúvida, uma imensa tragédia humana e ambiental. Porém, um dos impactos mais graves dos plásticos não está sendo documentado, embora esteja ocorrendo bem debaixo do nariz dos líderes mundiais: as mudanças no clima.

Noventa e nove por cento dos plásticos são formados por insumos petroquímicos, produzidos pelo setor de petróleo e gás natural. Em todas as etapas de sua produção os plásticos geram gases do efeito estufa, desde o momento da extração, passando pelo transporte, até o descarte.

Agora que o mundo começa a se libertar dos combustíveis fósseis, as maiores empresas petrolíferas do mundo — Saudi Aramco, Exxon, Shell, Total — estão investindo bilhões em usinas petroquímicas na expectativa de que haja uma demanda crescente por plásticos. Segundo previsões da Agência Internacional de Energia, o setor petroquímico vai ser responsável por mais de um terço do crescimento da demanda por petróleo em 2030, e por quase metade do seu crescimento em 2050.

No entanto, os plásticos raramente são mencionados nos debates sobre as mudanças climáticas em nível nacional ou internacional. Se quisermos de fato conter as emissões de gases do efeito estufa, precisamos estar atentos a essa última manobra das grandes companhias petrolíferas para se manterem no jogo.

Evidentemente, a solução está, antes de tudo, na redução drástica da quantidade de plásticos produzida. Nunca foi tão urgente a transição de uma sociedade habituada às embalagens descartáveis para outra na qual estas sejam eliminadas e substituídas por embalagens reaproveitáveis. Pois o problema só tende a se agravar: em 2040, estima-se que a capacidade de produção de plásticos será duplicada, o que triplicaria o fluxo anual do material para os oceanos.

As grandes marcas mundiais e os produtores de embalagens plásticas precisam mudar o modo como operam, e cabe aos governos intervir para que essa mudança ocorra. O Greenpeace do Reino Unido está conclamando a que seja reduzido pela metade o volume de embalagens de uso único até 2025, e que pelo menos um quarto delas sejam substituídas por embalagens reutilizáveis, até chegar a 50% em 2030. O reaproveitamento é a saída para garantirmos um círculo verdadeiramente fechado, no qual a embalagem é usada, lavada e recolocada em circulação.

A prática do reaproveitamento foi adotada por culturas ao redor do globo durante muitas gerações, mas o mundo corporativo nos fez esquecer essas tradições e o valor que conferimos a objetos cuja produção consumiu recursos naturais, água e energia. A nossa sociedade acostumada ao descarte não faz o menor sentido: é imperativo que haja uma mudança desse paradigma. Os modelos de negócio precisam ser transformados; as tradições, renovadas; e as inovações, adotadas, para que o reúso possa prosperar no mundo atual. /

Em 2020, mais da metade dos resíduos plásticos que o governo britânico classificou como "reciclados" foram exportados para outros países.

Página seguinte:
Resíduos se acumulam nas praias do litoral de Sian Ka'an, patrimônio da humanidade e área de preservação federal na península de Yucatán, no México. Com séries de fotos de itens cujos rótulos indicam fabricação em mais de sessenta países, o artista Alejandro Durán documenta uma "nova forma de cclonização por meio do consumismo".

Curaçao

Rússia

Canadá

Japão

Colômbia

Brasil

Tailândia

Marrocos

Porto Rico

Panamá

Austrália

Filipinas

Nicarágua

Índia

Peru

Equador

4.23

É aqui que traçamos o limite

Greta Thunberg

Estamos na página 301. Tome nota disso. Dobre o canto da página ou use o marcador em seu dispositivo de audiolivro. Esta obra traz mensagens duras cuja absorção não é nada fácil. Sempre que estiver em dúvida ou questionar esses fatos ou ideias, volte para esta página e a leia de novo.

Se quisermos alcançar as metas estabelecidas no Acordo de Paris de 2015 — e, com isso, minimizar o risco de reações em cadeia irreversíveis —, precisamos fazer cortes imediatos e drásticos nas emissões anuais, numa escala jamais vista na história do mundo. E como não temos as soluções tecnológicas para conseguir algo próximo disso no futuro previsível, só nos resta fazer mudanças fundamentais em nossa sociedade. Não há como escapar disso. Esta é hoje a informação mais importante que temos sobre a preservação do bem-estar da humanidade e da única civilização que conhecemos no universo. Apesar disso, em 2022, ela está completamente ausente de todos os aspectos da discussão global atual.

E não só isso. Segundo o relatório *Emissions Gap Report* das Nações Unidas, sobre o corte que é necessário ser feito nas emissões, a produção global prevista de combustíveis fósseis vai ser duas vezes maior em 2030 do que o volume adequado para manter a meta de 1,5°C. Ou seja, a ciência está dizendo que agora é impossível cumprir os nossos objetivos sem uma mudança de sistema. Porque implicaria rasgar literalmente os contratos, acordos e entendimentos firmados numa escala inconcebível. E não há como fazer isso no sistema atual.

Evidentemente, esse tema deveria dominar todo o tempo e todos os dias de noticiários, discussões políticas, reuniões de negócios e todos os momentos da nossa vida cotidiana. Mas não é bem o que está acontecendo. Não estamos falando apenas de uma opinião ou de algum relatório isolado: trata-se do resumo das conclusões científicas mais bem fundamentadas hoje disponíveis. E, como provavelmente você já se deu conta ao ler este livro até aqui, uma das características da ciência é que ela está longe de ser alarmista ou exagerada. Pelo contrário, suas conclusões são marcadas pela cautela e pelo rigor.

Os meios de comunicação e as lideranças políticas têm a oportunidade de tomar medidas drásticas e imediatas, mas ainda assim preferem não fazer nada. Talvez porque estejam num estado de negação. Talvez porque não se importem.

Talvez porque ainda não se deram conta da crise. Talvez porque tenham mais medo das soluções que do problema. Talvez porque queiram evitar uma turbulência social. Talvez porque temam perder a popularidade. Ou, simplesmente, porque não entraram na política ou no jornalismo para abalar um sistema em que acreditam — um sistema ao qual dedicaram toda a sua vida. Ou talvez a razão para a sua inércia seja uma mistura de todas essas coisas.

Não há como vivermos de forma sustentável no atual sistema econômico. No entanto, é isso o que nos dizem incessantemente que podemos fazer. Que podemos comprar carros sustentáveis, viajar em autoestradas sustentáveis, movidos por petróleo sustentável. Que podemos comer carne sustentável e beber refrigerantes sustentáveis envasados em garrafas plásticas sustentáveis. Que podemos comprar roupas descartáveis sustentáveis e voar em aviões sustentáveis que usam combustíveis sustentáveis. E, claro, que também vamos alcançar sem muito esforço as nossas metas climáticas sustentáveis de curto e longo prazos.

Poderíamos perguntar "como?". Como isso é possível se ainda não temos nenhuma solução técnica capaz de remediar essa crise e continuamos agarrados à perspectiva econômica atual, que não vislumbra a opção de deixarmos tudo isso para trás? Afinal, o que vamos fazer? Bem, a resposta é a mesma de sempre: vamos trapacear. Vamos usar todas as brechas e todas as contabilidades criativas a que já recorremos em todas as convenções sobre o clima desde a primeira Conferência das Partes, a COP1 de 1995, em Berlim. Vamos terceirizar as emissões junto com as nossas fábricas, vamos manipular os critérios de referência e medir as emissões da forma mais conveniente. Vamos continuar queimando árvores, florestas e biomassa, uma vez que estão excluídas das estatísticas oficiais. Vamos assegurar décadas de emissões com a construção de infraestrutura para continuar com a exploração de gás fóssil, e chamá-lo de "gás natural verde". E, depois, vamos compensar o restante com projetos vagos de reflorestamento — árvores que podem ser perdidas devido a doenças e incêndios —, ao mesmo tempo que desmatamos de modo acelerado as nossas últimas florestas primárias. Porque também essas emissões estão excluídas. Esse é o plano. Talvez não tenha sido essa a intenção desse ou daquele líder ou país. Mesmo assim, esse é o resultado dos seus esforços.

Não me entendam mal. Plantar as árvores certas em solos adequados é muito importante. Pois elas vão acabar sequestrando dióxido de carbono da atmosfera, e devemos fazer isso sempre que for adequado para o solo e para as pessoas que vivem e cuidam dessa terra. Mas o reflorestamento não deve ser confundido com *reparação* ou *compensação climática*, pois são coisas completamente distintas. No fim das contas, o grande problema é que já acumulamos pelo menos quarenta anos de emissões de CO_2 que precisam ser "compensadas". Todo esse dióxido de carbono já está na atmosfera e vai continuar lá, provavelmente durante muitos séculos. Esse CO_2 histórico é que deveria ser o nosso foco quando hoje recorremos — de forma muito limitada — a iniciativas de remoção de dióxido de carbono do ar, em projetos como os de reflorestamento. Mas a compensação, tal como foi concebida, não tem esse objetivo. Ela nunca foi pensada como forma de resolver essa confusão. Por vezes demais ela foi usada como desculpa para continuarmos a emitir CO_2, preservar o status quo e, ao mesmo tempo, sinalizar que temos uma solução e, por isso, não precisamos mudar nada. *Uma vez que vamos compensar os nossos atos atuais e futuros, podemos continuar como antes. Que importa o passado se o futuro está garantido?* E como a percepção pública dessa disjunção é — de novo — quase inexistente, há pouquíssimo risco de alguém lembrar que essa é uma crise cumulativa.

As palavras fazem diferença, e estão sendo usadas contra nós. Do mesmo modo como a ideia de que podemos fazer escolhas sustentáveis e viver de modo sustentável num mundo insustentável, ou a de que é possível sair dessa crise por meio de "compensações". Não passam de mentiras. E mentiras perigosas que vão levar a adiamentos maiores e desastrosos. De acordo com previsões da ONU, as nossas emissões de CO_2 devem aumentar 16% até 2030. O tempo que nos resta para evitar o agravamento das catástrofes climáticas em muitas regiões do mundo está se esgotando com rapidez.

Hoje estamos seguindo no rumo de um mundo que vai ser pelo menos 3,2°C mais quente no final deste século — e isso só se os países cumprirem o que prometeram, e são promessas baseadas em números inexatos e subnotificados. O pior é que nem mesmo essas metas eles estão perto de alcançar. Estamos "aparentemente a anos-luz de distância de alcançar os nossos objetivos de ação climática", nas palavras do secretário-geral da ONU António Guterres, de 2021. E cabe lembrar também a nossa história de fracassos quando se trata de cumprir todas essas promessas e esses compromissos não vinculantes. Vamos dizer apenas que o registro não é nem um pouco notável ou convincente.

E mesmo que levássemos até o fim e com êxito os planos de ação climáticos, ainda assim estaríamos em perigo. Mesmo que os nossos líderes dessem meia-volta em termos morais e conseguissem reorganizar de forma radical as sociedades nos próximos anos. Mesmo que, de algum modo, conseguíssemos milagrosamente concentrar todos os esforços para criar as tecnologias fantasiosas de emissões negativas das quais esses planos climáticos dependem. Mesmo que a queima de biomassa para os BECCS não agravasse ainda mais o colapso ecológico. Mesmo que o período em que vamos ficar inevitavelmente acima dos 1,5°C — até voltarmos para níveis de temperatura mais seguros, graças a tecnologias ainda inexistentes — não desencadeasse outras reações em cadeia severas e irreversíveis. Mesmo que o aquecimento adicional de 0,5°C já irreversível e camuflado pelos aerossóis da poluição do ar descritos por Bjørn Samset na parte II deste livro fosse contido... Mesmo que tudo isso ocorresse, ainda assim não seria suficiente.

Basicamente, *neutralidade de carbono em 2050* é algo insuficiente demais, e tarde demais. Há muitas coisas em jogo para colocarmos o nosso destino nas mãos de tecnologias incipientes. O que precisamos é zerar de fato as emissões. E precisamos ser honestos. No mínimo, precisamos que os nossos líderes passem a incluir todas as emissões efetivas nas nossas metas, estatísticas e políticas.

O orçamento global de CO₂ e as metas de neutralidade de carbono

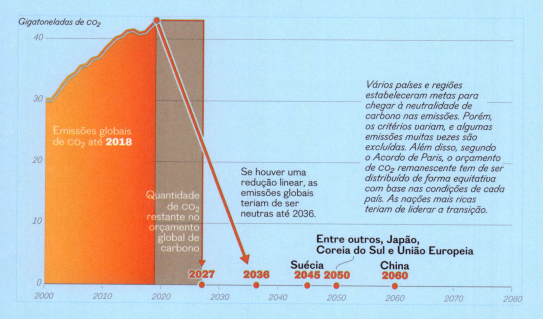

Figura 1 (acima): Gráfico baseado no relatório especial 1.5 (2018), do IPCC.

Caso contrário, qualquer menção a objetivos futuros e vagos não passa de desperdício de um tempo precioso. Segundo eles, não podemos deixar que o perfeito seja inimigo do bom. Mas o que exatamente devemos fazer quando o "bom" não apenas não garante a nossa segurança, como também está tão distante do necessário que só pode ser descrito como uma piada? E muito ácida. Então, o que nos resta fazer?

No momento em que aceitamos a *neutralidade de carbono em 2050* como nosso objetivo, não só legitimamos as brechas que ameaçam o futuro do planeta vivo e de toda a civilização, como abdicamos da chance de alcançarmos hoje uma igualdade global, e também ignoramos a nossa responsabilidade por perdas, danos e emissões históricas. Em outros termos, se aceitarmos a *neutralidade de carbono em 2050*, vamos ignorar para sempre a justiça climática e a crise cumulativa já ocorrida — e, com isso, fechamos a porta para a imensa maioria da população mundial. No final, isso vai inviabilizar qualquer ideia de um movimento climático global futuro. Concordo que o perfeito não deve ser inimigo do bom. Mas quando se trata da crise climática e ecológica, o fato é que ainda vemos muito pouco desse bom — sem falar do perfeito.

Também dizem que precisamos estar abertos à conciliação. Como se o Acordo de Paris não fosse o maior exemplo disso no mundo. Uma conciliação que já está garantindo um sofrimento inimaginável para as populações e as áreas mais afetadas. Por tudo isso, eu digo que basta, e que não podemos ceder. Os nossos ditos líderes ainda acham que podem negociar com a física e com as leis da natureza. Eles falam de flores e de florestas usando a linguagem do dinheiro e dos resultados econômicos de curto prazo. Eles acenam com os seus relatórios trimestrais de lucros para impressionar a fauna silvestre. Como tolos, leem boletins da bolsa de valores para as ondas do mar.

Estamos à beira de um precipício. E a minha sugestão enfática é que aqueles entre nós que ainda não estão cegos pelo *greenwashing* que aguentem firme e não cedam em nada. Não permitam que eles os arrastem nem um milímetro a mais para a borda do precipício. Nem um milímetro. Aqui e agora é que traçamos o limite. Aqui demarcamos a nossa posição.

Dizem que precisamos estar abertos à conciliação. Como se o Acordo de Paris não fosse o maior exemplo disso no mundo. Uma conciliação que já está garantindo um sofrimento inimaginável para as populações e as áreas mais afetadas.

4.24
Emissões e crescimento
Nicholas Stern

Há muito tempo os cientistas vinham alertando sobre o risco de mudanças no clima quando, em 1988, Syukuro Manabe, Michael Oppenheimer e James Hansen, num depoimento ao Congresso americano, deixaram claro para o mundo que elas representavam um perigo existencial. Em 1992, os governos reagiram firmando um acordo internacional, a Convenção-Quadro das Nações Unidas sobre a Mudança do Clima, visando conter a ameaça da concentração cada vez maior na atmosfera do dióxido de carbono e de outros gases do efeito estufa.

Entretanto, desde então, as emissões globais anuais continuaram a aumentar: em 2019 foram 54% maiores do que em 1990, segundo a Agência de Avaliação Ambiental dos Países Baixos. No mesmo período, de acordo com o Banco Mundial, a economia global cresceu cerca de 120%, impulsionada pelo consumo sobretudo de combustíveis fósseis (a Agência Internacional de Energia constatou que 80% da energia consumida no mundo em 2019 era resultante da queima de combustíveis fósseis). O crescimento com base no uso desses combustíveis foi o principal impulsionador do aumento das emissões.

Ao longo desse período, muitos países se empenharam, com êxito relativo, em aumentar a produtividade de suas economias e, ao mesmo tempo, reduzir as emissões anuais. Um exemplo é o Reino Unido, cujas emissões caíram 44%, enquanto a economia cresceu 78% entre 1990 e 2019. Essa redução foi possível sobretudo pela melhora da eficiência energética e pelo abandono gradual do carvão como fonte de energia. Cabe notar, contudo, que nesse cálculo não foram incluídas fontes importantes de emissões, como a aviação internacional e, como apontou o Climate Change Committee do Reino Unido, essa redução seria bem menor (cerca de 15%) se fossem levadas em conta as emissões associadas ao consumo (grande parte do qual depende de bens importados) em vez das relativas ao setor produtivo.

A gestão econômica é feita com base em indicadores-chave, dos quais um dos mais importantes é o Produto Interno Bruto, que procura medir o tamanho de uma economia nacional ao incluir todas (ou quase todas) as atividades econômicas de empresas, governos e indivíduos. Evidentemente, esse indicador não mede tudo o que importa, excluindo, por exemplo, as condições de saúde tanto do meio ambiente como da população. E também não leva em conta a perda da biodiversidade, a degradação ambiental e as alterações climáticas, que constituem prejuízos relevantes para o nosso mundo e o nosso bem-estar. A longo prazo, essas perdas afetam de maneira negativa tanto as atividades econômicas medidas pelo PIB como a saúde e a resiliência daqueles que as mantêm. Os gestores (públicos e privados) e todos nós devemos prestar atenção nesse aspecto ao avaliar o estado da terra, dos mares e da atmosfera, bem como da vegetação e da fauna silvestre.

É claramente possível, enquanto enfrentamos as mudanças climáticas, termos um desenvolvimento econômico em todas as dimensões, incluindo renda, saúde, educação, meio ambiente e coesão social. Um crescimento econômico assim é essencial para quase 7 bilhões de pessoas que vivem nos países em desenvolvimento, muitas das quais em condições de pobreza. Ele pode elevar os padrões de vida, gerar empregos bem remunerados e permitir o acesso a educação e atendimento médico de melhor qualidade. O grande desafio é fazer com que isso aconteça sem, ao mesmo tempo, prejudicar o ambiente em que vivemos. Isso só será possível se mudarmos de modo radical a forma como produzimos e consumimos, sobretudo no que se refere ao uso da energia. Os próximos dez anos serão decisivos se quisermos manter o aquecimento adicional dentro do limite de 1,5°C; e podemos e devemos agir com rapidez e vigor para um novo tipo de crescimento e de desenvolvimento que seja sustentável, resiliente e inclusivo.

Lamentavelmente, grande parte da análise econômica das mudanças climáticas não reconhece a urgência e a escala das medidas necessárias, e isso por três razões. Primeiro, ela não levou em conta a escala imensa dos riscos identificados pela ciência. Segundo, subestimou o potencial formidável das fontes alternativas de energia e de tecnologias correlatas. Terceiro, desvalorizou de maneira grosseira a vida dos nossos descendentes por meio de uma abordagem enganosa e mal fundamentada, pela qual discriminamos as futuras gerações com base na data de nascimento.

Porém, em todo o planeta as pessoas já começaram a identificar e adotar formas de desenvolvimento inovadoras, instigantes e atraentes. E agora os economistas estão recuperando o atraso; na verdade, alguns já começam a contribuir para as políticas e iniciativas que podem moldar esse novo mundo. /

4.25

Equidade

Sunita Narain

Já sabemos que as alterações no clima são uma ameaça para a nossa existência. Também sabemos que precisamos reduzir de forma drástica as emissões. No entanto, seguimos negando o fato de bilhões de pessoas terem direito ao desenvolvimento e a uma vida melhor. A verdade mais inconveniente não é que estamos diante de uma crise climática, mas que precisamos de um novo modelo de crescimento econômico, que seja acessível e viável para todos e, ao mesmo tempo, sustentável e pouco dependente dos combustíveis fósseis.

No meu país, a Índia, os pobres que já vivem à beira da subsistência estão sendo afetados gravemente pelos eventos meteorológicos extremos. Eles são as primeiras vítimas das mudanças no clima e, sempre é bom lembrar, mesmo sem ter contribuído para o acúmulo de gases do efeito estufa na atmosfera.

Portanto, ao avançarmos em nossos esforços, é indispensável reconhecer o imperativo da justiça climática. Os combustíveis fósseis ainda são determinantes para o crescimento, seja qual for a abordagem. Mais importante, bilhões de pessoas continuam à espera de energia a preços acessíveis, sem a qual não podem desfrutar das vantagens do progresso econômico. E isso num momento em que o mundo praticamente esgotou o seu orçamento de carbono que seria necessário para atender a esse desenvolvimento. A questão que se coloca, portanto, é o que essa parcela do mundo emergente pode fazer? O seu crescimento — dependente do uso de combustíveis fósseis — só vai agravar o perigo ambiental que estamos enfrentando. Ou, reformulando a questão, como podemos repensar o crescimento de um jeito que seja sustentável e, ao mesmo tempo, viável em termos econômicos? Não basta apenas criticar e obrigar os países emergentes a adotar medidas contra as emissões. O que precisamos é de políticas de apoio e de uma transferência efetiva de recursos globais que permitam essa transformação.

Por muito tempo os países ricos se empenharam de modo aguerrido em apagar ou diluir a questão da equidade nas negociações sobre o clima. Por isso o Acordo de Paris, de 2015, foi tão exaltado — por ter descartado o próprio conceito de emissões históricas, relegando a justiça climática a um mero apêndice. Ele até mesmo abandonou a ideia de que as perdas e os prejuízos causados pelas mudanças climáticas nos países mais pobres deveriam ser compensados. Pior ainda, o acordo criou um enquadramento precário e insensato no qual as medidas climáticas dependem do que os países podem fazer de forma voluntária, e não do que deveriam fazer de modo compulsório em função de suas contribuições para as emissões históricas ou de critérios de distribuição justa. Não causa surpresa, portanto, que a soma das contribuições de âmbito nacional (NDC, na sigla em inglês)

— no jargão usado pela ONU para designar as metas de redução nacionais — vai colocar o mundo no caminho de uma elevação de 3°C ou mais na temperatura.

Os detentores do poder não deveriam perder tempo com promessas vazias de neutralidade de carbono em 2050. Em vez disso, cabe a eles vislumbrar de que modo os países podem se concentrar na redução de emissões até 2030. O fato é que os "antigos" países industrializados e a recém-chegada China já se apropriaram de 74% do orçamento de CO_2 lançado na atmosfera até 2019 e, mesmo que alcancem as suas metas de corte de emissões, ainda vão continuar respondendo por 70% em 2030. Esse é o orçamento de carbono disponível para que todo o mundo fique dentro do limite de 1,5°C.

Se conseguirmos isso, estaremos diante de uma oportunidade de mudança efetiva — para investirmos hoje nas economias dos países mais pobres de modo que possam crescer sem poluir. São muitas as possibilidades para uma ação transformadora. Considere-se, por exemplo, as necessidades energéticas dos mais pobres no mundo, que hoje não contam com a infraestrutura mínima de fornecimento de eletricidade para iluminar as suas casas e preparar a sua comida — milhões de mulheres ainda usam lenha para cozinhar, o que é prejudicial à saúde delas, pois esses fogões são extremamente poluentes. O caminho a seguir é usar a energia renovável e limpa para atender às necessidades dessas famílias que hoje estão à margem do sistema energético baseado em combustíveis fósseis. Como o custo da energia renovável ainda está fora do alcance dos mais pobres, cabe aos detentores do poder, em vez de pregarem a necessidade de transições energéticas, destinarem recursos para que elas ocorram.

As discussões sobre o uso dos mercados, por meio de mecanismos como as negociações de créditos de carbono, deveriam ser colocadas em prática agora. Esses mecanismos deveriam ser usados em ações transformadoras, de modo que os projetos capazes de resultar em reduções significativas de emissões possam ser pagos por transferências financeiras e créditos de carbono. Um exemplo é o fornecimento de energia limpa por meio de milhões de pequenas redes elétricas nas comunidades mais carentes. Dessa forma, o mercado serviria às políticas e iniciativas de interesse público e deixaria de ser vulnerável a novos esquemas fraudulentos viabilizados pela compensação de carbono.

Do mesmo modo, há uma oportunidade para aproveitar a riqueza ecológica das comunidades carentes em prol da mitigação climática sob a forma de áreas florestadas e ecossistemas naturais que sequestram o dióxido de carbono. E essas florestas e recursos naturais não devem ser vistos apenas como locais que absorvem carbono, mas como possibilidades de melhorar as condições de vida e o bem-estar econômico dos mais pobres. As regras para compensação de carbono aplicáveis a florestas precisam ser elaboradas levando isso em conta — de forma deliberada e como política de Estado.

Não há como negar que perdemos muito tempo precioso tentando achar maneiras "espertas" de fazer o menos possível no que se refere ao corte das emissões. Agora chegou a hora de dar passos decisivos e ousados. Temos de elaborar políticas com a consciência de que vivemos num mundo interdependente, no qual é essencial a cooperação baseada na equidade e na justiça. /

4.26
Decrescimento
Jason Hickel

As pessoas tendem a falar da crise ecológica em termos do "Antropoceno", referindo-se ao modo como, pela primeira vez no registro geológico, a atividade humana está alterando de forma dramática o nosso planeta e o clima. Embora, sob certos aspectos, essa terminologia seja útil, ela não deixa de ser incorreta. Não são os seres humanos *enquanto tais* que estão causando o problema, mas sim um sistema econômico específico — ou seja, o capitalismo —, dependente e organizado em função do crescimento perpétuo do PIB.

Isso talvez não fosse um problema se o crescimento caísse do céu. Mas não é o que ocorre. O PIB está estreitamente ligado ao uso de recursos e de energia, ou seja, a todas as coisas materiais que a economia global extrai, produz e consome a cada ano. Isso é uma questão, pois, à medida que a economia cresce e aumenta o consumo de energia, fica mais difícil descarbonizar o setor energético rápido o suficiente para limitar o aquecimento global a 1,5°C ou 2°C. E o nosso uso de recursos — hoje superior a 100 bilhões de toneladas por ano — já superou em duas vezes o limite máximo sustentável.

O ponto crucial é que essa crise se deve sobretudo aos países abastados do Norte global — e principalmente às classes e corporações mais ricas nesses países. Isso é evidente no que se refere à crise climática: o Norte global é responsável por 92% de todas as emissões que superam os limites do planeta, definidos por cientistas como 350 ppm de concentração de CO_2 na atmosfera — nível ultrapassado em 1988. Por outro lado, a maioria dos países do Sul global ainda se mantém dentro dos seus respectivos limites e, portanto, não contribuíram em nada para a crise. Contudo, é nos países dessa região que se registra a imensa maioria dos danos, incluindo de 82% a 92% dos custos econômicos do colapso no clima, e de 98% a 99% das mortes associadas às mudanças climáticas. Seria difícil exagerar a escala dessa injustiça.

O mesmo vale para o uso de recursos. Os países ricos consomem em média 28 toneladas de recursos per capita por ano, quatro vezes mais do que o nível sustentável e muitas vezes mais do que a média no Sul global. Além disso, os países de renda alta dependem de uma apropriação *líquida* dos recursos do Sul. Ou seja, o impacto do consumo no Norte global é, na verdade, terceirizado para o Sul, onde ocorrem os danos, ao mesmo tempo que as comunidades dessa região são espoliadas dos recursos necessários para o desenvolvimento e o atendimento das necessidades básicas. Esse sistema perpetua a pobreza em massa e agrava a desigualdade global.

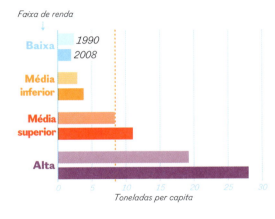 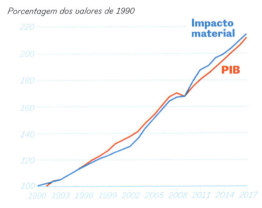

Figura 1 (esq.): Impacto material dos países, com o limite de sustentabilidade per capita em 2008 assinalado pela linha tracejada.

Figura 2 (dir.): PIB global e impacto material em toneladas per capita.

Em suma, a crise ecológica vem se desenrolando segundo o mesmo roteiro do colonialismo. O crescimento ininterrupto no Norte global depende de processos de colonização da atmosfera e da apropriação dos ecossistemas do Sul global. Ao não levarmos em conta os aspectos colonialistas da crise ecológica, estamos deixando passar o mais importante.

Nos últimos cinquenta anos, muitos economistas e gestores públicos no Norte global nos instigaram a manter o pé no acelerador do crescimento, mas ao mesmo tempo insistindo que o tornássemos "sustentável". A expectativa é de que seria possível "desatrelar" o PIB dos impactos ambientais. No entanto, os cientistas rejeitam essa narrativa, para a qual não encontram fundamento empírico.

Primeiro, não há evidência de que o crescimento do PIB possa ser de todo desvinculado do uso da energia e dos recursos e, de acordo com as projeções de todos os modelos existentes, é improvável que se consiga isso no futuro, mesmo levando em conta os pressupostos excessivamente otimistas do aumento da produtividade e dos avanços tecnológicos. Tais conclusões foram confirmadas várias vezes pelos cientistas. Um estudo recente sobre a questão conclui que "é enganoso adotar uma política voltada para o crescimento com base na expectativa de que essa desvinculação seja possível".

E o que dizer das emissões? O PIB *pode* ser desvinculado das emissões, por meio da substituição dos combustíveis fósseis pela geração de energia renovável, e isso vem ocorrendo em alguns países. O problema é que não há como fazer essa descarbonização com rapidez suficiente para cumprir as metas do Acordo de Paris *se as economias dos países ricos continuarem a crescer no ritmo atual*. É bom lembrar: mais crescimento implica maior demanda por energia, e esta torna mais difícil — e provavelmente impossível — zerar as emissões no prazo necessário.

À luz dessas evidências, os economistas ecológicos propõem uma abordagem fundamentalmente diferente. O primeiro passo é nos conscientizarmos de que os países de renda alta *não precisam* crescer mais. Na verdade, sabemos que é possível atender às necessidades humanas num padrão elevado com um volume de energia e recursos *muito menor* do que o usado hoje pelos países ricos. A solução é reduzir a escala das modalidades menos necessárias de produção e reorganizar a economia em função do bem-estar humano, e não da acumulação de capital. Essa abordagem, conhecida como "decrescimento", propõe uma redução planejada do uso excessivo de recursos e de energia nos países ricos para a economia voltar a estar em equilíbrio com o mundo vivo de uma forma justa e igualitária.

E como isso seria feito na prática? Em vez de supor que *todos os setores* da economia precisam crescer sem parar, sem importar se são úteis ou não para nós, seria o caso de decidirmos quais setores econômicos de fato *necessitam* ser aprimorados (por exemplo, os de energia renovável, transportes públicos e atendimento de saúde), e quais setores são claramente destrutivos e podem ser reduzidos (suvs, jatos particulares, viagens aéreas, *fast fashion*, carne industrializada, publicidade, finanças, a prática da obsolescência programada, o complexo industrial-militar etc.). Há enormes parcelas da economia que se organizam sobretudo em função do poder corporativo e do consumo elitista, e seria vantajoso para todos nós que deixassem de existir.

A maioria das pessoas não negaria que isso é razoável, exceto por um aspecto: e quanto aos empregos? Por sorte há uma solução simples: à medida que a economia passar a depender de menos mão de obra, será possível reduzir a semana de trabalho e distribuir de forma mais equitativa o trabalho a ser feito. Também podemos criar um programa estatal de empregos que assegure a todos treinamento e participação nos projetos coletivos mais importantes da nossa geração: o aumento da capacidade da energia renovável, do maior isolamento térmico das residências, da produção local de alimentos e da regeneração dos ecossistemas. Em paralelo, temos de expandir os serviços públicos estatais a fim de garantir que todos tenham acesso aos recursos indispensáveis para uma vida digna (não só atendimento médico e educação, mas também moradia, transportes públicos, energia renovável, água limpa e acesso à internet), ao mesmo tempo que reduzimos de forma dramática a desigualdade com impostos progressivos sobre a renda e a riqueza.

Por meio dessa abordagem, seria possível assegurar boas condições de vida para todos e, ao mesmo tempo, reduzir de modo direto o uso de energia e de recursos naturais, permitindo uma descarbonização mais acelerada da economia — no prazo de anos, e não de décadas — e a reversão do colapso ecológico. Além de tudo, isso também significaria libertar os países do Sul global das apropriações imperialistas, permitindo-lhes mobilizar os seus recursos para o atendimento de necessidades humanas, em vez de viabilizar o consumo no Norte global.

Ainda que possa ser vista como utópica, essa perspectiva é necessária e viável. É assim que podemos evitar o colapso ecológico e construir uma civilização justa e igualitária para o século XXI. Sem dúvida, isso vai demandar lutar com firmeza contra quem se beneficia de maneira prodigiosa com a atual estrutura da economia mundial; vai requerer organização, solidariedade e coragem. Mas toda luta por um mundo melhor é assim.

4.27

O descompasso na percepção

Amitav Ghosh

"As árvores foram as minhas professoras", escreveu o poeta alemão Friedrich Hölderlin, e se há algum lugar na Terra que poderia dizer isso de si mesmo é Ternate, uma ilha minúscula no arquipélago que ficou conhecido como as Molucas, ou ilhas das Especiarias. Hoje ele faz parte da província de Molucas do Norte, na extremidade leste da Indonésia. Os mares da região são pontilhados de ilhas vulcânicas, e Ternate é uma delas: a sua superfície é formada pelo cone levemente inclinado de um vulcão, o monte Gamalama, que se eleva do leito oceânico até uma altura de 1750 metros.

Ternate é um lugar que, pela maioria dos critérios, seria considerado muito distante dos caminhos da história. Mas essa ilha foi, na verdade, durante muitos séculos, um elemento importante na história mundial, como fica claro para quem avista as inúmeras fortificações coloniais erguidas em seu litoral. E o motivo disso era uma árvore extremamente valiosa que crescia lá e nas ilhas vizinhas: a *Syzygium aromaticum*, a árvore que produz o cravo-da-índia. Essa especiaria, que já foi muito valorizada, fez com que a ilha fosse próspera e poderosa durante séculos. Porém, no século XVI, no começo da era da colonização europeia, a "árvore da vida" também trouxe muito sofrimento para os habitantes da ilha. Vários grupos de colonizadores europeus disputaram o controle de Ternate e das ilhas próximas durante uma luta sangrenta pelo domínio do comércio de cravo-da-índia. Os holandeses acabaram prevalecendo; no século XVII, eles transformaram a ilha numa colônia e decretaram que, dali em diante, o cravo só seria produzido numa outra ilha, no sul das Molucas. Os habitantes de Ternate foram obrigados pelos termos de um tratado imposto pelos holandeses a "extirpar" todas as árvores de cravo que existiam ali. A árvore que havia ensinado Ternate só voltaria às encostas do monte Gamalama no século seguinte, quando o cravo-da-índia já estava sendo cultivado em outras partes do mundo e seu valor havia caído de forma drástica.

Hoje, Ternate é um lugar tranquilo e sonolento, mais conhecido pelas ruínas dos antigos fortes portugueses e holandeses. Entretanto, a despeito de sua distância dos grandes centros atuais de comércio, Ternate não ficou para trás no processo de globalização. A Indonésia é uma das economias que mais crescem

313   O QUE FIZEMOS ATÉ AGORA

no mundo, e isso se nota por todos os lados na ilha: na grande quantidade de veículos de todos os tamanhos que abarrotam as ruas, e nos prédios de construção rápida que se erguem nos vilarejos. Na verdade, nada revela tanto o crescimento acelerado da Indonésia quanto a sua capacidade de fornecer bens e serviços a esse canto remoto do seu território.

Mas Ternate exibe uma outra marca dessa época de aceleração. E ela também foi gravada na paisagem pela árvore que traçou o destino da ilha. Por todos os lados, as árvores de cravo estão morrendo; num pomar após o outro, elas formam aglomerados debilitados, com os galhos sem folhas e os troncos ficando acinzentados. Nas encostas do vulcão, são visíveis os agrupamentos de árvores mortas, com tons plúmbeos que contrastam vividamente com a mata verdejante.

Os agricultores que cuidam das árvores são unânimes quanto à causa da morte dos craveiros-da-índia: eles contam que o clima mudou nos últimos anos, há menos chuva e com uma frequência mais irregular. A consequência disso foi a disseminação de pragas e doenças. A falta de chuva foi acompanhada de outro fenômeno sem precedentes: os incêndios florestais. Em março de 2016, o fogo levou três dias para ser controlado nas encostas do monte Gamalama. Incêndios assim tão violentos são uma novidade para os moradores locais.

Desse modo, as mudanças que vêm ocorrendo no clima global voltaram a colocar os moradores de Ternate na linha de frente da história: as árvores que guiaram os seus primeiros passos agora estão morrendo diante de seus olhos sem que possam fazer nada.

Essa é uma situação trágica, uma vez que o ambiente vulcânico de Ternate deu origem a um relacionamento muito íntimo e sacralizado entre a ecologia e os habitantes da ilha, que há muito tempo se consideram os guardiões de seu mundo estreitamente interconectado. E isso vale sobretudo para os descendentes dos sultões que governaram a ilha desde o século XIV. Alguns membros dessa dinastia ainda vivem ali e, durante a minha visita, em 2016, tive a oportunidade de conversar com um deles, um príncipe que é filho do último governante e atual morador do Palácio do Sultão.

Sentados num pátio que dava para o monte Gamalama, era inevitável que falássemos sobre os craveiros-da-índia agonizantes que eu tinha visto nas encostas do vulcão. Como muita gente na ilha, o príncipe atribuiu a morte das árvores às mudanças climáticas — e isso era para ele uma questão muito perturbadora, pois essas árvores haviam marcado o destino de sua família durante setecentos anos.

Por causa disso, fiz ao príncipe a mesma pergunta que tinha feito a vários cultivadores de craveiros-da-índia: "Diante da gravidade da situação, os habitantes de Ternate deveriam fazer um esforço para reduzir as suas emissões de carbono?".

Considerando a relação especial de sua família com os craveiros, imaginei que o príncipe veria a questão de uma perspectiva diferente daquela dos agricultores com quem havia conversado. No entanto, a resposta que me deu foi mais ou menos igual à que tinha ouvido de outros na ilha. Ela pode ser parafraseada assim: "Por que *nós* deveríamos cortar as nossas emissões? Isso seria injusto. Os ocidentais tiveram a sua vez quando éramos fracos e impotentes e eles nos dominavam. Agora é a nossa".

A resposta do príncipe não me surpreendeu, pois já tinha escutado o mesmo inúmeras vezes, não só na Indonésia, mas na Índia, na China e em muitos outros lugares. Tanto para os agricultores como para o príncipe, o fardo das injustiças históricas superava em muito as dificuldades materiais e as ameaças iminentes das mudanças climáticas. Serem obrigados a tolerar um meio ambiente transtornado era, para eles, um sacrifício a ser suportado em benefício de uma aspiração nacional maior.

Em grande parte com esse mesmo espírito, os moradores de cidades como Nova Delhi e Lahore convivem com níveis tóxicos de poluição, conscientes de que o ar que respiram vai abreviar em vários anos as suas vidas. De um lado, eles veem os danos à sua saúde e ao seu bem-estar como um sacrifício necessário para desfrutar certo padrão de vida e, de outro, para promover uma aspiração coletiva mais ampla por um posicionamento melhor na ordem internacional. É por aí que o enfrentamento dos riscos ambientais veio se misturar a algumas das noções de sacrifício e sofrimento subjacentes ao nacionalismo. Pela mesma razão, as tentativas de impor limites às emissões de carbono dos países pobres são amplamente consideradas como uma forma encoberta de preservar as disparidades econômicas e geopolíticas dos últimos duzentos anos, pois, em termos per capita, as emissões de carbono no Sul global ainda são uma fração das emissões dos países ricos.

No Ocidente, essas percepções se refletem na ideia, hoje muito difundida nos círculos direitistas, de que o Sul global está empenhado em despojar as nações ricas dos frutos de um êxito conquistado de forma árdua. Nos Estados Unidos, a ideia de impor limites às emissões de CO_2 do país também é vista por muitos como uma violação da soberania nacional, assegurada, em última análise, por seu esmagador poderio militar.

Em suma, o nacionalismo, o poderio militar e as disparidades geopolíticas são fundamentais na dinâmica que vem prejudicando repetidas vezes os esforços para se chegar a um acordo global que vise a uma rápida descarbonização. Nesse sentido, seria possível dizer que os conflitos e as rivalidades nacionais são propulsores cruciais das mudanças climáticas. No entanto, essas questões raras vezes são discutidas nas conferências sobre o aquecimento global, que acabaram por se concentrar sobretudo nas mais diversas "soluções" tecnocráticas e economicistas. Não é coincidência que a literatura sobre as mudanças climáticas, produzida em sua maioria por universidades e instituições de pesquisa ocidentais, também se concentre sobretudo nas questões técnicas e econômicas.

Em consequência, há um enorme descompasso entre o modo como as mudanças climáticas são vistas, de um lado, nos países ricos do Norte global, quase todos beneficiados por séculos de colonialismo e, de outro, nos países do Sul global, quase todos submetidos a alguma forma de domínio colonial. No Norte, o aquecimento global é quase sempre visto em termos de tecnologia, economia e ciência; no Sul, o mesmo fenômeno é concebido em termos de disparidades de poder e riqueza que remontam às desigualdades geopolíticas consolidadas na era colonial.

No Sul global, questões como violência, raça e poder geopolítico estão implícitas nas percepções de pessoas como os cultivadores de cravo em Ternate. No Norte global, em grande parte estabelecido de forma sólida no topo da pirâmide global, essas questões raramente são discutidas, e as mudanças climáticas costumam ser tratadas como um problema de governança, que pode ser solucionado por meio de processos de negociação no âmbito de instituições multilaterais, como as Nações Unidas.

No entanto, nisso há uma contradição muito significativa. As instituições multilaterais atuam sob um mandato baseado no pressuposto de que todas as nações e todos os povos são iguais, e de que a riqueza e o bem-estar deveriam ser distribuídos de forma equitativa entre as nações. A geopolítica, por outro lado, está fundamentada em pressupostos totalmente diversos. Ela não tem como fim a promoção da igualdade e da justiça — mas o oposto. O seu objetivo explícito é a manutenção de uma estrutura de dominação — ou de desigualdade, para dizer de outro modo.

A dissonância entre essas duas esferas — a da governança global multilateral, de um lado, e o poder geopolítico, de outro — é de tal modo acentuada que chega a ser quase irreconciliável. Enquanto as estruturas de governança global produzem torrentes aparentemente inesgotáveis de "soluções" e tratados, o reiterado colapso das negociações internacionais aponta para uma realidade diferente e em grande parte oculta. Essa dinâmica não reconhecida foi certa vez resumida por um jornalista cingalês da seguinte maneira: "É a vontade de poder que vai nos ajudar a enfrentar uma das principais forças propulsoras do futuro: as mudanças no clima".

Em outros termos, a despeito da linguagem usada pelos líderes globais nas negociações internacionais, quando nos detemos no que estão fazendo de fato, o que se nota é que as suas ações são na verdade movidas por uma vontade de poder. Talvez por isso as nações ricas tenham contribuído com apenas 10 bilhões de dólares para um fundo de ajuda aos países mais vulneráveis, mas não tiveram a menor dificuldade em aumentar os seus gastos militares em 1 trilhão de dólares. Isso indica que, ao contrário do que os líderes globais dizem em público, muitos deles estão na verdade se preparando para um futuro no qual os conflitos vão se intensificar.

Dada a natureza intratável das disparidades geopolíticas no mundo, o que pode ser feito para enfrentar a crise planetária? Como as aspirações dos povos do Sul global podem ser atendidas quando está claro que a humanidade acabaria asfixiada se todos adotassem o padrão de vida ocidental?

Páginas seguintes:
Os manguezais estão entre os ecossistemas mais ameaçados em todo o mundo. Um hábitat importante da fauna silvestre, eles protegem o litoral de inundações, tsunâmis e da erosão do solo, ao mesmo tempo que ajudam a mitigar as mudanças climáticas, ao filtrar poluentes, absorver dióxido de carbono e liberar oxigênio.

Um elemento nisso que proporciona algum encorajamento é que as aspirações das classes médias no Sul global são essencialmente miméticas. Ou seja, quando um indiano ou um indonésio diz "Agora é a nossa vez", o que na verdade eles estão dizendo é "Não vou enriquecer ou ficar satisfeito até ter o mesmo que tem o Outro". Disso decorre que, se os Outros supostamente ricos alterassem o modo como vivem e adotassem outros padrões, então isso poderia ter um impacto considerável nas aspirações do resto do mundo.

Nesse sentido, a ênfase atribuída pelo movimento Fridays for Future à descoberta de novas maneiras de viver tem uma relevância enorme. E o fato de que essa mensagem repercute de forma tão ampla, mesmo no Sul global, é um raro motivo de esperança.

O nacionalismo, o poderio militar e as disparidades geopolíticas são fundamentais na dinâmica que vem prejudicando repetidas vezes os esforços para se chegar a um acordo global que vise a uma rápida descarbonização.

PARTE V /

O que precisamos fazer agora

"Podemos seguir por outro caminho"

5.1

A forma mais eficaz de sairmos dessa confusão é nos informando

Greta Thunberg

A resposta para se deveríamos privilegiar a mudança individual ou sistêmica é, sem dúvida, afirmativa. Não podemos ter uma sem a outra. Ambas são necessárias. A solução da crise climática não cabe apenas aos indivíduos ou ao mercado. Para tornar as metas climáticas viáveis — e, com isso, evitar um risco maior de desencadearmos uma catástrofe climática —, temos de mudar as nossas sociedades como um todo. Para citar o IPCC, "limitar o aquecimento global a 1,5°C vai exigir mudanças rápidas, abrangentes e sem precedentes em todos os aspectos da sociedade". Não tem como uma transformação assim ser alcançada apenas com ajustes nos modos de vida individuais, com empresas descobrindo novos processos sustentáveis de fabricar cimento ou com governos aumentando ou baixando impostos. Nada disso vai ser suficiente. Mas também é igualmente impossível empreender tal transformação sem os indivíduos, sobretudo porque são eles que precisam abrir o caminho no nível dos movimentos de base. Cada indivíduo, movimento, organização, liderança, região e nação precisa tomar a iniciativa.

A história já registrou inúmeras mudanças sociais importantes. Algumas delas muito dramáticas — tanto para o bem como para o mal. Por isso, quando clamamos por mudanças sem precedentes em todos os aspectos das nossas sociedades, não estamos dizendo que devemos apenas deixar de comer carne um dia por semana, compensar o carbono emitido em viagens de férias na Tailândia ou trocar o SUV com motor a diesel por um carro elétrico. E, no entanto, a maioria das pessoas em boa parte do mundo parece achar exatamente isso. É compreensível que seja assim. Nós, humanos, somos animais sociais — ou animais de rebanho, se preferirem. Como mostram Stuart Capstick e Lorraine Whitmarsh no capítulo seguinte, imitamos o comportamento dos outros e seguimos os nossos

Páginas anteriores:
As florestas primárias antigas são um dos mais eficientes sumidouros de carbono do planeta. Em 1984, as nações indígenas Tla-o-qui-aht e Ahousant se juntaram a ambientalistas locais para protestar contra a derrubada de algumas das florestas mais antigas do Canadá, na ilha Meares. Esse movimento resultou na criação do primeiro Parque Tribal da província da Colúmbia Britânica.

líderes. Se não vemos mais ninguém se comportando como se estivéssemos em crise, então pouquíssimos vão se dar conta de que estamos de fato em crise.

Em outras palavras, pouco importa dizer que estamos diante de uma emergência se ninguém está agindo como se estivéssemos de fato diante de uma emergência. Isso foi muito bem compreendido por aqueles que detêm o poder e dominam a arte sutil de dizer uma coisa enquanto fazem exatamente o oposto. Muito provavelmente, é por isso que estamos numa situação em que, por exemplo, os países que mais produzem petróleo estão expandindo de forma acelerada a sua infraestrutura baseada em combustíveis fósseis e, ao mesmo tempo, alardeiam estar na liderança da luta contra os efeitos das mudanças climáticas, mesmo sem reduzir as suas emissões.

O idioma sueco produziu uma quantidade ínfima de palavras reconhecidas internacionalmente e incorporadas ao vocabulário global, como *smörgasbord* e *ombudsman*. Há pouco tempo, foi adicionado mais um termo, *flygskam*, ou "vergonha de voar". Ele está associado ao movimento climático internacional e ao número cada vez maior de pessoas que deixaram de fazer viagens aéreas frequentes por elas serem de longe a atividade individual mais nociva ao clima — a menos que a gente leve em conta as viagens espaciais de bilionários ou a manutenção de iates monstruosos. Provavelmente, a *flygskam* se tornou comum na Suécia por ter sido difundida por um pequeno grupo de celebridades. A expressão em si foi cunhada pelas mídias sociais, talvez para tentar atrair mais cliques — daí o uso da palavra "vergonha".

Conheço muita gente que deixou de viajar de avião, não apenas por um ou dois anos, mas para sempre. Essa não é uma decisão fácil de ser tomada. Ao fazer isso, essas pessoas reduziram de forma drástica as suas emissões de carbono. Mas em geral não foi isso que as motivou. Tampouco o fizeram para constranger outros. A maioria o fez pelo mesmo motivo que me levou a tomar essa atitude, ou seja, para enviar uma mensagem clara aos mais próximos de que estamos no começo de uma crise e, por isso, devemos mudar o nosso comportamento. Eu sem dúvida não cruzei o Atlântico duas vezes de barco a vela para envergonhar ninguém ou para reduzir a minha pegada de carbono. Minha intenção era deixar claro que, enquanto indivíduos, não temos como viver de forma sustentável segundo o sistema atual. E que as soluções que nos permitiriam isso nem de longe vão estar disponíveis no prazo que temos para alcançar as metas climáticas.

Existe, contudo, outro termo em sueco que merece muito mais atenção do que *flygskam*. É a palavra *folkbildning*, que se traduz de modo aproximado como "educação pública abrangente, gratuita e voluntária" e tem origem sobretudo na comunidade de trabalhadores que surgiu após a introdução da democracia no país nas primeiras décadas do século XX — quando os sindicatos foram legalizados, os homens e as mulheres conquistaram o direito de votar e o Estado de bem-estar começou a ser criado na Suécia. Muitos provavelmente acham que o movimento Fridays for Future surgiu como uma forma de protesto, mas não foi assim, ou pelo menos não no início. O nosso principal objetivo era difundir informações sobre

325 O QUE PRECISAMOS FAZER AGORA

a crise — como uma forma de *folkbildning*, para ser exata. Quando me sentei na calçada diante do Parlamento sueco em 20 de agosto de 2018, não levei apenas um cartaz com a frase *"Skolstrejk För Klimatet"* [Greve Escolar pelo Clima], mais importante, eu carregava uma pilha enorme de folhetos, com fatos e informações sobre a emergência climática e ecológica, para serem distribuídos de forma gratuita a quem passasse por ali. Ainda tenho um monte desses folhetos numa gaveta no apartamento dos meus pais. Imagino que eles não eram tão eficazes para transmitir a mensagem quanto a menina tímida ao lado do grande cartaz branco.

Até hoje, porém, estou plenamente convencida de que a maneira mais efetiva que temos para sair dessa confusão é tentar nos informar e informar os outros (algo um pouco irônico, pois a ideia de greve escolar implica faltar às aulas, mas ainda assim). Quando compreendermos a situação que estamos enfrentando e tivermos uma ideia de todo o quadro, acabaremos descobrindo mais ou menos o que fazer. E — o que talvez seja tão importante quanto — vamos saber o que *não* fazer. Por exemplo, ficar presos a detalhes específicos em detrimento do contexto mais amplo ou, em outras palavras, tentar resolver uma crise sem tratá-la como tal. Estou absolutamente convencida de que, assim que passarmos a agir como devemos diante de uma crise, vamos levar em conta todos os detalhes individuais possíveis. Contudo, até lá, a discussão de questões isoladas e individuais é provavelmente uma perda de tempo, uma vez que muitas delas são cooptadas para a criação de "guerras culturais", que muitas vezes visam desviar a atenção de todos e impedir qualquer avanço significativo. Como as referências ao crescimento demográfico ou à proliferação nuclear — ou ainda a pergunta: *e quanto à China?*

Assim como as guerras culturais, existem muitas estratégias bem-sucedidas para atrasar, dividir e distrair. Como notou Naomi Oreskes na parte I, o setor dos combustíveis fósseis "desviou a atenção de seu próprio papel ao insistir que os cidadãos deveriam assumir uma 'responsabilidade pessoal'" e se preocupar com o seu impacto individual. Essa ideia foi inicialmente promovida pela empresa British Petroleum com o objetivo de deslocar a atenção dos principais setores destrutivos para o consumidor individual. E teve muito êxito nesse sentido. Na parte IV, Nina Schrank ressalta um esforço similar por parte de empresas de refrigerantes, como a Coca-Cola, para transferir ao consumidor a responsabilidade pela poluição descontrolada das embalagens plásticas. Do mesmo modo, inúmeras outras campanhas desse tipo foram introduzidas nos debates sobre o clima. Uma delas, recente e muito bem-sucedida, afirma que uma centena de empresas é responsável por 70% das emissões mundiais. Embora esse seja o argumento oposto do discurso do impacto individual, o resultado é praticamente o mesmo — ou seja, a inação. Dessa vez, a mensagem principal é que, como apenas cem empresas geram todas essas emissões, pouco importa o que fazemos enquanto indivíduos, pois seria muito mais efetivo se de algum modo nos livrássemos dessas companhias. Não está claro como isso seria feito: para começar, não dispomos de regras, leis ou restrições para tanto, a não ser o boicote dos seus produtos — o que, é claro, é uma ação individual.

Não me entendam mal — sou totalmente a favor de eliminar essas empresas e fazer com que paguem por toda a destruição inimaginável que causaram. Porém, após fechar essas cem empresas, sem dúvida outras cem virão tomar o seu lugar se não transformarmos toda a sociedade — um processo que requer ao mesmo tempo ações individuais e mudanças sistêmicas. Portanto, de novo precisamos de ambas. Qualquer sugestão de que podemos ter uma sem a outra — ou de que uma solução ou ideia isolada é mais importante do que todas as outras — tem sem dúvida o objetivo de frear o nosso avanço.

Uma coisa que deve ficar bem clara, contudo, é que, ao falar de ação individual, não estou me referindo a reduzir o uso de plástico ou adotar dietas vegetarianas — ainda que ambas sejam bons métodos para despertar um sentimento de urgência. Quando falo de ações individuais, quero dizer que nós, enquanto indivíduos, devemos usar as nossas vozes e todo tipo de plataforma ao nosso alcance para nos tornar ativistas e transmitir às pessoas ao redor o quão urgente é a situação atual. Devemos nos tornar cidadãos ativos e fazer com que os detentores do poder sejam responsabilizados pelo que estão fazendo e deixando de fazer.

Na verdade, se quisermos evitar as piores consequências da crise climática e ecológica, não podemos mais escolher à vontade as nossas ações — temos que fazer tudo o que está ao nosso alcance. E para isso vamos precisar de todos: indivíduos, governos, empresas e todas as instituições que existem. Mas sempre lembrando que a época de *pequenos passos na direção certa* ficou para trás. Já não temos mais tempo para um trabalho lento de convencimento. Não basta mais "avançar pouco a pouco" ou "vencer devagar". Pois, em se tratando da crise climática, nas palavras do autor americano Alex Steffen, "vencer de forma gradual é o mesmo que ser derrotado".

Não podemos mais escolher à vontade as nossas ações — temos que fazer tudo o que está ao nosso alcance.

5.2
Ação individual, transformação social
Stuart Capstick e Lorraine Whitmarsh

Há um descompasso inquietante entre a enormidade das mudanças climáticas e a estreiteza da resposta que demanda dos indivíduos. Diante de uma crise existencial sem precedentes, somos estimulados a fazer um pouco de reciclagem, desligar as luzes e usar canudos de papel, como se essas escolhas corriqueiras pudessem evitar o aumento do nível dos mares ou as ondas de calor letais. Mesmo que uma pessoa faça todo o possível para reduzir as suas emissões — tornando-se vegetariana, deixando de usar carros e aviões e reduzindo ao máximo o seu consumo —, ainda assim persiste o sentimento de que se trata de uma gota no oceano, irrelevante diante da dependência que nossa sociedade tem dos combustíveis fósseis e das mudanças abrangentes de que necessitamos para sair dessa situação.

Se essa é uma perspectiva desalentadora, a boa notícia é que também está baseada numa dicotomia falsa. Concentrar a atenção nos dois extremos — no plano individual em oposição ao sistêmico — implica ignorar o vasto território que vai de um a outro. E é nesse espaço que somos capazes de interagir com as pessoas que nos rodeiam, ajudando a desencadear mudanças ao definir expectativas sociais e criar realidades compartilhadas. O exercício da nossa influência nesse domínio envolve bem mais do que ser um consumidor isolado de bens e serviços. Em vez disso, a ação climática se dá por intermédio dos vários papéis que desempenhamos na vida de comunidades, famílias, grupos de amigos, organizações e locais de trabalho.

Uma forma pela qual as nossas ações fazem diferença nesse sentido é quando do proporcionam aos outros orientação e exemplo. Assim como cada um de nós é influenciado pelas opiniões e ações de outras pessoas — sobretudo daquelas que respeitamos e com as quais nos importamos —, também os outros são influenciados por nós, mesmo quando não nos damos conta disso. Muitos estudos mostraram que escolhas ambientalmente benéficas feitas pelas pessoas são afetadas pelo modo como avaliam o comportamento alheio. Outra pesquisa mostrou de que forma essa influência interpessoal pode ser reforçada com o tempo e se disseminar por toda uma vizinhança ou por uma rede de contatos, num processo conhecido como "contágio" social ou comportamental. Isso pode ocorrer quando as pessoas reagem às mudanças ao redor e por contatos interpessoais. Por exemplo, estudos sobre a difusão da tecnologia constataram que as residências que instalaram painéis solares têm um efeito perceptível na probabilidade de que outras residências próximas façam o mesmo. Na média, se duas residências num raio de oitocentos metros instalam um sistema novo, essa influência entre pares faz com que pelo menos mais uma faça o mesmo. Do mesmo modo, o crescimento no número de bicicletas, motos e carros elétricos foi diretamente induzido por pessoas que discutem o seu uso e estimulam outras a experimentá-los.

Antes de predisporem as pessoas a agir de determinado modo, os padrões de influência social têm o potencial de dar o tom no que se refere aos modos de vida mais ou menos aceitáveis. Durante muitos anos, viagens aéreas frequentes foram vistas como um sinal de status social elevado; mais recentemente, contudo, a percepção dos impactos danosos dessas viagens começou a suscitar novas normas sociais contrárias a isso e a influenciar a demanda por voos: na Suécia, onde o fenômeno da *flygskam* ("vergonha de voar") se consolidou, a quantidade de passageiros nos voos domésticos caiu 9% de 2018 a 2019 por conta disso. Sobretudo com o objetivo de influenciar os outros, a campanha Flight Free estimula as pessoas a se comprometerem a voar menos, não só para que diminuam as próprias emissões (ainda que isso importe), mas para produzir um impacto maior sobre parentes e amigos e, em última análise, mudar as expectativas culturais associadas às viagens aéreas.

As ações individuais que visam enfrentar as mudanças climáticas têm, portanto, a capacidade de suscitar transformações mais amplas nos contextos em que tomamos decisões cotidianas, influenciando a atividade empresarial e alterando o que se considera um modo de vida normal ou desejável. O crescente entusiasmo por dietas baseadas em plantas — que já resultou em reduções significativas nas emissões de gases do efeito estufa em algumas partes do mundo — levou por sua vez os produtores a investir em novos produtos veganos e vegetarianos, criando a possibilidade de mudanças ainda maiores na dieta na medida em que tais opções se tornam mais difundidas.

Nos casos em que figuras públicas influentes ou muito conhecidas adotam medidas pessoais, como reduzir as viagens aéreas, isso pode ter um efeito importante sobre os outros. Os cientistas e ativistas que se dedicam às questões climáticas podem ganhar — ou perder — credibilidade ao fazer escolhas pessoais que transmitem uma mensagem sobre a gravidade da crise climática e a relevância de atitudes individuais. O empenho em reduzir as nossas emissões e exercer influência sobre outros também varia muito de acordo com o status social e as circunstâncias materiais. Em termos globais, os 10% mais ricos geram cerca de metade de todas as emissões de gases do efeito estufa; além de ter melhor condição de manter um modo de vida sustentável, essas pessoas dispõem de recursos que as colocam em uma posição mais confortável para investir de forma ética e influenciar práticas profissionais.

A ação pessoal também pode levar ao ativismo e à participação no esforço coletivo para suscitar mudanças. A participação em movimentos sociais que visam enfrentar a crise climática faz diferença, tanto por sua influência na opinião pública mais ampla como por exercer pressão para que os detentores do poder possibilitem respostas políticas mais ambiciosas. Em muitas partes do mundo, os políticos já não podem mais alegar que não têm um mandato social para enfrentar de modo decisivo a crise climática: os cidadãos estão clamando nitidamente por uma resposta governamental vigorosa, com altos níveis de preocupação pública em relação às mudanças climáticas e amplo apoio a políticas voltadas para o corte de emissões. Ao reconhecer isso, alguns políticos veteranos incentivaram de forma deliberada o ativismo dos cidadãos, como Angela Merkel fez na época em que era chanceler da Alemanha ao pedir para os jovens "aumentarem a pressão", ou a primeira-ministra da Escócia, Nicola Sturgeon, ao comentar que "precisamos sentir o calor do fogo em nossos pés".

De todas essas maneiras, as nossas esferas de influência se estendem desde fazer escolhas privadas e pessoais, ao persuadir e apoiar outros, até organizar e criar agitação em favor das mudanças, e, por fim, com contribuições para reformular os próprios sistemas e culturas que constituem a sociedade. Devido à complexidade das interações entre as escolhas pessoais e a mudança social, sempre há a possibilidade de um efeito dominó: muitas ações isoladas podem levar a uma reviravolta nas convenções sociais devido à rápida disseminação de pontos de inflexão — a história mostra que essas transições podem ser repentinas e dramáticas, e que mudar atitudes e comportamentos são um componente essencial para esse processo.

Não se trata aqui, de forma nenhuma, de que a obrigação de enfrentar a crise climática cabe apenas aos cidadãos, cujo poder é limitado e cujas escolhas frequentemente sofrem muitas restrições. A ênfase na responsabilidade pessoal foi usada pelas empresas petrolíferas e por outros para desviar a atenção de suas próprias deficiências — uma tática deliberada que precisa ser contestada. Também é essencial que os governos se empenhem em criar condições para a adoção de modos de vida e economias de baixo carbono, antes mesmo de serem pressionados com vigor a fazer isso. Porém, ao refletirmos sobre o nosso papel no enfrentamento da crise climática, devemos lembrar que não há nada "individual" na ação individual: ela é o elemento vital que torna a transformação social possível.

5.3

Rumo aos modos de vida adaptados à meta de 1,5°C

Kate Raworth

"Compro logo existo", afirmou a artista Barbara Kruger em 1987.

Essa frase emblemática resume o modo de vida intensamente consumista que, no decorrer do século XX, passou a dominar o cotidiano em muitos países e cidades de renda alta — ao mesmo tempo que contribuía para deteriorar a saúde do planeta vivo.

Esta década crucial para a ação climática requer um reequilíbrio radical do consumo entre o Norte e o Sul globais a fim de tornar possível atender as necessidades de todos dentro dos limites do planeta. A escala e a velocidade necessárias para esse nivelamento são algo sem precedentes. Segundo a Oxfam, para que a humanidade viva bem e de forma equitativa em 2030, mantendo o aquecimento global no limite de 1,5°C, os 10% mais ricos do mundo têm de reduzir nos próximos dez anos as suas emissões associadas ao consumo para apenas um décimo dos níveis de 2015 — e, ao mesmo tempo, garantir que os 50% mais pobres tenham condições de satisfazer as suas necessidades essenciais de consumo.

De que modo, então, os países e as comunidades mais ricos podem deixar para trás o modo de vida consumista em que estão mergulhados há mais de cem anos? Um bom ponto de partida é entender como o consumismo foi incorporado às teorias fundamentais e aos modelos de negócios básicos que impeliram o crescimento econômico no século XX.

Os pioneiros da economia colocaram no centro de suas doutrinas uma caricatura da humanidade: a do indivíduo solitário e egoísta dotado de um desejo insaciável por todas as coisas que o dinheiro pode comprar. Como afirmou Alfred Marshall em 1890, um importante economista da época, "as carências e os desejos humanos são inúmeros e muito variados. Com efeito, o homem não civilizado não se distingue muito do animal bruto; porém, todo passo que dá em seu progresso ascendente aumenta a variedade de suas necessidades […], ele deseja uma variedade maior de coisas, e de coisas capazes de satisfazer as novas carências que nele surgem". Partindo de uma descrição tão restrita da humanidade, não surpreende que o PIB — que mede o custo total dos bens e serviços comercializados todos os anos numa economia — logo tenha sido visto como uma medida aceitável do êxito de uma nação.

Embora a teoria econômica já considerasse os indivíduos como consumidores insaciáveis, as pessoas de carne e osso ainda precisavam ser convencidas disso; na verdade, os lucros futuros das corporações mais poderosas do século xx dependiam disso. "A produção em escala só é lucrativa quando mantém o seu ritmo", escreveu Edward Bernays em *Propaganda*, um livro publicado em 1928 e que se tornaria um clássico, no qual ele argumenta que as empresas "não podem se dar ao luxo de esperar que o público solicite os seus produtos; elas precisam manter um contato permanente, por meio da publicidade e da propaganda [...], para garantir a demanda contínua que sozinha pode tornar as suas fábricas dispendiosas lucrativas".

Curiosamente, Bernays — que inventou o setor de "relações públicas" — era sobrinho de Sigmund Freud, e logo se deu conta de que as ideias básicas da psicanálise poderiam ser convertidas numa terapia do varejo muito lucrativa se conseguisse conectar os desejos mais profundos das pessoas com os produtos mais recentes no mercado. Na década de 1920, ele convenceu as mulheres (em nome da American Tobacco Corporation) que os cigarros eram as suas "tochas da liberdade", ao mesmo tempo que persuadiu o país (em nome da divisão de produtos de carne suína da Beech-Nut Packing Company) que bacon e ovos eram indispensáveis no desjejum "saudável" americano. Ele tinha plena consciência do impacto dessa publicidade. "Somos governados, nossos espíritos são moldados, os nossos gostos são formados e as nossas ideias são suscitadas em grande parte por homens de quem nunca ouvimos falar", escreveu ele. "São eles que manipulam os fios que controlam a mentalidade pública."

A publicidade cresceu rapidamente e logo incorporou o consumismo como um modo de vida desejável. Como afirmou o teórico da mídia John Berger no livro *Modos de ver*, publicado em 1972, "a publicidade não é apenas um agregado de mensagens concorrentes: é em si mesma uma linguagem constantemente usada para avançar a mesma proposta geral [...]. Ela propõe a cada um de nós que transformemos a nós mesmo e às nossas vidas ao comprar algo a mais".

A moda é o setor mais emblemático dessa tentativa frenética de nos transformarmos pelo consumo incessante. Nas últimas décadas, as principais empresas varejistas aumentaram a quantidade de lançamentos anuais de apenas quatro para doze, ou até 52, "microcoleções", oferecendo a promessa de um "novo eu" a cada semana do ano. Esse ciclo cada vez mais acelerado de roupas baratas refletiu nos hábitos dos consumidores: entre 2000 e 2014, o consumidor médio adquiriu 60% mais roupas, mas guardou cada item pela metade do tempo.

O modelo de negócios por trás da *fast fashion* está baseado na exploração das pessoas e do planeta. Pressionadas a atender a encomendas de roupas de baixo custo volumosas em prazos muito apertados, empresas de todo o mundo costumam impor aos seus trabalhadores um ritmo exaustivo e mal remunerado, sem contratos estáveis ou a possibilidade de se sindicalizarem. De todas as fibras têxteis produzidas hoje, 12% são descartadas ou perdidas no processo produtivo, 73% acabam em aterros ou incineradas após o uso, e menos de 1% é reutilizado ou reciclado em novas roupas. Além disso, em termos globais, o setor da moda responde por cerca de 2% de todas as emissões de gases do efeito estufa — que teriam de ser cortadas pela metade até 2030, mas não param de aumentar. A *fast fashion* está claramente contribuindo para esgotar o planeta.

Recuperando-se do consumismo

Como as sociedades podem escapar da dinâmica exploradora do consumismo — tanto na moda quanto em outros setores? Seria possível substituir a caricatura de Alfred Marshall pelo entendimento de que somos motivados por muito mais do que o desejo de acumular coisas? Como podemos nos recuperar de um século da propaganda consumista desencadeada por Edward Bernays e restabelecer sobre novas bases os relacionamentos que mantemos uns com os outros, com as coisas que precisamos e usamos, e com o resto do mundo vivo?

Se quisermos deixar para trás o consumismo, convém repassar o que já sabemos sobre as formas mais efetivas para reduzir de forma rápida o consumo excessivo nos modos de vida das nações ricas. Um estudo recente importante sobre o que seria necessário para adotar modos de vida adequados à "meta de 1,5°C" enfoca alguns aspectos fundamentais, entre os quais alimentação, moradia, transporte, bens de consumo, lazer e serviços. Para diminuir o impacto ecológico na escala necessária, ele recomenda que sejam tomadas medidas governamentais ambiciosas a fim de impulsionar as mudanças sistêmicas, entre as quais as "exclusões deliberadas" e a oferta de serviços básicos universais.

Os gestores públicos podem fazer muito mais por meio de regulamentações, cobrança de impostos e incentivos para a "exclusão" de opções de consumo danosas e incompatíveis com os modos de vida alinhados à meta de 1,5°C. Em relação ao transporte, por exemplo, isso incluiria a abolição progressiva de jatos particulares, megaiates, veículos movidos por combustíveis fósseis, voos curtos e recompensas para quem viaja com frequência. Ao mesmo tempo, está claro que os gestores precisam "incluir" opções muito melhores — desde redes ferroviárias eficientes e esquemas de compartilhamento de veículos elétricos até faixas especiais para a circulação de ônibus e bicicletas — de modo que as escolhas sustentáveis possam se tornar uma opção corriqueira, fácil, barata e acessível a todos. Há muito tempo esse tipo de "exclusão deliberada" é feito em prol da saúde e segurança de trabalhadores e consumidores — mas agora também deve ser feito pela saúde do planeta.

No setor dos transportes, já existem iniciativas assim em algumas cidades e países de alto consumo. Em 2019, Amsterdam se comprometeu a banir barcos com motores a combustão em 2025, e motos e carros em 2030. Em 2021, o governo galês anunciou a interrupção de todos os novos projetos de rodovias, redirecionando os recursos para o transporte coletivo; e o governo francês proibiu voos domésticos em distâncias que poderiam ser percorridas em até duas horas e meia, passando a estimular viagens ferroviárias.

A cidade de Amsterdam também é pioneira em eliminar o uso de produtos descartáveis, comprometendo-se com a reciclagem de metade dos materiais até 2030, e com a totalidade deles até 2050 — mas começando desde já nos setores de construção, alimentos e têxteis. Essas iniciativas públicas transmitem uma mensagem clara, eloquente e legal para as empresas: se quiserem continuar operando, elas precisam reciclar. Essa política já está estimulando a inovação local, como no caso das confecções de roupas, que passaram a reformar, reutilizar e reciclar os tecidos. Ao mesmo tempo, de Grenoble e Genebra a São Paulo e Chennai, os governos municipais vêm banindo a "poluição visual" da publicidade nas ruas, excluindo literalmente os meios de sedução de que se servem os anunciantes.

Embora acabar com o consumo excessivo seja crucial, também é preciso assegurar um nível mínimo de consumo para todos. Essa constatação resultou no crescente apoio aos "serviços básicos universais" que garantem os aspectos essenciais da vida — atendimento médico, educação, moradia, nutrição, acesso digital e transporte — para todos. Por exemplo, em Viena, na Áustria, mais de 60% da população vive em moradias sociais que são controladas pelo município ou por cooperativas sem fins lucrativos, pois o governo local decidiu décadas atrás que moradia é um direito humano e, portanto, deveria ser acessível a todos, o que resultou em aluguéis que são apenas uma fração dos cobrados em outras capitais europeias. O suprimento público de serviços essenciais pode ser feito com custos — e impactos ecológicos — bem menores do que se fossem oferecidos por empreendedores privados. Os gastos por pessoa com cuidados médicos nos Estados Unidos, por exemplo, são quase o dobro do cobrado em muitos países europeus comparáveis — e o impacto de carbono do sistema de saúde americano é três vezes maior.

Esses exemplos de políticas voltadas para alterações sistêmicas — ampliando opções sustentáveis para todos e excluindo opções insustentáveis para poucos — aponta para uma vida em sociedade que George Monbiot descreveu de forma hábil como "luxo público e suficiência privada". Com políticas ambiciosas concentradas em regulamentações, infraestrutura e serviços públicos, há uma viabilidade efetiva de adotarmos modos de vida adequados à meta de 1,5°C.

Aproveitando um modo de vida adaptado à meta de 1,5°C

Se quisermos nos livrar já do legado do consumismo, em vez de esperar por mudanças sistêmicas, um bom ponto de partida talvez seja descobrir onde estão os nossos excessos. "Sempre que somos excessivos em nossas vidas, isso é um sinal de uma carência ainda desconhecida", escreve o psicanalista Adam Phillips. "Os nossos excessos são o melhor indício que temos de nossa própria pobreza e são a melhor maneira de ocultá-la de nós mesmos." Quando falamos de consumismo, talvez a carência que buscamos ocultar esteja na negligência dos relacionamentos que mantemos uns com os outros e com o resto do mundo vivo. A psicoterapeuta Sue Gerhardt não discordaria. "Embora desfrutemos de relativa abundância material, não temos abundância emocional", escreve ela em *The Selfish Society* [A sociedade egoísta]. "A muita gente falta o que é o mais importante."

São muitas as opiniões sobre o que é de fato importante em nossas vidas — desde colocar em prática os nossos talentos e ajudar os outros até defender aquilo em que acreditamos. Baseando-se numa ampla variedade de estudos de psicologia, a New Economics Foundation resumiu as suas conclusões em cinco atos simples que comprovadamente promovem o bem-estar: interagir com as pessoas ao redor, fazer atividades físicas, dar atenção ao mundo natural, aprender novas habilidades e cuidar dos outros. Assim, Alfred Marshall estava errado: as pessoas querem bem mais do que apenas acumular mais coisas — e o que ficou comprovado é que o nosso bem-estar pessoal e coletivo depende disso.

Se a interação com os outros é uma fonte importante de bem-estar, então dá para entender o movimento gerado pelas atividades comunitárias. Desde 2005, o Transition Network [Rede de Transição] vem conectando e mobilizando grupos comunitários que se dedicam a ampliar o cultivo local de alimentos, a instalar painéis solares em edifícios comunitários e em suas próprias residências, a reforçar o isolamento térmico de suas casas, a fazer viagens mais sustentáveis e a inspirar uns aos outros a seguir imaginando novas maneiras de acelerar a transformação necessária. A iniciativa, lançada na pequena cidade de Totnes, no Reino Unido, hoje virou uma rede crescente com mais de mil grupos ao redor do mundo, comprovando a força das ações em nível local.

Para quem tiver curiosidade de experimentar essa transição para um modo de vida adequado à meta de 1,5°C, o movimento popular de cidadãos Take the Jump propõe seis princípios:

- **Deixe de acumular:** use produtos eletrônicos por pelo menos sete anos.
- **Passe férias em sua região:** faça viagens aéreas de curta distância apenas uma vez a cada três anos.
- **Alimente-se de vegetais:** adote uma dieta baseada em plantas e não produza resíduos.
- **Não use *fast fashion*:** compre no máximo três peças de roupa por ano.
- **Mova-se de forma sustentável:** sempre que possível não use carros.
- **Mude o sistema:** faça o possível para alterar o sistema social mais amplo.

Talvez mudanças desse tipo pareçam, no início, intimidantes, inacessíveis ou inviáveis socialmente — e não há surpresa nisso, pois a propaganda em favor do consumo vem há um século persuadindo sociedades inteiras a não se aterem a um estilo de vida baseado na autonomia. Por isso, a takethejump.org simplesmente convida as pessoas a fazerem parte desse grupo cada vez maior e experimentar essas mudanças durante um ou mais meses, apoiando-as e incentivando-as durante o caminho.

Foi o que eu fiz, e o resultado foi surpreendentemente positivo. No caso da minha família, o salto maior foi lidar com a inconveniência de não ter um carro. Mas logo nos demos conta de que opções de transporte melhores haviam sido implantadas em nosso bairro, com um grupo de compartilhamento de veículos já em funcionamento em locais próximos. Por isso, demos o salto — e não nos arrependemos. Ter menos e partilhar mais pode ser libertador. E faz com que a gente se sinta bem. Aprendi nesse processo, de uma maneira muito pessoal, que com frequência a mudança é mais difícil quando estamos prestes a fazê-la. Então é muito fácil nos concentrarmos demais naquilo que parece uma perda, em detrimento dos ganhos possíveis.

Talvez isso também funcione assim no nível mais amplo da sociedade. A transformação dos sistemas que moldam as nossas vidas pode parecer muito mais difícil antes de darmos o salto. Mas, no prazo de uma década, é bem possível que a gente olhe para trás e pense por que resistimos tanto, duvidamos tanto e levamos tanto tempo para adotar modos de vida que vão literalmente permitir a prosperidade de todos. /

Com frequência a mudança é mais difícil quando estamos prestes a fazê-la. Então é muito fácil nos concentrarmos demais naquilo que parece uma perda, em detrimento dos ganhos possíveis.

5.4

Superando a apatia diante das mudanças climáticas

Per Espen Stoknes

Ao ler os relatórios mais recentes do IPCC, é difícil não pensar: "A situação é grave. Chegou a hora de as pessoas acordarem. Precisamos fazer soar o alarme". Não é alarmismo dos cientistas que estudam o clima. Pelo contrário, eles são em geral mais conhecidos pela cautela. As próprias conclusões dos climatologistas é que são alarmantes — tanto para os seres humanos como para todas as formas de vida —, e não há nada mais natural do que reagir alardeando que estamos diante de uma emergência.

Foi essa a minha atitude ao ver o primeiro relatório do IPCC, divulgado no início da década de 1990. No entanto, notei que a minha ansiedade estava longe de ser partilhada por amigos e colegas — para dizer o mínimo. Porém, na virada do século, fui tomado pela curiosidade. Afinal, por que as pessoas *não estavam preocupadas*, mesmo com as conclusões científicas ficando cada vez mais claras, sólidas e alarmantes? Em 2009, fui à cúpula do clima da ONU em Copenhague e participei daquela que foi a maior manifestação pelo clima até então. Éramos 100 mil pessoas, marchando pelas ruas geladas a caminho do local onde ocorria a cúpula. "Agora chegou o momento de agir!", gritamos o mais alto possível. Tudo em vão. As conversas não deram em nada. Não houve consenso — mais uma vez. Assim os meus questionamentos se voltaram para a psicologia da ação efetiva contra as mudanças climáticas: Estávamos nós — aqueles que enfatizavam a crise — alcançando o que tínhamos nos proposto? Era evidente que nenhuma medida eficaz estava sendo tomada — e, portanto, talvez fosse preciso algo além de gritos. E o que seria isso?

Passei sete anos buscando uma resposta, debruçado sobre experimentos, livros, artigos revisados por pares, conceitos filosóficos e pesquisas por amostragem. Constatei que, diante das mudanças climáticas, os seres humanos tendem a erguer barreiras mentais que nos impedem de enfrentar o problema. Resumi essas barreiras em cinco fatores da defesa psicológica: distanciamento, destino, dissonância, negação e identidade.

No *distanciamento* psicológico, o cérebro humano tende a ver as mudanças climáticas como algo abstrato, invisível, lento e remoto, tanto em termos espaciais como temporais. Isso minimiza a sensação de estarmos diante do perigo. *Destino* se refere ao modo como concebemos as mudanças no clima como um desastre iminente que pode trazer muitas perdas e sacrifícios. Esse enquadramento gera um medo e uma culpa que, depois de um tempo, fazem com que nos conformemos e evitemos a questão.

Por outro lado, a *dissonância* cognitiva entre o que fazemos (usar carros, comer carne, viajar de avião) e o que sabemos (que as emissões de CO_2 estão desestabilizando o clima do planeta) nos leva a buscar justificativas em vez de alterar o nosso comportamento. Em seguida, há a *negação*, que não se restringe apenas a rejeitar as conclusões da ciência sobre o clima, mas também a como reprimimos a nossa percepção cotidiana do problema, de forma a continuar vivendo como se não soubéssemos dos fatos inconvenientes.

Por fim, a barreira da *identidade* se refere ao fato de que as políticas climáticas — ao visarem mudanças em nosso estilo de vida e implicarem intervenção governamental e aumento dos impostos — podem ser vistas como uma ameaça ao modo como uma pessoa se vê e concebe a sua liberdade e os seus valores. Sentindo-se pessoalmente atacada pelos ativistas climáticos, ela reage contra eles. Em conjunto, esses cinco fatores explicam por que as pessoas não estão fazendo nada, mesmo tendo sido expostas diversas vezes aos fatos. Essas cinco insuficiências do cérebro humano explicam por que é tão difícil para nós ir do alarme climático à ação climática.

Felizmente, temos recursos para superar essas insuficiências: para isso, precisamos tornar as ações contra as mudanças climáticas mais sociais, simples e solidárias, com a ajuda de histórias e sinais. Uma maneira de tornar essa ação mais pessoal e urgente é baseá-la nos amigos e na comunidade — ou seja, em nossos pares *sociais*. E podemos simplificar a adoção de medidas favoráveis ao clima no cotidiano por meio de incentivos — por exemplo, oferecendo uma refeição vegetariana como "prato do dia" nas cantinas escolares. Podemos adotar atitudes *solidárias* às medidas climáticas, considerando-as uma oportunidade para aprimorar a nossa saúde e as nossas condições de vida. Do mesmo modo, em vez de antecipar mentalmente um sofrimento interminável, podemos criar *histórias* mais atraentes e vívidas sobre o mundo em que queremos viver. Por último, para nos manter motivados, precisamos de um feedback sob a forma de *sinais* frequentes e eficazes, que nos informem se de fato estamos avançando em relação às fontes de energia renováveis, às dietas sustentáveis e aos empregos verdes, e não oferecendo apenas dados globais sobre temperaturas e gigatoneladas de carbono.

Certa vez, quando lhe perguntaram "qual é o melhor tipo de ativismo ambiental?", o filósofo e ecologista norueguês Arne Næss respondeu que "as pessoas são essenciais numa imensa frente [de atuação]. [...] O mais conveniente é que cada um considere o seu próprio esforço crucial". Ou seja, são necessárias as mais diversas abordagens para avançar.

Daí a relevância do movimento Fridays for Future e das greves escolares. Dos movimentos Extinction Rebellion [Rebelião da Extinção], Citizens' Climate Lobby [Lobby Climático dos Cidadãos], Concerned Scientists United [União dos cientistas preocupados], 350.org e Conservatives for Climate [Conservadores pelo Clima]. Dos cientistas, economistas, sociólogos e engenheiros. Daqueles que trabalham com finanças e administração, sobretudo dos que mantêm contatos internacionais, para que todos nós possamos investir na economia do futuro. Também precisamos de designers, eletricistas, arquitetos e equipes de manutenção de moinhos de vento. De ecologistas, adeptos da agricultura regenerativa e chefes de cozinha veganos. E de músicos, escultores, influenciadores, artistas e gente obcecada por moda. Quando formos maioria, os políticos vão aderir (pois vão ganhar votos ao tomar medidas climáticas ambiciosas).

Só reclamar que "ninguém leva a crise a sério" ou que "não se faz nada" ajuda pouco a acelerar as mudanças sistêmicas. Além disso, como mostrou um levantamento global realizado pelo G20, três quartos da população *estão* muito preocupados. Na verdade, as pessoas já estão reagindo ao desafio.

Por toda parte, homens e mulheres estão se mobilizando. Quase sempre são ignorados pelos meios de comunicação — que também costumam ignorar a própria crise climática. Mas deveríamos todos falar mais desses heróis e dessas heroínas pequenos e grandes que começam a assumir a liderança. E onde podemos encontrá-los? Entre outros lugares, em drawdown.org, goexplorer.org, wedonthavetime.org ou iclimatechange.org.

Sem dúvida, há boas razões para sentirmos medo, aflição e raiva. Quando os transtornos climáticos despertarem esses sentimentos em nós, devemos respeitá-los. Precisamos compartilhar e ouvir sem julgar ou perder a paciência. Muitas vezes ocorre algo em nosso espírito quando conseguimos isso. Como diz Arne Næss, "no confronto com o desespero extremo é que se chega à alegria". Ao reconhecer em nós essas emoções, encontramos a energia para retomar a ação. E também há bons motivos para sentir alegria, entusiasmo e gratidão. Afinal, ainda estamos aqui neste mundo — junto com árvores, abelhas e tantas criaturas belas e vivas. Continuamos a respirar o ar revigorante. Sinta o vento. Sinta a vida em cada respiração. Sustento. /

Só reclamar que "ninguém leva a crise a sério" ou que "não se faz nada" ajuda pouco a acelerar as mudanças sistêmicas.

5.5
Alterando as nossas dietas
Gidon Eshel

Estou escrevendo este texto num dia agradável de novembro na Nova Ingla-terra, rodeado por uma floresta confusa, cujas árvores estão perdendo a folhagem colorida num período de calor abafado e úmido.

Apesar da COP26, em Glasgow, até o próximo outono setentrional a con-centração de CO_2 na atmosfera terrestre vai aumentar em duas ou três partes por milhão (ppm), aquecendo em média a superfície do planeta em cerca de 0,01°C-0,04°C. Nessa mesma época, quase 1 milhão de toneladas de nitrogênio terão sido despejadas pelo rio Mississippi no golfo do México, provavelmente es-timulando nessa região do litoral americano um florescimento estival de algas que vai reduzir o oxigênio dissolvido na água do golfo, dizimando populações de camarões, ostras e peixes. Como a maior parte desse excesso de nitrogênio tem origem no escoamento de plantações, alimentado por fertilizantes não utilizados, esse processo coloca em conflito os grandes produtores de safras comerciais do Meio-Oeste e os pescadores da Louisiana, que acabam acumulando prejuízos.

A agricultura moderna está baseada no manejo regular, por meios mecânicos e químicos, da camada superficial do solo, e isso faz com que as áreas de cultivo per-cam solo num ritmo de duas a cinco vezes mais rápido do que o fariam de forma natural. Consequentemente, até o próximo outono os cerca de 1,9 bilhão de hectares de plantações que existem na Terra vão perder de 10 bilhões a 20 bilhões de tonela-das de solo arável, exacerbando uma crise de segurança alimentar global já grave.

Também no próximo outono, pelo menos várias espécies animais, muito provavelmente dezenas delas, terão se despedido e deixado para sempre o pal-co do mundo. Algumas dessas perdas serão naturais, outras serão causadas pelas mudanças climáticas, mas ainda outras serão por conta da poluição ou da escas-sez de água, entre diversos outros fatores estressantes determinados pelas escolhas que fizemos quanto ao uso dos nossos recursos.

Não é nada fácil para quem têm informações e consciência ambientais man-ter o otimismo diante dessas tendências preocupantes. No entanto, nem tudo está perdido. Independente do bode abandonado na sala — as mudanças climáticas antropogênicas —, as ameaças acima são todas causadas pela agricultura, e o cul-tivo intensivo da terra determina o quão graves vão ser os impactos. Portanto, as mudanças no clima são qualitativamente distintas de outras ameaças ambientais, pois quase *todos* os aspectos da vida atual resultam em emissões de gases do efeito estufa, mas nenhum deles, de forma isolada, é *predominante* nas emissões, o que significa que o enfrentamento das mudanças climáticas requer uma reorganização completa da sociedade. Por outro lado, quando se trata da extinção de espécies, da perda da camada arável do solo que coloca em risco o suprimento de alimentos, da poluição aquática por eutrofização (proliferação excessiva de algas por conta da disponibilidade maior de nutrientes causada pelo escoamento superficial de fertilizantes) e do sobreúso de recursos escassos de água doce, o que predomina por completo é a produção de alimentos.

Isso cria uma possibilidade instigante. Para a grande maioria da população atual, na maior parte urbana, a agricultura significa apenas uma coisa: comida. Portanto, para melhorar de modo significativo essa série de desafios ambientais importantes listados acima, bastaria reformular as nossas dietas. Sem dúvida, como se sabe, mudanças deliberadas na dieta são difíceis para os indivíduos, como bem sabe o grupo cada vez maior de quem está sempre fazendo regime. No entanto, uma vez que as dietas individuais refletem em parte as políticas governamentais que favorecem a produção de certos tipos de alimentos em detrimento de outros, além de como são precificados, publicizados e taxados, é muito mais fácil reajustar dietas em escala nacional e global do que no caso de quem está preocupado com o próprio peso, que dirá de quem busca uma solução efetiva contra as mudanças climáticas.

Assim, como deveríamos alterar as nossas dietas e que resultados positivos podemos esperar? Não resta a menor dúvida de que a mudança de maior impacto, que não se compara a nenhuma outra, é eliminar ou reduzir de forma drástica o nosso consumo de carne, o alimento cuja produção demanda mais recursos intensivos.

Para ilustrar esse impacto, vamos imaginar o consumo de um hambúrguer como o nosso padrão de medida e, em seguida, examinar as alternativas. A produção das cerca de dez gramas de proteína em um hambúrguer resulta na emissão de dois a dez quilos de CO_2eq (CO_2 equivalente) e requer o uso de cinco a 35 metros quadrados de terra. Os números mais baixos nesses intervalos se aplicam à carne produzida em granjas ou criações muito intensivas, nas quais os animais permanecem confinados e alcançam o peso para venda muito mais rápido. Já os limites superiores se referem à carne obtida de gado criado em grandes pastagens. Essas fazendas de criação imensas também são as mais prejudiciais para a biodiversidade, pois ocupam de forma desproporcional áreas extensas em regiões relativamente mais agrestes, bem onde provavelmente se encontra a maior biodiversidade. A produção desses dez gramas de proteína animal também requer de cem a seiscentos litros de água para irrigação, e de quarenta a oitenta gramas de fertilizantes à base de nitrogênio.

Agora, suponha que o consumidor de hambúrguer quisesse reformular a sua dieta: se esses recursos fossem realocados, o que poderiam produzir?

O gráfico 1a mostra que a mesma área de cultivo hoje usada para suprir as necessidades de proteína animal de uma única pessoa pode proporcionar proteína vegetal capaz de atender de quatro a 28 pessoas (dependendo da planta).

Referindo-se às consequências ambientais de realocar as áreas de cultivo, o gráfico 1b mostra que as emissões de gases do efeito estufa e dos fertilizantes nitrogenados indispensáveis para a produção dessas alternativas vegetais são apenas de 2% a 12% daquelas requeridas na produção de carne.

Os gráficos transmitem ainda outra mensagem, mais sutil. A água é claramente um recurso restritivo, pois algumas dessas alternativas vegetais necessitam de quase tanta água quanto a carne, e cinco das doze consomem até mais água por grama de proteína do que a carne. Mas as necessidades de água podem ser alteradas com relativa facilidade por meio da exploração dos gradientes hidroclimáticos geográficos. A aveia, por exemplo — que não é tão diferente do trigo —, é muitas vezes produzida nos Estados Unidos por ser cultivada sobretudo no norte das Grandes Planícies, uma região mais seca. Em contraste, grande parte da safra de inverno do trigo é irrigada pela chuva. Com a mudança dessas plantações para locais mais chuvosos e adequados, como as regiões oeste dos estados de Nova York e da Pensilvânia, é possível reduzir bastante o uso da irrigação artificial. Avanços ambientais também poderiam ser obtidos por meio de outras reconfigurações do sistema de produção de alimentos, além da substituição da carne por alternativas vegetais mais eficientes em termos de uso de recursos, mas essa substituição inicial é fundamental, pois permite o aumento dramático do suprimento de proteína com um custo ambiental bem mais reduzido.

Com a substituição da carne por alimentos baseados em plantas, será possível diminuir de modo significativo a necessidade de terra e do uso de outros recursos. Associada a uma redução estimada de 35% na poluição da água doce e da água do mar próxima à costa, essa substituição iria reconfigurar por completo as paisagens rurais das nações desenvolvidas e ricas, ampliando muito a sua biodiversidade e integridade ambiental. Essa modificação da dieta também traria benefícios nutricionais importantes e contribuiria para um declínio acentuado de várias enfermidades degenerativas hoje onipresentes, em especial problemas cardiovasculares, AVCs e diversos tipos de câncer. Em termos logísticos, a troca da carne por alternativas vegetais pode ser realizada com facilidade em âmbito nacional e a curto prazo. É claro que alguns indivíduos vão se mostrar relutantes em adotar a nova dieta por motivos culturais ou culinários. No entanto, com exceção de medidas radicais como abolir por completo viagens aéreas e o uso de automóveis ou de equipamentos eletrônicos, muito pouco resta em termos de opções individuais que tenham um impacto tão significativo quanto o de deixar de comer carne. Nos Estados Unidos, a substituição do consumo de carne por uma dieta vegetariana diversificada e nutritiva, que forneceria exatamente a mesma quantidade de proteína, resultaria numa redução nas emissões da ordem de 350 milhões de toneladas de CO_2eq por ano. Para se ter uma ideia, isso equivale a mais de 90% das emissões de todo o setor residencial americano. Pense bem: a substituição da carne por alternativas vegetarianas não só iria melhorar muito a nossa saúde como também reduziria as emissões de gases do efeito estufa quase tanto quanto o que as residências que hoje fazem um uso intensivo de energia emitem.

Consequências nutricionais e ambientais da realocação de áreas hoje usadas para a pecuária

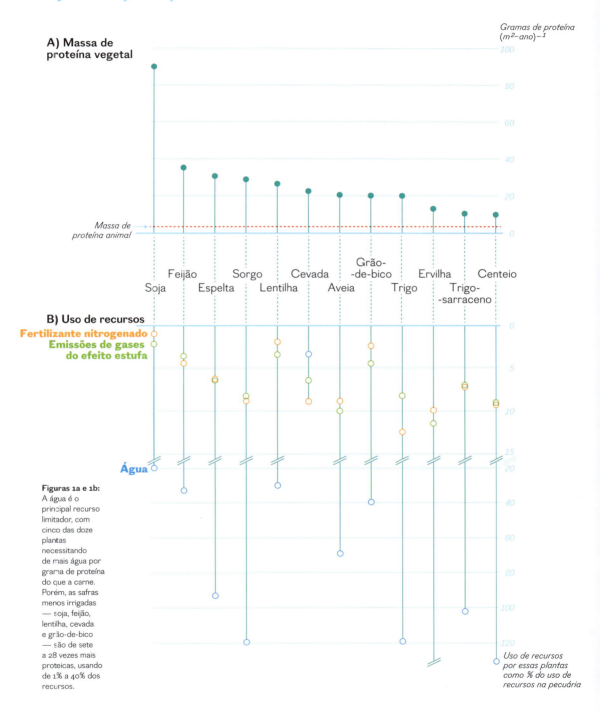

Figuras 1a e 1b: A água é o principal recurso limitador, com cinco das doze plantas necessitando de mais água por grama de proteína do que a carne. Porém, as safras menos irrigadas — soja, feijão, lentilha, cevada e grão-de-bico — são de sete a 28 vezes mais proteicas, usando de 1% a 40% dos recursos.

O QUE PRECISAMOS FAZER AGORA

5.6
Lembrando do mar
Ayana Elizabeth Johnson

Adoro o mar. Talvez você também seja assim. É fácil amar o mar — polvos, florestas de kelp, nudibrânquios, ondas e baiacus existem! E isso com frequência não recebe a atenção que deveria. Além disso, os mares desempenham um papel crucial e subestimado na regulação do clima de todo o planeta.

Os oceanos absorveram cerca de 30% de todo o dióxido de carbono que emitimos com a queima de combustíveis fósseis. Isso alterou o pH da água marinha, que hoje é 30% mais ácida do que antes da Revolução Industrial. Noventa e sete por cento do calor adicional capturado pelos gases do efeito estufa foi também absorvido pelos oceanos — não fosse por isso o nosso planeta seria 36°C mais quente. (Hoje também se registram ondas de calor *nos mares*.) A consequência disso é que a superfície dos oceanos se tornou 0,88°C mais quente desde 1900. Esse calor adicional provoca mais evaporação, que por sua vez torna as tempestades mais intensas e úmidas. O aquecimento dos oceanos (e o derretimento do gelo marinho) altera a densidade e a salinidade da água marinha e, como resultado, também as correntes oceânicas. Por exemplo, desde 1950 houve uma desaceleração de cerca de 15% na Circulação Meridional de Capotamento do Atlântico (AMOC), que impele a Corrente do Golfo e impede a Europa de congelar.

E, no entanto, de algum modo, os oceanos costumam ser deixados de fora nas discussões sobre o clima. Muitas vezes sou obrigada a erguer a mão nesses encontros e gritar: "Ei, não se esqueçam dos oceanos!".

Então, antes de tudo precisamos reconhecer que os oceanos estão nos fazendo um favor enorme ao amortecer os impactos da poluição dos gases do efeito estufa. (Obrigada, oceanos!) E eis outra boa notícia: eles podem nos fazer um favor ainda maior, pois tornam muitas soluções climáticas possíveis.

Primeiro, uma ressalva: os ecossistemas e a biodiversidade dos mares já estão sofrendo muito, em parte devido às mudanças climáticas. De um terço a metade dos ecossistemas litorâneos já se perderam. A biodiversidade vem diminuindo num ritmo mais acelerado do que em qualquer outra época da história humana — cerca de um terço dos corais que formam recifes, dos tubarões e dos mamíferos marinhos estão ameaçados de extinção. E essa biodiversidade é essencial para o bem-estar humano. Cerca de 3 bilhões de pessoas dependem dos ecossistemas marinhos para se alimentar, subsistir e manter as suas culturas. As alterações nos oceanos nos afetam a todos, mas não da mesma maneira: comunidades de baixa renda e pessoas não brancas são as que sofrem o maior impacto.

O aquecimento dos oceanos está provocando a migração de peixes para os polos e matando os corais que não podem se mover, desorganizando as cadeias alimentares e as áreas de pesca. O branqueamento dos corais — que ocorre quando a água do mar fica quente demais por muito tempo, forçando-os a expelir as algas fotossintetizadoras (em geral simbióticas) que habitam neles — se tornou cinco vezes mais frequente nas últimas quatro décadas. Com um aquecimento global de 2°C (se não fizermos nada, vamos chegar lá em 2100), 99% dos recifes coralinos podem deixar de existir. À medida que as águas se aquecem, o metabolismo dos peixes requer mais oxigênio — ao mesmo tempo, as águas mais quentes contêm *menos* oxigênio. Por outro lado, o fitoplâncton é responsável por produzir mais da metade do oxigênio que respiramos, mas essa produção vem declinando no ritmo de 1% ao ano devido às mudanças no clima.

Além do aquecimento, também alteramos a composição química de todos os oceanos devido à queima de combustíveis fósseis. À medida que a acidez dos oceanos aumenta, animais como as ostras (um fruto do mar sustentável) encontram mais dificuldade para formar as suas conchas e se reproduzir. Talvez ainda mais surpreendente, como os peixes são capazes de detectar odores na água marinha. as alterações no pH dificultam a sua capacidade de achar presas, escapar dos predadores e até mesmo de se orientar no oceano.

Por tudo isso, e com quase 94% dos estoques de peixes sendo explorados ao máximo ou pescados em excesso, já não podemos depender da pesca oceânica para alimentar o mundo. Ao mesmo tempo, a aquicultura industrial se tornou em grande parte insustentável, muitas vezes concentrada em peixes carnívoros que requerem muita ração, que até agora é produzida muitas vezes com peixes menores e silvestres. Em termos globais, os produtos do mar industrializados costumam ser desastrosos para os ecossistemas (a pesca de arrasto destrói os hábitats no leito marinho e a aquicultura destrói os manguezais, resultando em ambos os casos em emissões de carbono) e para os direitos humanos, ao mesmo tempo que consomem toneladas de combustíveis fósseis. O setor da pesca emite mais de 200 milhões de toneladas de CO_2 por ano, com uma quantidade cada vez maior de barcos perseguindo cada vez menos peixes. Muito dessa sobrepesca é incentivada por subsídios anuais da ordem de 20 bilhões de dólares, que, segundo as Nações Unidas, deveriam ser eliminados. Essa também é a minha opinião.

No entanto, a despeito dessas ameaças — sem contar toda a poluição gerada por isso —, os oceanos não são apenas vítimas, mas também heróis. Por isso, temos de reformular o discurso, valorizar os modos pelos quais os mares estão amortecendo as mudanças climáticas globais e aprender a vê-los como uma fonte importante de *soluções* para a crise climática.

Energia renovável

Imagine residências e empresas no litoral recebendo eletricidade gerada pelo oceano. No mar, o vento sopra com mais força e regularidade do que em terra firme — e pode se tornar uma fonte confiável de energia para os centros urbanos litorâneos. Em 2030, o setor eólico no mar vai gerar em todo o mundo mais de duzentos gigawatts de eletricidade. Além disso, também já foi aperfeiçoada a tecnologia para aproveitar a energia das ondas e das correntes marinhas e instalar painéis solares flutuantes.

Manejo regenerativo dos mares

Tal como no caso da agricultura regenerativa em terra, que visa recuperar a camada orgânica do solo, absorver carbono e promover a biodiversidade, também é possível recuperar a saúde dos oceanos por meio do cultivo. Para ser específica, do cultivo de algas e frutos do mar ou mariscos (ostras, mexilhões, berbigões, vieiras), uma atividade bastante sustentável, pois são organismos que vivem da luz solar e de nutrientes presentes na água marinha — então não necessitam de fertilizantes, água doce ou ração. Eles são uma das fontes alimentícias disponíveis com menos emissão de carbono. O cultivo de algas proporciona os mais variados benefícios, desde ajuda para reduzir a acidificação local do mar, passando pela promoção da biodiversidade, até o amortecimento do impacto das tempestades nas áreas litorâneas — e tem o potencial de se tornar um setor capaz de sustentar dezenas de milhões de pessoas.

Carbono azul

Ouvimos falar muito do plantio de árvores — bilhões delas —, mas pouco se reconhece que cerca de metade da fotossíntese global ocorre nos oceanos. Essa miopia e o foco na terra firme fazem com que não se leve em conta o potencial de absorção de carbono de áreas úmidas, relvas marinhas, recifes coralinos, florestas de kelp e manguezais. Por hectare, os ecossistemas marinhos podem conter até cinco vezes mais carbono do que uma floresta terrestre. As macroalgas são em particular promissoras — as algas que afundam naturalmente até as profundezas oceânicas sequestram cerca de 200 milhões de toneladas de CO_2 por ano em âmbito global, e o cultivo e depois o afundamento deliberado do kelp é uma boa oportunidade de remover dióxido de carbono. Em vez disso, no entanto, o que ocorre hoje é que até 1 bilhão de toneladas (uma gigatonelada) de dióxido de carbono estão sendo liberadas todos os anos de ecossistemas costeiros degradados e destruídos — isso sem falar da liberação de metano.

Proteção do litoral

A proteção e recuperação dos ecossistemas costeiros são essenciais não apenas para o sequestro do carbono mas também para a sobrevivência das comunidades à beira-mar. A perda dos ecossistemas costeiros vem deixando até 300 milhões de pessoas mais vulneráveis a inundações e tempestades. Esses ecossistemas servem como a primeira linha de defesa contra as marés de tempestade ou ciclônicas, e também contra a elevação do nível do mar. Em muitos casos, constituem uma forma de proteção do litoral mais barata e eficaz do que os muros de contenção.

Áreas marinhas protegidas

Segundo os cientistas, o ideal seria protegermos *ao menos* 30% das áreas naturais, e isso o mais rápido possível — até 2030. As áreas protegidas são triplamente vantajosas, pois asseguram a biodiversidade e os ecossistemas, ajudam na recuperação das áreas de pesca e contribuem para o sequestro do carbono. Os impactos climáticos estão abalando os ecossistemas marinhos e, quando eles se degradam, passam a liberar ainda mais gases do efeito estufa, formando um círculo vicioso. É evidente a importância de mantermos essas áreas, mas hoje apenas 2,9% dos oceanos estão de fato protegidos. Cabe a nós proporcionar à natureza uma margem de manobra para se recuperar.

Em resumo, as espécies marinhas e ecossistemas oceânicos inteiros estão em perigo. No entanto, é possível conter esse processo, quando não o interromper. Estima-se que soluções climáticas baseadas nos oceanos têm o potencial de garantir até 21% da redução necessária nas emissões de gases do efeito estufa para restringir o aumento da temperatura global a 1,5°C. E permanecer dentro desse limite é o mais importante que podemos fazer pelos oceanos, pela fauna marinha, pelas comunidades costeiras e por todos os organismos que dependem do oxigênio para viver. Cada pedaço de hábitat que preservamos e cada décimo de grau de aquecimento que evitamos fazem uma enorme diferença. /

Precisamos reformular o discurso e aprender a ver os oceanos como uma fonte importante de *soluções* para a crise climática.

5.7

Regenerar a natureza

George Monbiot
e Rebecca Wrigley

Como podemos sobreviver num mundo quebrado? Como evitar o desespero, quando muito do que amamos está desaparecendo diante dos nossos olhos, e a perspectiva do colapso ambiental sistêmico coloca em risco toda esperança e ambição que talvez tivéssemos? Como encarar os nossos filhos sabendo que eles podem testemunhar a ruína dos sistemas que suportam a vida no planeta?

São essas questões que quase todos que buscam proteger a vida na Terra se fazem. Não só precisamos enfrentar o enorme desafio político, econômico e técnico de tentar impedir esse desastre existencial, como também temos de lidar com o impacto psicológico de entender a situação em que estamos. De algum modo, precisamos manter a energia, a vontade e a alegria necessárias para seguir adiante. Mas como fazer isso?

Mesmo diante dos aspectos mais assustadores dessa crise multifacetada, cabe a nós manter viva a perspectiva de não só impedir a catástrofe, mas também de criar um mundo melhor. Talvez a nossa maior esperança de sobrevivência psíquica e planetária possa ser encontrada no mesmo lugar, ou seja, na busca pela recuperação maciça dos ecossistemas degradados e na forma como nos relacionamos com eles.

Qualquer um que tenha levado um grupo de crianças para passear no campo ou na praia pela primeira vez pôde testemunhar algo maravilhoso: uma relação emocionante e espontânea com esses locais pouco conhecidos. As crianças que nunca tinham caminhado por uma floresta ou uma praia rochosa passam, de forma imediata e instintiva, a explorá-las, impelidas pela curiosidade e pelo maravilhamento. Elas parecem ter um desejo inato de se relacionar com a natureza viva.

Quase todos nós temos uma capacidade enorme para se divertir e se encantar. No entanto, quase sempre vivemos em circunstâncias em que raramente podemos dar vazão a isso. Quanto mais nos afastamos do mundo natural, mais tendemos a esquecer as alegrias que ele nos proporciona: a espontaneidade e os acasos felizes, a capacidade de nos desligar das frustrações e humilhações. Lamentavelmente, mesmo quando frequentamos o que é chamado de "natureza", acabamos muitas vezes em lugares tão disciplinados, administrados e desolados quanto as rotinas que estávamos tentando escapar. Não é fácil ter experiências esplendorosas na natureza, que nos permitam deixar para trás nossas vidas e nossos problemas cotidianos, se resta tão pouco dela.

Entretanto, há uma maneira pela qual podemos começar a reparar o planeta vivo e como nos relacionamos com ele. Há um tipo de ambientalismo positivo que oferece a perspectiva de recuperação, de reencantamento com um mundo que muitas vezes nos parece esmagadoramente desolado. É a "renaturalização": a restauração maciça dos ecossistemas planetários. Basicamente, renaturalizar significa permitir que os processos naturais voltem a ocorrer de forma desimpedida. Ele inclui, onde as pessoas estão de acordo, a reintrodução de espécies perdidas, a remoção de cercas, o bloqueio de valas de irrigação e o controle de espécies exóticas invasoras e especialmente virulentas — mas, fora isso, trata-se de, na medida do possível, permitir que a natureza siga o seu próprio caminho. Isso significa permitir a regeneração das florestas e de outros ecossistemas esgotados. Nos mares, implica criar áreas protegidas onde os setores extrativos não podem estar, sobretudo a pesca de arrasto de fundo. Como os animais marinhos tendem a ser extremamente móveis durante ao menos uma etapa de suas vidas, os ecossistemas oceânicos, se deixados em paz, conseguem se recuperar em pouco tempo.

Para entender o que é possível de ser restaurado, precisamos saber o que estamos perdendo. Alguns países, como aqui no Reino Unido, já perderam quase todas as espécies-chave — que atuam como engenheiros ecológicos, criando hábitats e impulsionando os processos dinâmicos indispensáveis para a prosperidade de outras formas de vida. No passado, como em quase todas as regiões do planeta, os ecossistemas britânicos eram dominados por animais de grande porte: elefantes, rinocerontes, hipopótamos, leões e hienas. Mas não só perdemos a nossa megafauna, como também a maioria dos animais de porte médio que costumavam ser abundantes por aqui, como lobos, linces, alces, javalis, castores, águias-rabalvas, pelicanos, grous e cegonhas. Hoje, algumas dessas espécies estão sendo aos poucos reintroduzidas de maneira experimental, e, embora a sua restauração por vezes seja controversa, muita gente reage a elas com alegria e assombro. Estamos começando a constatar que ecossistemas simplificados e exauridos podem retomar o vigor quando as espécies que atuam como engenheiros ecológicos retornam.

É fácil esquecer que até mesmo os mares mais vazios antes fervilhavam de tantos organismos vivos. As águas do Reino Unido estavam entre as mais abundantes da Terra. Flotilhas de atuns-rabilho invadiam o nosso litoral, investindo contra cardumes de cavalinhas e arenques que se estendiam por quilômetros. Halibutes do tamanho de portas e linguados grandes como tampos de mesa frequentavam as águas rasas em busca de alimento. O bacalhau costumava medir quase dois metros; os hadoques chegavam a um metro. Grupos de baleias e cachalotes podiam ser avistados da costa, enquanto baleias-cinzentas-do-atlântico, hoje extintas, se alimentavam na água lamacenta dos estuários. Esturjões enormes adentravam e subiam os rios para se reproduzir, abrindo caminho por entre cardumes de salmões, trutas marinhas, lampreias e sáveis. Em partes do leito marinho, as ovas de arenque ficavam a apenas um metro e meio de profundidade.

Em quase todas as regiões do mundo, os sistemas vivos eram tão ricos e abundantes que, se hoje cruzássemos com eles, mal poderíamos acreditar em nossos olhos. Segundo uma estimativa de um artigo científico recente, apenas 3% da superfície terrestre do planeta pode hoje ser considerada "ecologicamente intacta". O desaparecimento de tantas maravilhas naturais empobrece não só os ecossistemas, mas também as nossas vidas. Vivemos numa terra sombria, num resquício pálido e reduzido do que havia antes e do que poderia existir de novo.

À medida que se regeneram, alguns sistemas vivos — sobretudo florestas, turfeiras, marismas, mangues e o leito marinho — poderiam remover enormes quantidades de carbono da atmosfera. Embora essas soluções climáticas naturais não devam ser consideradas como substitutas da descarbonização das nossas economias, hoje sabemos que não basta uma transição industrial e econômica verde: mesmo se reduzirmos de forma rápida as emissões a quase zero, é provável que os limites de aquecimento propostos pelo Acordo de Paris sejam ultrapassados. Portanto, também precisamos recapturar parte do carbono já emitido. Para isso, a regeneração dos sistemas vivos é uma forma mais segura, mais barata e menos prejudicial do que qualquer alternativa tecnológica. E vai nos permitir atacar ao mesmo tempo duas das crises que nos ameaçam: o colapso climático e o colapso ecológico.

A recuperação de determinadas populações animais poderia alterar de forma drástica o equilíbrio do carbono. Por exemplo, os elefantes e rinocerontes das florestas africanas e as antas do Brasil são silvicultores naturais, mantendo e ampliando os seus hábitats ao ingerir e excretar sementes de árvores, por vezes ao longo de áreas que se estendem por vários quilômetros. Um estudo sugere que, se permitirmos às populações de lobos retomar o seu nível natural na América do Norte, a supressão que fariam de espécies herbívoras resultaria em armazenar uma quantidade de carbono anual equivalente à emitida por 30 milhões a 70 milhões de veículos. Populações saudáveis de siris e peixes predadores protegeriam o carbono em marismas, uma vez que impedem lesmas e siris herbívoros de eliminarem a vegetação que garante a integridade do ecossistema. A proteção e a renaturalização dos sistemas vivos do mundo não são apenas medidas que nos trazem satisfação. Também são uma estratégia de sobrevivência crucial.

Vale lembrar que a renaturalização não substitui a conservação dos hábitats abundantes que ainda restam, mas é uma medida complementar. Não temos como substituir matas primárias, recifes coralinos que se estabeleceram há muito tempo, ostras ou barroeiras (*Sabellaria alveolata*); rios sinuosos repletos de obstáculos e ilhotas; e solos intactos crivados de raízes e buracos. "Substituir" uma árvore antiga faz tanto sentido quanto substituir um quadro de um mestre antigo. Depois que uma traineira arrasta a sua rede no leito marinho, as estruturas biológicas que existiam ali podem levar séculos para se recuperar por completo. Depois de dragado e retificado, um rio não passa de uma casca vazia em comparação com o que era antes. A perda desses hábitats antigos é uma das grandes forças que impulsionam uma mudança global na qual animais de grande porte e crescimento lento estão dando lugar a espécies menores e de vida breve, mais aptas a sobreviver aos nossos ataques.

Páginas seguintes:
Um dos organismos vivos mais antigos do planeta, uma pradaria de relva marinha *Posidonia oceanica* no mar Mediterrâneo, perto de Ibiza.

A renaturalização tem como objetivo recuperar nossas arquiteturas naturais mais complexas. Ela procura estimular um respeito novo e mais profundo pelo emaranhamento da natureza. E busca criar ecossistemas antigos que só os nossos netos vão conhecer. Não se trata de restaurar um estado anterior do mundo vivo, mas de permitir que este volte a ser o mais rico, diversificado, dinâmico e funcional possível.

Mas isso também é sobre nós e sobre melhorar as nossas vidas. É sobre pessoas se juntarem para encontrar maneiras de viver e trabalhar em sistemas saudáveis e florescentes. É essencial que as comunidades locais estejam no centro de todas as decisões referentes às mudanças de uso do solo e dos mares. Nada deveria ser feito sem o envolvimento e o consentimento dos povos indígenas e outras populações locais. Com uma abordagem assim, e que seja liderada por esses grupos, podemos ajudar a criar economias deliberadamente regenerativas e restauradoras, capazes de sustentar a prosperidade humana em meio à trama vicejante da vida na natureza.

Para conseguir isso, temos de nos aliar à natureza em vez de lutar contra ela. O ideal seria que governos, órgãos públicos, empresas, agricultores, silvicultores, pescadores e comunidades se juntassem em iniciativas locais visando tanto a restauração das nossas terras e mares como a recuperação econômica das comunidades. Estamos convencidos de que é possível criar um ecossistema novo e próspero de empregos em torno do saneamento e da regeneração da natureza. Por exemplo, uma análise recente, feita pela Rewilding Britain, mostra que, em toda a Inglaterra, os projetos de renaturalização resultaram num aumento de 54% de empregos equivalentes em tempo integral. E não só a quantidade de empregos cresceu, como eles se tornaram mais diversificados. A renaturalização pode tornar as nossas vidas mais ricas e nos ajudar a nos reconectar com a natureza silvestre, ao mesmo tempo que proporciona um futuro sustentável para comunidades locais.

A renaturalização nos permite começar a sanar parte do imenso dano que infligimos ao mundo vivo e, com isso, as feridas que infligimos em nós mesmos. E esse pode ser o melhor remédio para o desespero. Podemos substituir o silêncio da nossa primavera pela algazarra do verão. /

Podemos substituir o silêncio da nossa primavera pela algazarra do verão.

O QUE PRECISAMOS FAZER AGORA

5.8

Agora temos de tentar o que parece impossível

Greta Thunberg

O fato de nossas sociedades serem, em muitos aspectos, governadas por regras é uma grande fonte de esperança, pois normas sociais podem ser alteradas. Mudanças reais geram esperanças reais, e estas levam a mudanças reais, formando um círculo virtuoso. Mas ele não surge do nada. As mudanças sociais são resultado de nossas ações e esforços coletivos. Por isso, em vez de perguntar aos outros se ainda há esperança, devemos perguntar a nós mesmos se estamos preparados para mudar. Estamos prontos para sair da zona de conforto e participar de um movimento que visa às transformações sistêmicas necessárias? Claro que sempre vai haver algum desconforto inicial. Mas, repito, é o futuro de toda a nossa civilização que está em jogo, e por isso vale a pena seguir por esse caminho. Em vez de buscar motivos de esperança, temos de começar a agir e a criar essa esperança nós mesmos.

Quando decidi protestar diante do Parlamento sueco, em agosto de 2018, eu estava sofrendo de mutismo seletivo e não conseguia comer na companhia de estranhos. No início, foi duro para mim dar uma dezena de entrevistas por dia, cinco dias por semana. Às vezes, ao ser procurada por jovens, eu precisava me esconder e chorar, pois ficava apavorada diante de outras crianças. Tinha sido tão maltratada por elas que naturalmente assumia que todas eram más. No entanto, valeu a pena o esforço para superar tudo isso. Vi que as pessoas estavam me ouvindo, mesmo que tudo o que eu podia lhes oferecer fossem fatos e imperativos morais — ou culpa, se preferirem. Eu não sabia nada sobre técnicas de comunicação. Mais tarde, o psicólogo norueguês Per Espen Stoknes me contou que, de acordo com pesquisas psicológicas e estudos comportamentais, eu — e o movimento Fridays for Future — tínhamos feito tudo errado. No entanto, um ano depois, na semana em que aconteceu a cúpula do clima em Nova York, mais de 7,5 milhões de pessoas saíram às ruas em mais de 180 países para exigir justiça climática. "Não tinha nada para dar certo", comentou Stoknes com um sorriso, "mas deu."

O movimento de greve escolar Fridays for Future está baseado na justiça climática. Queremos chamar a atenção para os impactos intergeracionais das mudanças climáticas e para a necessidade de equidade em favor das populações mais afetadas nas áreas mais vulneráveis. Não há nisso nenhuma novidade. Esse é um dos principais pilares do Acordo de Paris. Tudo o que dizemos já tinha sido dito por outros. Todos os nossos discursos, livros e artigos seguem os passos dos pioneiros do movimento em favor do clima e do meio ambiente. Seria fácil supor que todos os que vieram antes de nós fracassaram, e que agora nós estamos fazendo o mesmo. Afinal, as emissões só crescem, e não se vê em lugar nenhum serem feitos os compromissos e as iniciativas necessários. Mas não é bem assim. Estamos desencadeando mudanças. Mudanças imensas. Estamos vencendo. O problema é que não estamos vencendo rápido o suficiente. Não somos uma organização política, mas um movimento de base dedicado à conscientização e à difusão de informações. Não estamos interessados em compromissos ou acordos. Não temos nada a oferecer. Só dizemos o que está acontecendo.

Por causa disso, somos alvo de uma quantidade inimaginável de ódio e de ameaças. De zombarias, intimidações e provocações. E tudo por apontarmos que os nossos líderes políticos passaram trinta anos discutindo o problema enquanto os níveis de emissões só aumentavam, com algumas autoridades eleitas chegando a nos considerar *uma ameaça à democracia*. Talvez não seja surpreendente esse nível de desespero político, pois mais de um terço das emissões de CO_2 de origem humana ocorreu desde 2005. Existem líderes que estão há mais tempo do que isso no comando de algumas das nações que mais emitem. Não é difícil imaginar como a falta de responsabilidade histórica dessas lideranças será avaliada no futuro.

Muita gente como eu está convencida de que as medidas necessárias para ficarmos dentro da meta de 1,5°C ou mesmo 2°C de aquecimento são hoje politicamente inviáveis. No entanto, como escreve Erica Chenoweth, sempre dá para mudar o que se considera politicamente possível. Na verdade, isso acontece o tempo todo. Foi o que vimos no início da pandemia de covid-19 em todos os lugares e o tempo todo. O que provocou essa mudança de pensamento? Foram os meios de comunicação. E conseguiram isso apenas ao informar de maneira objetiva qual era a realidade. O que se viu foi que não precisaram oferecer nenhum *incentivo* para as pessoas mudarem o comportamento — ao contrário do que vinham dizendo todos os anos especialistas em comunicação. Tampouco relatos otimistas sobre idosos de 95 anos que sobreviveram de forma milagrosa à doença nos inspiraram. A mídia simplesmente apresentou os fatos, e reagimos a eles. Não ficamos paralisados. Não sucumbimos à apatia. Reagimos às informações e alteramos normas e comportamentos — como se faz numa crise. E também não o fizemos por vislumbrar oportunidades financeiras, para *criar novos empregos* no setor de saúde ou para beneficiar as empresas que fabricam máscaras. Nós nos adaptamos porque todo mundo fez o mesmo. Mudamos porque ficamos assustados, com medo de perder quem amamos, nossos amigos e nossos meios de subsistência.

Enquanto trabalho na edição final deste livro, a Rússia iniciou uma invasão militar injustificada na Ucrânia. Essa violação terrível de todas as leis internacionais desencadeou uma pressão crescente para que a União Europeia interrompesse todas as importações de petróleo e gás russos, a despeito de isso provavelmente criar uma crise energética sem precedentes na Europa. Essa medida reduziria de forma substancial os recursos para a máquina de guerra fascista de Putin, mas era algo completamente inconcebível poucos dias antes.

Sabemos o que significa enfrentar uma crise, e sabemos também — sem nenhuma dúvida — que a crise climática não foi, em nenhum momento e de modo algum, tratada dessa forma. Esse é o cerne do problema, e a responsabilidade por isso não é das companhias petrolíferas. Tampouco das madeireiras, das companhias aéreas, dos fabricantes de automóveis, do setor de *fast fashion* ou dos produtores de carne e laticínios. Ainda que tenham muita culpa, todos esses setores estão preocupados infelizmente apenas em gerar lucros, e não em esclarecer os cidadãos sobre o estado da biosfera ou defender a democracia.

A nossa inabilidade em interromper a crise climática e ecológica é resultado de um fracasso recorrente dos meios de comunicação, como assinala George Monbiot. Há também uma crise na eficácia das informações — pois estas não estão sendo apresentadas, formatadas ou transmitidas de forma adequada. E, muito mais importante, estão sendo abafadas por outros temas. Durante a semana em que decorreu a COP26 em Glasgow, a cobertura jornalística de temas ambientais chegou ao seu ápice. Mesmo assim, ainda sofre para competir com o tempo e o espaço dedicados à luta de Britney Spears para retomar o controle de sua própria vida. Esse é apenas um dos incontáveis exemplos do quanto somos, o tempo todo e de forma indireta, bombardeados com a mensagem de que *está tudo bem*. Afinal, se os noticiários dedicam a maior parte de sua atenção a esportes, celebridades, dietas e crimes, então certamente toda essa conversa de crise existencial deve ser um exagero desproposital, não é mesmo? E a credibilidade de todos esses cientistas talvez não seja lá muito grande se, mesmo quando insistem em falar de *extinção* e de que há um *alerta máximo para a humanidade*, acabam perdendo lugar nas primeiras páginas para Kim Kardashian ou o Manchester United.

Colapso de geleiras, incêndios florestais, secas, ondas de calor letais, inundações, furacões, perda de diversidade — tudo isso começa a aparecer nas manchetes, nas primeiras páginas dos jornais e nos noticiários de TV em horário nobre. Porém, ainda assim não se fala da crise climática. São reportagens sobre os *sintomas* de um problema muito mais amplo. Essas histórias não são suficientes para explicar os desafios que temos pela frente. Para falar sobre a crise, antes de tudo é preciso ressaltar a sua urgência e que nos resta cada vez menos tempo para agir. O que importa na crise é o tempo. Se deixarmos de lado a urgência, ela passa a ser apenas mais um tema entre outros. Se deixarmos de lado a contagem regressiva, o colapso de uma geleira, um incêndio florestal ou uma onda de calor recorde não são nada mais do que eventos independentes no fluxo das notícias — apenas uma série de desastres naturais isolados. Se não incluímos o aspecto do tempo, a crise climática deixa de ser uma crise. Passa a ser apenas mais um tema a ser resolvido em outro momento — em 2030 ou 2050 —, e aí quem se importa? Eliminada a contagem regressiva, perdemos de vista os detalhes mais importantes, por

356

exemplo, o fato de que talvez não faça muita diferença desenvolvermos soluções tecnológicas nas próximas décadas se não tomarmos as medidas necessárias aqui e agora. Ou, de que as metas climáticas para 2030 ou 2050 são o mais importante. Precisamos dessas metas para hoje, para cada mês e cada ano a partir de agora.

Se a mídia pretende contar a verdade sobre a nossa situação, ela tem de começar a tratar da justiça climática. As populações na linha de frente da emergência do clima têm de estar nas primeiras páginas, como afirmou a ativista climática ugandesa Vanessa Nakate. Mas ainda não é o que ocorre. As pessoas mais afetadas nas áreas mais vulneráveis foram excluídas dos principais meios de comunicação ocidentais. E, no entanto, são elas que mais sofrem as consequências da nossa riqueza — de um modo de vida baseado na apropriação de recursos naturais e no trabalho forçado dos países de baixa renda, como escreve Olúfẹ́mi O. Táíwò.

Justiça significa moralidade — e isso inclui culpa e vergonha. Mas esses sentimentos foram oficialmente banidos do discurso climático ocidental pela mídia, pelos especialistas em comunicação e por todo o setor empenhado em fazer *greenwashing* — fechando de modo conveniente as portas para o reconhecimento da nossa responsabilidade histórica e para as perdas e os prejuízos que causamos. Esse é o equivalente social e cultural do que Saleemul Huq descreve na parte III, ao explicar que não é permitido aos países de renda baixa falar de perdas e prejuízos, e que palavras como "responsabilidade" e "compensação" viraram tabu nas discussões de alto nível sobre o clima.

Como podemos enfrentar uma crise que é fundamentalmente criada pela injustiça e a desigualdade se não podemos falar sobre moralidade, justiça, responsabilidade, vergonha e culpa? Simplesmente não é possível. Noventa por cento dessa crise cumulativa já ocorreu e já está na atmosfera — e isso tem de ser levado em conta. Por isso, precisamos de uma mudança radical em nossas normas sociais. Temos que fazer com que seja não só viável em termos políticos, mas aceitável em termos sociais enfrentar essas questões, sem excluir de forma automática a maioria das pessoas nem se entrincheirar numa posição defensiva. Claro que isso pode ser alcançado. A culpa, a vergonha, a moralidade e a justiça estão baseadas em normais sociais, e elas podem ser alteradas com facilidade.

A filósofa finlandesa Elisa Aaltola, da Universidade de Turku, argumentou que a vergonha pode ser um instrumento extremamente eficaz de persuasão moral e psicológica. A culpa não é, na verdade, algo ruim em si. Pelo contrário, é parte essencial de uma sociedade funcional. Nós pagamos as nossas contas e obedecemos às leis para evitar a culpa de um crime. De certo modo, toda a nossa sociedade é sustentada por nosso desejo de evitar a culpa. Ela pode não ser agradável, mas uma vez que reconhecemos o nosso erro, temos a oportunidade de nos desculpar e seguir adiante, muitas vezes com uma enorme sensação de alívio.

No que se refere à culpa climática, pouquíssimos entre nós têm algo a temer — a menos que você seja uma corporação do setor de combustíveis fósseis, uma empresa geradora de eletricidade ou o líder de uma grande nação produtora de petróleo. De forma nenhuma a injustiça climática é causada pelas pessoas comuns.

A grande maioria nem mesmo tem alguma consciência das emissões históricas ou dos delitos do passado. Ou mesmo dos fatos básicos do aquecimento global. Afinal, como poderíamos saber? Nunca nos disseram nada, pelo menos não oficialmente. E está longe de ser responsabilidade dos cidadãos comuns fazer o trabalho de governos, grandes jornais internacionais e redes de TV.

No entanto, quando algo que antes era tido como bom e desejável — por exemplo, um padrão de vida baseado em emissões muito elevadas —, de repente revela ter consequências desastrosas para a sociedade, então somos todos responsáveis por achar maneiras de tornar esse estilo de vida socialmente inaceitável, do mesmo modo como temos normas sociais e leis que proíbem o roubo e a violência. Não me entendam mal, não é a culpa que vai nos salvar — é a justiça. Mas não há como uma existir sem a outra.

Para promover as mudanças necessárias, os conceitos de justiça climática, emissões históricas e mentalidade de domínio e desigualdade que formam a base das emergências climática e ecológica precisam ser a todo momento explicados pela mídia. São séculos de malefícios que precisam ser reconhecidos e compensados. Embora isso pareça um obstáculo e tanto, não nos resta outra opção além de enfrentá-lo e superá-lo. Não podemos continuar a promover "soluções" globais que beneficiam apenas os 10% mais ricos ou as nações de maior renda. Isso simplesmente não vai funcionar. Só vamos resolver os problemas globais adotando uma perspectiva global. E quando se trata de justiça climática, a democracia não conhece fronteiras.

Nada disso vai acontecer a menos que os detentores atuais do poder sejam responsabilizados. Hoje, nossos líderes políticos podem dizer uma coisa e fazer exatamente o oposto. Eles podem afirmar que estão implementando reformas climáticas e ao mesmo tempo promover em seus países a rápida expansão da infraestrutura dependente de combustíveis fósseis. Embora reconheçam que estamos numa emergência climática, continuam a inaugurar novas minas de carvão, novos campos petrolíferos e novos oleodutos e gasodutos. Não só se tornou socialmente aceitável que nossos líderes mintam, como isso é mais ou menos o que esperamos que façam. É difícil imaginar que essa isenção fosse aplicada a qualquer outro grupo na sociedade. Mas esse privilégio tem de acabar.

Podem me dizer que, sendo realista, nada disso vai acontecer, e é provável que tenham razão. Mas tenho certeza de que é muito mais provável alcançar isso do que a nossa civilização ser capaz de sobreviver ao estresse resultante de um mundo 3°C, ou mesmo 2°C, mais quente. A esta altura, fazer o possível é inaceitável. Na verdade, até mesmo fazer o melhor já não basta. Temos de tentar agora o que parece impossível. As mudanças necessárias são enormes, e precisamos de mais tempo para convencer as pessoas, nos adaptarmos e achar soluções. No entanto, não temos mais esse tempo e, por isso, daqui em diante todas as nossas soluções precisam ser holísticas, sustentáveis e sempre levar em conta a pressão constante da contagem regressiva. Estou convencida de que o principal motivo de termos chegado a este ponto — a razão pela qual estamos à beira da catástrofe

— é o fato de a mídia ter permitido aos detentores do poder criar uma gigantesca máquina de *greenwashing* que tem como objetivo manter tudo como está para beneficiar políticas econômicas de curto prazo. Os meios de comunicação fracassaram em cobrar responsabilidade dos poderosos pela destruição da biosfera, atuando na prática como defensores do status quo.

Todavia, nem tudo está perdido: esse enorme fracasso ainda pode ser revertido. Ainda temos uma chance de sair dessa enrascada. Os cientistas já reuniram os dados. Movimentos de base e organizações não governamentais vêm difundindo esses fatos em nossas sociedades. Para transformar tudo isso em políticas efetivas, o que necessitamos agora é que a escala desse processo seja ampliada de forma drástica. Dada a dimensão da tarefa e o tempo que nos resta para agir, não há de fato nenhum outro setor além da mídia que possa gerar a transformação de que a nossa sociedade global precisa. E, para que isso aconteça, os veículos de comunicação precisam tratar a crise climática, ecológica e ambiental como a crise existencial que ela de fato é. Isso precisa dominar o noticiário.

A segurança da espécie humana está em rota de colisão com o nosso sistema atual. E quanto mais fingirmos que não é assim, que podemos evitar essa catástrofe com uma estrutura social global sem leis ou restrições para nos proteger a longo prazo da ganância autodestrutiva atual que nos trouxe até a beira do precipício, mais tempo vamos desperdiçar. E simplesmente não podemos mais nos dar a esse luxo.

Portanto, caros meios de comunicação, vocês também estão no comando. E têm a capacidade de nos conduzir para longe do perigo. Decidir transformar essa capacidade e responsabilidade numa missão é algo que cabe a vocês, e apenas a vocês.

As normas sociais podem ser alteradas com facilidade.

5.9

Utopias pragmáticas

Margaret Atwood

Lá em 2001, comecei a escrever um romance intitulado *Oryx e Crake*. Certa vez, estava com alguns biólogos especializados em aves, e eles estavam discutindo a extinção — a possível extinção de várias espécies de aves que havíamos acabado de observar, entre as quais a sanã-de-pescoço-vermelho [*Rallina tricolor*], mas também a extinção das espécies em geral. Entre as quais estava a nossa própria espécie. Quanto tempo ainda dispúnhamos? E se acabássemos extintos, isso teria sido ocasionado por nós mesmos? O quão condenados estávamos?

Entre os biólogos essas discussões remontavam pelo menos à década de 1950. Meu pai era um entomologista florestal e sempre teve muito interesse tanto em nossa estupidez coletiva como em nossas perspectivas coletivas. Quando eu era adolescente, à mesa de jantar, a atmosfera mais comum era a de uma espécie de desalento jovial. Claro que as coisas podiam piorar. Claro que provavelmente iríamos poluir tudo até morrer se não nos aniquilássemos com bombas atômicas. Não, as pessoas não queriam ver a realidade. Elas nunca querem, até que seja inevitável. Era impossível afundar o *Titanic* até que de repente ele afundou. Me passa o purê de batata, por favor.

E isso foi antes do colapso da população de bacalhau, da elevação do nível dos mares, do apocalipse dos insetos, antes mesmo de começarmos a acompanhar o aquecimento global com seriedade. Naquela época ainda havia chance de evitarmos os piores impactos das emissões de carbono. Agora essa probabilidade é pequena, pois deixamos passar outras oportunidades. Será que vamos perder também esta última?

As premissas de *Oryx e Crake* — o romance que comecei a escrever em 2001 — eram de que hoje podemos, por meio da bioengenharia, criar um vírus capaz de eliminar rapidamente a humanidade; e que alguém poderia cair na tentação de fazer exatamente isso para salvar a biosfera e todas as suas formas de vida da destruição causada pela nossa espécie. Pense no dilema que aflige um dos personagens do romance, o cientista Crake: se a humanidade acaba, o resto das espécies sobrevive; caso contrário, elas são extintas.

Há uma probabilidade alta de que, se nada for feito para interromper a crise climática e a consequente extinção de espécies já em curso, vai surgir entre nós alguém como Crake, empenhado na missão de nos livrar da nossa miséria. Em *Oryx e Crake*, acabamos sendo substituídos por uma versão melhorada de nós mesmos: seres humanos sem as falhas e os desejos fatais que nos trouxeram até a situação terrível em que nos encontramos hoje. Os novos humanos não precisam de roupas — nem de tecelagens poluidoras — e, como se alimentam apenas de plantas silvestres, também não dependem da agricultura. Eles são pacíficos, curam a si mesmos e não sentem inveja. Mas *Oryx e Crake* é uma ficção. Na vida real, a criação de uma espécie assim não é viável, pelo menos a curto prazo. Claro que já aprendemos a editar genes, mas não na escala da espécie projetada que aparece no romance. Se a crise climática continuar descontrolada, vamos desaparecer antes de colocar em prática algum esquema de sucessão, porque os oceanos vão morrer e, com eles, grande parte do suprimento de oxigênio que nos permite viver.

Crake não acreditava que tivéssemos a força de vontade ou o desejo de reverter os nossos modos de vida letais. Nós, os humanos de hoje, teríamos de ser eliminados para manter o planeta, esse ponto azul no espaço, vivo. Se eu tivesse de resumir a missão mais urgente que hoje se impõe à humanidade, seria com a frase: *Vamos provar que Crake estava errado.*

Mas como fazer isso? Essa não é uma questão simples — e não sei bem qual é a resposta. Se revertermos as emissões globais de CO_2 e contermos o aquecimento global — algo nada fácil —, teremos ao menos dado o primeiro passo. Mas em seguida ainda restam os outros aspectos do problema — a contaminação química generalizada, a destruição incessante dos ecossistemas, o caos social inevitável que irá resultar de fomes, incêndios, inundações e secas, com os governos perdendo a capacidade de enfrentar isso... os obstáculos podem parecer insuperáveis. A única certeza é que, se as pessoas perderem a esperança, então ela deixará mesmo de existir.

Num pequeno esforço para começar pela esperança, participei de um experimento mental, intitulado Utopias Pragmáticas, que teve lugar numa plataforma on-line de ensino interativo chamada Disco. Por que fazer isso? Suponho que esse projeto era uma resposta a uma pergunta que me fazem com frequência: por que escrevi apenas distopias (ou seja, versões do futuro nas quais as coisas são muito piores do que hoje) e nunca utopias (ou versões do futuro nas quais as coisas são bem melhores do que hoje)?

Eu costumava responder a isso da seguinte maneira. Na segunda metade do século XIX, as utopias eram bastante comuns. Algumas eram literárias, como *Notícias de lugar nenhum*, de William Morris, em que as pessoas eram belas e se dedicavam à arte e ao artesanato em locações naturais agradáveis; *A Crystal Age* [Uma era de cristal], de W. H. Hudson, em que o problema da pobreza e da superpopulação era sanado pela abolição do sexo; e *Olhando para trás*, de Edward Bellamy, que antecipou os cartões de crédito e foi um enorme sucesso. Outras foram experimentos práticos, como a comunidade Oneida, na qual sexo e talheres eram compartilhados; os Shakers, que não mantinham relações sexuais, mas projetavam e construíam móveis simples e maravilhosos; e as comunidades de Brook Farm e Fruitland, onde o excesso de idealismo se contrapunha à falta de experiência prática no cultivo da terra e das frutas.

Também houve visões de futuro povoadas de muitas coisas e tecnologias novas — viagens aéreas, submarinos, vários tipos de sistemas de transporte rápido.

Se tantas coisas transformadoras já haviam sido inventadas — trens movidos a vapor, máquinas de costura, fotografia —, por que não imaginar outras, e mais outras? As críticas ao capitalismo eram comuns nessas utopias, tanto as literárias como as da vida real: sem dúvida, esse sistema voraz, com os seus ciclos de crescimento e colapso e a exploração extrema dos trabalhadores, tinha de ser substituído por algo mais igualitário, com uma melhor distribuição da riqueza e do trabalho. De maneira geral, as utopias trataram dos problemas que afligiam as suas próprias épocas e, no século XIX, pobreza e superlotação, doenças generalizadas, poluição industrial e urbana, condição dos trabalhadores e a "questão feminina" eram vistas como os maiores problemas da época. Todas as utopias literárias que conheci ofereciam soluções para cada um deles.

Mas aí veio o século XX, e as utopias literárias sumiram. O que explica isso? Talvez porque o século tenha testemunhado diversos pesadelos que haviam começado como visões utópicas da sociedade. A União Soviética surgiu dos sonhos utópicos dos primeiros bolcheviques, mas em seguida se transformou na ditadura de Stálin, que eliminou aqueles bolcheviques e milhões de outras pessoas. O Terceiro Reich, de Hitler, conquistou o poder absoluto com promessas de criar empregos para todos — ou, pelo menos, todos os alemães "de verdade" — com os resultados que conhecemos. Os exemplos são numerosos demais para serem todos mencionados aqui, mas uma consequência possível é que as utopias literárias deixaram de ser plausíveis, enquanto distopias literárias, como *1984*, de George Orwell — que bebeu bastante da realidade — se disseminavam. Isso significa que devemos abandonar a ideia de melhorar as coisas? De jeito nenhum — se desistirmos o resultado vai ser ainda pior e acabaríamos numa distopia. Mas, por outro lado, isso significa que devemos estar atentos aos seus perigos.

O que me traz de volta à pergunta que costumam me fazer: por que não escrever o relato de uma utopia? Por que não oferecer um pouco de esperança?

As utopias literárias são desafiadoras enquanto ficção, pois tendem a ser lidas como planos de aulas ou relatórios governamentais. Se tudo é perfeito, como fica o conflito? Isso nunca me entusiasmou. Mas então, por que não tentar traçar um plano didático de verdade? Com ideias práticas que poderiam ser úteis diante dos problemas urgentes da nossa época — como as utopias literárias do passado haviam tentado fazer.

Foi então que soube da existência dessa nova plataforma de ensino interativa, chamada Disco. Os responsáveis me perguntaram se eu teria interesse em fazer algo com eles. Respondi que sim: as Utopias Pragmáticas. Em resumo, seria possível criar uma sociedade que sequestrasse mais carbono do que emitisse e, ao mesmo tempo, fosse mais justa e igualitária? Para responder, teríamos de levar em conta os elementos mais básicos:

O que iríamos comer? Quem, ou o que, iria produzir os alimentos? Onde iríamos viver? Em edifícios construídos com que tipo de material? Teria de ser algo novo. O que iríamos vestir? Do que as roupas seriam feitas? Como fazer com que os setores têxtil e de confecções não fossem grandes poluidores? E quanto às fontes de energia? Ou as viagens e os meios de transporte?

Além disso, teríamos de ver como as pessoas iriam se governar e como distribuiriam a riqueza. Haveria cobrança de impostos? Organizações beneficentes? Que tipos de estrutura política? E quanto à saúde pública? Ou a igualdade de gêneros? Diversidade e inclusão? Riqueza e distribuição de recursos? Que tipos de arte e entretenimento haveria, se é que existiriam? Ainda produziríamos livros em papel? E que tipo de papel? O setor de cosméticos é extravagante: faríamos nós mesmos loções para as mãos? Ainda teríamos internet e, em caso afirmativo, quanta energia iria consumir? Haveria alguma espécie de força policial? Um sistema judiciário? Um exército? O que dizer do manejo de resíduos e, também, dos funerais? As cremações produzem muito dióxido de carbono: que outras opções teríamos para partir deste mundo numa lufada de fumaça?

O simples preparo do material para esse curso nos obrigou, a mim e aos pesquisadores, a explorar diversas fontes que até então não conhecíamos. E a colaboração de convidados especiais e profundos conhecedores dessas questões nos revelou que muitos deles tampouco estavam familiarizados com a pesquisa uns dos outros. Difundir conhecimentos, compartilhar descobertas e conceber formas de juntar forças, tudo isso passou a fazer parte do nosso projeto. A crise climática é multidimensional e qualquer solução para ela tem de levar em conta os seus diversos aspectos. Para serem efetivas, essas soluções teriam de ser adotadas por uma parcela considerável da sociedade. Era uma tarefa formidável.

Les Stroud, o criador da série de televisão *Survivorman*, lista os quatro fatores que fazem diferença para uma pessoa sobreviver numa situação de perigo extremo — a queda de um avião nos Andes, um barco à deriva no mar. São eles: conhecimento, equipamento adequado, força de vontade e sorte. Esses fatores podem estar presentes em proporções variadas — mesmo sem equipamento adequado uma pessoa pode se salvar se tiver sorte —, mas, se não contar com nenhum deles, não vai conseguir se manter viva.

Enquanto espécie, estamos nos aproximando de uma situação que coloca em risco a nossa própria existência. Como nos saímos nesses quatro pontos cruciais? Não nos falta conhecimento: sabemos quais são os problemas e — mais ou menos — o que precisa ser feito para solucioná-los. Também dispomos de equipamentos adequados e estamos sempre inventando outros: novos materiais, novas técnicas, novas máquinas e novos processos. Pensando em residências, e mesmo vilas e cidades, temos todo o know-how para reinventar o modo como vivemos.

No entanto, o que nos falta agora é a força de vontade. Estamos à altura dos desafios? Podemos enfrentar o que nos espera? Ou preferimos seguir sem rumo, achando que alguém ou algo vai descer dos céus e nos salvar? A força de vontade e a esperança estão associadas: uma não funciona bem sem a outra: para que a esperança seja eficaz é preciso agir, mas sem ela perdemos a vontade de continuar lutando.

Por fim, mesmo dispondo de conhecimento, equipamentos e força de vontade, ainda assim precisamos de sorte. Mas o que seria isso? "Nós fazemos nossa própria sorte", diz o ditado. Então vamos fazer isso.

5.10

Poder popular

Erica Chenoweth

Hoje, cada vez mais gente está se dando conta de uma verdade simples: mudanças radicais no sistema global são urgentes para que o nosso planeta continue sendo habitável. Contamos com tecnologias e tradições promissoras que podem nos ajudar a restaurar um relacionamento saudável entre a humanidade e os recursos do planeta, e temos a capacidade de investir na diversificação dessas tecnologias e na amplificação dessas tradições. Dispomos de uma legislação refinada e de outros roteiros acessíveis para encontrar formas de tornar a nossa economia mais sustentável. Sob muitos aspectos, temos as respostas para solucionar os problemas climáticos. Mas o que ainda nos falta é vontade política.

Se a história nos aponta algum caminho, é o da ação coletiva maciça — pessoas do mundo todo e de todas as classes sociais —, que pode incentivar os gestores públicos a tomar as medidas que levariam à justiça climática. No entanto, também já aprendemos que ativistas, organizadores e líderes comunitários competentes podem mobilizar a população e fazer com que os políticos se disponham a enfrentar o desafio que todos nós enfrentamos. Esse é o solo fértil para poder lidar com a emergência climática.

Portanto, como as sociedades podem exercer pressão suficiente para levar líderes políticos, grandes empresários e outras partes interessadas a mudar de curso?

O poder popular — também chamado de resistência pacífica ou civil — é uma das formas mais efetivas empregadas pelas mais diversas populações para exigir mudanças. Ao longo dos últimos cem anos, estudantes, trabalhadores, crianças, idosos, pessoas com deficiência e outros marginalizados recorreram à resistência civil para derrubar ditadores, acabar com regimes coloniais, eliminar a discriminação e a opressão legalizadas, assegurar práticas trabalhistas justas e o direito do voto, proteger os direitos humanos, encerrar guerras civis e até mesmo criar novos países. A resistência civil se revelou um instrumento formidável para produzir mudanças significativas, obtidas graças à pressão política e econômica exercida sobre os detentores do poder por pessoas comuns. Quase todos nós estamos familiarizados com um ou dois casos desse tipo de mobilização popular em nossos próprios países, mas também já ocorreram mudanças sistêmicas de âmbito global por conta de enormes campanhas populares não violentas. No século XIX, a mobilização maciça desempenhou um papel crucial na luta mundial pela abolição da escravatura legalizada e das economias baseadas no regime escravista. As lutas anticoloniais que se seguiram, sobretudo no século xx, constituíram um esforço global coordenado em prol da independência política, levando a uma incrível expansão na quantidade de nações independentes no sistema político mundial.

Em geral, esses movimentos sociais foram bem-sucedidos graças a quatro estratégias principais.

Em primeiro lugar, eles se tornaram de forma contínua maiores e mais diversos. O engajamento em grande escala é uma maneira de sinalizar a popularidade do movimento e a sua capacidade de perturbar a ordem normal das coisas, aumentando a possibilidade de êxito. A participação maciça conecta as redes sociais mais amplas e, por meio delas, o movimento pode ter acesso a tomadores de decisões e partes interessadas cujo apoio é crucial para levar adiante as mudanças.

Segundo, os movimentos tendem a ser bem-sucedidos quando garantem que haja deserções importantes entre os detentores de poder, obtendo assim o seu apoio. No movimento climático, isso inclui instituições que se beneficiam do status quo, sobretudo corporações e acionistas cuja busca por lucros leva a atividades que destroem o meio ambiente — desde o consumo desenfreado, passando pela extração predatória de recursos, até o desmatamento. Ou seja, os movimentos dão certo quando convencem pessoas e instituições com acesso a poder e recursos a se juntar ao esforço e usam esse acesso para ampliar a sua influência.

Terceiro, campanhas de resistência civil eficazes costumam recorrer a uma variedade de métodos para aumentar a influência e a pressão sobre os seus oponentes. Isso significa que com frequência vão além de passeatas, protestos e outras ações simbólicas, buscando colocar em prática iniciativas contínuas e coordenadas. Métodos que produzem impactos financeiros, como greves localizadas, boicotes específicos e outras formas de não cooperação econômica — podem ser em especial efetivos para aumentar a pressão sobre os detentores de poder político ou financeiro.

Por último, uma mobilização bem-sucedida muitas vezes demora anos — não semanas ou meses — para exercer pressão suficiente para desencadear mudanças. Os movimentos exitosos mantêm o seu rumo, bem como a disciplina e a unidade estratégica, mesmo com a expansão da sua base de apoio. Desse modo evitam a armadilha de sofrer retrocessos internos ou reações públicas externas que podem levar a incidentes violentos. A disciplina da não violência contribui para que as campanhas reforcem a sua base de apoio, que por sua vez leva à ampliação de suas coalizões, alterando a lealdade de parte dos detentores de poder e, enfim, alcançando a vitória.

Segundo esses critérios, como avaliar o atual movimento climático? Ele já mobilizou gente de todo tipo, com as posições de liderança sendo assumidas por crianças e jovens ao redor do mundo, por grupos indígenas ou de pequenas nações, e por membros de comunidades minoritárias — justamente os mais afetados pela crise e que historicamente foram marginalizados nas instituições formais de poder da elite. As táticas que perturbam o status quo — em especial por meio da não cooperação econômica, como greves de vários tipos, boicotes e desinvestimentos que prejudicam a lucratividade dos setores dependentes dos combustíveis fósseis — provavelmente vão continuar a desempenhar um papel importante, sobretudo ao se tornarem mais amplas e frequentes. Porém, no final, todos os impactos dependem do aumento contínuo e significativo da quantidade e diversidade das pessoas envolvidas na luta pela justiça climática. Ou seja, o movimento precisa ampliar de forma maciça o número de participantes.

De quantas pessoas estamos falando? Ainda não sabemos qual é o limiar que é necessário ultrapassar na situação que enfrentamos hoje. No entanto, as ciências sociais podem nos proporcionar algumas estimativas.

Uma cada vez mais usada está baseada na "regra dos 3,5%". Esse número é resultado da observação histórica de que, entre os movimentos de massa pacíficos que tentaram derrubar governos, nenhum fracassou depois de conseguir que 3,5% da população participassem das manifestações de protesto. Embora essa seja uma *proporção* pequena da população total, em termos absolutos é uma quantidade enorme de gente. Por exemplo, nos Estados Unidos de hoje, esse número representaria mais de 11 milhões de pessoas; na Nigéria, mais de 7 milhões; na China, mais de 49 milhões. No mundo todo, 3,5% da população seriam mais de 271 milhões de pessoas.

Alguns ativistas mencionam a regra dos 3,5% como um limiar crítico para que movimentos populares em geral consigam provocar mudanças. Esse limite pode muito bem ser uma regra prática útil para influenciar mudanças em nível nacional, mas o fato é que isso ainda não foi comprovado de forma empírica. Por outro lado, há várias limitações graves na aplicação dessa regra de modo específico ao movimento climático.

Primeiro, ela foi criada a partir do exame de casos históricos nos quais as pessoas queriam derrubar governos. Essas pessoas não estavam necessariamente buscando reformas políticas, muito menos tentando coordenar mudanças duráveis no plano internacional. O limiar não foi testado num contexto global em que se requer uma mudança sistêmica. Essa é uma distinção fundamental, pois derrubar um ditador odiado é muito mais fácil do que chegar a um consenso para criar instituições políticas, práticas sociais e mercados econômicos inteiramente novos. Nesse caso, as mudanças efetivas resultam de um projeto contínuo de transformação, e não de uma vitória isolada.

Segundo, quando um grande número de pessoas decide se juntar para promover mudanças, é plausível supor que uma parcela muito maior da população simpatiza com essa causa. Isso significa que a regra dos 3,5% provavelmente subestima a quantidade de indivíduos necessária para apoiar movimentos bem-sucedidos, mesmo que não sejam participantes ativos da campanha.

Terceiro, a mobilização maciça de uma minoria entusiástica pode desencadear a organização contrária do lado oposto, o que levaria a adiar ou interromper o avanço. Sem incluir a população em geral numa discussão mais ampla — visando atrair o máximo de gente possível e alterar normas, comportamentos e expectativas —, qualquer vitória obtida por um movimento restrito, mas poderoso, pode ser de curta duração.

Quarto, quando consideram a regra de 3,5%, muitas vezes as pessoas imaginam grandes manifestações nas ruas. Contudo, ainda que passeatas tenham uma força simbólica enorme, por si mesmas elas não aumentam necessariamente a pressão sobre autoridades e empresas, nem promovem alterações de comportamento generalizadas; para tanto, precisam também prejudicar o andamento normal dos negócios. Isso requer um planejamento meticuloso, associado a uma estratégia política e de comunicação em várias frentes, pois só assim a resistência popular consegue abalar os pilares que sustentam interesses consolidados.

Por sorte, há mais pesquisas que oferecem uma ideia da quantidade de gente que precisa estar ativamente envolvida nas iniciativas climáticas para que mudanças sociais relevantes ocorram. Em seu estudo sobre o impacto das redes sociais (ou seja, sobre os relacionamentos reais entre as pessoas, e não apenas nas mídias sociais), o sociólogo Damon Centola constatou que o ponto de inflexão crítico para uma mudança geral de comportamento é a existência de uma minoria empenhada de 25% da população. Supondo que esse número possa ser aplicado em outros contextos, se 25% da população alterar de forma visível suas práticas, suas normas e seus comportamentos, as vitórias do movimento climático devem ser mais aceitas, duráveis e efetivas.

Talvez isso pareça uma tarefa muito mais difícil do que organizar 3,5% da população em protestos maciços. No entanto, o estudo indica que esse limiar de 25% pode ser alcançado com uma rapidez surpreendente. Em épocas de crise, como numa pandemia global, as sociedades podem alterar em pouco tempo comportamentos e práticas, como aquelas sobre usar máscaras, lavar as mãos e manter distanciamento físico entre as pessoas. Assim como ocorre no campo da saúde pública, quando se trata de justiça climática temos já um entendimento firme de quais comportamentos precisam ser modificados — que setores da economia apoiar, que tipos de energia consumir, como aquecer e resfriar as nossas casas, que alimentos ingerir, onde e como viajar, como processar os resíduos, o quanto investir em tecnologias e programas inovadores e sustentáveis, e quais práticas sustentáveis devemos adotar em nossas escolhas cotidianas — e tudo isso em escala global.

Durante os últimos cinquenta anos, o movimento climático exerceu uma influência global inegável, que continua a crescer. Apesar dos contratempos, os esforços do movimento estão se mostrando proveitosos. Não devemos sucumbir à impressão de que as nossas ações são inúteis e de que não temos poder. Em muitos países, um ponto de inflexão no limiar de 3,5% proporcionou resultados importantes para os movimentos de protesto. E estudos sugerem a existência de um limiar de 25%, além do qual mudanças e transformações comportamentais ocorrem em escalas maiores. E ambos os limiares estão ao nosso alcance. Dezenas de milhões de pessoas vêm se mobilizando para transformar o modo como nos relacionamos com o planeta. Ainda restam obstáculos formidáveis, mas se tomarmos a história como guia, eles podem ser superados com boas estratégias, organização eficiente e mobilização popular. /

O ponto de inflexão crítico para uma mudança geral de comportamento é a existência de uma minoria empenhada de 25% da população.

5.11

Mudando o discurso da imprensa

George Monbiot

Se me perguntassem qual setor tem mais responsabilidade pela destruição da vida em nosso planeta, eu diria que são os meios de comunicação. Muitos talvez achem essa resposta chocante. Diante dos impactos devastadores ocasionados pelos setores de petróleo, gás e carvão, pecuária em grande escala, desmatamento, pesca industrial, mineração, abertura de estradas, usinas petroquímicas e fabricantes de bens de consumo inúteis, talvez alguém se pergunte como eu justificaria por que coloquei no topo da minha lista um setor cujo impacto ambiental é relativamente baixo.

Eu explico que nenhum desses setores poderia continuar operando como faz hoje sem o apoio de jornais, revistas, rádio e televisão. Quase todos os meios de comunicação dão na maior parte do tempo a licença social que esses setores precisam para existir em sua forma atual. Quase todos os meios de comunicação resistiram na maior parte do tempo às iniciativas necessárias para impedir o colapso dos nossos sistemas de apoio à vida. Eles atacaram e difamaram quem critica o sistema econômico que está nos conduzindo à catástrofe, e recorreram à sua enorme capacidade de fomentar polêmicas para permitir que as coisas seguissem intocadas. Em muitos casos, simplesmente negaram a realidade do colapso climático e ecológico.

Em outras palavras, os meios de comunicação são a máquina de persuasão que assegura a existência do sistema que está destruindo o nosso planeta. Inúmeras vezes a mídia nos enganou de forma deliberada sobre as escolhas que enfrentamos. Ela nos distraiu com trivialidades e evocou bichos-papões e bodes expiatórios para nos impedir de reconhecer os nossos verdadeiros problemas. Em nome de seus donos ricos, ela buscou justificar uma economia política que permite a uma ínfima minoria de indivíduos abastados se apropriar e destruir as riquezas naturais de que todos nós dependemos.

A responsabilidade dos bilionários é fácil de ser reconhecida. Mas o problema é quase universal. Em meu país, o Reino Unido, é possível que as emissoras públicas de rádio e TV tenham causado ainda mais dano do que o império de comunicações controlado por Rupert Murdoch (que inclui da Fox News ao jornal *The Times* e domina grande parte da mídia norte-americana, britânica e australiana).

Para dar um exemplo britânico que, sem dúvida, vai soar familiar a cineastas do mundo todo, entre 1995 e 2018 os controladores dos canais da BBC rejeitaram de modo indigno quase todos os programas com temas ambientais que lhes foram oferecidos, às vezes com uma torrente de palavrões. Nas raríssimas vezes em que permitiram a difusão de documentários sobre o meio ambiente, o temor de incomodar interesses poderosos fez com que cometessem erros catastróficos. Na minha opinião, o programa mais prejudicial em termos ambientais já transmitido por qualquer meio neste país foi um documentário, veiculado em duas partes em 2006, com o título, sem nenhuma ironia, de *A verdade sobre as mudanças climáticas*.

Ele foi apresentado pelo "homem mais confiável da Grã-Bretanha", Sir David Attenborough, cujas palavras são respeitadas como se fossem o evangelho. Esse documentário conseguiu a proeza de não mencionar nem uma vez o setor de combustíveis fósseis, exceto como parte da solução: "Aqueles que extraem combustíveis fósseis, como petróleo e gás, agora desenvolveram uma maneira de colocar de volta no subsolo o dióxido de carbono". A captura e o armazenamento do carbono são um tema clássico do setor petroleiro, uma eterna promessa que nunca se cumpre e que não tem outro propósito além de justificar a continuidade da exploração desses recursos. Em vez do setor de combustíveis fósseis, a responsabilidade pela aceleração das emissões de gases do efeito estufa foi atribuída aos "1,3 bilhão de chineses". Além deles, o documentário não indicou nenhuma outra causa. A consequência imediata desse programa foi desencadear uma nova e virulenta forma de negação climática, que logo se disseminou pelo planeta e persiste até hoje: de nada vale tomar medidas aqui ou em qualquer outra parte, pois são os chineses que estão acabando com o planeta.

Os dirigentes do Channel 4 foram ainda além: ao mesmo tempo que bloqueavam quase todos os programas sobre o meio ambiente, transmitiam documentários como *Against Nature* [Contra a natureza, 1997] e *The Great Global Warming Swindle* [A grande farsa do aquecimento global, 2007], que negavam o aquecimento global e outras crises ambientais e repetiam falsidades forjadas pelos produtores de combustíveis fósseis. Ambos tiveram um impacto considerável. Não imaginamos que as emissoras possam nos enganar. Mas foi o que o Channel 4 fez de maneira flagrante e desastrosa.

Durante anos, em todo o mundo, os negacionistas climáticos foram vistos numa posição equivalente ou superior à dos cientistas especializados no clima. "Institutos de pesquisa" que se recusam a nomear os seus patrocinadores e que com frequência parecem mais grupos de lobby corporativo continuam a ser convidados para atacar ambientalistas sem que deixem os seus interesses explícitos. A publicidade, da qual depende financeiramente quase toda a mídia, está voltada para a manutenção de níveis de consumo insuportáveis para os sistemas da Terra.

Sem os meios de comunicação, os governos teriam sido forçados a agir. Sem eles, os setores mais destrutivos do planeta não teriam sido capazes de se esquivar da demanda por mudanças.

Embora nos últimos anos essa situação tenha melhorado um pouco, o tema mais importante de todos continua sendo mantido à margem. Mesmo durante grandes desastres climáticos — ondas de calor e secas, incêndios e inundações —, a maioria dos noticiários se restringe a tratar de forma breve do tema, e logo retorna a banalidades e rumores dos altos círculos que dominam os seus programas. Num único dia, as redes americanas de TV NBC, ABC e CBS dedicaram quase tanto tempo ao voo de onze minutos realizado por Jeff Bezos em seu gigantesco falo metálico do que a todas as questões climáticas que tinham ocorrido no ano anterior.

Então, o que nos resta fazer? Há alguns órgãos de imprensa que vêm cobrindo de forma sistemática a crise ambiental. Entre eles estão *The Guardian*, para o qual escrevo, Al Jazeera, *El País*, *Der Spiegel*, *Deutsche Welle*, *The Nation*, o canadense *National Observer*, *Daily Star News* em Bangladesh, *The Continent* na África, e *Southeast Asia Global* no Camboja. Precisamos de maneira urgente que outros jornais e emissoras que tenham como prioridade tratar dessa ameaça à nossa existência se juntem a eles e deixem de nos enganar em nome de empresas destrutivas. Porém, também é crucial para nós que sejam promovidos canais de comunicação alternativos e eficazes, como Mongabay, Democracy Now, CTXT, Tyee, Narwhal e Double Down News. Venho participando de algumas dessas iniciativas desde 1993, quando colaborei em programas na Undercurrents, formada por ativistas que produziam vídeos, então distribuídos pessoalmente e pelo correio.

As novas tecnologias ampliam muito o alcance das mídias alternativas e, em muitos países, permitiram que o trabalho de ativistas e comunicadores chegasse a milhões de espectadores e leitores. A promessa digital está por fim sendo cumprida, com jovens abandonando canais estabelecidos e buscando aqueles dispostos a dizer a verdade sobre a maior crise já enfrentada pela humanidade. Para mim, é aí que está a esperança.

Todo movimento efetivo é um ecossistema no qual os participantes reúnem as suas habilidades distintas para promover mudança. E, entre essas habilidades, a comunicação é uma das mais relevantes. Ao atrair a atenção do mundo e mudar o discurso, os bons meios de comunicação, ao lado de ativistas muito empenhados em outros campos, podem forçar os governos a agir. Podem cobrar a responsabilidade dos setores destrutivos, assegurando que não consigam mais se esquivar dos críticos. Eles podem ajudar a desencadear a mudança social sistêmica de que precisamos para impedir o colapso ambiental sistêmico. /

5.12

Resistindo ao novo negacionismo

Michael E. Mann

No final da década de 1990, meus colegas e eu publicamos o famoso gráfico "taco de hóquei" que documentava o aquecimento sem precedentes ocorrido no século anterior. O gráfico original mostrava a temperatura média no hemisfério Norte ao longo dos últimos seiscentos anos. Logo depois ele foi ampliado para abranger um milênio. O "cabo" do taco de hóquei representava as variações relativamente pequenas que tinham sido registradas até o último século, quando uma elevação dramática das temperaturas formou a "lâmina" do taco. Esse salto recente nas temperaturas coincide com a Revolução Industrial e assinala o impacto profundo das atividades humanas — sobretudo a queima de combustíveis fósseis — em nosso planeta. Ele foi um marco na representação visual da estreita conexão entre as emissões de gases do efeito estufa e o acelerado aquecimento do planeta. Por isso, o gráfico era inconveniente para os interesses que dependem dos combustíveis fósseis e virou um alvo — assim como eu — da máquina de ataques financiada pelo setor.

Duas décadas mais tarde, a atualização do nosso gráfico feita pelo IPCC, da ONU, em seu último resumo para os formuladores de políticas, não lembrava mais um taco de hóquei. Em vez disso, o aquecimento registrado nos últimos anos fez com que a linha se assemelhasse à foice da Morte (fig. 1).

A mãe natureza está nos enviando uma mensagem. O último relatório do IPCC coincidiu com uma onda de eventos meteorológicos extremos e devastadores que varreu todo o hemisfério setentrional no verão de 2021. Incêndios florestais, inundações e ondas de calor incomuns assinalaram o início de uma nova era, na qual as mudanças climáticas deixaram de ser algo a ser enfrentado no futuro — os seus efeitos já se fazem sentir aqui e agora.

Como consequência dessa nova realidade, os *inativistas* climáticos (ou seja, os produtores de combustíveis fósseis e seus grupos de fachada, além dos políticos conservadores que atuam a serviço deles) já não podem mais alegar que as mudanças são um mito, uma fraude ou algo que podemos ignorar.

Para tanto, eles lançaram mão de um conjunto novo de táticas que ia além da mera negação, desencadeando o que chamei de "nova guerra climática". As táticas contra as medidas climáticas incluem a *divisão* (dividindo defensores do

O gráfico "taco de hóquei" publicado em 2001 no relatório do IPCC já mostrava um aquecimento sem precedentes...

Figura 1: Alterações na temperatura da superfície do planeta, em relação à média de 1961-90, do ano 1000 a 1998. As temperaturas de 1902 a 1998 foram observadas; nos anos anteriores, foram estimadas a partir de registros como anéis de árvores, corais, núcleos de gelo e sedimentos de lagos.

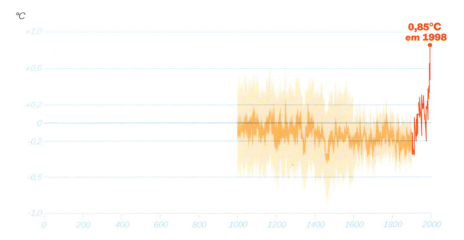

... já a sua versão mais recente se assemelha à foice da Morte.

Figura 2: Alterações na temperatura superficial global em relação às temperaturas médias entre 1850 e 1900, desde o ano c até 2021.

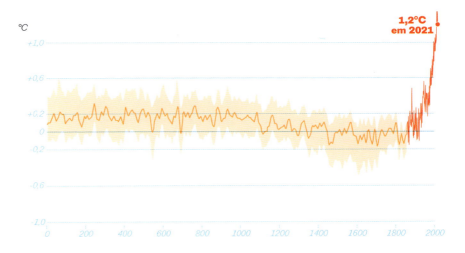

clima para que não se manifestem unidos e com força), a promoção do *desespero* (tentando nos convencer de que é tarde demais para agir, para causar falta de engajamento, como o faz o negacionismo) e o *desencaminhamento* (concentrando o foco no papel dos indivíduos para excluir políticas governamentais).

No que se refere a esta última tática, por exemplo, ressalto em meu livro *The New Climate War* [A nova guerra do clima] que "o foco no papel do indivíduo para a solução das mudanças climáticas foi cuidadosamente cultivado pelo setor", explicando que "o conceito de 'pegada de carbono pessoal' foi promovido pela companhia petrolífera BP em meados da década de 2000. Na verdade, a

BP divulgou uma das primeiras calculadoras do impacto de carbono individual". Para a BP e outras empresas petrolíferas era conveniente que nos preocupássemos com o nosso impacto individual e deixássemos de lado o impacto bem maior de suas próprias emissões: afinal, 70% de todas as emissões de carbono são geradas por apenas uma centena de grandes poluidores. Não há dúvida de que temos, individualmente, de fazer o possível para reduzir o nosso impacto no ambiente, mas o que de fato precisamos é de políticas governamentais que impeçam os grandes poluidores de usar a atmosfera como lata de lixo.

O que podemos fazer contra isso? Antes de tudo, temos de expor os grandes poluidores, sem ter medo de confrontar os poderosos com a verdade. Cabe aos defensores do clima resistir às polêmicas que nos dividem nas redes sociais sobre questões como estilo de vida pessoal, empenhando-se em vez disso em dar exemplos positivos e colaborar para o objetivo comum de responsabilizar os poluidores e quem os apoia. Temos que fazer valer as nossas vozes e os nossos votos, elegendo e dando suporte a políticos dispostos a priorizar medidas climáticas efetivas, e impedindo a reeleição de quem é contrário a isso. Sobretudo, precisamos nos guiar pela obrigação ética mais importante: não temos o direito de hipotecar a vida das gerações futuras ao falhar em agir nesse momento crucial. /

A mãe natureza está nos enviando uma mensagem. As mudanças climáticas deixaram de ser algo a ser enfrentado no futuro — pois os seus efeitos já se fazem sentir aqui e agora.

5.13

Uma resposta efetiva à emergência

Seth Klein

Sabemos da existência do aquecimento global há quase meio século. E como reagimos? Desperdiçamos tempo precioso com discussões ineficazes sobre as mudanças graduais que poderíamos fazer. Depois de tantos anos de conversa fiada, como podemos saber quando um governo reconhece a gravidade da crise climática e passa a preparar medidas emergenciais?

Dediquei os últimos anos a escrever sobre como o meu país, o Canadá, reagiu a diferentes emergências, no passado e no presente. Considero a história da nossa participação na Segunda Guerra Mundial um lembrete útil — e na verdade esperançoso — de que *já fizemos isso antes*. Já mudamos de rumo com extraordinária rapidez diante de uma emergência. Nós nos mobilizamos em prol de uma causa comum, independente de classe, raça ou gênero, quando vimos a nossa existência ameaçada. Ao fazer isso, conseguimos reconfigurar por completo a nossa economia — na verdade, em duas ocasiões: uma vez para aumentar a produção militar e, outra, ao reconverter as indústrias para uso civil — tudo isso em apenas seis anos.

Estudando essas mobilizações passadas no Canadá, identifiquei quatro marcadores nítidos que revelam quando um governo de fato passa a operar no modo emergencial. No que se refere à emergência climática — até agora pelo menos —, está claro que nossos governos estão fracassando nesses quatro aspectos.

1. Gastar o que for preciso para vencer

Uma emergência, assim que reconhecida como tal, obriga os governos a abandonar uma perspectiva de austeridade econômica. Durante a Segunda Guerra Mundial, os gastos do governo canadense não se compararam a nenhum outro período, antes ou depois. No final da guerra, a relação entre dívida pública e PIB alcançou um nível tão alto que nunca voltou a ser superado. Ao ser criticado por esse salto extraordinário nos gastos estatais, C. D. Howe, então ministro de Munições e Suprimentos, deu uma resposta memorável: "Se perdermos a guerra, nada disso vai importar [...], se ganharmos, o custo terá sido irrelevante e acabará esquecido".

Do mesmo modo, durante a pandemia de covid-19, o governo federal aumentou de forma drástica os seus gastos, com a relação dívida-PIB canadense saltando de cerca de 30% para 50% num único ano. Notavelmente, quase toda essa nova dívida foi assumida pelo próprio banco central, que durante quase todo o primeiro ano da pandemia desembolsou, para adquirir títulos do governo, 5 bilhões de dólares *por semana*, a fim de financiar uma resposta à emergência.

No entanto, os gastos estatais com medidas climáticas e em infraestrutura verde são incomparavelmente menores. Hoje são gastos cerca de 7 bilhões de dólares *por ano*. Segundo Nicholas Stern, ex-economista-chefe do Banco Mundial, os governos deveriam gastar 2% dos seus PIBs nas iniciativas de mitigação climática. No caso do Canadá, isso seria equivalente a cerca de 40 bilhões de dólares por ano. Ou seja, o nosso governo não está apenas gastando *um pouco menos* do que deveria para enfrentar a emergência climática: ele está gastando muitíssimo menos.

2. Criar novas instituições econômicas para resolver o problema

Durante a Segunda Guerra Mundial, tendo praticamente nenhuma base para isso, a economia canadense passou a produzir aviões, veículos militares, navios e armamentos numa velocidade e numa escala assombrosas. Para isso, o governo canadense criou 28 corporações públicas incumbidas de cumprir as metas do esforço de guerra.

Durante a pandemia de covid-19, governos de todo o mundo desempenharam um papel similar, criando programas de apoio econômico novos e ousados com uma rapidez que poucos teriam previsto. Essas iniciativas asseguraram aos cidadãos o acesso a testes, vacinas e serviços médicos numa escala sem precedentes.

Se os nossos governos de fato vissem a emergência climática como tal, eles rapidamente teriam realizado um inventário das nossas necessidades, a fim de determinar de quantas bombas de calor, painéis solares, fazendas eólicas, ônibus elétricos, e assim por diante, precisaríamos para eletrificar quase tudo e acabar com a nossa dependência dos combustíveis fósseis. Em seguida, criariam uma nova geração de corporações públicas que garantiriam a fabricação e distribuição desses itens na escala necessária. E também colocariam em prática um programa econômico novo e ambicioso para multiplicar os investimentos em infraestrutura sustentável e readaptar os trabalhadores.

3. Tornar políticas voluntárias e baseadas em incentivos compulsórias

A Segunda Guerra Mundial exigiu o racionamento de itens básicos e todo tipo de sacrifícios individuais. Durante a pandemia, os governos tiveram de adotar diretrizes sanitárias e impor medidas para desativar setores não essenciais da economia quando necessário. No entanto, diante da emergência climática, ainda não vimos nada disso ser feito.

Quase todas as políticas climáticas adotadas até agora foram voluntárias. No Canadá, estimulamos as mudanças, damos incentivos para que ocorram, oferecemos subsídios e sinalizamos com os preços. Mas o que decerto não fazemos é *exigir* tais mudanças. E as nossas emissões de gases do efeito estufa não estão diminuindo, mas apenas se mantendo no mesmo nível.

Para cumprir as metas de emissões, precisamos urgentemente fixar as datas em que, a curto prazo, determinadas medidas terão de ser tomadas de forma obrigatória. Um exemplo é proibir a venda de novos veículos movidos a combustíveis fósseis a partir de 2025. Ou, já a partir do ano que vem, estabelecer que nenhuma edificação nova use gás natural ou outros combustíveis fósseis. Outra medida seria proibir a publicidade de fabricantes de veículos com motores a combustão e de postos de combustíveis. Só assim podemos deixar claro a seriedade da situação.

4. Dizer a verdade sobre a gravidade da crise

Na frequência e no tom, nas palavras e nas ações, é preciso que a ideia de emergência pareça, soe e seja sentida como tal. Na Segunda Guerra, os líderes de que mais recordamos eram comunicadores excepcionais, que se dirigiram de forma franca à população, expondo toda a gravidade da situação, e, ainda assim, conseguiam manter viva a esperança. Suas mensagens foram disseminadas por meios de comunicação que sabiam de que lado da história queriam estar, e por um setor de artes e entretenimento disposto a mobilizar o público.

Porém, no que refere à emergência climática, não dá para ver essa consistência e essa coerência. Quando os governos não agem como se a situação fosse uma emergência — ou, pior ainda, quando emitem sinais contraditórios ao aprovar uma nova infraestrutura para explorar combustíveis fósseis —, o que de fato estão comunicando à população é que é uma emergência. Onde estão os comunicados regulares à imprensa sobre o andamento da resposta à crise climática? Onde estão as campanhas oficiais que visam aumentar o nível de "consciência climática" da população? Onde estão os relatos jornalísticos diários para informar como essa luta pela vida está se desenrolando no país e no exterior? Se de fato acreditam que estamos diante de uma emergência climática, então os líderes atuais precisam agir e falar de acordo com a gravidade da situação.

Uma última lição da época da guerra. Toda grande mobilização vem acompanhada do compromisso de não deixar ninguém para trás, de que a vida depois da luta vai ser melhor e mais justa para todos. A mobilização pelo clima tem, portanto, de incluir a garantia de trabalho para todos que quiserem, e uma transição justa para quem depende dos combustíveis fósseis para viver ou mora na linha de frente da crise climática, como parte do compromisso mais geral de acabar com a desigualdade. /

5.14
As lições da pandemia
David Wallace-Wells

No começo de dezembro de 2019, apenas semanas depois que 2 milhões de manifestantes saíram às ruas em todo o mundo para protestar contra o início da COP25 em Madri, o primeiro caso humano de Sars-cov-2 foi identificado em Wuhan. No mês seguinte, enquanto o Fórum Econômico Mundial em Davos tentava se reposicionar como uma "conferência sobre o clima", as primeiras mortes foram registradas. Em fevereiro de 2020, quando, além da China, o mundo começava a entrar em pânico por causa do "novo coronavírus" e do modo como ele poderia ameaçar e virar de cabeça para baixo a vida de milhões, 2718 pessoas morreram no mundo depois do contágio pelo vírus da covid-19. Nesse mesmo mês, cerca de 800 mil pessoas morreram no mundo por causa dos efeitos da poluição do ar ocasionada pela queima de combustíveis fósseis.

À medida que o ano ia passando, o número de vítimas da pandemia se tornou terrivelmente alto, embora cada novo recorde de mortalidade despertasse menos horror e indignação do que o anterior, seguindo o roteiro desalentador e familiar pelo qual os desastres são rapidamente normalizados. No começo de 2022, depois de dois anos da doença, a revista *Economist* estimou que mais de 20 milhões de pessoas haviam morrido no planeta, o que faz da covid-19 um dos sete flagelos mais letais de toda a história humana.

Durante toda a pandemia, a crise climática continuou a se agravar, produzindo de tantas em tantas semanas — em alguns casos, em intervalos de poucos dias — o que antes teria sido visto como presságio dos impactos destrutivos que estavam por vir. O Chifre da África foi invadido por 200 bilhões de gafanhotos, que escureceram o céu em enxames zumbidores tão grandes quanto cidades inteiras, devorando pelo caminho uma quantidade de alimento equivalente à que dezenas de milhões de pessoas consumiriam num dia e, por fim, morrendo e formando montes de insetos aglomerados que chegaram a interromper a circulação de trens — estima-se que havia 8 mil vezes mais gafanhotos do que seria de esperar se não houvesse mudanças no clima.

Na Califórnia, em 2020, incêndios florestais destruíram uma área duas vezes maior do que o até então recorde desse estado americano na história moderna, com cinco dos seis maiores incêndios já registrados na região ocorridos em um único ano. Cerca de um quarto de todas as sequoias existentes no mundo acabaram incineradas, em incêndios que produziram mais da metade de toda a poluição atmosférica dos Estados Unidos — ou seja, a queima dessas florestas resultou em mais matéria particulada do que a soma de todas as outras atividades industriais e residenciais. A Sibéria foi assolada por "incêndios zumbis", assim chamados por surgirem de forma anômala durante todo o inverno ártico, ocasionando tanto derretimento do permafrost que abalou a fundação de uma usina elétrica remota e provocando o vazamento de 17 mil toneladas de petróleo num rio próximo. Em 2021, a liberação de dióxido de carbono por incêndios no mundo equivaleu a quase todas as emissões dos Estados Unidos, o segundo maior emissor de carbono no planeta. Um furacão de categoria quatro chegou ao litoral da América Central apenas algumas semanas depois e a poucos quilômetros do ponto por onde havia passado outro furacão, de categoria cinco. Na China, 60 milhões de pessoas se viram obrigadas a abandonar as suas casas por causa de "enchentes fluviais", causadas por chuvas que colocaram em risco a represa mais intimidante do mundo. Essas chuvas eram, pelos padrões de precipitações e evacuação, só um pouco maiores que médias recentes. Quando chegávamos ao fim do primeiro ano da pandemia, 1 milhão de pessoas foram deslocadas por inundações no Sudão do Sul — nada menos do que um décimo da população do país. No segundo ano da covid-19, centenas de pessoas morreram em enchentes na Europa Ocidental, e dezenas faleceram após as precipitações decorrentes do furacão Ida inundarem porões em Nova York. E o domo de calor do Pacífico superou de tal modo os registros anteriores que os climatologistas chegaram a se perguntar se os seus modelos e suas expectativas estavam calibrados de forma adequada — além de provocar a morte de várias centenas de pessoas e de vários bilhões de animais marinhos, antes de criar condições favoráveis para os incêndios e os deslizamentos de terra causados por inundações posteriores tão fortes que a cidade de Vancouver acabou bloqueada pelo desastre climático na virada do outono para o inverno. Pouco antes da véspera de Ano-Novo, ventos de quase 150 quilômetros por hora alimentaram uma tempestade de fogo na área suburbana de Denver, onde o outono mais quente (e o segundo mais seco) em um século e meio precedeu o incêndio mais destrutivo na história do estado, com as chamas saltando de uma casa para outra através dos bairros e vielas que no dia anterior pareciam a própria imagem de uma modernidade inflamável.

O mundo, como um todo, preferiu olhar para o lado — distraído pela pandemia incontrolável e habituado pelo acúmulo de mortes em desastres recentes a ver o que antes seriam rupturas brutais da realidade como desenvolvimentos lógicos de um padrão conhecido. No entanto, se pudéssemos discernir as lições da pandemia para o futuro da ação climática, que conclusões poderíamos tirar? Antes de tudo, que a pandemia abriu a possibilidade improvável de uma ação ambiciosa antes inconcebível, e que o mundo como um todo, de forma desastrada, deixou de aproveitar. Uma reação sem precedentes à pandemia poderia ter sido direcionada para o desafio sem precedentes do aquecimento global, impulsionada por um espírito de fato global e voltado para aliviar o sofrimento desigual daqueles que já estão sendo afetados pelas mudanças no clima. Em vez disso, essa resposta sem precedentes desembocou apenas na defesa do status quo, com os líderes do Norte global acumulando vacinas junto com as suas emissões.

A covid-19 não tem uma relação tão óbvia com as mudanças climáticas quanto muitos dos desastres que deixamos de lado em focar na ameaça pandêmica que parecia ser mais imediata. No entanto, entre as várias lições inquietantes compartilhadas pelas duas crises, há uma que se destaca: a força da natureza pode ser assustadora e, ainda que tenhamos batizado a nossa época de Antropoceno, o fato é que não controlamos a natureza nem podemos escapar dela; nós vivemos nela e somos vulneráveis à sua força imprevisível, não importa onde estamos morando nem o quão protegidos costumamos nos sentir. Não podemos mais fingir que somos capazes de determinar as regras da realidade em conferências ou seminários sem antes consultar o meio ambiente.

Todavia, para quem estava acostumado a se decepcionar com a liderança global nos assuntos climáticos, mesmo a resposta inicial e imperfeita à pandemia foi esclarecedora — e, para ser sincero, bem estimulante. Agora, no final do segundo ano da doença, imersos na confusão de um nacionalismo deprimente causado pela covid-19 e pela "diplomacia da vacina", talvez seja fácil esquecer o quão ampla, imediata e surpreendente foi a reação inicial, mesmo naqueles países que não conseguiram conter a doença — uma reação inadequada e até contraproducente em certos aspectos, mas numa escala e com uma urgência que antes os defensores do clima não conseguiriam nem mesmo sonhar. Em apenas alguns meses, a vida cotidiana no mundo todo virou de cabeça para baixo, com mais de 1 bilhão de crianças deixando de frequentar escolas, com viagens internacionais quase totalmente suspensas, e centenas de milhões de pessoas em dezenas de países confinadas em casa para se proteger e evitar a contaminação dos mais próximos. Carreiras profissionais foram interrompidas, assim como relações sociais, românticas e familiares. E toda a ideia de que os negócios continuam como sempre teve de ser reconsiderada. Quando os cientistas mencionaram a necessidade de uma mobilização tão ampla quanto a ocorrida durante a Segunda Guerra Mundial, com o objetivo de evitar o aquecimento global catastrófico, era nesse tipo de ação que estavam pensando — claro que uma transformação menos dolorosa, mas sob outros aspectos tão dramática quanto. As lideranças mundiais haviam descartado essa recomendação, feita pela primeira vez no outono de 2018, quando o ipcc conclamou a todos que cortassem pela metade as emissões de carbono até 2030. E então, no início de 2020, esses mesmos líderes colocaram em prática uma transformação de escala similar no prazo de apenas poucos meses. A pandemia mostrou que uma mudança repentina tinha deixado de ser algo inconcebível, pois de fato tinha ocorrido.

Esse espírito não durou muito, e nem de longe foi perfeito enquanto existiu. Porém, acima de tudo, a reação governamental — de incontáveis países com vários níveis de prosperidade e diversos regimes ideológicos — foi enorme, demonstrando que ao menos era possível haver um esforço geral da sociedade quando confrontada por uma ameaça iminente — com os Estados desconsiderando por completo o que, apenas meses antes, parecia ser um limite intransponível da plausibilidade política. O efeito foi mais evidente nos países do Leste da Ásia e da Oceania, que conseguiram conter a disseminação do vírus por meio de intervenções estatais em grande escala, associadas a uma confiança e a uma solidariedade sociais generalizadas (um alinhamento que poderíamos esperar diante da ameaça climática). No entanto, como afirma Adam Tooze em *Portas fechadas: Como a covid abalou a economia mundial*, sobre a história da crise pandêmica, até mesmo a resposta inapta de nações mais lentas na Europa e nas Américas comprovou que, quando se trata de gastos públicos, todos os países do mundo passaram a adotar critérios inteiramente novos, sem as restrições políticas e sociais que antes haviam freado ações no campo do clima. E nos próximos anos, uma lição a ser extraída da resposta à pandemia é a de que os únicos limites para agir são aqueles que impomos a nós mesmos. E não há por que ser assim.

Infelizmente, mesmo enquanto aprendiam a jogar com as novas regras, os líderes do Norte global se mostraram relutantes em aplicá-las ao projeto de descarbonização. Durante a resposta à pandemia, teria sido fácil imaginar possibilidades irrestritas também para a ação climática, e houve quem visse o alinhamento delas. "Não fazemos ideia de como vão ser os programas de recuperação da covid", me disse Christiana Figueres, uma das principais articuladoras do Acordo de Paris, no verão de 2020. "E, para ser sincera, o avanço da descarbonização vai depender em grande parte das características desses pacotes de recuperação mais do que qualquer outra coisa, devido à escala desses programas. Já chegamos a 12 trilhões de dólares, e podemos ir até 20 trilhões nos próximos dezoito meses. Nunca vimos — nunca se viu nada parecido — 20 trilhões sendo despejados na economia num período tão curto. Isso vai determinar a lógica, as estruturas e, sem dúvida, a intensidade do carbono na economia global ao menos por uma década, se não mais." Em outras palavras, se estávamos prontos para gastar 20 trilhões de dólares, por que não fazer o mesmo no que se refere ao clima?

Em vez disso, a primeira rodada de gastos não foi nada animadora para quem sonhava com uma recuperação verde. A União Europeia, o padrão-ouro, propôs destinar apenas 30% do seu pacote de estímulo para as questões climáticas. Tanto os Estados Unidos como a China se comprometeram com uma fração disso (e, em ambos os casos, também previam estímulos para os combustíveis fósseis). Até abril de 2021, menos de um quarto dos gastos associados à pandemia nos países da OECD foi considerado "benéfico em termos ambientais", e 41% do estímulo à produção energética foi gasto em combustíveis fósseis. Graças à tragédia global, havia a possibilidade efetiva de construir um mundo novo — mais estável, seguro, próspero e igualitário. No entanto, em vez de aproveitar essa oportunidade, o mundo preferiu voltar o mais rápido possível à situação anterior. Qual a dimensão dessa oportunidade desperdiçada? Segundo uma equipe de pesquisadores que incluía Joeri Rogelj, do Imperial College, de Londres, se apenas um décimo do gasto com estímulos durante a covid-19 fosse direcionado para a descarbonização em cada um dos próximos cinco anos, isso seria suficiente para alcançar as metas do Acordo de Paris e limitar o aquecimento global a um nível inferior a 2°C. Em termos globais, o custo total de uma transição verde seria metade do que foi destinado aos estímulos em 2020, e, no entanto, mesmo no meio de toda essa gastança, o mundo não se animou a isso. O *Wall Street Journal* notou que, apenas nos Estados Unidos, uma descarbonização completa do setor energético demandaria um gasto imediato de 1 trilhão a 1,8 trilhão de dólares — menos de um quinto do que custou o programa de enfrentamento da pandemia no país. Porém, em nenhum momento esse programa colocou os gastos com o clima como prioridade. Quando o presidente Joe Biden afinal acatou a proposta, o desembolso total foi de apenas algumas centenas de bilhões de dólares — bem menos do que os 5% do PIB sugeridos por Michael Bloomberg e Hank Paulson, que estão longe de ser radicais climáticos, e ainda menos do que as propostas dos senadores Ed Markey e Bernie Sanders.

O mais chocante nesse fracasso talvez tenha sido o fato de que, pela primeira vez, ocorreu com o apoio de políticos que estavam ao menos falando a linguagem da emergência climática, e comprometidos — em incontáveis conferências e fóruns — com o enfrentamento dessa ameaça existencial. Por esses critérios, evidentemente, eles haviam falhado, permitindo que a meta de 1,5°C se tornasse cada vez mais inacessível, vendo as emissões se acumularem na atmosfera ano após ano enquanto faziam discursos cada vez mais acalorados sobre os perigos da inação. Mas essa retórica vazia também sugere a possibilidade de que a ação coletiva e a intervenção pública sem precedentes suscitadas pela pandemia talvez não sejam algo isolado — e, na verdade, que parte desse novo impulso pode acabar beneficiando as medidas climáticas. "Para tudo o que podemos fazer há recursos", declarou John Maynard Keynes durante a Segunda Guerra Mundial. A pandemia de covid-19 nos recordou desse princípio; e, diante das mudanças climáticas, o mundo talvez tenha a chance de colocá-lo em prática.

A pandemia também foi um choque de realidade, ensinando quem ainda não sabia que as crises não resolvem, de forma confiável ou simples, rivalidades, preconceitos e crimes básicos da indiferença humana. E se, por outro lado, a covid-19 também nos ensinou positivamente que as pessoas são capazes de reagir quando se veem diante de uma ameaça iminente e imanente, ela também nos ensinou algumas lições negativas.

A primeira é que, quanto mais esperamos, mais temos a perder. Em períodos de crescimento exponencial, como nos primeiros meses da pandemia, atrasos de dias podem ser catastróficos, e medidas que podem ser suficientes na primeira semana são totalmente inadequadas na terceira. No que se refere ao clima, sabemos que o problema é parecido. Um projeto de descarbonização global iniciado em 1988, quando James Hansen, Michael Oppenheimer, Syukoro Manabe e outros cientistas testemunharam diante do Senado americano, que tinha como objetivo restringir o aquecimento a 1,5°C, teria exigido apenas mudanças modestas e relativamente toleráveis e poderia ter sido concluído num prazo de cem anos. Em vez

Páginas seguintes: Jovens protestam durante uma manifestação do movimento Fridays for Future em Jacarta, na Indonésia, em setembro de 2019.

disso, após escolher ignorar esses alertas e permitir que as emissões continuassem a aumentar, acumulando ano após ano na atmosfera o fardo para as próximas gerações, o mundo agora está diante de uma tarefa bem mais excruciante — zerar as emissões no prazo de poucas décadas, e talvez ainda antes, dada a ausência de emissões negativas e da remoção de carbono em "escala planetária". O que parecia aconselhável em 1988 hoje pode quase ser tido como negacionismo climático; o que em 2008 parecia ousado hoje é irremediavelmente insuficiente. E se as curvas não forem achatadas de imediato, em 2025 até os cálculos desanimadores atuais também deixarão de ser viáveis.

A segunda lição é que não basta um país ser bem-sucedido, e ninguém deveria se satisfazer com respostas nacionalistas a ameaças globais. Mesmo hoje, as disparidades climáticas — tanto na responsabilidade pelo aquecimento atual, como no fardo imposto por impactos futuros — constituem um horror imoral, ainda que os habitantes do Norte global prefiram ignorá-las. Os Estados Unidos são responsáveis por um quinto de todas as emissões históricas globais, ao passo que toda a África subsaariana produziu apenas cerca de 1% dessas emissões. As consequências do aquecimento também se distribuem de forma desigual, com grande parte dos países em desenvolvimento sofrendo agora impactos que europeus e norte-americanos ainda consideram uma ameaça remota; e as promessas de apoio nominal ainda estão por serem cumpridas, enquanto as estimativas das necessidades efetivas são muitas vezes maiores. (Os países ricos que hoje esperam ser aplaudidos por promessas de 100 bilhões de dólares anuais para ajudar os países pobres a enfrentar as mudanças climáticas devem se conscientizar de que a conta para a descarbonização do Sul global pode chegar a 5 trilhões de dólares ou mais.)

A tragédia da distribuição das vacinas revela a mesma história — não apenas a de que os recursos acabam sendo acumulados por aqueles que podem assegurar os benefícios para si próprios, mas de que esses mesmos grupos vão impor a escassez onde ela não existe e não precisa existir, talvez por achar reconfortante a desigualdade. Em julho de 2021, o FMI estimou que um programa global de vacinação custaria apenas 50 bilhões de dólares e geraria 9 trilhões de dólares em renda adicional até 2025 — um retorno de duzentas vezes o investimento público no período de um mandato presidencial. O custo inicial era tão baixo que poderia ser coberto não só pelas maiores economias do mundo, nas quais teria simplesmente desaparecido nos orçamentos estatais, como por qualquer uma das grandes fortunas privadas. É claro que nenhum desses atores se interessou pela barganha, preferindo deixar que o Sul global se virasse sozinho na luta contra um vírus que o Norte global havia, ao menos por certo tempo, considerado merecedor de uma reação abrangente. Como consequência, o vírus continuou proliferando, sofrendo mutações, contagiando e matando, exatamente como vai ocorrer com o aquecimento se nada for feito. Nós simplesmente não podemos cometer de novo os mesmos erros. /

5.15
Honestidade, solidariedade, integridade e justiça climática

Greta Thunberg

Não eram apenas nomes comuns como Andersson, Petersson ou Johansson com dois "s". Eram todos nomes suecos de verdade: Karlberg, Rönnkvist, Nordgren. Mas o cemitério não pertencia a uma congregação religiosa sueca. Era apenas um cemitério qualquer em Lindström, no estado americano de Minnesota. O tamanho e a solidez das lápides remetiam a uma época passada. As raízes das árvores haviam deslocado um pouco as pedras, apenas o bastante para indicar que havia passado tempo suficiente para que as pessoas enterradas ali começassem a desaparecer da memória.

Nós — o meu pai e eu — estávamos a 6780 quilômetros de distância da Suécia, mas de uma perspectiva literária ali era o centro da nação. É no condado de Chisago que se passa quase toda a ação de *Os emigrantes*, de Vilhelm Moberg, uma série de romances que ocupa um lugar especial nas artes e na cultura suecas. Muitos anos antes, numa época em que eu estava doente demais para ir à escola, tínhamos lido todos esses livros, que causaram uma impressão muito forte em mim. Nós paramos na frente das estátuas de Kristina e Karl-Oskar e fotografamos uma placa em que havia sido pintado um cavalo de Dalarna vermelho, um símbolo sueco tradicional da província de Dalecarlia. A placa dizia "A vida é ótima na autoestrada 8". Nós olhamos da margem do lago South Lindström e contemplamos a paisagem em volta, que parecia ter saído do nosso país. Então entramos num carro elétrico e dirigimos sentido oeste, já tarde da noite, para compensar o tempo que havíamos perdido com a história da literatura sueca. Dormimos num motel em Sioux Falls e, antes de amanhecer, voltamos para a rodovia interestadual 90, cruzamos o rio Missouri e atravessamos as majestosas terras áridas da Dakota do Sul, antes de seguir para o sul, até a reserva indígena de Pine Ridge, onde eu iria me encontrar com uma amiga, Tokata Iron Eyes.

Pine Ridge é uma das regiões mais carentes dos Estados Unidos e tem problemas graves associados à pobreza, como alcoolismo, altas taxas de mortalidade infantil e suicídios, bem como uma das expectativas de vida mais baixas de todo o mundo ocidental. Tokata e o seu pai, Chase, nos levaram de carro para conhecer o vilarejo, que tinha igrejas em ruínas e casas abandonadas com as janelas cobertas por tábuas. Mal dava para imaginar que estávamos no centro da nação mais rica do planeta. Fomos até Wounded Knee e seguimos por uma trilha até o minúsculo local de celebração. O sol da tarde era quente e não se via uma nuvem no céu. Uma leve brisa de outubro soprava na relva alta. Chase nos contou que haviam tentado criar um pequeno museu numa casa próxima, mas que o projeto não dera em nada, pois não havia dinheiro para mantê-lo aberto.

O monumento foi erigido sobre as sepulturas dos indígenas que morreram massacrados ali no dia 29 de dezembro de 1890. Ou melhor, sobre *a* sepultura, no singular. Não havia quase nenhuma lápide individual em Wounded Knee: apenas uma sepultura coletiva assinalada por uma pedra comemorativa simples, rodeada por uma cerca, com dois pilares de concreto pintados de branco demarcando a entrada. Cerca de trezentas pessoas estão enterradas ali, todos membros do povo Lakota, uma comunidade indígena americana. Eles foram massacrados — após anos de migrações forçadas, tratados violados e violência — por soldados do 7º Regimento de Cavalaria do Exército americano. Vinte dos soldados que participaram da matança foram condecorados com medalhas de honra.

Incontáveis incidentes semelhantes ocorreram durante a colonização europeia das Américas, iniciada após a chegada de Cristóvão Colombo no continente em 1492. O início desse período é por vezes chamado de "a Grande Matança". Há quem argumente que foi então que começou de fato o Antropoceno. Estima-se que até 90% da população indígena — ou 10% da população global — foi massacrada ou morreu de doenças infecciosas. Essas atrocidades não podem ser descritas sem usar termos como "genocídio" e "limpeza étnica", mas não existe quase nenhum monumento lembrando isso. As nações responsáveis até hoje não se redimiram por sua história. É difícil imaginar como uma nação pode se permitir seguir adiante sem lidar com as causas e as consequências dessa injustiça social e racial.

Mesmo que as pessoas enterradas em Lindström e em Wounded Knee tenham vivido na mesma época e em regiões próximas, os seus cemitérios pertencem a universos completamente distintos. E era bastante evidente que os suecos em Minnesota estavam numa posição superior à dos antepassados da minha amiga na Dakota do Sul. As 24 horas de viagem entre Lindström e Wounded Knee haviam me proporcionado uma nova perspectiva do mundo. E não foi nada fácil aceitá-la.

Entre 1850 e 1920, quase um quarto dos suecos emigrou para os Estados Unidos — cerca de 1,2 milhão de pessoas. Foram levados a isso pela pobreza e pelo sonho de uma vida melhor. Mas a história deles também está mesclada ao destino dos povos indígenas que habitavam as terras reivindicadas pelos imigrantes em

387   O QUE PRECISAMOS FAZER AGORA

locais como Minnesota, Wisconsin e outros estados e territórios recém-estabele-cidos. A ocupação dessas terras não só era legal, mas também estimulada. Assim como no caso da colonização da África e de outras regiões que constavam como "vazias" nos mapas europeus, esperava-se que os imigrantes, as companhias de comércio ou os países colonialistas se apropriassem dessas terras e tratassem os habitantes nativos como mercadorias e propriedade, como selvagens e brutos, conforme descrito por Sven Lindqvist em seu livro *Exterminate all the Brutes* [Eli-minem todos os brutos, 1992].

Ao mesmo tempo que espanhóis, franceses, portugueses, holandeses e ingle-ses expandiam os seus impérios pelas Américas, o mesmo fazia a Suécia com as suas fronteiras. No entanto — além das tentativas de colonização de Delaware e das ilhas de Saint Barthélemy e Guadalupe —, nós seguimos para o norte, para Sápmi. Essa região, que se estende por Noruega, Suécia, Finlândia e Rússia, é há milênios o lar do povo Sámi. Mesmo assim, o Estado sueco a reivindicou como território sueco, dando início a um lento processo de expansão e apropriação de terras. Essa colonização se tornou mais acelerada quando a busca por recursos naturais no século XIX recrudesceu, pois em Sápmi havia enormes reservas de minério de ferro, prata e madeira. Com isso, a população originária foi sendo em-purrada cada vez mais para o norte. Depois veio o deslocamento compulsório de comunidades inteiras. Famílias se desagregaram. Crianças foram separadas dos pais. E nos empenhamos em acabar com a língua, a religião, as tradições e a cul-tura dos Sámi — com todo o seu modo de vida. Foi criado um Instituto Estatal de Biologia Racial, que mediu os crânios dos Sámi. Depois, no século XX, vieram as usinas hidrelétricas, cujos reservatórios eliminaram grande parte das pastagens das manadas de renas. Em seguida, as empresas mineradoras. E agora, neste sé-culo XXI, chegaram as turbinas eólicas, que ocupam ainda mais as terras dos seus antepassados — dessa vez para garantir o fornecimento de eletricidade "verde" subsidiada para servidores do Facebook e mineradores de bitcoin.

E saímos impunes de quase tudo isso. A Suécia roubou dos Sámi terras, lo-cais e artefatos sagrados, religião, florestas e outros recursos naturais. E esse roubo continua até hoje. Como aprendemos com Elin Anna Labba na parte III, à me-dida que as mudanças climáticas pioram cada vez mais as condições para a cria-ção de renas, torna-se cada vez mais difícil para os Sámi preservar o seu modo de vida tradicional. E muitos estão desistindo. Novas minas estão sendo prospecta-das. Florestas primárias, que não podem ser replantadas, estão sendo desmatadas. Não há prioridade maior do que aproveitar qualquer oportunidade de desenvol-vimento econômico.

Mesmo assim, a Suécia não se considera de forma alguma uma nação colo-nialista. Se descrevermos o país desse modo, a maioria das pessoas provavelmen-te vai achar que somos completamente loucos. O fato é que contamos a história que mais nos convém. E vemos o que queremos ver. Enquanto indivíduos, somos responsáveis apenas por nós mesmos. Mas é totalmente diferente no caso de na-ções e corporações. Elas acumularam riqueza, bens e infraestrutura graças ao que

388

fizeram no passado. E, se toda essa riqueza foi obtida por meio de crimes como roubo, destruição e genocídio, então é imperativo que encontremos maneiras de buscar a reconciliação e a compensação.

Ao longo da história, sempre preferimos nos manter o mais afastados possível dessas atrocidades. O problema sempre foi dos outros, em algum local remoto. No entanto, a responsabilidade pela crise climática é nossa, dos países do Norte global. É uma crise de desigualdade que remonta pelo menos ao colonialismo. E aqueles que menos contribuíram para a crise são os que mais vão sofrer. E quem mais contribuiu vai sofrer menos. Tudo isso é, em última análise, o sintoma de uma crise muito mais ampla, decorrente da ideia de que alguns povos valem mais do que outros e, por isso, têm o direito de explorar e espoliar as terras e as riquezas naturais de outros povos — e de esgotar os recursos finitos do planeta num ritmo infinitamente mais acelerado que os demais. Uma crise determinada por uma mentalidade que ainda hoje caracteriza a nossa sociedade. Cujo enfrentamento iria beneficiar a todos. No entanto, é ingenuidade achar que podemos fazer isso sem chegar à raiz do problema.

As crises do clima e da sustentabilidade são, em muitos aspectos, a saga perfeita. Ou melhor, o derradeiro teste de moralidade. As emissões de dióxido de carbono permanecem na atmosfera durante nada menos do que um milênio. E agora a ciência está trazendo à luz, de forma muito clara, todos esses rastros invisíveis que deixamos pelo caminho em nossa busca por poder, domínio e riqueza. Rastros sobre os quais aqueles que estão na linha de frente vêm nos chamando a atenção há séculos. É como se agora tivesse sido apresentada uma enorme conta pendente que nós, habitantes da parte do mundo historicamente responsável por essa despesa, não podemos mais ignorar. Pois se fracassarmos nesse teste moral, vamos fracassar em todo o resto. E todas as nossas realizações impressionantes vão acabar resultando em nada.

Para solucionar as crises climática e ecológica e mudar tudo, vamos precisar da participação de todos. E isso nunca vai acontecer a menos que os responsáveis comecem a limpar a sua sujeira de uma maneira equitativa. As nações mais ricas já se comprometeram a liderar esse processo, e chegou a hora de levá-lo adiante. Isso significa pagar por perdas e danos. Significa assumir toda a responsabilidade pelas emissões históricas. Significa que os poluidores devem pagar. Significa incluir todas as emissões atuais nas estatísticas, incluindo as decorrentes de consumo, importações, exportações, setores marítimo e aéreo e complexo militar, além das emissões biogênicas. Significa honestidade, solidariedade, integridade e justiça climática. /

5.16
Uma transição justa
Naomi Klein

Quase todos nós aprendemos a pensar sobre as mudanças políticas de modo compartimentado: o meio ambiente numa caixa; a desigualdade em outra; a justiça racial e de gênero em outras. Aqui a educação, ali a saúde.

E no interior de cada compartimento há milhares e milhares de grupos e organizações diferentes, muitas vezes competindo entre si por poder, reconhecimento e, claro, financiamento. Não é muito diferente de marcas e empresas que competem por segmentos do mercado. Isso não deveria nos surpreender: todos nós estamos atuando segundo a lógica do sistema capitalista existente.

Essa compartimentalização é muitas vezes descrita como o problema dos "silos". Os silos são algo compreensível — eles dividem o nosso mundo complexo em pedaços manejáveis. Eles nos ajudam a nos sentir menos sobrecarregados. Porém, há um problema: eles também treinam os nossos cérebros a desligar quando uma crise de verdade requer o nosso envolvimento e a nossa atenção, como quando dizemos: "Essa é uma questão que afeta outras pessoas". O maior problema dos silos é que nos impedem de ver as conexões óbvias entre as várias crises que dilaceram o mundo, e também nos impedem de organizar os movimentos mais abrangentes e eficazes ao nosso alcance.

Na prática, isso significa que as pessoas atentas à emergência climática raramente falam sobre guerra ou ocupação militar — mesmo quando sabemos muito bem que a avidez por combustíveis fósseis há muito vem alimentando conflitos armados. O movimento ambiental predominante está melhorando um pouco no sentido de apontar que os países mais afetados pelas mudanças climáticas são habitados por pessoas negras e pardas. Porém, quando as vidas negras são tratadas como descartáveis em prisões, escolas e ruas, é raro que se estabeleçam essas conexões.

Como não temos muita experiência em trabalhar juntos através dos silos, as soluções propostas por vários movimentos muitas vezes parecem desconectadas umas das outras. Os progressistas têm listas extensas de demandas — daquilo que todos queremos mudar. Porém, com frequência o que falta é uma visão holística do mundo pelo qual estamos lutando. Como vai ser na prática. Como vamos nos sentir nele. E quais são os seus valores fundamentais.

Ainda bem que já estão em andamento os mais variados experimentos e conversas que visam superar essas barreiras e criar plataformas populares que nos permitam articular uma visão comum. Essas plataformas são conhecidas por muitos nomes: Leap [o salto], Green New Deal [New Deal verde], o Black, Red and Green New Deal [New Deal negro, vermelho e verde], e outros mais.

O que há em comum em todas é o reconhecimento de que não estamos enfrentando apenas uma crise climática. Estamos diante de muitas emergências que se sobrepõem e se intersectam — desde os surtos de supremacia branca até a violência baseada em gênero e a crescente desigualdade econômica —, e simplesmente não temos como resolvê-las uma após a outra. Necessitamos, portanto, de uma abordagem integrada: políticas concebidas para zerar as emissões e, ao mesmo tempo, criar empregos satisfatórios e sindicalizados, além de assegurar uma justiça significativa para os que são mais abusados e excluídos na economia extrativa atual. Precisamos de uma *transição justa*.

Uma transição justa pressupõe que o empenho no confronto imediato e abrangente da emergência climática é uma oportunidade para construir uma sociedade mais justa, na qual todas as pessoas sejam valorizadas.

Na última década e meia, participei de várias coalizões em favor da justiça climática, e não há uma definição única do que seja uma "transição justa". Mas alguns princípios básicos foram estabelecidos por esses movimentos, e eles poderiam servir de fundamento para os esforços futuros.

Uma transição justa parte do reconhecimento de que a incessante busca por lucros que obriga muita gente a trabalhar até cinquenta horas por semana sem segurança, causando uma epidemia de isolamento e desespero, é a mesma busca incessante por lucros que coloca em perigo o nosso planeta. Quando se admite isso, é evidente o que precisamos fazer: lutar para, no enfrentamento da crise climática, criar uma cultura mais ampla de cuidados na qual ninguém, em lugar nenhum, seja descartado —, na qual seja fundamental o valor intrínseco de cada pessoa e de cada ecossistema.

Uma ação climática de base científica implica eliminarmos o quanto antes os combustíveis fósseis em nossos sistemas de energia, transportes e agricultura. Já as ações fundadas na justiça climática requerem mais do que isso: ao mesmo tempo que empreendemos essas transformações enormes, também temos de criar uma economia mais igualitária e democrática.

Um bom ponto de partida é a propriedade dos recursos energéticos. Hoje, um punhado de grandes produtores de combustíveis fósseis controlam o suprimento e dominam a maioria dos mercados locais. Uma das grandes vantagens da energia renovável é que, ao contrário dos combustíveis fósseis, ela está disponível onde quer que brilhe o sol, sopre o vento e circule a água. Ou seja, ela nos permite estabelecer estruturas de propriedade diversificadas e descentralizadas: cooperativas geradoras de energia verde, usinas elétricas municipais, pequenas redes de transmissão controladas pelas comunidades locais e muito mais. Graças a essas estruturas, os lucros e benefícios dos novos geradores de energia verde permanecem nas comunidades e ajudam a financiar serviços, em vez de serem transferidos para os acionistas das grandes empresas.

Esse princípio de transição justa é com frequência chamado de **democracia energética**.

O QUE PRECISAMOS FAZER AGORA

Todavia, uma justiça climática efetiva requer mais do que a democracia energética — pressupõe também a justiça energética e até mesmo reparações energéticas. Porque o desenvolvimento da geração de energia e de outros setores poluentes desde a Revolução Industrial levou de forma sistemática as comunidades mais empobrecidas a sofrerem, de maneira desproporcional, as consequências ambientais das emissões, ao mesmo tempo que extraíam poucos benefícios econômicos.

Na América do Norte, onde vivo, são predominantemente as comunidades negras, indígenas e de imigrantes, muitas vezes designadas "comunidades da linha de frente", que são obrigadas a suportar essas consequências injustas. Por isso muitas das plataformas em defesa de uma transição justa exigem que tais comunidades desempenhem um papel de liderança no desenvolvimento da nova infraestrutura verde, no controle dos programas de recuperação da terra e na distribuição de fundos para a criação de empregos verdes. Os grupos indígenas que tiveram os seus direitos fundiários violados de forma sistemática e cujos conhecimentos ecológicos tradicionais constituem uma alternativa viva às atuais práticas ecocidas também estão reivindicando maior controle sobre os seus territórios ancestrais como parte da resposta à crise climática.

Esse princípio de transição equitativa, por vezes chamado de **primeiro a linha de frente**, é uma forma de compensação pelos danos passados e presentes.

Um dos grandes benefícios da ação climática é o potencial de criar milhões de empregos verdes no mundo — nos setores de geração de energia renovável, transportes públicos, eficiência energética, adaptação de edifícios, limpeza da poluição em áreas terrestres e marítimas. Uma transição de fato equitativa deve assegurar que esses empregos sejam bem remunerados o suficiente para manter uma família e, sempre que possível, sejam protegidos por sindicatos. Entretanto, há outro aspecto nisso.

Uma transição justa também requer que reimaginemos o que é um "posto de trabalho verde". Os ambientalistas não costumam mencionar isso, mas o ensino e o cuidado das crianças não implicam a queima de muito carbono. Tampouco o cuidado dos enfermos. A produção de arte é outra atividade com baixíssimas emissões de carbono. Numa transição justa, esses tipos de trabalho seriam tidos como verdes e priorizados, pois contribuem para melhorar as nossas vidas e fortalecer as comunidades. Ao reduzirmos a nossa dependência de trabalhos voltados para o estímulo ao consumo exagerado e à extração danosa de recursos, podemos investir mais em empregos no setor de cuidados e assegurar que sejam remunerados de forma satisfatória.

Esse princípio de transição justa é por vezes chamado de **cuidar dos outros é cuidar do clima** e vai ajudar a fazer com que o trabalho feminino seja plenamente reconhecido e apreciado na nova economia.

À medida que implementamos essas mudanças, também precisamos reconhecer aquelas pessoas que estão presas — não por vontade própria — em regiões nas quais indústrias poluidoras são praticamente a única empregadora local. Muitos desses trabalhadores sacrificaram a sua saúde em minas de carvão e refinarias de petróleo para que o restante de nós pudesse desfrutar de um fornecimento contínuo de eletricidade.

Não se pode esperar que esses trabalhadores, diante da perspectiva da eliminação em grande escala de empregos em consequência da desativação da infraestrutura dos setores petrolífero e carvoeiro, carreguem o ônus da ação climática. Por isso, uma transição justa supõe investimentos maciços na adaptação dos trabalhadores para uma economia descarbonizada, na qual eles tenham uma participação plena e democrática na formulação desses programas. Uma medida fundamental é assegurar a renda dos trabalhadores durante esses períodos — muitas vezes, quando setores da economia sofrem alterações radicais, a subsistência dos trabalhadores e de suas comunidades acabam sendo sacrificadas no altar das "mudanças" e do "progresso". Uma transição justa procederia de outro modo, criando uma enorme quantidade de postos de trabalho voltados para recuperar e restaurar terras deterioradas por processos extrativos, como no caso do fechamento de incontáveis poços de petróleo e gás em todo o mundo, que atualmente são muito poluentes. Muitos daqueles que hoje estão empregados nesses setores estão capacitados para essa tarefa. Graças a programas e políticas desse tipo podemos garantir que todos sejam beneficiados pela transição necessária para fazer um corte rápido e drástico das emissões.

Esse princípio de transição justa poderia ser chamado de **nenhum trabalhador é deixado para trás**.

Evidentemente, a criação de uma nova economia de baixo carbono vai ter um custo financeiro. Bem alto. Os governos podem assumir parte dele, como fizeram na pandemia de covid-19, após a crise financeira de 2008 e como costumam fazer quando ocorrem guerras. No entanto, vivemos numa época de riqueza privada sem precedentes e, por isso, a transição também deveria ser financiada por poluidores e por quem consome em excesso. A ideia de que não temos recursos para salvar o nosso planeta é simplesmente insustentável. O dinheiro necessário para essa transição existe, e só precisamos que os governos tenham a coragem de ir atrás disso — reduzindo e redirecionando os subsídios de combustíveis fósseis, aumentando impostos sobre grandes fortunas, cortando gastos com policiamento, prisões e guerras, e inviabilizando paraísos fiscais.

Esse princípio de uma transição justa é conhecido como **o poluidor paga** e está baseado numa ideia simples: as pessoas e as instituições que mais se beneficiaram com a poluição deveriam pagar mais para compensar o dano causado.

Isso não se aplica apenas às corporações e aos indivíduos muito ricos, mas também aos países do Norte global: estamos lançando dióxido de carbono na atmosfera há duzentos anos e somos os maiores responsáveis pela crise, ao passo que muitas das nações mais vulneráveis aos seus efeitos estão entre as que menos contribuíram para isso. Portanto, ao viabilizar o financiamento para uma transição justa, é necessário que haja uma transferência de riqueza do Norte para o Sul, a fim de permitir que os países mais pobres possam saltar a etapa dos combustíveis fósseis e promover o seu desenvolvimento com energia renovável. A justiça climática também requer um apoio muito maior aos migrantes expulsos de suas casas por guerras em função do petróleo, acordos comerciais prejudiciais, secas e outros impactos cada vez mais severos das mudanças climáticas, assim como pela poluição de suas terras por empresas mineradoras, muitas das quais sediadas em países ricos.

Em resumo, a limpeza do planeta tem de ser feita com justiça. Mais do que isso, à medida que avançamos com a descarbonização, precisamos compensar os crimes fundadores das nossas nações. Roubo de terras. Genocídio. Escravização. Imperialismo. Todas essas práticas mais brutais. Há muito tempo estamos procrastinando e adiando as demandas mais básicas de justiça e reparação. E agora, em todas as frentes, chegou a hora de acertar as contas.

Há quem considere esses tipos de conexões assustadores. A redução das emissões já é um desafio e tanto, dizem eles — por que sobrecarregá-lo ainda mais tentando arrumar tantas outras coisas ao mesmo tempo? Mas essa é uma questão estranha. Se pretendemos reparar o nosso relacionamento com a terra, abandonando o interminável extrativismo de recursos, como não aproveitar isso e reparar também o relacionamento que mantemos uns com os outros? Durante muito tempo nos foram propostas políticas que isolam as crises ecológicas e os sistemas econômicos e sociais que as causaram, numa busca incessante por soluções puramente tecnocráticas. Esse é precisamente o modelo que falhou em apresentar resultados.

De outro lado, as transformações holísticas nunca foram experimentadas no contexto da crise climática. E há bons motivos para que sejam bem-sucedidas onde as políticas climáticas tecnocráticas fracassaram. A verdade dura é que os ambientalistas não podem conduzir sozinhos e com êxito a luta pela redução das emissões. Não há nisso uma crítica a ninguém — é apenas um fardo pesado demais. A transformação que necessitamos, segundo os cientistas, implica uma revolução no modo como vivemos, trabalhamos e consumimos.

Colocar em prática esse tipo de mudança vai depender de alianças poderosas com todos os participantes da coalizão progressista: membros dos sindicatos, defensores dos direitos dos migrantes e indígenas, dos movimentos por moradia, professores, enfermeiros, médicos e artistas. E para estabelecer essas alianças, o nosso movimento precisa manter viva a promessa de tornar a vida cotidiana melhor, atendendo necessidades urgentes e tantas vezes frustradas — moradias acessíveis, água limpa, alimentos saudáveis, terra, cuidados médicos, transportes coletivos eficientes, tempo livre para desfrutar a família e os amigos. Justiça. E não como algo acessório, mas como um princípio animador.

Eu apresentei os cinco aspectos de uma transição justa: democracia energética; primeiro a linha de frente; atividade de cuidado como ação climática; nenhum trabalhador desatendido; e cobrança dos poluidores. E isso só arranha a superfície. A justiça climática também pressupõe novos tipos de acordos comerciais que nos permitam abandonar os níveis crescentes de consumo; o debate robusto sobre uma renda mínima garantida; plenos direitos para os trabalhadores imigrantes; o fim do financiamento político por corporações e do setor de combustíveis fósseis nas negociações sobre o clima; o direito de consertar produtos quebrados em vez de substituí-los — e muito mais.

Ainda que as respostas específicas para a crise climática variem de um lugar para outro, há uma ética subjacente que interliga todos esses esforços. Ao mudarmos as nossas economias e sociedades para deixar de depender dos combustíveis fósseis, todos nós temos a responsabilidade, e uma oportunidade única, de reparar muitas das injustiças e desigualdades que hoje desfiguram o nosso mundo. A grande força de um processo de transição justa é que ele não opõe um movimento social importante a outro, nem pede para quem está sofrendo aqui e agora com as injustiças que espere a sua vez. Ao contrário, oferece soluções integradas e interconectadas, baseadas numa visão clara e atraente do nosso futuro — uma concepção ecologicamente segura, economicamente equitativa e socialmente justa. /

A incessante busca por lucros que obriga muita gente a trabalhar até cinquenta horas por semana sem segurança, causando uma epidemia de isolamento e desespero, é a mesma busca incessante por lucros que coloca em perigo o nosso planeta.

5.17
O que equidade significa para você?

Nicki Becker

A primeira vez que participei de uma manifestação foi no Dia Internacional da Mulher. Tinha catorze anos e havia acabado de descobrir que as mulheres não têm os mesmos direitos que os homens. Pedi à minha mãe que me acompanhasse porque eu era muito nova. Desde então não deixei de participar nenhuma vez.

No dia 8 de março de 2019, durante a quinta passeata de que participei, eu estava no meio da multidão quando vi uma faixa que dizia: "Nem a terra nem as mulheres são territórios a serem conquistados". Fotografei a faixa e segui com a multidão. Uma semana depois, junto com um grupo de outros jovens, organizamos a primeira greve pelo clima na Argentina. Mais de 5 mil pessoas apareceram e, entre as faixas, lá estava aquela mesma que eu tinha visto uma semana antes.

Para mim é isso que significa a luta pela igualdade. Não estamos lutando por causas diferentes. Quando lutamos pela justiça climática, pela justiça social ou pela igualdade de gênero, estamos lutando juntos pela justiça.

Sou uma ativista da justiça climática porque acredito que o movimento ambientalista tem a oportunidade de desbravar um novo caminho. Num mundo de incerteza crescente, o ambientalismo é um dos motores do questionamento do status quo e da construção de um mundo melhor. A justiça climática não tem a ver apenas com evitar uma catástrofe ecológica, mas com a construção de um mundo que seja justo e igualitário. Não queremos "preservar" o mundo tal como ele é hoje, mas criar um mais equitativo.

Nós nos recusamos a viver numa Argentina em que 1 milhão de hectares de terra foram queimados em 2020, e onde 10% da província de Corrientes foi queimada apenas em 2022 devido à crise climática, ou onde uma mulher é assassinada a cada 32 horas, ou onde seis em cada dez crianças vivem na pobreza.

É por isso que, num mundo com tantas coisas despropositadas, temos a obrigação de redefinir e repensar quase tudo. Equidade significa, portanto, acreditar que outro mundo é possível, mas também construir esse novo mundo com a consciência de que a única maneira de conseguir isso é por meio da ação coletiva.

Disha A. Ravi

Toda vez que ocorre uma calamidade climática, como um ciclone, na mesma hora é divulgada uma avaliação econômica dos danos: "O ciclone Yaas causou prejuízos estimados em 84 milhões de dólares em Odisha, na Índia". Esses valores fazem as pessoas entenderem mais facilmente a gravidade dos danos registrados. No entanto, mesmo quando se atribuem valores monetários a elas, essas tempestades que deixam as pessoas completamente sem nada acabam sendo ignoradas. Ainda que tenham sobrevivido à catástrofe, essas pessoas sofrem uma ruptura em suas vidas que é irreparável.

Quando a humanidade começou a se questionar sobre a propriedade, essas perguntas supostamente visavam nos ajudar a cuidar da nossa terra, mas no final apenas suscitaram outras. "Quem é dono dessa terra? Quem é dono dessa rocha? Quem é dono dos minerais debaixo dessa rocha? Quem é dono dos oceanos? E quem é dono dos peixes e do petróleo nos oceanos?" Nós tomamos posse da terra e de tudo o que ela nos oferece, a escavamos até não restar mais nada, e uma vez que acabamos com ela, passamos a explorar o oceano. A pilhagem do planeta por alguns poucos colocou todos à beira da extinção. A única maneira de reverter isso é parar de saquear a Terra e cessar práticas extrativistas.

Precisamos aprender o básico sobre como respeitar o planeta. Temos de mudar o nosso foco, da propriedade para a responsabilidade. As nossas perguntas deveriam ser: "Quem é responsável por essa terra? Quem é responsável por essa árvore? Quem é responsável por essa rocha? Quem é responsável pelos minérios debaixo dessa rocha? Quem é responsável pelos oceanos? E quem é responsável pelos peixes e pelo petróleo nos oceanos?". Quando as pessoas forem responsabilizadas por cuidar do planeta, então vão passar a ver a Terra como uma extensão de si mesmas, como parte do ecossistema. O reaprendizado de como se comportar em relação ao mundo e ao clima começa pelo reconhecimento do quão iminente é a crise climática, pela mudança da nossa linguagem de modo a sinalizar que a crise não está no futuro, mas no presente, e que é preciso agir o quanto antes. E também pelo reconhecimento de que nós somos a própria Terra e que estamos lutando por nós e pelos demais. Só poderemos resolver a crise climática se nos relacionarmos de outro modo com o planeta e uns com os outros. Precisamos de uma política do amor; que as pessoas se preocupem com os outros antes de o fazer consigo mesmas. Precisamos de um mundo no qual seja impossível atribuir um preço ao arroz que comemos, às árvores que nos proporcionam oxigênio, aos oceanos onde nadamos, e à terra que nos oferece os nossos recursos finitos e transitórios.

Hilda Flavia Nakabuye

Uganda, como muitos países africanos, vem enfrentando diversos desafios, em especial injustiças e desigualdades sociais decorrentes da escravidão e do colonialismo. O sistema colonial criou grupos marginalizados em todas as sociedades, e as mulheres constituem um dos mais marginalizados.

O sistema que criou desigualdades sociais deu origem ao imperialismo e continua a opor países pobres e ricos. É chocante que, no século XXI, as pessoas não brancas ainda tenham de provar que são seres humanos! Como é possível que o racismo ainda exista hoje?

A crise climática é, sem dúvida, um problema global que afeta todo mundo. A capacidade de responder a essa crise, contudo, varia muito. A melhor maneira de enfrentar uma questão é começar por entender sua causa primária. E também fazendo a nós mesmos perguntas difíceis, como por que os países desenvolvidos, que historicamente poluíram o planeta, não assumem a sua responsabilidade e pagam pelos danos que causaram?

A equidade em Uganda só seria possível com fundamentos fortes e sólidos que visam a uma justiça social na qual as políticas públicas sejam compulsórias. Em vez disso, o atual sistema de engavetamento dessas políticas e de discussões meramente teóricas sobre os problemas só contribui para ampliar a desigualdade em todos os níveis.

Uganda e outros países africanos só vão ter equidade no futuro se começarmos a cobrar a responsabilidade dos maiores poluidores. Cabe a eles pagar pelos danos que causaram e apoiar os países vulneráveis em seus projetos de adaptação às mudanças climáticas. E é essencial que deixem de financiar a extração de combustíveis fósseis na África.

Um futuro equitativo tem de ser livre de exploração. Os países em desenvolvimento não podem ser usados como lixões para o descarte de produtos indesejados e resíduos; e os seus recursos naturais têm de ser preservados. Não é admissível que as suas crianças morram por causa dos efeitos da poluição e sejam obrigadas a se preocupar com a crise climática.

A equidade e a sustentabilidade caminham juntas. Não pode uma sem a outra. É preciso que a justiça climática esteja em todas as partes, beneficiando todo mundo.

Laura Verónica Muñoz

Sou uma colisão de resistência e opressão, de pobreza e privilégio. Meus antepassados são indígenas, mas também espanhóis. Sou o fruto das minhas avós camponesas e a semente plantada e cuidada por meus pais depois de migrar do campo para a cidade em busca de um futuro melhor. Sou amor e contradição, e quando me contemplo no espelho, lembro do que sou e de onde vim.

Sou privilegiada. Falo inglês e frequentei escolas. No entanto, o privilégio mais valioso de que desfruto é a minha identidade. Graças ao meu legado camponês, ainda consigo sentir e reconhecer a natureza em meio à superficialidade e à toxidade do mundo ocidental.

Sou ativista climática e ecofeminista porque entendo o poder da Terra e das mulheres. Apenas essa força vai nos permitir lutar contra os sistemas de exploração racistas, patriarcais, capitalistas e midiáticos que habitamos e que produziram as crises social e ecológica que hoje enfrentamos.

Sei que um movimento de base latino-americano e colombiano, constituído pelas vozes de quem teve as mãos ungidas pelo solo da Terra, é muito mais poderoso e transformador do que um ativismo baseado no individualismo e em algoritmos digitais. Tenho certeza de que, para alcançar a justiça climática, precisamos trabalhar juntos, criando espaços seguros onde a diversidade seja o fundamento, e a descolonização seja o caminho que percorremos.

Sou o produto da colonização e da exploração, mas também sou uma terra fértil e fervilhante de resistência. Sou a safra descolonizada semeada por meus ancestrais.

Ina Maria Shikongo

Na última década, a Namíbia vem enfrentando secas contínuas. A região de Kunene foi a mais afetada, obrigando as comunidades indígenas Himba a migrar para as cidades em busca de uma vida melhor. Além de ser atingida pela seca, a bacia do rio Kavango, a minha terra ancestral, hoje sofre outra ameaça. A Recon-Africa, uma empresa de gás e petróleo do Canadá, tem planos para extrair 120 bilhões de barris de petróleo na região, o que levou uma publicação do setor a se perguntar se esse não seria "o maior projeto petrolífero da década".

Para mim, a sensação é de déjà-vu. Tendo nascido num campo de refugiados em Angola e perdido o pai e quatro irmãos na guerra, é doloroso para mim constatar que a morte do meu pai foi em vão. O colonialismo e o apartheid forçaram o deslocamento de tanta gente no passado, e foi contra eles que o meu pai decidiu pegar em armas. Ele foi morto por lutar contra um sistema opressivo que não valorizava a vida dos negros e indígenas da Namíbia, e essa mesma falta de reconhecimento de outras vidas é o que representa a ReconAfrica.

Hoje estou convencida de que investimento e desenvolvimento não se distinguem do conceito de colonialismo. Ao longo dos últimos quinhentos anos, a população africana foi oprimida e despojada de suas terras por estrangeiros. A presença da ReconAfrica na Namíbia não só vai poluir a nossa água e destruir o nosso ambiente e os nossos ecossistemas, mas também ameaça desestruturar todo o modo de vida dos povos Kavango e San, que dependem da terra para sobreviver como pequenos agricultores e coletores-caçadores. E a bacia do Kavango também abriga o delta do Okavango, hábitat da maior população de elefantes africanos e de muitas outras espécies ameaçadas.

A despeito das intimidações e ameaças de morte que continuo a receber, meu chamado para proteger e lutar contra essa empresa revelou ser algo vital para mim, não só pelo esforço de salvar o meu povo e a minha terra, mas porque existe apenas um Kavango, só um delta do Okavango. E o que acontece em Kavango não vai ficar só em Kavango!

Ayisha Siddiqa

Nasci na região norte do Paquistão e cresci acreditando que, assim como o nosso fenótipo é composto pelo DNA dos nossos pais, o nosso espírito é constituído pelos espíritos de quem viveu antes de nós. Meus avós não velam por mim, eles estão vivos em mim. É por isso que a luta pela justiça climática é, para mim, uma luta pelo amor. Este mundo se mantém pelas lembranças daqueles que amamos, e eu tento preservá-los enquanto ainda tenho tempo.

Meu trabalho é motivado, em partes iguais, pelo amor e pela dor. A minha região, o Sudoeste da Ásia e o Norte da África, vem nos últimos trinta anos pagando com sangue a extração de petróleo. O que, no Norte global, é uma conversa sobre emissões de carbono, para nós é uma realidade de fome, falta de moradia, desesperança e sofrimento atroz. Com tantos atores geopolíticos em ação — forças militares, grupos terroristas, presidentes e ditadores —, não é coincidência que as mesmas pessoas que enfrentam a ameaça de extinção por guerra, imperialismo e supremacia branca também entendem a dor da terra e o perigo dos combustíveis fósseis. Não há como dizer isso de outro modo: a moderação, a transição gradual, as falsas reduções a zero vão acabar nos matando.

Precisamos mudar nossa forma de pensar. Não podemos permitir que os mesmos sistemas socioeconômicos que estão conduzindo à nossa própria destruição sejam a base de um novo mundo. Precisamos aprender com as pessoas que ainda estão vivas depois de o poder e a ganância tentarem eliminá-las inúmeras vezes. Precisamos aprender que a gentileza e a harmonia não são fraquezas, mas os traços da nossa mãe. É isso o que nos mantêm vivos.

Mitzi Jonelle Tan

Numa tarde nublada em agosto de 2017, um dos líderes dos Lumad, um grupo indígena nas Filipinas, disse algo que acabou mudando a minha vida. Enquanto nos contava como o seu povo estava sendo acossado, deslocado e morto por proteger as suas terras, ele comentou, dando de ombros e sorrindo: "Não temos outra opção além de resistir".

Era simples assim. Tive o privilégio de escolher ser uma ativista, mas existem aqueles na linha de frente, como os Lumad, cuja própria existência depende da resistência. No entanto, a esta altura, ele está certo: não resta a nenhum de nós outra opção além de resistir.

As Filipinas são um dos locais mais vulneráveis às mudanças climáticas, apesar de contribuir muito pouco para essa crise global. O meu país também é um dos mais perigosos no mundo para os defensores do meio ambiente. Não é justo que tenhamos de crescer tomados pelo medo. Pelo temor de que a próxima trovoada seja uma tempestade que vai destruir as nossas casas, de que a batida na porta seja de policiais que vieram nos buscar para nos levar para longe dos nossos entes queridos.

Enquanto tufões destroem as nossas casas e provocam inundações, os filipinos estão se organizando para romper a opressão sistêmica. Há uma mobilização cada vez maior em meu país de pequenos agricultores, pescadores, povos indígenas e trabalhadores que lutam pela liberação. Juntos, lutamos em prol de terras para quem cultiva, de reparações pelas injustiças decorrentes do imperialismo, de uma transição justa para uma sociedade mais sustentável e de um mundo com uma comunidade unida em torno do amor e da cooperação.

É isso que queremos dizer quando falamos de equidade. Equidade é justiça. Equidade é libertação. É de equidade que precisamos, e por isso não temos outra opção além de resistir. /

A equidade e a sustentabilidade caminham juntas. Não pode uma sem a outra. É preciso que a justiça climática esteja em todas as partes, beneficiando todo mundo.

5.18
As mulheres e a crise climática
Wanjira Mathai

No meu país, o Quênia, e em quase toda a África, as mulheres são o principal suporte de comunidades locais, famílias, pequenas empresas e propriedades agrícolas. Nos centros urbanos, cidades e vilarejos africanos, todos os dias, a partir das cinco horas da manhã, vemos as mulheres caminhando na beira das estradas de terra ressecada de forma energética e resoluta. Quem são elas? Muitas estão no centro de uma economia informal — o núcleo invisível de um continente exaurido pelo impacto de uma força invisível.

A África é um dos continentes mais vulneráveis às mudanças climáticas pois é muito dependente da agricultura, e esta, por sua vez, é extremamente dependente do clima. Como apenas 5% das terras cultivadas são irrigadas, a maioria das lavouras precisa da água das chuvas. A produtividade agrícola africana já é menor do que em outras regiões e, de acordo com projeções do IPCC, é grande a probabilidade de que as mudanças climáticas levem a reduções ainda maiores na produtividade agrícola, sobretudo no caso de safras de cereais, como milho, as mais importantes e disseminadas no continente.

Ainda que imprecisas, as nossas estimativas são de que, em média, as mulheres constituam 43% da mão de obra agrícola nos países em desenvolvimento. A coleta de dados sobre essa participação feminina é difícil, pois muitas dessas mulheres são parte de uma força de trabalho informal. Com frequência elas não são donas das terras que cultivam. Quase sempre não pagam impostos. E não desfrutam de nenhum direito trabalhista. Não têm seguro-saúde. Não usam serviços de creches formais. Não geram "dados" que as tornam visíveis, apesar de sua imensa contribuição para a economia dos países africanos. Mas sabemos com certeza que constituem uma parcela desproporcionalmente maior dos trabalhadores não pagos, mal pagos, temporários ou de meio período.

Como as principais guardiãs de lavouras, residências, alimentos e água, as mulheres do campo também são desproporcionalmente vulneráveis aos efeitos das mudanças no clima. São elas as mais afetadas pela diminuição das oportunidades de emprego nas zonas rurais por conta da ausência de formação escolar, de percepções tradicionais dos papéis associados aos gêneros, da falta de mobilidade social e de um conjunto de outros fatores socioculturais. Por outro lado, elas são uma parte importante da solução climática na África, pois os seus conhecimentos e habilidades podem contribuir para tornar a resposta às mudanças climáticas mais sustentável e efetiva.

Na maior parte da África subsaariana, como raras vezes são proprietárias de terras, as mulheres agricultoras em geral têm acesso à terra por intermédio de um parente masculino, o que as deixa extremamente vulneráveis às alterações nas circunstâncias desses homens ou à boa vontade deles. Porém, quando elas têm a posse da terra, das sementes e das ferramentas para o cultivo, aí sim têm condições de se adaptar às mudanças no clima.

Um bom exemplo disso são as mulheres do movimento Green Belt [Cinturão verde]. Essa organização não governamental foi fundada em 1977 por Wangari Maathai,[1] com o objetivo de capacitar as comunidades quenianas, sobretudo mulheres e meninas da zona rural, para que preservem o ambiente e garantam os seus meios de subsistência. Mais do que estimular o plantio de árvores em nossas paisagens, o movimento Green Belt trabalha para garantir que as mulheres se tornem mais conscientes de sua ligação com a terra e da degradação que esta vem sofrendo. Elas formam grupos que mantêm viveiros de árvores, revezando-se para cuidar das mudas e prepará-las para a época de plantio. Uma das líderes do movimento, Nyina wa Ciiru, se reúne com as mulheres do seu grupo uma vez por semana debaixo de uma mangueira para conversar sobre a situação do seu viveiro e a conveniência de replantar as mudas. Juntas, elas se revezam para irrigar as plantas, muitas vezes cantando em uníssono enquanto trabalham. Quando as mudas chegam a meio metro de altura, elas decidem onde serão replantadas — em suas plantações, no terreno da escola de seus filhos, em mercados, na margem de rios ou em qualquer outra parte onde considerem necessário. Hoje, em função da parceria que o Green Belt estabeleceu com o Serviço Florestal do Quênia, as mudas também são plantadas em reservas florestais próximas.

Na época em que o movimento foi fundado, há mais de quarenta anos, as mulheres sempre replantavam as mudas primeiro em suas propriedades familiares: árvores que proporcionavam frutas, forragem, sombra ou lenha para o fogão. Elas notaram que sempre que plantavam essas árvores, formando cinturões verdejantes, as aves retornavam, as suas famílias contavam com frutas abundantes e saborosas, e as casas ficavam mais frescas, mesmo nas horas mais quentes do dia. Elas estavam convencidas de que as árvores só traziam vantagens.

Depois de replantarem onde viviam, passaram a levar as mudas para as terras públicas. Ensinaram outras mulheres a fazerem o mesmo e descobriram o quanto isso lhes trazia alegria. Essas mulheres se tornaram as principais fornecedoras de mudas em suas comunidades, garantindo que todos participassem do replantio e que suas propriedades ficassem repletas de vegetação. Mulheres como essas, que protegem o solo e produzem alimentos para a comunidade, são as guardiãs da paisagem e as ativistas climáticas da nossa época.

---

[1] Wangari Maathai, a fundadora do movimento Green Belt, recebeu o prêmio Nobel da paz em 2004.

Essas comunidades atraíram dezenas de mulheres empenhadas em mobilizar e iniciar a tarefa essencial de disseminar árvores. E hoje elas estão por toda a parte. Em residências, ruas e campos, e precisamos dar a elas a oportunidade de preparar o continente todo para o que está por acontecer. Como bem disse Wangari Maathai, "no decorrer da história, há momentos em que cabe à humanidade alcançar um novo nível de consciência, um novo critério moral mais elevado [...]. Uma época em que temos de deixar para trás o medo e infundir a esperança uns nos outros. E agora chegou essa hora". Como chefes de família, empreendedoras e provedoras de comida, abrigo e educação para os seus filhos, as mulheres não vão perder os meios de subsistência por causa das mudanças climáticas. Elas vão estar preparadas. Vão fazer os ajustes necessários e se adaptar. Só precisam dos recursos para tanto. Por isso, cabe aos governos garantir que as políticas públicas, as leis e as instituições financeiras apoiem por completo as mulheres, que são a espinha dorsal da nossa sociedade. Sem elas, todos nós vamos sucumbir. /

Quando as mulheres têm a posse da terra, das sementes e das ferramentas para o cultivo, aí sim elas têm condições de se adaptar às mudanças no clima.

5.19
Sem redistribuição não há descarbonização
Lucas Chancel e Thomas Piketty

Não há como negar: a nossa chance de restringir o aumento da temperatura global a 2°C não é nada boa. Se seguirmos sem mudar nada, o mundo vai ficar pelo menos 3°C mais quente até o final do século. Com o ritmo atual das emissões globais, em apenas seis anos esgotaremos o orçamento de carbono que nos resta se quisermos manter o aquecimento em 1,5°C. O paradoxo é que, em todo o mundo, o apoio popular às medidas climáticas nunca foi tão forte. Segundo um levantamento recente das Nações Unidas, 64% da população mundial consideram as mudanças climáticas uma emergência global. Então, o que fizemos de errado até agora?

Há um problema fundamental na discussão atual sobre políticas climáticas: ela raramente leva em conta a desigualdade. As residências mais pobres, que emitem pouco CO_2, têm razão em achar que as políticas climáticas vão restringir o seu poder de compra. Por outro lado, os gestores públicos temem uma reação política caso exijam uma ação climática mais rápida. O problema desse círculo vicioso é o tempo que ele nos fez perder. A boa notícia é que podemos sair dele.

Vamos primeiro repassar os dados. Neste ano, um ser humano médio vai emitir cerca de 6,5 toneladas de gases do efeito estufa. Na verdade, essa média mascara desigualdades enormes. Os 10% que mais emitem produzem em média cerca de trinta toneladas anuais por pessoa, ao passo que os 50% mais pobres emitem cerca de 1,5 tonelada anual per capita. Para colocar de outro modo, 10% da população mundial é responsável por metade de todas as emissões de gases do efeito estufa, e metade da população mundial contribui com apenas 12% de todas as emissões (figs. 1 e 2).

Nas últimas décadas, a parcela das emissões do 1% que mais emite (um segmento cinquenta vezes menor que o dos 50% que menos emitem) cresceu de cerca de 9,5% para 12%. Em outras palavras, a desigualdade global das emissões são enormes, mas a distância entre o topo e o resto da população também está aumentando com o tempo. Não se trata de uma simples divisão entre países ricos e pobres: também há grandes emissores em países pobres, assim como existem baixos emissores em países ricos.

Figuras 1, 2 (acima) e 3 (página seguinte): Todos os valores são expressos em equivalente de CO₂, ou seja, levam em conta tanto o dióxido de carbono como os outros gases do efeito estufa. Os impactos de carbono individuais incluem emissões de consumo doméstico, investimentos públicos e privados, e importações e exportações de carbono incorporadas em bens e serviços comercializados com o resto do mundo. As estimativas estão baseadas na combinação sistemática de dados fiscais, levantamentos de residências e modelos de insumos-produtos. As emissões foram divididas igualmente no interior dos domicílios.

Por exemplo, vamos considerar os Estados Unidos. A cada ano, os 50% mais pobres no país emitem cerca de dez toneladas de CO_2 por pessoa, enquanto os 10% mais ricos emitem quase 75 toneladas por pessoa. A diferença é maior do que sete para um. Do mesmo modo, na Europa, os 50% mais pobres emitem cerca de cinco toneladas por pessoa (menos do que a média global), ao passo que os 10% mais ricos emitem cerca de trinta toneladas — uma diferença de seis para um. No Leste da Ásia, e em especial na China, os 10% mais ricos geram mais emissões de carbono do que os europeus mais ricos. As regiões mais pobres do mundo também apresentam níveis significativos de desigualdade, embora seja preciso destacar os segmentos extremamente ricos (ou seja, aqueles formados por 0,1% ou um percentual ainda menor da população) para se registrarem níveis de emissões comparáveis aos observados nos segmentos mais ricos dos países desenvolvidos.

Cabe ressaltar que muito ainda precisa ser feito para medir de forma exata as desigualdades nas emissões. Os governos deveriam publicar dados atualizados a cada ano — ou, pelo menos, com a mesma frequência com que divulgam estatísticas referentes ao PIB e ao crescimento econômico. Nós publicamos dados atualizados sobre as desigualdades nas emissões de carbono na World Inequality Database (wid.world). Essas informações são indispensáveis para projetar e avaliar qualquer roteiro para uma transição climática bem-sucedida.

E qual é a origem exata das desigualdades nas emissões documentadas? Os ricos emitem mais carbono por meio de emissões diretas de gases do efeito estufa (ou seja, o combustível que move os seus veículos), mas também por causa dos bens e serviços que consomem e dos seus investimentos. Os segmentos de renda baixa emitem carbono quando usam carros ou aquecem casas, mas as suas emissões indiretas — aquelas resultantes do que consomem ou investem — são significativamente menores que as dos mais ricos. Como se vê em nosso relatório mais recente, o World Inequality Report (2022), a metade mais pobre da população de cada país mal acumula riqueza e, portanto, tem pouca ou nenhuma responsabilidade por emissões decorrentes de investimentos.

Por que essas desigualdades são relevantes? Afinal, não precisamos todos reduzir as nossas emissões? Claro que sim, mas é óbvio que alguns segmentos vão ter de fazer um esforço maior nesse sentido. De forma intuitiva, poderíamos achar que esse é o caso dos grandes emissores, dos mais ricos, certo? E de fato é assim, considerando também que os mais pobres têm menos capacidade para descarbonizar o seu consumo. Disso decorre que os ricos devem contribuir mais para reduzir as emissões e, no caso dos mais pobres, é preciso reforçar a sua capacidade para lidar com uma transição associada às metas de 1,5°C ou 2°C. Porém, infelizmente, não é o que está acontecendo: na verdade, o que estamos vendo é mais parecido com o oposto disso.

Em 2018, o governo francês aumentou os impostos sobre emissão de carbono de uma forma que prejudicou as famílias rurais de baixa renda, sem que afetasse muito os hábitos de consumo e as carteiras de investimentos dos mais ricos. Muitas famílias não tinham como reduzir o consumo de energia ou deixar de usar carros para ir ao trabalho, sendo obrigadas a pagar impostos mais altos sobre o carbono. Ao mesmo tempo, o combustível de aviação usado pelos ricos para voar de Paris à Riviera francesa ficou isento do novo imposto. Os protestos contra esse tratamento desigual levaram a reforma a ser cancelada. Essas políticas climáticas que não demandam um esforço maior dos ricos, mas prejudicam os pobres, não se restringem a esse ou aquele país. O medo de perder postos de trabalho nos setores automobilístico, petrolífero ou da indústria de base é usado com regularidade por grupos empresariais como um argumento para adiar medidas contra as mudanças climáticas.

Os países já anunciaram planos para reduzir de forma significativa as suas emissões até 2030, e muitos se propõem a alcançar a neutralidade de carbono por volta de 2050. No que se refere à primeira meta, a de redução das emissões até 2030: segundo um estudo recente, em termos per capita, a metade mais pobre da população dos Estados Unidos e da maioria dos países europeus já alcançou ou quase chegou a essa meta. O mesmo não se pode dizer das classes médias e abastadas, cujas emissões estão muito acima — ou seja, muito longe — da meta.

Uma forma de diminuir as desigualdades nas emissões é estabelecer direitos individuais de carbono, semelhantes aos esquemas adotados por alguns países para o manejo de recursos ambientais escassos. Por exemplo, na França, em épocas de muita falta de água, há mecanismos para proibir todo uso que não seja estritamente essencial (por exemplo, para consumo humano, saneamento, preparo de alimentos ou usos emergenciais). Essa abordagem implica igualar o consumo de água de toda a população. A fixação pelas autoridades de cotas individuais e equivalentes de carbono sem dúvida criaria múltiplas dificuldades técnicas, mas de uma perspectiva de justiça social, essa é uma estratégia que merece atenção. Embora existam muitas formas de reduzir as emissões totais de um país, a questão básica é que qualquer outra iniciativa além de uma estratégia igualitária acaba exigindo esforços de mitigação climática maiores de quem já alcançou a meta de emissões, e menores de quem ainda está longe de cumpri-las. Essa é uma questão elementar de aritmética.

É possível afirmar que qualquer desvio de uma estratégia igualitária, como no caso das cotas, justificaria uma redistribuição séria dos mais ricos para os mais pobres, de modo que estes últimos sejam compensados. Nos próximos anos, muitos países vão continuar a impor taxas de carbono e energia sobre o consumo. Nesse contexto, é importante extrair lições de experiências anteriores. O exemplo francês mostra o que não devemos fazer. Por outro lado, aplicar um imposto de carbono na Colúmbia Britânica em 2008 foi um êxito — mesmo considerando que essa província canadense é muito dependente de petróleo e gás natural —, porque uma parcela substancial da renda angariada serve para compensar os consumidores de renda média e baixa com pagamentos monetários diretos. Na Indonésia, o corte dos subsídios para combustíveis fósseis alguns anos atrás angariou recursos adicionais para o governo, mas também aumentou o custo da energia para as famílias de baixa renda. No início muito contestada, a reforma foi aceita quando o governo decidiu usar essa fonte de renda para financiar um sistema de saúde universal e auxílios para os mais pobres.

Emissões per capita no mundo em 2019

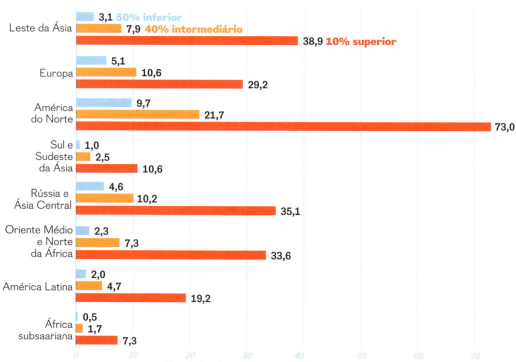

Figura 3 — *Toneladas de emissões anuais de CO_2 per capita*

Para facilitar a transição energética, também precisamos pensar de forma inovadora. Seria o caso, por exemplo, de um imposto progressivo sobre a riqueza, com um adicional associado à poluição. Isso aceleraria a substituição dos combustíveis fósseis ao dificultar o acesso do setor ao capital. E também iria gerar rendimentos potencialmente maiores para os governos, que poderiam ser investidos em setores verdes e inovadores. Esses impostos seriam mais equitativos, uma vez que afetam uma pequena parcela, e não a maioria, da população. Em âmbito global, um imposto modesto sobre a riqueza dos muito ricos, associada ao aumento da poluição, poderia gerar 1,7% da renda global, como mostraram pesquisas recentes. Com isso seria possível financiar grande parte dos investimentos adicionais necessários todos os anos para levar adiante os esforços de mitigação climática.

Seja qual for o caminho escolhido pelas sociedades para acelerar a transição energética — e existem muitos caminhos possíveis —, agora temos de reconhecer que não pode haver nenhuma descarbonização ampla sem uma redistribuição profunda da renda e da riqueza. /

Os ricos devem contribuir mais para reduzir as emissões e, no caso dos mais pobres, é preciso reforçar a sua capacidade para lidar com uma transição associada às metas de 1,5°C ou 2°C.

5.20
Reparações climáticas
Olúfẹ́mi O. Táíwò

A crise climática assinala o apogeu de séculos de injustiça racial — uma injustiça que se incorporou à própria estrutura do nosso sistema energético, das nossas redes econômicas e das nossas instituições políticas. A tarefa das justiças racial e climática depende de enfrentar esse desafio na escala que ele requer, ou seja, de refazer o mundo.

Não é uma metáfora. Como os ativistas que contestaram o sistema político colonial nas décadas de 1960 e 1970 se deram conta, a justiça requer a reconstrução dos nossos sistemas político e econômico numa escala planetária. A cientista política Adom Getachew chamou esses valores e essa ambição de "construção do mundo".

Essa tarefa pode parecer assustadora, pois o mundo é algo complexo e constituído de muitas partes móveis — no entanto, ele é um sistema real que podemos, e devemos, tentar entender. Ele é muitas vezes descrito com a metáfora estática de um "diagrama", ou um esquema de hierarquias institucionais, enquanto na verdade a nossa política e a nossa economia estão em constante movimento. Em vez disso, poderíamos conceber o nosso sistema político e comercial como algo similar a uma rede de aquedutos que se estende por todo o planeta.

No entanto, em vez de circular água em seus canais, esse sistema de aquedutos produz e distribui vantagens e desvantagens sociais: riqueza e pobreza, produtos acabados e poluição, conhecimento médico e ignorância. Essa distribuição não reflete de forma passiva o mérito e o ímpeto civilizatório das partes do mundo em que as vantagens se concentram, e tampouco reflete a ausência de valor intrínseca de onde as pessoas são sufocadas por desvantagens. Em vez disso, ela reflete séculos de decisões e esforços humanos. Tentativas deliberadas de criar uma estrutura social injusta, tentativas fracassadas de criar uma estrutura justa, e tentativas de lidar com as consequências dessas duas categorias — todas se combinaram ao longo do tempo para formar a estrutura que determina as nossas circunstâncias atuais e restringe as possibilidades futuras. Esses aquedutos históricos nos permitem prever para onde vão fluir naturalmente no futuro as vantagens e desvantagens, e onde elas não vão ocorrer — ao menos, se os canais seguirem como hoje.

A construção do mundo atual ocorreu com o império racial global: a conquista colonial sem precedentes na história e a escravização de base racial que começaram no século XV. No começo, os impérios europeus não estavam no topo da hierarquia política global — pelo contrário, eram essencialmente intermediários numa vasta rede comercial e política cujo centro ficava na Ásia. No entanto, no final desse período, os europeus haviam criado um sistema de domínio econômico de nível planetário. E o construíram estabelecendo colônias em terras que foram apropriadas dominando e eliminando povos indígenas, e que se tornaram produtivas graças ao trabalho de africanos escravizados e traficados, numa escala que nunca foi superada na história.

Nos séculos XVIII e XIX, o Império britânico associou à sua rede de colônias e à mão de obra escrava as novas tecnologias baseadas no carvão e nas máquinas a vapor; com isso, ampliou de maneira maciça a produção e o trabalho mecanizados, num processo conhecido como Revolução Industrial. É ela, e a consequente mudança global no uso da energia e nas emissões de dióxido de carbono, que os cientistas consideram o início das mudanças climáticas antropogênicas em nossa época.

A mesma história do império racial global que produziu a Revolução Industrial e a crise climática nos proporcionou redes e canais que direcionam vantagens e desvantagens para diferentes populações e regiões do mundo atual. O Norte global — que reúne os países que estavam no topo das hierarquias construídas nos séculos passados — ficou com a maior parte da riqueza, do poder político, da capacidade de pesquisa e outras vantagens sociais. E coube ao Sul global, que, de forma desproporcional, era o lar de quem havia sido colonizado e explorado nesses mesmos anos, a maior parte da pobreza e da poluição. As populações negra e indígena, no âmbito e cruzando essas distinções geográficas, tendem a acumular menos vantagens e mais desvantagens quando comparadas aos seus vizinhos.

As injustiças intrínsecas à ordem atual precisam ser enfrentadas. Elas não são eventos isolados que demandam desculpas ou reconhecimento, mas estão entranhadas na própria estrutura do modo como vivemos neste planeta. E só ao mudar essa estrutura que vamos poder lidar de fato com os danos passados.

Essa percepção está por trás da abordagem "construtiva" das reparações pela escravização e pelo colonialismo: precisamos abrir canais que direcionem vantagens para quem antes foi destituído de poder, e que obriguem quem acumulou riquezas e poder graças às injustiças passadas a assumir a sua parte justa do fardo global na resposta à crise climática e na preservação da vida do planeta.

Que tipos de ação são necessárias para isso? Devemos começar com um objetivo que foi visto de forma correta como fundamental na longa história do movimento radical negro em favor das reparações: distribuir dinheiro diretamente às pessoas mais destituídas pelos aquedutos da história. Isso inclui transferências monetárias sem nenhuma contrapartida. Nos Estados Unidos, várias estratégias foram propostas nesse sentido: William Darity e A. Kirsten Mullen apoiaram uma proposta que ofereceria pagamentos diretos a descendentes dos afro-americanos que haviam sido escravizados no país e que fosse comandada por uma comissão nacional de reparações, que iria informar os beneficiados para que pudessem tomar decisões sobre recursos. O estudioso e organizador Dorian Warren, do Economic Security Project, propôs um sistema de renda básica universal que incluiria um valor adicional para os afro-americanos para saldar as reparações devidas.

Além dos Estados Unidos, outros defenderam um sistema de renda mínima universal, que poderia ser calibrado segundo as linhas sugeridas por Warren.

As transferências incondicionais de dinheiro não são apenas para indivíduos ou domicílios. O redirecionamento das correntes históricas de capital pode — e deve — ocorrer também para países e instituições multinacionais. Foi exatamente isso que os países ricos prometeram em relação ao Fundo Verde para o Clima, da ONU, mas cujas propostas se mostraram insuficientes tanto nos valores comprometidos como na distribuição: a meta de 100 bilhões de dólares "está muito distante" do volume de recursos necessário para que as nações em desenvolvimento enfrentem a crise climática e, mesmo assim, os valores de fato desembolsados foram apenas uma fração do prometido. Investidores privados e corporações se ofereceram para cobrir a diferença, mas foi exatamente a dependência do mercado que nos meteu nessa confusão.

Na medida em que os nossos esforços de construção do mundo demandam recursos financeiros, uma aposta melhor é exercer pressão política sobre as instituições privadas de forma direta, em vez de deixá-las conduzir o processo. Essas estratégias do tipo "desinvestimento-investimento" recorreriam ao ativismo para promover a transferência de recursos dos combustíveis fósseis e de outros setores poluidores para projetos que visam ao bem comum: o dinheiro fluiria para famílias e comunidades negras e indígenas, para projetos públicos de geração e acumulação de energia renovável, para a construção de uma rede de banda larga em zonas rurais e para projetos de hortas comunitárias em ambientes urbanos. Podemos fazer isso tendo como horizonte todo o planeta, associando essa tática à pressão sobre os trilhões de dólares que se acumulam em paraísos fiscais ao redor do mundo.

Porém, não podemos cair na armadilha de nos concentrar demais na redistribuição de recursos financeiros *no interior* do mesmo sistema econômico e político. A construção de verdade de um novo mundo requer a reconstrução desse sistema, e não apenas tentar compensar a sua alocação desigual de recursos. Isso implica uma redistribuição direta do poder, contestando em primeiro lugar a forma como as decisões políticas são tomadas.

No âmbito do sistema atual, as corporações privadas exercem um controle unilateral e autoritário sobre áreas inteiras da vida pública, por exemplo as condições de trabalho, o fornecimento de serviços como eletricidade e água, as cadeias de suprimento de todas as formas de energia, tanto poluentes quanto limpas. As empresas de combustíveis fósseis e outros interesses privados também se imiscuíram nos processos democráticos por meio de subornos legais e ilegais, transformando os legisladores e os responsáveis pelas agências reguladoras em seus cúmplices. Uma alternativa relevante é a ideia de "controle comunitário" — um éthos com uma longa história, mas que foi defendido por grupos radicais como os Panteras Negras nas décadas de 1960 e 1970 ao organizar campanhas nas comunidades em prol de mecanismos decisórios democráticos relativos à posse da terra, à habitação, à educação e até ao policiamento.

Não nos faltam exemplos anteriores desse éthos funcionando em sistemas políticos reais. O Partido dos Trabalhadores brasileiro foi pioneiro na implantação de um "orçamento participativo" em Porto Alegre na década de 1980, possibilitando aos moradores da cidade o controle democrático direto do uso de verbas públicas. Desde então, essa abordagem foi adotada em outros lugares do mundo: ela faz parte de todos os níveis de governança no estado de Kerala, na Índia, e é usada para o manejo efetivo de gastos públicos em cidades como Maputo e Dondo, em Moçambique. No Quênia, o movimento Harambee conseguiu que recursos estatais fossem aplicados em dezenas de milhares de programas de "autoajuda comunitária", voltados para obrigar os legisladores a servir de forma concreta a população que representam. Mesmo no Norte global, os ativistas vêm lutando pela "democracia energética": o controle público e democrático da geração e distribuição de energia, no lugar do controle exercido por investidores em áreas importantes da vida das pessoas.

E podemos ir ainda mais longe. Nosso objetivo deve ser o estabelecimento e a distribuição justa de pregnâncias efetivas que promovam a liberdade: isto é, dos elementos do mundo a que podemos recorrer na construção de vidas seguras, significativas e autônomas. A redistribuição de dinheiro e de poder político abstrato é um aspecto importante disso, mas também cabe a nós considerar isso de uma perspectiva bem literal e estabelecer estruturas físicas e sistemas administrativos que nos ajudem a criar um mundo justo e resiliente às mudanças climáticas. Precisamos construir e disponibilizar de forma justa sistemas de drenagem contra inundações; erguer novos edifícios públicos mais eficientes em termos de consumo energético; reformar e aprimorar as moradias atuais; e desenvolver uma infraestrutura segura e resiliente para a transmissão e o armazenamento de energia.

Se a justiça climática e a justiça racial implicam a construção de um novo mundo, então, em última análise, a justiça tem a ver com um projeto de design: estamos tentando redesenhar um mundo injusto. O dinheiro não basta para sanar os problemas causados pela mineração de urânio nos territórios navajo ou nigerense, e tampouco basta para enfrentar a poluição histórica ocasionada pela extração de combustíveis fósseis no delta do rio Níger. Temos de lidar com esses problemas ambientais de forma específica e direta, ao mesmo tempo que contestamos as hierarquias de poder que lhes deram origem.

Como no caso da política, contamos com muitos exemplos para nos orientar. Bangladesh é um dos países mais vulneráveis às mudanças climáticas, mas também está na liderança da adaptação climática, como explica Saleemul Huq em seu capítulo neste livro. Ali, o abrangente sistema de preparação contra desastres inclui desde obras civis, como diques contra inundações, até medidas sociais. Os bengalis criaram programas de distribuição emergencial de alimentos e incorporaram a resposta a desastres aos currículos escolares, incluindo protocolos de evacuação para assegurar que idosos não sejam abandonados durante as crises. Agricultores em Hanói e Kolkata desenvolveram sistemas de manejo que transformam os resíduos naturais em nutrientes para a agricultura e a aquicultura, eliminando a necessidade de fertilizantes industriais. E, em cidades por todos os Estados Unidos e o Canadá, projetos de hortas e pomares comunitários estão tornando a produção de alimentos um bem comum, a salvo do controle de especuladores privados, reforçando a segurança alimentar e criando futuros oásis contra o crescente aquecimento urbano.

Quaisquer que sejam os projetos adotados, teremos de, literalmente, refazer o mundo — dessa vez, em benefício da maioria das pessoas, e não de uma pequena minoria. Essa é uma tarefa a ser realizada com mãos, pés e pás, sem truques contábeis ou promessas vazias. Não temos nada a perder, mas podemos ganhar um novo mundo. /

Se a justiça climática e a justiça racial implicam a construção de um novo mundo, então, em última análise, a justiça tem a ver com um projeto de design: estamos tentando redesenhar um mundo injusto.

5.21
Reparando o nosso relacionamento com a Terra

Robin Wall Kimmerer

Onde estão as neves do passado? Já é dezembro, e a temperatura está cinco graus mais alta do que deveria. As geleiras estão derretendo, os incêndios se alastram, as cidades são devastadas por tornados memoráveis — há sofrimento por todos os lados. O máximo que posso suportar no momento está em minhas mãos: um ninho de papa-figos derrubado por uma tempestade incomum de um galho sem folhas por conta do inverno. Essa pequena bolsa de raízes e cascas emaranhadas, receptáculo para um canto incipiente, contém agora só o meu pesar.

Fico com o coração partido ao imaginar refugiados climáticos fugindo de secas e inundações, tempestades e fome. O mundo está repleto de migrantes climáticos — estima-se que, em 2020, 30 milhões de pessoas tenham sido deslocadas por inundações, secas, incêndios florestais e ondas de calor, que vêm se tornando mais frequentes e intensos em decorrência das mudanças climáticas. E quanto às populações de aves e de outros animais das florestas? O que dizer de suas migrações forçadas e dos seus sofrimentos não contabilizados?

Os meus papa-figos migram todos os anos entre o norte do estado de Nova York e a América Central. Embora estejam seguros aqui comigo, eles atravessam uma paisagem degradada em seu caminho até as áreas de invernagem. Nada menos do que 60% de todas as aves canoras desapareceram apenas durante a minha vida. Aumentam cada vez mais as chances de os meus papa-figos não retornarem na próxima primavera.

O ninho derrubado, como todos os ninhos de ave, as tocas de castores e de ursos, e o útero, todos têm o formato de uma cuia. Essa é uma forma sagrada, que sustenta a vida. O meu povo, os Anishinaabe — bem como os nossos vizinhos, os Haudenosaunee —, adotaram a cuia como símbolo do sustento e do aprovisionamento da terra. Entre nós, temos acordos que são conhecidos como tratados "uma cuia, uma colher". A terra é vista como a grande Cuia, provida pela Mãe Terra com tudo aquilo de que necessitamos. É nossa responsabilidade compartilhar o que há nessa cuia e mantê-la sempre cheia. O modo como partilhamos é representado pela colher. Há apenas uma colher, que tem o mesmo tamanho para todos, humanos e mais do que humanos. Não existe um talher minúsculo para alguns e um imenso para outros. Uma das "políticas de conservação" mais antigas no planeta, portanto, enfatiza o compartilhamento, a justiça, a reciprocidade no desfrute do que a terra nos oferece.

Depois de um longo inverno, dou com prazer as boas-vindas a todas as aves que retornam, desde as primeiras graúnas-de-asa-vermelha roucas até as mariquitas estridentes, mas nenhuma com mais alegria do que os papa-figos. Nós nos cumprimentamos com um deleite aparentemente recíproco quando anunciam a sua chegada; eles com o seu canto cristalino como raios de sol musicais, e eu agitando os braços com amor e alívio por terem concluído em segurança a viagem de volta. Eles são leais a um bordo antigo, onde criaram os seus filhotes e ao qual retornam fiéis, década após década. Eles se juntam a mim de manhã quando agradeço o novo dia e também no crepúsculo, quando guardo minhas ferramentas. Colhendo milho ou lendo na sombra, o meu verão é marcado pelo canto dos papa-figos e pelo vislumbre do alvoroço de suas penas alaranjadas e negras, como lírios esvoaçantes.

Você sabia que, segundo um estudo recente sobre a saúde mental humana, há uma forte correlação entre o bem-estar psicológico e a presença do canto dos pássaros? Claro que sabia.

O meu pequeno terreno de três hectares é o paraíso do canto dos pássaros. Devido a uma mescla de intenção e negligência benigna, a terra e eu nos juntamos para criar touceiras, pomares, campos floridos e charcos que atraem as aves que estão no céu. É verdejante e pastoral, mas foi concebido para o aproveitamento humano. Na opinião do meu vizinho, arruinei o pasto com mato e espinheiros, mas o fato é que agora tenho um coro formado pelo canto de aves, o coaxar de sapos e rãs, e o ciciar de insetos, sem falar no espetáculo de luzes dos vaga-lumes em julho. O meu vizinho e eu temos ideias muito diferentes do que é riqueza.

A terra é um reflexo claro da visão de mundo que as pessoas que cuidam ou deixam de cuidar dela têm. Os meus papa-figos sobrevoam centenas de quilômetros de terra degradada por causa da visão de mundo ocidental, quilômetros sem fim de estradas, minas, poços de petróleo, equipamentos de fraturamento hidráulico queimando metano, zonas industriais abandonadas, áreas urbanizadas. E mesmo muitas das áreas verdes não passam de zonas agrícolas de monocultura — campos ou florestas encharcados de herbicidas tóxicos e onde não há nada para comer. Essa concepção de mundo que privilegia a excepcionalidade humana considera a terra apenas como fonte de recursos naturais, valor imobiliário e suprimento de serviços ecológicos. É uma concepção muito distinta da visão de "uma cuia, uma colher", resumindo a terra a um armazém de mercadorias, no qual a colher pertence apenas a alguns membros de uma única espécie. Os meus amados passarinhos têm de navegar por essa terra desolada, buscando um lugar para descansar. Eles devem ficar tão gratos quanto eu pela miscelânea de áreas preservadas, públicas e particulares, reservas, parques e florestas. Essas áreas intactas são ainda mais importantes, não só como abrigos para outras espécies, mas por limparem o ar, sequestrarem carbono e produzirem chuva.

É nesses lugares, que são ilhas num mar de devastação, onde ainda se ouve o canto de aves, insetos tecem a trama da terra, marcas de patas indicam trilhas antigas, peixes ainda guardam os cursos d'água tal como foram solicitados a fazer — e onde os seres humanos não esquecem os seus dons e as suas responsabilidades.

Vistos do alto, da perspectiva das aves, esses lugares são cuias repletas de vida, ilhas de mata que lhes proporcionam segurança. Se examinarmos um mapa daquilo que os biólogos conservacionistas chamam de "núcleos de biodiversidade" — ou seja, locais remanescentes onde ainda há integridade ecológica e que concentra a maior diversidade de espécies —, podemos constatar que eles se sobrepõem, em grande medida, aos núcleos de diversidade cultural, como as terras ancestrais dos povos indígenas.

De acordo com estimativas, 80% da biodiversidade que resta no mundo está concentrada nos territórios controlados por populações indígenas. Segundo um relatório divulgado pelas Nações Unidas em 2019, embora a biodiversidade esteja declinando de forma perigosa em todo o planeta, o ritmo dessas perdas é significativamente menor nas áreas controladas por indígenas. Após séculos de apropriação colonial das terras, genocídio, assimilação compulsória e tentativas de eliminação da visão de mundo indígena, a sociedade dominante está começando a se dar conta de que aquilo que ela buscou exterminar é agora essencial para a sua sobrevivência. Os membros mais idosos do meu povo contaram o que ocorreu nessa época. Enfrentando todas as dificuldades, eles conseguiram preservar das investidas coloniais os nossos conhecimentos, a nossa filosofia, a nossa concepção sagrada de "uma cuia, uma colher". E isso porque, disseram eles — com clareza profética —, viria uma época em que o mundo todo precisaria disso. Os humanos, as águas, e também os papa-figos.

Muitos desses pássaros passam o inverno nas regiões tropicais do México. A península de Yucatán, que abriga a majestosa floresta maia, é um imenso centro de biodiversidade, onde o cuidado da terra pelos indígenas sustenta o bem-estar das pessoas e de seus parentes mais-que-humanos. Ouvi dizer que os papa-figos também são adorados por lá, que as pessoas deixam laranjas cortadas em seus jardins para saudá-los, como pequenas cuias de laranja de boas-vindas. Imagino que os papa-figos iniciem a migração no meu pequeno trecho de terra indígena Potawatomi e sigam até um terreno verdejante cuidado por uma família maia na península de Yucatán. As comunidades maias tradicionais empregam práticas de silvicultura requintadas, colaborando com os processos sazonais da terra — as suas mudanças cíclicas —, de modo a renovar de forma contínua as florestas. Nós cultivamos milho, feijão e abóbora para as nossas famílias, e matas, touceiras e arbustos com frutos para as outras espécies, pois reconhecemos que o mundo não pertence a nós, que a nutrição de todo mundo vem da cuia com uma colher: de humanos, lagartos, árvores e papa-figos. Somos todos parentes, tecidos juntos em tramas de conexão recíproca, nas quais o que acontece com um acontece com todos. Fico feliz em pensar que os meus papa-figos participam da oração matinal de sua família maia, como fazem comigo. Mas tudo a sua volta, o pensamento comercial, a concepção da excepcionalidade humana, ameaça os lugares onde vivem.

Por que as terras ancestrais indígenas também são centros de biodiversidade? No plano superficial da geografia, é inegável que as terras indígenas remanescentes estão muitas vezes em locais remotos e considerados inóspitos para as forças colonizadoras do desenvolvimento. Essas terras e esses povos sobrevivem graças à defesa firme feita pelos guardiões indígenas, desde o Ártico até as florestas úmidas tropicais. No entanto, as causas da fervilhante abundância de espécies vão muito além da geografia ou da governança. A biodiversidade prospera nas terras indígenas devido à resposta da terra às práticas de cuidado tradicionais, baseadas na ciência indígena ou nos conhecimentos ecológicos tradicionais. É assim que mantemos cheia a "cuia com uma colher". Essas práticas, denominadas pelos conservacionistas ocidentais como "manejo da terra", são incontáveis, pois refletem as estratégias de adaptação desenvolvidas em cada local para estimular a biodiversidade. Algumas dessas práticas estão se tornando bem conhecidas entre os conservacionistas, como as habilidosas queimadas seletivas, os métodos de sequestro de carbono, a criação deliberada de hábitats, a agrossilvicultura. Durante séculos, essas práticas da ciência indígena foram descartadas como não científicas e destrutivas. Os meus antepassados podiam ser presos por aplicar o seu conhecimento do fogo para o bem da terra. Hoje, a ciência ocidental começa a se livrar do olhar colonial e perceber o valor da ciência indígena. Essas paisagens culturais meticulosamente cuidadas oferecem à ciência ocidental um vislumbre de modelos para fazer com que as pessoas e a terra sejam uma fonte de prosperidade mútua. Elas são bibliotecas de conhecimentos antigos e hoje estão todas ameaçadas.

A nossa tarefa é clara. Não basta reverenciar a sabedoria indígena. Temos de defender com firmeza o direito à terra dos povos nativos. Não basta apoiar certos ensinamentos, por exemplo a Colheita Honrada, como modelos de virtude e sustentabilidade. Todos nós precisamos nos tornar um humilde aprendiz para viver como se fosse nativo do lugar, como se a Terra fosse uma cuia com uma colher, para viver como se o futuro estivesse em nossas mãos. Porque de fato está.

As terras indígenas são o proverbial dedo na barragem que impede um dilúvio de extinções. No entanto, apenas um décimo dessas terras está juridicamente protegida com títulos de propriedade indígena. Em todo o mundo, elas estão sendo ameaçadas por interesses corporativos, privados e estatais. Essa crise requer que órgãos de governança, países e Estados proíbam toda redução adicional das terras indígenas e reforcem a sua proteção. Cabe a eles respeitar as estipulações, alcançadas com dificuldade, da Declaração das Nações Unidas sobre os Direitos dos Povos Indígenas e garantir que as práticas de mitigação climática não desalojem as populações nativas de suas terras em um novo colonialismo verde. Os povos indígenas foram pioneiros nos alertas climáticos e sofreram de forma desproporcional o impacto das mudanças no clima, porém criaram abordagens visionárias de justiça, mitigação e adaptação climáticas. Coletivamente, a sociedade dominante tem a responsabilidade de alçar as vozes indígenas à liderança da justiça climática.

A ação contra as mudanças climáticas têm de conferir prioridade às soluções de abordagem natural para a mitigação, reforçando o melhor papel das plantas: absorver e sequestrar carbono, regular microclimas, resfriar o planeta, gerar oxigênio, regenerar o solo e estimular as chuvas. Os movimentos que demandam que metade das terras do mundo sejam protegidas do desenvolvimento são essenciais para reduzir os impactos climáticos. No entanto, as terras indígenas nos mostram com clareza que as pessoas e a natureza podem coexistir, e até mesmo promover o florescimento mútuo no mesmo local. Não se trata, portanto, de "trancar" a natureza em determinadas regiões, e permitir que ela seja devastada em outras. A convocação para preservar a natureza não pode implicar tirar essas áreas das populações indígenas e locais, mas buscar harmonizar a relação entre as pessoas e a terra, alinhar essas economias com as leis naturais. Cabe lembrar aqui que os termos "ecologia" e "economia" têm a mesma raiz etimológica, a palavra grega *oikos*, que designa o lar.

O nosso desafio não é apenas preservar o que resta da biodiversidade, mas restaurá-la por meio de uma combinação de instrumentos da ciência ambiental, filosofia e know-how indígenas. Essa restauração também precisa incluir a recuperação de um relacionamento honroso com a terra, e a adoção de um novo discurso sobre a relação entre as pessoas e a paisagem. Um discurso em que a pergunta central não é "O que mais podemos extrair da Terra?", mas "O que a Terra está nos pedindo?".

Uma ação climática efetiva depende de muitas mudanças: na estrutura fiscal, nas leis, nas políticas, na governança, nas tecnologias, na ética — mas, no fundo, a mudança mais importante é aquela que se aplica a nós mesmos. A transformação da nossa concepção de mundo, de armazém para cuia, é uma transformação espiritual. David Suzuki notou que "a espiritualidade talvez seja a nossa principal adaptação — o meio pelo qual alcançamos o sagrado e nos mantemos unidos contra a desintegração. As formas e as variedades de crenças espirituais e rituais existentes nas culturas da Terra talvez sejam outro exemplo de invenção incrível e extravagante de formas de sobrevivência propostas pela evolução".

Quando ouço o canto dos papa-figos e de todos os seus parentes alados, o que escuto é um chamado para despertar. Fico animada com tantos que já acordaram para uma nova consciência e estão empenhados de corpo e alma em realizar a transformação que precisamos. Há exemplos impressionantes de lideranças indígenas e aliadas empenhadas em preservar a terra e as águas, em restaurar e curar, em converter ideias antigas/novas em leis aplicando princípios indígenas, desde a Declaração sobre os Direitos Indígenas até a teoria dos Direitos da Natureza. Tudo isso merece ser celebrado, mesmo que ainda não seja suficiente para conter as mudanças no clima.

E por que não basta? Porque mesmo com os alarmes soando de todos os lados, muita gente ainda não despertou. Cheguei à conclusão de que esses dorminhocos estão sob o efeito do poderoso narcótico da riqueza material e da miséria espiritual. Eu hesito em culpá-los. Se despertamos num mundo que a única coisa que quer de nós é que sejamos bons consumidores e espectadores passivos, também não iríamos cobrir a cabeça com o cobertor e continuar a dormir? O que impede essas pessoas de acordar é o medo e a impotência, produzidos intencionalmente pela desigualdade e por uma concepção de mundo que vê a mãe natureza como nada mais do que algo a ser consumido. Em vez de viver num mundo abençoado com a riqueza da abundância de espécies, de água sagrada e de montanhas vivas, eles vivem num mundo de recursos naturais em vias de se esgotar rapidamente. O que faz alguém despertar, colocar os pés no chão e sair para trabalhar? Durante muito tempo o medo teve essa função, e aqui estamos, ainda nos debatendo enquanto o relógio do clima avança. Não creio que seja disso que precisamos.

Sempre me perguntam onde encontro esperança nesses tempos sombrios. Não tenho certeza se sei de fato o que queremos dizer com a palavra "esperança". Uma fonte de otimismo? Pensamento positivo? Indicação de que escolhemos a vida e não a destruição? Embora eu não saiba nada sobre esperança, sei algo sobre amor. Estou convencida de que estamos nessa situação perigosa porque não amamos o bastante a Terra, e de que o amor é que vai trazer segurança. Sonho com uma época em que seremos movidos não pelo medo do que pode nos acontecer, por mais assustador que seja, mas pelo amor de uma bela visão de um mundo integrado e curado. Um dos grandes dons da filosofia ambiental indígena é essa visão abrangente do que significa ser humano: é um convite para participar dessa trama sagrada da vida, para pertencer a ela. Quando nos juntamos ao papa-figos para agradecer à Terra pelo novo dia, podemos viver de um jeito que a Terra vai ser grata a nós.

Em minhas viagens e em meus encontros, sempre fico profundamente emocionada com as incontáveis manifestações do amor das pessoas pela terra, pelo anseio profundo delas por um modo diferente de ser, que celebre a alegria da reciprocidade, de devolver à Terra tudo o que ela nos proporcionou.

Na minha cultura, um guerreiro não é motivado pelo medo ou pelo poder, mas alguém convocado pelo amor. Não o tipo de amor sentimental e cor-de-rosa, mas aquele capaz de se sacrificar pelos outros, que prioriza o que se ama mesmo em relação a si mesmo. Vamos perguntar uns aos outros, o que você ama tanto que não quer perder? O que escolheria para levar a um porto seguro em meio aos perigos das mudanças climáticas?

No meu caso, os meus atos de amor pela terra são ensinar e escrever, conhecer e votar, formar boas crianças, cultivar um jardim e protestar quando preciso. É isso que o amor pede de mim: fazer tanto as coisas pequenas como as grandes, mesmo que não saiba distingui-las. Vou me empenhar para mudar o sistema. Vou escrever para promover uma mudança cultural. Vou cuidar do meu terreno repleto de plantas com conhecimento e amor, para que a cuia única esteja cheia para os meus netos e para os netos dos papa-figos.

E para você, o que o amor está pedindo?

5.22

Esperança é algo que você precisa merecer

Greta Thunberg

Hoje estamos desesperadamente carentes de esperança. Mas ela não tem nada a ver com achar que tudo vai ficar bem. Tampouco significa enfiar a cabeça na areia ou acreditar em contos da carochinha sobre soluções tecnológicas inexistentes. Nem tem a ver com brechas jurídicas ou contabilidades criativas.

Para mim, a esperança não é algo que nos é dado, mas algo que temos de merecer e criar. Não há como obtê-la de forma passiva, ficando parado e esperando que alguém faça algo. Ela requer ação. Implica sair da zona de conforto. E se um bando de estudantes foi capaz de fazer com que milhões de pessoas começassem a mudar as suas vidas, imagine o que todos nós juntos conseguiríamos fazer se nos empenhássemos de verdade.

A transformação de que necessitamos para que o aquecimento não supere 1,5°C ou mesmo 2°C talvez não seja viável por enquanto em termos políticos. Mas, nessa área, somos nós que decidimos o que será possível amanhã. Hoje vivemos num planeta em que, graças à tecnologia, quase todos podem se comunicar uns com os outros. Em alguns países, o regime político não permite isso. Ainda assim, se algo importante ocorre em alguma parte do planeta, quase todo mundo fica sabendo na mesma hora. Isso abre todo um novo horizonte de possibilidades. Ninguém sabe do que somos capazes se decidirmos reagir — e mudar — coletivamente. Estou convencida de que há pontos de inflexão sociais que vão começar a nos favorecer assim que um número suficiente de pessoas decidir passar à ação. As possibilidades que decorrem disso são infinitas.

A destruição da biosfera, a desestabilização do clima e a inviabilização das condições de vida futuras não estão de forma alguma predeterminadas nem são inevitáveis. Isso também não ocorre com a natureza humana — nós não somos o problema. Tudo isso está ocorrendo porque nós, o povo, ainda não estamos plenamente conscientes da nossa situação ou das consequências do que está prestes a acontecer. O fato é que mentiram para nós. Fomos despojados dos nossos direitos como cidadãos democráticos e deixados no escuro. Esse é um dos nossos maiores problemas, mas também a nossa maior fonte de esperança — pois os seres humanos não são malvados e, ao entender a natureza dessa crise, não há dúvida de que irão agir. Dadas as circunstâncias favoráveis, não há limites para o que podemos fazer. Ao conhecer a história toda — e não algo evocado mais uma vez para beneficiar os interesses de curto prazo —, aí saberemos também o que fazer. Ainda nos resta algum tempo para corrigir nossos erros, nos afastar da borda do precipício e avançar em outra direção, seguindo um caminho sustentável e justo e que garanta um futuro para todos. Não só para aqueles convencidos de que os seus recursos vão permitir que se adaptem a ecossistemas agonizantes e extinções em massa. E, independente de quão sombria se tornar a situação, desistir nunca será uma opção. Pois cada fração de grau Celsius e cada tonelada de dióxido de carbono sempre vão fazer diferença. Nunca vai ser tarde demais para salvar o que podemos.

Poucos anos atrás, algumas das vozes mais incisivas no atual movimento climático mal se davam conta de que havia uma crise; agora, elas são fatores essenciais para mudar o destino da humanidade. Estou convencida de que nos próximos anos esse fenômeno vai continuar se repetindo — e é aqui que você pode fazer algo. Bem, estamos chegando ao final deste livro. Este é o momento em que supostamente concluo o que penso e escrevo algo inspirador nas últimas frases. Mas não vou fazer isso. Prefiro deixar a questão em aberto. Pois ainda não conhecemos algumas das melhores formas de desencadear as mudanças necessárias. Acredito que as ideias, as táticas e os métodos mais promissores ainda vão ser descobertos e concebidos. Alguns já foram experimentados, e outros fracassaram porque não era o momento certo — porque na época o nível de conscientização das pessoas não era grande o suficiente. Por isso, vamos precisar testar de novo.

As coisas estão mudando, com uma velocidade cada vez maior. E todas essas mudanças foram viabilizadas pelos pioneiros que fizeram o movimento climático e ambiental avançar. Cientistas, ativistas, jornalistas, escritores. Sem eles não teríamos nenhuma chance. Dessa vez, porém, precisamos da participação de todos — sobretudo daqueles mais afetados e que vivem nas regiões mais vulneráveis. Essa é uma questão moral, e estamos do lado certo. Vamos aproveitar isso.

Todos são essenciais e bem-vindos, não importa onde vivam ou de onde vêm, qual a sua idade ou formação. Precisamos partir do que temos à mão e ligar os pontos nós mesmos, e bem aqui, nas entrelinhas, vamos achar as respostas — as soluções que têm de ser compartilhadas com o resto da humanidade. E quando chegar a hora, basta lembrar de uma coisa: o mais importante é dizer exatamente o que está acontecendo.

O que fazer agora?

Se você mora, por exemplo, em Varsóvia e quer consumir os tomates mais sustentáveis disponíveis no mercado local, quais comprar? Aqueles orgânicos cultivados na Espanha ou os comuns produzidos na Polônia? Uma resposta possível é que nenhum deles é sustentável. Mas talvez outra ainda melhor seja: que diferença faz?

Claro que é importante apoiar e desenvolver métodos de cultivo orgânico, e, se tivéssemos cem anos para resolver a crise, esse tipo de escolha teria feito de fato diferença. Porém, se continuarmos focando apenas em questões isoladas e menores sobre consumo individual, não teremos a menor chance de alcançar as metas climáticas globais. Não precisamos ficar dizendo às pessoas que elas têm de trocar as lâmpadas, votar ou que não podem desperdiçar comida. Não porque isso não seja relevante — é —, mas porque podemos supor que as pessoas que leem livros, veem documentários na TV ou frequentam seminários sobre a crise climática já estão conscientes da importância do processo democrático e que os habitantes do Norte global deveriam usar menos recursos.

Na verdade, há até o risco de que essa insistência seja mais prejudicial do que benéfica, pois passa a mensagem de que é possível solucionar a crise no interior dos sistemas atuais — o que já constatamos ser inviável. Votar é o dever mais importante que todos os cidadãos têm nas democracias. Mas votar a favor do quê, quando não é possível visualizar as políticas públicas necessárias? E o que podemos fazer, enquanto cidadãos de democracias, quando nem mesmo o compromisso do voto para os melhores candidatos disponíveis vai nos levar mais perto de uma solução dos nossos maiores problemas?

Em 2021, o navio de contêineres *Ever Given* acabou entalado no canal de Suez, dando origem a um festival de memes nas redes sociais. Lá estava aquele imenso navio verde-escuro encalhado no meio do deserto, a palavra "EVERGREEN", ou sempre verde, pintada em letras brancas gigantescas no casco enquanto uma escavadeira solitária arranhava a margem do canal. Era uma imagem perfeita do mundo moderno: o barco de quatrocentos metros de comprimento, alugado por uma companhia de navegação de Taiwan e registrado no Panamá por motivos fiscais, conseguiu sozinho interromper as cadeias de suprimento globais e o comércio entre regiões importantes do planeta. Percorrendo a rota desde a China e a Malásia até os Países Baixos, o *Ever Given* carregava cerca de 18 mil contêineres repletos dos produtos mais variados — equipamentos eletrônicos, produtos domésticos, calçados, *fast fashion*, bicicletas, móveis de jardim, churrasqueiras etc. Hoje existem mais de 5 mil navios cargueiros como o *Ever Given* cruzando os oceanos. Muitos usam o chamado "óleo combustível" — uma mistura de diesel e óleos residuais pesados que é muito barata. Tão barata que pouquíssimas companhias de navegação não o utilizam. No entanto, como as emissões do setor marítimo foram excluídas dos parâmetros nacionais — para beneficiar o crescimento econômico —, não precisamos nos preocupar com isso. Essas emissões só existem no mundo real e, como vimos neste livro, a realidade nem sempre conta no mundo das estatísticas climáticas.

Vamos parar um pouco e imaginar o círculo do consumo. Um brinquedo de plástico é fabricado na China por uma empresa americana que assim aproveita a mão de obra mais barata e a regulamentação e a legislação ambientais mais frouxas. Depois de acabado e embalado, o brinquedo é enviado à Europa em navios como o *Ever Given*. Após desembarcar, ele segue em caminhões para todas as partes do continente europeu até acabar na prateleira de uma loja local, onde o comprador o enfia numa sacola plástica e o leva de carro para casa. Talvez, depois de desembrulhado o brinquedo, a embalagem seja reciclada. Anos mais tarde, quando quebra ou deixa de ser interessante, o brinquedo é descartado pelo consumidor para abrir espaço para outros. Os materiais reciclados acabam seguindo rumos diferentes. Uma pequena parte talvez seja reaproveitada na produção de brinquedos, garrafas ou embalagens. Mas é uma parte ínfima. Mesmo onde há muita reciclagem, como na Suécia, só cerca de 10% dos plásticos acabam de fato reciclados. O resto costuma ser queimado para gerar energia. Outro destino provável dos produtos residuais reciclados é o de serem encaminhados de volta a portos como Rotterdam e embarcados de novo em navios como o *Ever Given*. Então são levados aos incontáveis aterros no Sudeste da Ásia ou na África que recebem uma proporção enorme dos nossos materiais reciclados, contaminando comunidades, rios, solos, litorais e aquíferos. A menos, claro, que sejam incinerados de forma ilegal em locais próximos a esses mesmos aterros, causando ainda mais poluição.

A ideia desses navios de contêineres gigantescos que transportam todos os resíduos plásticos que descartamos para reciclagem é controversa e ofensiva, para dizer o mínimo. Mas talvez não seja tão perturbadora quanto o fato de que, muitas vezes, essas portentosas embarcações naveguem completamente vazias entre portos muito distantes entre si apenas para serem carregados de novo com os produtos que consumimos e com os resíduos que geramos. E assim o círculo do consumo continua, continua e continua.

425 O QUE FAZER AGORA?

- **A cada ano,** cerca de 8 milhões de toneladas de resíduos plásticos são jogados nos oceanos.
- **A cada dia,** usamos cerca de 100 milhões de barris de petróleo.
- **A cada minuto,** gastamos 11 milhões de dólares para subsidiar a produção e o consumo de carvão, petróleo e gás natural.
- **A cada segundo,** uma área de floresta tão grande quanto um campo de futebol é desmatada.

Nenhuma quantidade de ações individuais pode compensar tudo isso. Não podemos viver de forma sustentável num mundo insustentável, por mais que nos empenhemos. Na verdade, muitos excedem os limites planetários apenas ao pagar impostos, pois parte dos nossos recursos coletivos acaba subsidiando combustíveis fósseis.

Claro que o mundo não vai acabar se permitirmos que a temperatura média global aumente mais do que 1,5°C ou 2°C. No entanto, para muita gente que não tem o privilégio de poder se adaptar às consequências iniciais dessa desestabilização do clima, esse aquecimento vai acabar com muitas coisas — segurança alimentar, tranquilidade, estabilidade, educação, subsistência e um número cada vez maior de vidas humanas. Não podemos esquecer que, em nosso mundo 1,2°C mais quente, muita gente já está perdendo a vida e o sustento. Talvez isso seja aceitável para alguns habitantes do Norte global. Porém, de um ponto de vista moral, está muito longe de ser tolerável. No mínimo, porque, antes de tudo, bilhões de pessoas que estão na linha de frente da emergência climática não contribuíram quase nada para o problema.

Além disso, não podemos esquecer os pontos de inflexão. Alguns já foram ultrapassados; outros podem estar muito perto. Há uma razão para nos ater ao limite de 1,5°C: só assim podemos reduzir o risco de causar mais danos irreparáveis aos sistemas que nos mantêm vivos.

Quem busca por respostas para resolver a crise climática que não impliquem mudanças em nosso comportamento está condenado a se decepcionar, pois os nossos líderes demoraram demais para agir e criar condições para isso. Porém, não significa que não temos soluções. Elas existem, e não são poucas. Precisamos apenas mudar como nós as abordamos — e redefinir o que entendemos por esperança e progresso, para que esses termos deixem de ser sinônimos de destruição. Uma solução não é apenas algo que substitui de forma automática o que deixou de funcionar. Uma solução também pode ser simplesmente deixar de fazer algo.

Algumas dessas medidas para avançar podem variar muito dependendo de quem você é e onde mora. Por exemplo, se você vive em Angola, no Peru ou no Paquistão, talvez já esteja sofrendo as consequências da crise climática e o melhor que pode fazer é, se tiver oportunidade, tomar um avião e ir a uma conferência do clima na Europa ou na América do Norte e contar a sua história para provocar mudanças. Por outro lado, se você mora nos Estados Unidos, na Bélgica ou no Reino Unido, uma das formas mais efetivas de alardear essa mesma crise talvez seja abdicar do privilégio de voar.

No entanto, é importante não culpar os outros pelo que fazem ou deixam de fazer. A vida já é complicada o bastante. De forma alguma podemos esperar que nós, enquanto indivíduos, deveríamos compensar os equívocos de governos, órgãos de comunicação, corporações multinacionais e bilionários. Essa é uma ideia absurda. Enquanto indivíduos podemos fazer muita coisa, mas essa não é uma crise que pode ser resolvida por uma pessoa agindo sozinha.

Para desencadear as mudanças necessárias, precisamos de uma série de tipos distintos de ações. Necessitamos, ao mesmo tempo, de mudanças sistêmicas estruturais e de mudanças individuais. E, além disso, de uma transformação cultural em normas e discursos. Tudo isso é perfeitamente possível. Se estivermos dispostos a mudar, ainda é possível evitar as piores consequências. Ainda temos tempo. Portanto, sim, ainda podemos resolver isso.

Alterar os fundamentos de uma sociedade insustentável não é algo tão ruim. Pelo contrário. Substituir hábitos insustentáveis por outros sustentáveis provavelmente vai nos proporcionar um sentimento mais forte de propósito e sentido. Assim que deixarmos de fingir que podemos resolver isso sem tratar a crise como crise e sem mudar de forma radical a nossa sociedade, podemos começar a ação. E nasce uma nova esperança. Uma esperança melhor. Uma esperança realista.

Temos pouco a temer porque todas as coisas boas da vida ainda continuarão a existir: amigos, cultura, esportes, entretenimento, família, natureza, comida, bebida, artes, viagens, aventura, pessoas. Nada disso vai sumir, mesmo que tenhamos de abordar alguns deles de outro jeito.

A crise do clima não pode ser solucionada no interior dos sistemas atuais. Mas isso não nos impede de fazer o máximo possível agora mesmo. Não só essas mudanças são necessárias, como podem iniciar círculos virtuosos que vão nos afastar do nosso caminho atual de destruição do planeta.

Ao longo deste livro — e nesta seção em particular —, falo em "soluções" para a crise climática. Vale lembrar que, ainda que seja possível — e desejável — adotar medidas para reduzir as emissões de carbono, preservar a biodiversidade e acabar com a poluição tóxica do ar —, não há como "solucionar" a crise para todos.

O secretário-geral da ONU, António Guterres, chamou o "6º Relatório de avaliação do grupo de trabalho II", divulgado pelo IPCC, de "um atlas do sofrimento". A crise do clima já está provocando consequências devastadoras para muita gente ao redor do mundo — sobretudo para quem vive nos países mais pobres. Mesmo que as emissões de carbono fossem interrompidas agora, já infligimos danos irreparáveis ao planeta e às pessoas cujos meios de subsistência e vidas foram destruídos por inundações, secas, incêndios florestais e tempestades. E, segundo as conclusões científicas mais confiáveis, não resta dúvida de que as temperaturas continuam a aumentar, e que esses impactos tendem a piorar.

427   O QUE FAZER AGORA?

Os nossos líderes fracassaram em tomar as medidas necessárias — e esse fracasso transformou a crise climática em inevitável. Eles nos decepcionaram, mas isso não significa que temos de desistir. De forma nenhuma.

Como disse Guterres, "chegou a hora de transformar a raiva em ação. Cada fração de grau [Celsius] importa. Cada voz faz diferença. E cada segundo conta".

Não pretendo dizer a ninguém o que fazer, mas, com base nas informações compartilhadas neste livro por cientistas e especialistas, proponho a seguir uma lista de medidas que alguns de nós podemos tomar, se quisermos.

A crise do clima não pode ser solucionada no interior dos sistemas atuais. Mas isso não nos impede de fazer o máximo possível agora mesmo.

O que precisa ser feito

Comece a tratar a crise como uma crise

Quanto mais fingirmos que é possível resolver as crises climática e ecológica sem enfrentá-las como crises, mais vamos seguir desperdiçando um tempo precioso. /

Enfrente a emergência

Graças à incompetência total das nossas lideranças para lidar com as questões associadas à sustentabilidade, não é mais uma questão do que queremos, mas do que precisamos fazer. Não basta apenas reduzir as nossas emissões ou virar uma sociedade de baixo carbono. Agora precisamos chegar o mais perto possível de zerá-las. Não temos mais margem de manobra para avanços gradativos na direção certa. Precisamos começar a definir as nossas prioridades. /

Admita o fracasso

Mesmo que parássemos de destruir a natureza neste exato momento, já infligimos danos irreparáveis aos sistemas que sustentam a vida. Por isso, nós falhamos. As nossas ideologias políticas falharam. Os nossos sistemas econômicos falharam. E continuamos a falhar, pois nem sequer começamos a reverter essa tendência. Pelo contrário, estamos acelerando o processo. A menos que esse fracasso seja reconhecido, não seremos capazes de aprender com os nossos erros. E muito menos corrigi-los. /

Contabilize tudo

Uma das nossas prioridades mais importantes é incluir nas estatísticas todas as emissões de fato. Se não fizermos isso, como vamos saber o bastante sobre a situação para iniciar as mudanças necessárias? O fato de isso ainda não ter sido feito diz de forma clara tudo sobre os esforços feitos até agora pelas nossas sociedades. Se não passarmos a incluir todas as emissões — entre as quais aquelas decorrentes de consumo, transportes aéreo e marítimo internacionais, militares, exportações, investimentos de fundos de pensão e emissões biogênicas —, continuaremos como agora, quando os reis estão nus. /

Liguem os pontos

A capacidade dos ecossistemas de absorver o dióxido de carbono vem se deteriorando rapidamente por conta de desmatamento, poluição, superexploração etc. O cultivo industrial de alimentos está arruinando solos, rios e litorais. A destruição contínua da biosfera está desencadeando uma potencial extinção em massa e desestabilizando o clima de todo o planeta. E enquanto continuarmos avançando sobre a natureza, criamos condições propícias para surgirem novas pandemias. Mas o meio ambiente não é o único que está sofrendo. A desigualdade social está crescendo, e o desequilíbrio entre os mais ricos e os mais pobres chega a níveis absurdos. Todas essas crises estão interligadas, e não podemos enfrentar nenhuma delas sem também enfrentar todas. /

Lutem pela justiça e pelas reparações históricas

A crise climática e ecológica é uma crise de desigualdade e injustiça social. Aqueles que estão sendo mais prejudicados são também os que menos contribuíram para o problema. Isso configura uma questão moral, de injustiça social, racial e intergeracional que afeta quase 8 bilhões de pessoas. Só vamos encontrar formas mútuas de avançar se pudermos contar com o maior número possível de indivíduos. Não temos como escapar disso, porque fracassar não é uma opção. E nada disso vai ser possível a longo prazo a menos que os países responsáveis por esgotar 90% do orçamento de carbono assumam as consequências de suas ações e paguem pelos danos que causaram. Isso é o mínimo que podem fazer — não há como colocar um preço em vidas perdidas. Não podemos avançar em direção de um futuro melhor sem curar as feridas do passado. /

O que podemos fazer juntos enquanto sociedade

Mantermo-nos informados

Décadas de informação e conhecimento que deveriam ter reconfigurado toda a nossa sociedade não alcançaram a população em geral. A menos que reparemos rapidamente essa violação da democracia e dos direitos humanos fundamentais, não há nenhuma possibilidade de levar adiante as mudanças necessárias. Afinal, como vamos transformar a sociedade sem entender por que precisamos fazer isso?

Não deixar ninguém para trás

Temos de reformular o sistema atual de modo que proteja os trabalhadores e as populações mais vulneráveis, reduzindo todas as formas de desigualdade e acabando com a discriminação.

Estabelecer metas compulsórias

De imediato, precisamos estabelecer orçamentos anuais obrigatórios, com base nas melhores e nas mais recentes conclusões científicas e no orçamento do IPCC, o que nos daria ao menos uma chance de 67% de limitar o aumento da temperatura global a 1,5°C. É essencial que esses orçamentos incluam a equidade global, o consumo de bens importados, os transportes aéreo e marítimo internacionais e as emissões biogênicas. Além disso, não devem depender de tecnologias futuras de emissões negativas que ainda não existem em escala suficiente — e talvez nunca existam.

Regenerar a natureza

Esse é um dos instrumentos mais eficazes que temos. E tudo o que precisamos fazer é nos afastar e deixar que a natureza se restabeleça.

Restaurar a natureza

Naquelas regiões onde a natureza não pode se restabelecer sozinha, precisamos ajudá-la, restaurando o que foi devastado pelas atividades humanas ou por eventos meteorológicos extremos. Mangues, florestas, pântanos, turfeiras, leitos oceânicos, rios e pradarias têm todos um enorme potencial para absorver o dióxido de carbono, numa escala bem maior do que qualquer alternativa tecnológica atual.

Plantar árvores

Quando adequada para o solo e a biodiversidade local, plantar árvores é uma solução excelente. No entanto, não deve ser confundida com o reflorestamento industrial de uma única espécie, cujas árvores são abatidas assim que podem ser vendidas.

Maximizar todos os sumidouros de carbono possíveis

Precisamos fazer um corte sem precedentes em nossas emissões. E, como não dispomos de soluções tecnológicas para isso, não nos resta outra saída além de deixar de fazer ou reduzir de forma significativa algumas coisas que fazemos. Isso também implica aproveitar todos os recursos disponíveis para capturar e armazenar carbono. Assim, uma das formas mais eficientes é deixar grandes áreas das florestas remanescentes intactas. Uma árvore tem de valer mais em pé do que derrubada, e cabe a nós estabelecer um sistema que torne armazenar carbono mais vantajoso financeiramente do que desmatar. No entanto, é preciso que esse sistema seja criado a partir uma perspectiva justa e equitativa, valorizando os direitos e os conhecimentos indígenas.

Abandonar expressões como "compensação de carbono" e "compensação climática"

É muito enganosa a ideia de que, num futuro previsível, seremos capazes de compensar as emissões atuais e mesmo as futuras. Nada do que foi proposto acima — florestamento, regeneração ou restauração da natureza — deve ser confundido com a *compensação de carbono*, que leva as pessoas a acharem que podemos compensar emissões ainda não realizadas. Já acumulamos décadas de emissões passadas que precisam ser compensadas, e, dada a nossa capacidade atual — assim como os atuais níveis de emissão —, mal conseguimos arranhar a superfície da poluição histórica.

430

Deixar de investir em combustíveis fósseis

Bancos, investidores privados, fundos de ações, fundos de pensão, governos e outros têm de assumir a responsabilidade e interromper por completo todos os investimentos em combustíveis fósseis, incluindo nos setores de prospecção e extração.

Eliminar todos os subsídios para combustíveis fósseis

A cada ano, gastamos 5,9 trilhões de dólares em subsídios para financiar a destruição dos sistemas que sustentam a nossa vida. Essa é a definição mais perfeita de insanidade. Esses subsídios precisam — e podem — ser interrompidos de imediato.

Tornar o transporte público local gratuito

Não costumo defender soluções individuais específicas para não desviar a atenção das mudanças sistêmicas mais amplas necessárias. Não quero dar a impressão de que podemos resolver esse problema no interior do sistema atual. No entanto, se temos algum interesse, ainda que remoto, em reduzir as emissões de gases do efeito estufa, então aperfeiçoar, reformar e expandir o transporte público — ao mesmo tempo que o tornamos gratuito — é uma das medidas mais fáceis que temos disponíveis.

Repensar os transportes

Automóveis sustentáveis não existem. Nem vão existir, a menos que a gente aprenda a cultivá-los em árvores ou invente varinhas mágicas. Hoje existem cerca de 1,4 bilhão de veículos motorizados no mundo. Segundo um estudo recente, teremos 2 bilhões em 2035. E não é nada realista a ideia de substituí-los por novos elétricos e, ao mesmo tempo, não ultrapassar os limites planetários. Portanto, todo o conceito de transporte privado em vias públicas tem de ser repensado. Em muitos casos, há a possibilidade de instalar motores elétricos em carros existentes; outra solução é compartilhar veículos. No entanto, de maneira geral, o melhor é que o transporte público seja mais acessível e predominante. O que implica reformar, desenvolver e expandir as modalidades de transporte com baixas emissões — trens, VLTs, ônibus e balsas. Muitas regiões do mundo já contam com uma imensa rede de infraestrutura instalada. Ônibus elétricos podem ser uma alternativa para trens em trajetos de longa distância, que também poderiam ser servidos por trens noturnos. E em vez de subsidiar o setor aéreo, seria melhor fazer isso com as ferrovias. As modalidades menos emissoras de carbono deveriam ser sempre as mais baratas para os usuários.

Criminalizar o ecocídio

A destruição em massa do meio ambiente deve ser considerada crime internacional, para que possamos responsabilizar quem destrói a natureza.

Pular direto para a energia renovável

Se dermos ao Sul global a oportunidade de saltar a etapa de construção de uma infraestrutura energética baseada em combustíveis fósseis e passar diretamente às baseadas em energia renovável, todos seriam beneficiados. Mas esse salto deveria ser pago por aqueles que enriqueceram e construíram a sua infraestrutura poluindo de tal modo a atmosfera que esgotaram todos os orçamentos de CO_2. E isso não pode ser usado como desculpa para os países mais ricos "compensarem" o fracasso em cortar as suas próprias emissões. Não faz muito sentido a ideia de que alguns países paguem para não participar da transformação das nossas sociedades. "Seria o mesmo que pagar para os pobres emagrecerem em seu lugar", como diz Kevin Anderson.

Saltar normas sociais

Cabe a nós fazer as discussões públicas avançarem e evitar a mentalidade por trás de frases como "dar pequenos passos na direção certa". As mudanças imprescindíveis não podem ser feitas no interior dos sistemas existentes, e as tentativas em curso de "atrair devagar o apoio da população" correm o risco de ser mais danosas do que benéficas.

Evitar as falsas soluções

Para que os biocombustíveis e a queima de biomassa para geração de energia sejam sustentáveis, antes de tudo precisamos de uma agricultura e uma silvicultura sustentáveis. E por enquanto não temos isso em grande escala em nenhum lugar do planeta. Não podemos continuar a sacrificar a natureza e a biodiversidade para manter uma brecha que permite às nações e às regiões do Norte global manter as coisas como sempre estiveram.

Investir em energia eólica e solar

Em muitos casos, o milagre já está acontecendo. Não há soluções perfeitas, mas quando as infraestruturas eólica e solar são construídas em locais adequados e com os devidos cuidados ambientais, elas constituem uma mudança radical de paradigma global.

Evitar as falsas equivalências

Isso ocorre quando insistimos em tratar os dois lados de uma questão como sendo igualmente importantes. Nas últimas décadas, esse fenômeno ficou evidente no modo como a mídia proporcionou espaço a negacionistas e retardadores com o objetivo de se mostrar imparcial, como explica George Monbiot na parte v. Tal postura contribuiu para levar a uma crise existencial e dar início a uma extinção em massa. E agora é patente na cobertura jornalística que, nos melhores casos, ela atribui aos interesses econômicos uma importância equivalente aos ecológicos, como na frase "essa mina vai contaminar a água potável e poluir o ar de toda a região, mas também vai criar 250 novos empregos". A sobrevivência não é um relato com dois lados. A extinção não é apenas um tema de debate.

Ou, pensando melhor, vamos sim adotar essa postura! É uma oportunidade de corrigir o nosso rumo. Como a mídia passou as últimas sete décadas cobrindo economia e crescimento econômico sem fazer referência aos seus efeitos na natureza, agora pode compensar isso dedicando os próximos setenta anos apenas aos interesses ecológicos. Aí então ela terá comprovado a sua imparcialidade. E pode começar agora mesmo.

Proibir propaganda dos setores que mais emitem carbono

É ridícula a ideia de que podemos promover de forma legítima a destruição do que sustenta a nossa vida presente e futura. Para termos uma chance, ainda que pequena, de alcançar nossas metas, é imprescindível acabar com esse tipo de propaganda. Porém, como não podemos mais nos dar ao luxo de implementar uma solução não holística, essa proibição deve abranger também todos os setores muito poluentes. De outro modo, proibir a publicidade relacionada aos combustíveis fósseis vai levar a aprovação indireta de biocombustíveis insustentáveis, queima de madeira para a geração elétrica etc.

Investir em ciência, pesquisa e tecnologia

Só a tecnologia não basta para nos salvar. Desperdiçamos tempo demais para isso. Mesmo assim, necessitamos desesperadamente de avanços tecnológicos — e as nossas vidas dependem de uma compreensão científica da nossa situação. Por exemplo, a produção de alimentos não agrícolas — feitos com ingredientes cultivados em laboratórios — está prestes a revolucionar o modo como nos nutrimos. Junto com os cultivos perenes e as práticas agrícolas que não revolvem o solo, esses métodos oferecem perspectivas revolucionárias de círculos virtuosos, com o potencial de devolver enormes quantidades de carbono para solos e florestas.

Respeitar os princípios de segurança

Em 2021, estima-se que os incêndios florestais que se alastraram pelo mundo levaram à emissão de 6,45 gigatoneladas de CO_2. Ou seja, cerca de 15% de todas as emissões globais de dióxido de carbono. Em qualquer outra situação, um aumento injustificado de 15% numa crise grave provavelmente faria com que todos acionássemos um freio de emergência. Porém, no caso da crise climática, isso nem mesmo ficou entre as notícias mais importantes. Não podemos mais ignorar isso, e os mesmos princípios de segurança que se aplicam ao resto da sociedade precisam valer para as crises climática e ecológica.

Processar governos e empresas responsáveis pela poluição de carbono

É preciso levá-los aos tribunais. Que sejam obrigados a pagar por todas as perdas e danos e a tomar medidas para reverter a situação. Mas também precisamos deixar claro que hoje ainda não dispomos de uma legislação que corrija as coisas. Antes da pandemia, estávamos consumindo cerca de 100 milhões de barris de petróleo por dia. Há prognósticos de que estamos a caminho de superar essa marca em 2023. Não há nenhuma lei que obrigue a manter esse petróleo no subsolo. Nem que impeçam as madeireiras de cortar árvores e queimá-las para gerar energia. Ou que nos protejam a longo prazo da destruição da biosfera. Ou seja, é perfeitamente legal serrar o galho em que vivemos. Assim, não há o que hesitar: devemos processá-los com todos os meios disponíveis. Mas também precisamos informar a todos que isso não é suficiente, mesmo que, contra todas as probabilidades, consigamos uma vitória nos tribunais.

Criar novas leis

Vamos obrigar os poluidores a pagar pelos prejuízos que causaram. Companhias petrolíferas e países produtores de petróleo e gás precisam ser responsabilizados pelos danos irreparáveis que causaram e continuam a causar.

O que cada indivíduo pode fazer

Manter-se informado

Assim que se entende toda a gravidade da situação, fica mais fácil descobrir o que é preciso fazer. Para isso, é importante montar grupos de estudo e compartilhar conhecimento com amigos e colegas, além de permitir a ampla circulação de livros, artigos e filmes. /

Tornar-se um ativista

Essa é de longe a forma mais efetiva de enfrentar a emergência climática e ecológica. É preciso defender as mudanças. Acelerar o processo democrático. Alterar as normas sociais. Enfatizar a justiça e a equidade. Passar o microfone para quem precisa ser ouvido. Agir. Protestar. Boicotar. Fazer greves. Apoiar a não violência, a desobediência civil. Precisamos de bilhões de pessoas. Precisamos de você. /

Defender a democracia

Não temos como garantir as nossas condições de vida no futuro se não houver democracia, o instrumento mais importante que temos. Por isso, precisamos defender e lutar por ela. Empenhar-nos para torná-la melhor e mais abrangente. Incentivar os outros para que votem. Resistir a todas as forças antidemocráticas, como o autoritarismo, o preconceito xenofóbico, e às investidas contra os direitos humanos e a liberdade de expressão. Como a democracia nunca deve se imobilizar, cabe a nós achar novas maneiras de exercê-la, por exemplo organizando assembleias de cidadãos. É preciso votar, mas sempre lembrando que o que conduz o mundo livre é a opinião pública — que é recriada a todo momento, e não apenas na época das eleições. /

Participar da política

Essa crise não pode ser resolvida por meio da atual política partidária, mas é possível mudar isso se um número suficiente de pessoas nos partidos políticos se tornar mais consciente da gravidade da situação.

Conversar sobre a crise

O tempo todo. Temos de ser insistentes e incômodos. Sacudir as pessoas. Como há muito pouco de animador na crise climática e de sustentabilidade, não é fácil ser amável. Mas precisamos tentar. Enfatizar o terreno comum. E nunca recorrer ao ódio, sobretudo contra pessoas. /

Amplificar as vozes dos mais vulneráveis

As pessoas mais afetadas nas áreas mais vulneráveis estão na linha de frente da crise climática. Mas não estão nas primeiras páginas dos jornais. Suas vozes precisam ser ouvidas, e todos podemos ajudar nesse sentido, compartilhando as suas histórias, divulgando os seus nomes. /

Evitar guerras culturais

Assim que começarmos a encarar a crise climática como uma crise de fato e a implementar orçamentos de carbono anuais obrigatórios, e assim que começarmos a incluir todas as emissões nas estatísticas e a enfrentar a emergência climática e ecológica, então vamos sem dúvida passar a discutir todas as soluções específicas, individuais, de um ponto de vista holístico. Até lá, porém, precisamos evitar nos envolver em guerras culturais — discussões intermináveis cujo objetivo principal é bloquear o diálogo, criar divisões e retardar as mudanças necessárias. Não há nenhuma solução isolada que, por si mesma, vai fazer alguma diferença significativa na curva das emissões. Portanto, o melhor é nos concentrar no quadro completo. /

Adotar uma dieta baseada em vegetais

Como escreve Michael Clark na parte IV, mesmo se zerarmos todas as outras emissões, só as emissões resultantes da produção de alimentos ainda fariam com que superássemos a meta de 1,5°C de aquecimento global. A mudança para uma dieta vegetariana poderia nos poupar até 8 bilhões de toneladas de CO_2 por ano. As áreas necessárias para a produção de carne e laticínios são equivalentes ao território das Américas do Sul e do Norte. Se continuarmos a produzir alimentos como fazemos hoje, vamos destruir os hábitats de quase toda a fauna e flora silvestres, levando à extinção incontáveis espécies. Se elas desaparecerem, nós também vamos desaparecer. Adotando uma dieta vegetariana, poderíamos nos alimentar usando uma área 76% menor. E se isso não for razão suficiente, deveríamos fazer pela nossa saúde. Ou por uma questão moral. Hoje, a cada ano, abatemos mais de 70 bilhões de animais, sem contar os peixes, que são capturados em tal quantidade que só pode ser calculado por peso. Vale lembrar que o vegetarianismo é um privilégio restrito sobretudo aos habitantes ricos do Norte global. Em muitas regiões do mundo, há uma produção de alimentos em pequena escala que inclui peixe, carne e laticínios, sobretudo em comunidades indígenas e certas áreas do Sul global.

Preservar o ceticismo

De acordo com uma estimativa da organização Scientists for Global Responsibility, a soma das emissões das forças militares no mundo — e dos fabricantes de equipamentos bélicos — gira em torno de 6% de todo o lançamento global de CO_2 na atmosfera. No entanto, esses números muitas vezes não são levados em conta, ou são "subnotificados de forma significativa". Isso se deve a que uma parcela considerável das emissões foi excluída dos acordos climáticos e, portanto, não consta das estatísticas nacionais.

Assim, sempre que ouvirmos alguém dizer que "as emissões diminuíram em tantos por cento", vale perguntar se esse número inclui o consumo de bens importados, as emissões biogenéticas, as exportações, os vazamentos de metano, as emissões das forças armadas, bem como dos setores de transporte aéreo e marítimo internacionais.

Deixar de fazer viagens aéreas

Sob muitos aspectos, viagens de avião têm a ver com privilégio. O nosso orçamento de carbono remanescente está se esgotando com rapidez, e — no prazo necessário para manter o aquecimento global restrito a 1,5°C ou 2°C — não temos nenhuma solução à vista para viagens aéreas. E esse é um setor que vem crescendo. Hoje, responde por cerca de 4% do impacto humano total sobre o clima, mas estima-se que esse número vai aumentar rapidamente no futuro. Um estudo recente mostrou que as emissões de todo o setor do turismo contribuem com cerca de 8% das emissões globais. Mais de 80% da população mundial nunca viajou de avião, enquanto os 1% mais ricos são responsáveis por 50% de todas as emissões do transporte aéreo, como Jillian Anable e Christian Brand explicam na parte IV. Assim, no caso dos habitantes do Norte global, está comprovado que abdicar do privilégio de voar é uma maneira muito eficaz de destacar essa desigualdade. Nem de longe isso vai ajudar a resolver a crise, mas ao menos transmite uma mensagem clara sobre o quão grave é a crise.

Comprar e usar menos

Os capítulos deste livro deixaram evidente que estamos vivendo muito acima dos recursos do nosso planeta. Mas isso não vale para todo mundo. Muita gente precisa ter padrões de vida melhores. Eletricidade, água limpa e fogões que não poluem são exemplos do que falta em muitos lugares do planeta. No entanto, não há como negar que precisamos, em termos globais, diminuir de forma drástica o uso de recursos. Os três problemas principais são a nossa economia dependente do crescimento, os nossos políticos que ignoram o problema e o pequeno grupo de pessoas de alta renda que vêm esgotando os recursos comuns com uma rapidez impressionante. Nós podemos deixar de adquirir produtos novos, usar menos coisas, consertar as que já temos, trocar e tomar emprestado o que necessitamos — mas sempre lembrando que fazemos isso como uma forma de ativismo, como uma escolha moral, ou como um meio de amplificar as nossas vozes. Nós enquanto cidadãos ou consumidores. Esse não é um problema que pode ser solucionado pelos indivíduos, mas apenas com uma mudança de sistema.

Alguns podem fazer mais do que outros

Políticos

Ser uma autoridade eleita nesta altura da história implica responsabilidades e oportunidades inusitadas, que devem ser usadas com sabedoria — além de audácia e coragem. Seja um exemplo. Mude o discurso. Ouse colocar em risco a sua popularidade — sempre que possível. A democracia está em suas mãos, e você tem a obrigação de garantir que as soluções necessárias sejam viabilizadas pela política atual. Carecemos de novas iniciativas, novas propostas econômicas, novos parâmetros, novas leis, novos planos de proteção para os trabalhadores. Mas, acima de tudo, precisamos despertar as pessoas e informá-las sobre a nossa situação atual — o fato de que estamos diante de uma crise existencial e que o tempo que temos para evitar as piores consequências dessa crise é cada vez menor. Por isso, você que é político deve ter como prioridade esclarecer a emergência que enfrentamos. Há muitas maneiras de fazer isso. Uma delas é se levantar e abandonar o seu lugar à mesa, dizendo: "Está claro que isso não está funcionando e não vou fazer parte disso". /

Produtores de mídia e de TV

Se você é um produtor de mídia interessado em novos programas, formatos ou histórias, então provavelmente já tenha uma vaga ideia de uma série nova e otimista sobre o clima que eduque as pessoas e, ao mesmo tempo, transmita a elas um sentimento de esperança. Antes de colocar isso em prática, pergunte a si mesmo para quem gostaria de criar esse sentimento. Para quem está causando o problema ou para quem já está sendo afetado por ele? Todos esses jovens que aparecem nas pesquisas como "preocupados" ou "muito preocupados" com a crise climática estão bem conscientes da questão. Para eles, não há nada mais deprimente do que as notícias sobre a crise climática serem ignoradas. Eles não precisam de programas estrelando celebridades com padrões de vida poluentes falando sobre o quanto os abacates são ruins para o ambiente. Para eles, não há nada de

esperançoso em dizer que as pessoas podem reduzir o seu impacto de carbono deixando de comer carne uma vez por semana. Na verdade, os seus fracassos presentes e passados são muitas vezes um dos motivos pelos quais eles se sentem desesperançados. Assim, a menos que você tenha se tornado o que é agora com o objetivo de apoiar de forma silenciosa a destruição da vida no planeta, sugiro que comece a fazer de fato o seu trabalho. /

Jornalistas

A responsabilidade de contar histórias, escrever artigos sobre a crise e apontar os responsáveis é, em última análise, dos meios de comunicação. Se os seus editores não estão levando a sério essas questões, então o seu dever enquanto repórter é fazer com que mudem de ideia. Não é muito difícil compreender isso — é algo que até seus filhos são capazes de entender. Já passou o tempo em que você, como jornalista, podia jogar a culpa disso em sua ignorância ou no fato de que não sabia. Sem os meios de comunicação, simplesmente não temos como alcançar os nossos objetivos climáticos globais. /

Celebridades e influenciadores

Se você é celebridade, influencer ou apenas alguém com muitos amigos e seguidores nas redes sociais, então tenho boas notícias. Você tem uma oportunidade única de desencadear mudanças importantes numa época crucial da história. Nós, os humanos, somos animais sociais, que imitam o comportamento uns dos outros e seguem os seus líderes. E vocês são alguns desses líderes. As pessoas querem ser como vocês. Quando você tomou a vacina contra a covid, provavelmente postou algo sobre isso em suas redes sociais. Talvez tenha até participado de uma campanha de vacinação oficial. Foi o que aconteceu comigo. E por que a gente faz esse tipo de coisa? Porque sabemos que funciona, que tem um efeito positivo sobre a maioria da população. O mesmo ocorre na questão do clima: faz diferença o que dizemos, mas faz ainda mais diferença o que fazemos. Se você posta uma foto vestindo roupas caras num resort luxuoso no outro lado do mundo, muitos dos seus seguidores vão querer fazer a mesma coisa. É assim que a nossa espécie funciona. Mas se você, por outro lado, decidir experimentar um modo de vida mais adequado aos limites do planeta e se torna um ativista, então essas escolhas vão ter um enorme impacto nos seus seguidores. E talvez até nos levem a superar alguns pontos de inflexão sociais.

Falar sobre a crise climática e continuar vivendo como se não houvesse amanhã é provavelmente mais prejudicial do que benéfico, pois passa uma mensagem clara de que é possível ter um modo de vida excessivo e, ao mesmo tempo, apresentar-se como alguém preocupado com a destruição do planeta. Acabou a época de "pequenos passos na direção certa". Estamos no meio de uma crise e, por isso, temos de nos adaptar e mudar o nosso comportamento. Todos nós temos a responsabilidade de resolver essa situação. Mas não a mesma. Quanto maior a sua influência, maior a sua responsabilidade; quanto maior o seu impacto ambiental, maior o seu dever moral. Por isso, não se trata do que você escreve nas redes sociais. Tampouco do dinheiro que doa para organizações beneficentes ou programas de compensação de carbono. Essa não é uma crise que podemos pagar para ser solucionada. O importante é o que fazemos.

As pessoas mais afetadas nas áreas mais vulneráveis

As vozes mais influentes neste mundo são as daqueles que o estão destruindo: nações ricas, líderes globais, corporações, companhias petrolíferas, fabricantes de automóveis, celebridades com estilos de vida que implicam emissões altas, e bilionários com um impacto individual de carbono tão grande quanto o de vilarejos ou cidadezinhas em outras regiões do mundo. Essas vozes são as mais ouvidas no mundo, são as de quem se espera que resolvam os nossos problemas. Não as vozes dos povos indígenas que cuidam da natureza que foi poupada até agora das investidas da modernidade. Não as dos cientistas. Não as daqueles que já sofrem com a destruição. Não as das crianças que um dia vão ter de resolver a confusão armada por todas essas vozes poderosas — se ainda for possível fazer. Na verdade, devia acontecer o oposto disso.

Costumamos dizer que é preciso ter esperança para sobreviver — e, no entanto, estamos concentrados em transmitir esse sentimento apenas para quem contribui para o problema, e não para quem sofre com as suas consequências.

"Ainda podemos sair dessa", dizem as vozes poderosas do Norte global em meio a esforços tremendos para manter um sistema que se revelou inadequado, inapto e condenado de tal modo que mal podemos imaginar. "Estamos comprometidos com a neutralidade climática em 2050", dizem eles, em conversas para boi dormir. Se fossem sinceros sobre a nossa necessidade de esperança, então reduziriam de imediato as suas emissões em benefício dos bilhões de pessoas que já estão sofrendo e dos seus próprios filhos. Mas eles não estão sendo honestos. Em vez disso, usam a esperança como uma arma poderosa para retardar todas as mudanças necessárias e seguir fazendo tudo como sempre fizeram.

A justiça climática não tem nada a ver com o Norte global salvar o mundo, numa espécie de redenção branca. Essa ideia pertence à mesma mentalidade colonialista que nos meteu nessa confusão — a ideia de que algumas pessoas valem mais do que outras e, por isso, têm o direito de determinar a ordem mundial. A justiça climática tem a ver com o Norte global reconhecer os seus malefícios passados e presentes, e com o início de um processo de reparação por meio de pagamentos por perdas e danos. Porque essa história continua muito viva hoje. Basta ver, em âmbito global, a desigualdade econômica, a desigualdade na distribuição de vacinas, a poluição ou o ritmo com que alguns de nós estão esgotando os recursos naturais remanescentes — como a diminuição acelerada dos nossos orçamentos de carbono.

A crise climática é o maior desafio já enfrentado pela humanidade. Mas é também uma oportunidade única para corrigir alguns dos nossos erros passados. Não podemos resolver essa crise com os mesmos métodos e com a mesma mentalidade que nos trouxeram até aqui. A verdade está do lado daqueles que estão sendo mais prejudicados pela crise. A moralidade está do lado deles. A justiça está com eles. Por isso, conclamo todos a erguerem as suas vozes e a exigir aquilo a que têm direito.

Índice remissivo

Referências de páginas em azul indicam imagens

A

abelhas 108, 110-1, 339
ação individual 5, 278, 283-4, 324-43, 426, 433-4; ativismo *ver* ativismo; boicotes 327; ceticismo e 434; comprar/usar menos 434; democracia, defesa da 433; dieta e 340-4, 433-4; figuras públicas conhecidas ou influentes adotando ações pessoais 329; guerras culturais, evitar 433; manter-se informado 324-7, 433; modos de vida, 1,5°C 331-6; mudança sistêmica e 327; pessoas mais afetadas em áreas mais vulneráveis e 433; responsabilidade pessoal pelas mudanças climáticas (papel do setor de combustíveis fósseis na promoção dessa ideia) 29, 326-7, 330; superando a apatia 337-9
aço 213, 214-5, 256-61, 259
Acordo de Copenhague (2009) 28
Acordo de Glasgow (2021) 93
Acordo de Paris (2015) 21, 28, 29, 51, 79, 85, 92-3, 101, 122, 125, 135, 141, 142, 154, 159, 171, 210-1, 271, 273n, 278, 290, 301, 304, 305, 308, 311, 350, 355, 381-2
acordos comerciais 394-5
aerossóis, emissões de 55, 57-61, 99, 119, 121, 233, 303-4
África: acesso a formas modernas de energia na 222; agricultura na 245, 400, 402-4; colonização da 388, 398; conflitos climáticos na 189, 190; covid-19 e 378; crise hídrica na 88-9; doenças transmitidas por vetores na 143, 146; emissões de CO_2 per capita 3; emissões de CO_2 segundo parâmetros contábeis baseados em território e consumo 258; emissões de gases do efeito estufa pelo setor de transportes 266-7; emissões passadas de CO_2 383; enxames de gafanhotos 378; equidade na 398; escravidão e 162; evolução do *Homo sapiens* e 9, 11; geração de resíduos na 291-2, 293, 425; mudanças de dieta na 249; mulheres e mudanças climáticas na 402-4; poluição por plásticos 296; precipitações 171-2; projetos de renaturalização na 350; refugiados climáticos 167; região do Sahel 167, 171-2; subnutrição na 246; subsaariana 88-9, 145, 162, 167, 171-2, 245, 273, 291-2, 293, 383, 403; vulnerabilidade às mudanças climáticas 402
África Ocidental, Mudança nas Monções da 38
afroamericanos 163-4, 412
Agência de Proteção Ambiental, Estados Unidos 163, 211-2
Agência Internacional de Energia (IEA, International Energy Agency) 228, 261, 272, 298, 306; cenário de neutralidade de carbono para captura e armazenamento de carbono (CCS, *carbon capture and storage*) 261, 263, 264; estimativas dos pacotes de recuperação da covid-19 217; relatório "Energy Technology Perspectives" (2020) 261; *World Energy Outlook* 260
agregados de solo 116, 187, 224
agricultura: surgimento da 10, 14, 18, 107; África e 245, 400, 402-4; agrossilvicultura 112, 254, 418; agrotóxicos 108, 111 *ver também* nomes de *agrotóxicos específicos*; biodinâmica 112; conflitos climáticos e 171-2; contratos 255; cultivo industrial 282; desmatamento e 99, 107; dietas e 248-55; emissões de CO_2 da 172; escoamento superficial 88, 292, 340; eutrofização de agroecossistemas 246; expansão de pastagens 99; fazendas mecanizadas 254; fertilizantes *ver* fertilizantes; intensificação sustentável 253-4; intensificação/aumento da produtividade agrícola 24, 99, 107-8, 230, 244-7, 252-5; oceano, regenerativa 346; orgânica 112, 424; permacultura 112; pesticidas *ver* pesticidas; plantio direto 236, 432; poluição de aquíferos 246; projeto piloto da WFP (fazendas comunitárias em El Salvador) 168; resíduos 99, 140; revolução verde 245-7; safras *ver* safras; seca e 166; sistemas de baixo insumo, baixa produtividade, baixo impacto 254; solos e 236; subsídios 93, 255; uso da água e 88-9; uso da terra 10, 99, 103, 109, 244-7, 252-3; volume de produtos agrícolas (comércio internacional) 245
água: ápice 89; conflitos por causa de 88-9; energia hidrelétrica 228; escassez 3, 52, 73, 134, 167, 170-2, 186-7, 248, 407-8; produção de alimentos e 248-9, 249, 252, 342, 343; qualidade 10, 96, 148, 155, 246, 340-1, 392; uso 13, 32, 35, 88-9, 247; vapor 24, 67, 75
Alemanha 5, 27, 62, 110, 145-6, 150, 155, 228, 258, 272-3, 297, 330, 362
algas 7, 15, 85, 233, 246, 340, 345-6
alimentos 3, 9-10, 52; baseados em plantas 135, 236, 244, 247-9, 251, 327, 339, 335, 338, 342, 433; cadeia alimentar 85; cultivados no local 335; dietas, mudança de 11, 150, 239, 244-55, 246, 249-51, 340-3, 343; impacto ambiental de diferentes tipos de 248-50, 249-51; insegurança alimentar 166, 252, 340, 426; redes 106, 108, 345; resíduos 244, 247, 252, 255, 290-94; safras *ver* safras; sistemas, projetos de novos 112, 135-6, 252-5, 335, 342; uso da terra *ver* uso do solo; veganos 281, 328-9, 339, 360, 434; vegetarianos 324, 329, 435
Amazônia (floresta úmida amazônica) 14, 38, 39, 82, 91, 93, 96-7, 99-101, 176
América do Sul 12, 39, 96, 103, 107, 137, 143, 145
American Clean Energy and Security Act (Lei americana de segurança e energia limpa, 2009) 30
aminas 238
amnésia geracional 18
amônia 55, 273
Amsterdam 333-4
Andhra Pradesh, Índia 151, 152-3
andorinha-de-pescoço-vermelho 115
Anishinaabe, povo indígena 415
Antártica 33, 38, 39, 72, 76-7, 80, 82, 85, 91, 114, 124
Antártica Ocidental, manto de gelo da 38, 39
antibióticos, resistência a 147-8
Antropoceno 32-3, 37, 76, 310, 380
apatia climática, superando a 337-9
aquecimento global: aumento de temperaturas *ver* temperaturas; embasamento físico 23-5; emissões de aerossóis e 55, 57-61, 99, 119, 121, 233, 303-4; fatores de, desde 1850 55; gases do efeito estufa que contribuem para 53-4; setor de combustíveis fósseis, conhecimento do 27, 29-31, 204-5, 221-2, 370, 372-3; termo 50
aquíferos 89, 337-9; poluição de 246
Arábia Saudita 221, 222, 258
ararinha-azul 14
áreas inabitáveis 166-7, 170, 192
áreas marinhas protegidas 347
Areias Betuminosas do Athabasca, Canadá 164, 221
"armazém para cuia", transformação da visão de mundo 419
Arrhenius, Svante 23
arroz 149-50, 166, 247, 250, 252, 254, 397
Ártico: corrente de jato e 62-6, 63, 64; depósitos de permafrost 91, 118-21, 120; derretimento do gelo marinho 24, 33, 38, 39, 51, 62-6, 63-4, 76, 91, 93, 114-5, 124, 173-5, 233; incêndios 98; liberação de metano e 118-21, 120, 239; oceano 62, 86, 91, 118, 124; povos indígenas no 173-5, 418
árvores: anéis de 75; linhas das árvores (zona alpina) 115; plantação 236, 303, 346, 403-4, 414. *Ver também* florestas
Ásia: covid-19 e 380-1; emissões de CO_2 per capita (2019) 408; emissões de gases do efeito estufa pelo setor de transportes 266, 266-7, 273, 275, 276-7; eventos meteorológicos 65; geração de resíduos 291-3, 425; mortes associadas ao calor em 137; mudanças de dietas na 249; poluição por plásticos 296-7; refugiados climáticos na 167; renaturalização na 350; riqueza e emissões de gases do efeito estufa na 406; sistemas alimentares 253-4; subnutrição na 246; suprimento de água 73
aterros sanitários 87, 140, 281-2, 291, 294, 296-7, 333, 425
atividades de cuidados 392, 394
ativismo 30, 177, 178-9, 181, 222, 241, 255, 297, 327, 330, 338, 357, 366, 371, 396, 399, 401, 412-3, 433. *Ver também* nomes de *movimentos e organizações específicos*
Atlântico, oceano 38, 39, 75, 121, 164, 170, 192, 293-4, 325, 349; atlantificação 121; circulação meridional de capotamento do Atlântico (AMOC, na sigla em inglês) 39, 81-3, 82, 344; circulação termoalina 39; atribuição, ciência da 67-9, 75, 97; de eventos extremos 67-8
Attenborough, sir David 370
Austrália 4, 9, 11-5, 16-17, 27, 51, 74-5, 97-8, 109, 155, 209, 221, 250, 254, 258
aveia 342, 343
aves: biomassa e 244; canoras 415-7; extinção 12-3, 107, 150, 360, 415-7; migratórias 113-5; perda de hábitats 102, 250
aviação: como fator de aquecimento global 55; compensação de carbono na 209; eletrificação da 271, 273; emissões de gases estufa do setor em 1970, 1990 e 2010 266, 266, 269-70; equidade e emissões de CO_2 da 275; estatísticas de emissão de CO_2 e 4, 156, 212, 269-70, 306, 389, 429-30,

434; *flygskam* (vergonha de voar) 329; impostos de carbono e 407; jatos particulares 280, 312, 333; passageiros frequentes 207, 270, 325, 333; redução/abstenção de voar 325, 328-9, 434

B

B, vitaminas 150-1
Badain Jaran, deserto, China 241, 243-3
Banco Mundial 167, 306, 376; Grounswell Report Part II 187
Bangladesh 69, 159-60, 282, 371, 413-14
barreiras oceânicas 169, 183
Batagaika, cratera, Sibéria 93, 94-5
baterias 26, 56, 220, 222, 226, 228, 268, 272-3
BBC 370
BECCS (*bioenergy with carbon capture and storage* — bioenergia com captura e armazenamento de carbono) 212, 216, 237-8, 303
Bergmann, regra de 114
Bernays, Edward: *Propaganda* 332-3
besouros 104
bicicletas elétricas 209
biocombustíveis 140, 211, 226-7, 237, 268, 271, 431-2
biodiversidade: ameaças graves ao redor do mundo 108; BECCS e 212; comunidades indígenas e 172, 177, 417-9; elevação do nível dos mares e 170; energia de biomassa e 229; energia solar e 228; floresta amazônica e 101; florestas e 101-9, 103-5, 108, 231-2; incêndios florestais e 96; insetos 111-2; Metas de Biodiversidade de Aichi (2010) 90, 93; núcleos de ("hotspots") 14, 96, 111, 418; Objetivos de Desenvolvimento Sustentável e 90; oceanos 85, 34-7; PIB e 307; plantação de árvores e 430; sistemas alimentares e 246-9, 252-5, 342; solo e 116; terrestre 32, 34, 106-9, 108; transportes e 265
biogeografia 85
Bipoc (Black, Indigenous and People of Colour — "negros, indígenas e pessoas de cor"), comunidades 163
Bondo, Suíça 91

borboletas 108, 110-1, 113
"brasa ardente", gráfico 39
Brasil 93, 100, 176, 245, 258, 350, 413
Break Free from Plastic (Liberte-se do Plástico) 296
British Petroleum 326
broca de madeira 192
Broecker, Wallace (Wally) 78, 83
Bush, George H. W. 240-1
Bush, George W. 27, 217

C

caça 9-10, 51, 107
caçadores-coletores 21-2
cadeias de suprimentos 149, 193, 224, 248, 251, 254, 256, 260-1, 265, 285, 287, 289, 412, 424-5
cães 9-10
café 248
calcificação 84
calorias 150, 244, 248-51, 254
caminhadas 135, 273
Canadá 4-5, 27, 50, 64, 92, 98, 102-5, 121, 155, 221, 228, 258, 322-3, 325, 375-7, 399, 408-9, 414
capitalismo 13, 30-1, 162, 202, 310, 361-2, 390, 399
Capstick, Stuart 325, 328-30
captura direta no ar 238
caranguejos 350
carbonato de cálcio (calcário) (CaCO₃) 237
carbono *ver* dióxido de carbono (CO₂); monóxido de carbono
carbono negro 53, 55, 99, 119, 121, 190-1
carne 248-51, 288, 312, 338, 341-2, 343
carne, consumo de 107, 112, 236, 248, 249-50, 249, 250, 253-4, 282, 285, 288, 302, 356, 434
carros 58, 208, 220-1, 283, 288, 302, 329, 333-5, 338, 350, 406-7; elétricos 28, 222-3, 226-7, 268, 271-5, 324, 333, 386
Carson, Rachel: *Primavera silenciosa* 111
carvão 7, 14, 23-4, 27-30, 49, 56-8, 92-3, 156, 163-4, 181, 211, 217, 219-24, 227, 260, 297, 306, 358, 393, 411, 426
castores 12, 349, 415
CATO, instituto 30
celebridades e influenciadores 280, 325, 356, 435-6
Centola, Damon 367
Channel 4 370
chapim-real 114-5
Chelyabinsk, região russa 213, 214-15
Chernobyl, desastre de (1986) 229
Chevron 281

chicungunha 143, 145
China 4, 14, 27-8, 42, 58, 62, 89, 93, 96, 155, 167, 213, 217, 241, 242-3, 258-9, 259, 275, 276-7, 282, 297, 304, 309, 315, 317, 318-9, 378-9, 381, 406
chuvas *ver* precipitações
Ciais, Philippe 213
ciclismo 135, 273-4
ciclo do consumo 425-6
ciclo hidrológico 186
ciclones 67, 69, 70-71, 79, 397
ciclos de nutrientes 115, 253
cimento 256-9, 259, 261-2, 264, 324, 341
cinturões verdes 254, 403, 403a
circuitos realimentadores (*feedback loops*) 7, 20, 24, 32-40, 34-5, 78-9, 49, 60-2, 77, 98, 100, 115, 117, 121, 191, 229, 354, 427, 432
Citizens' Climate Lobby 338
classe média global 282-3
Climeworks Orca 216
Clinton, Bill 26
clorofluorcarbonetos 6, 53
cloropreno 163
Coca-Cola 295, 297, 326
coesão social 160, 307
colonialismo 162, 174-5, 311, 313, 316, 364, 387-9, 398-400, 410-1, 417-8, 436
Colúmbia Britânica, Canadá 50, 98, 102, 104-5, 105, 322-3, 325, 408-9
combustíveis fósseis: conflitos armados e 181; crescimento econômico e 306-8; desinvestimento em 431; efeito estufa e 24; emissões de carbono *ver* dióxido de carbono (CO₂), emissões de; energia renovável e *ver* energia renovável; fontes de energia não fósseis 228-9; história do uso 14, 219; negacionismo e desinformação do setor de combustíveis fósseis sobre as conclusões da climatologia 27, 29-31, 204-5, 221-2, 370, 372-3; persistência de 219-23; poluição do ar *ver* poluição do ar; responsabilidade individual pelas mudanças climáticas (papel do setor dos combustíveis fósseis na promoção dessa ideia) 29, 326-7, 330; sistema energético global desde 1850 revelando o predomínio de 225; subsídios 408-9, 426, 431
"combustível-ponte" 30
Comissão Europeia 92
compensação das emissões de carbono 186, 205-6, 209, 212, 236, 258, 269-71, 283, 288, 302-3, 309, 324, 430, 436

compensação voluntária de carbono 269-70
comportamento de limiar 37
compostos orgânicos voláteis 53, 55
compromisso corporativo 30
"compromissos anunciados" 261
Concerned Scientists United 338
condicionamento de ar 52, 138-9, 157, 183
Conferência das Partes 93; COP1 (Berlim, 1995) 302; COP25 (Madri, 2019) 378; COP26 (Glasgow, 2021) 93, 136, 158, 204, 212, 278, 340, 356; COP27 (Egito, 2022) 93, 206
conflitos violentos 88-9
conserto de produtos 287
consumismo 202, 218, 280-9, 299, 331-6, 369, 377, 425-6
consumo desenfreado 19, 42, 241, 264, 341, 365
contabilidade das emissões associadas ao consumo 257-8, 257-8
contágio social/comportamental 329
contribuições determinadas em nível nacional (NDC, *nationally determined contributions*) 93, 308-9
controles fronteiriços 168
Coope, Russell 14
cooptação de pessoas influentes 3, 65
Copenhague, Acordo de (2009) 28
coral, recifes de 7, 15, 33, 35, 51, 80, 84-5, 334-5, 345-6, 350
Coreia do Sul 258, 291
correntes de jato 62-6, 63-4
cotovia-da-ilha-stephen 13
covid-19, pandemia de 31, 132-3, 136, 139, 141, 145, 149, 157, 159, 192, 217, 274, 355, 378-83, 393, 436
crescimento demográfico 13, 19, 107, 247, 250, 271, 291, 326
criosfera 37, 73, 114
culpa 42, 338, 354, 356-8

D

Dakota Access Pipeline 164
Dálvvadis 173-4
Darity, William 412
Darwin, Charles 12
DDT 111
Deepwater Horizon, vazamento de petróleo (2010) 198-9, 201
defesa psicológica, tipos de 337-8
democracia 5, 42, 161, 164, 180-1, 213, 279, 325-6, 355-6, 358, 371, 391-4, 412-3, 424
dengue 133, 143-6

desastres naturais 48, 187, 193, 357
descarbonização 205, 258, 261, 264, 271, 275, 311, 315, 317, 381-2, 405-9
descompasso na percepção 313-7
Desenvolvimento Sustentável, Metas de (ONU, 2015) 90, 135
desigualdade 42; classe média, ascensão global e 282; crescimento econômico e 133; direitos de carbono individuais e 407-8; doenças transmitidas por vetores e 143; fascismo e 181; geopolítica e 316; impostos e *ver* impostos; mudanças climáticas associadas à 42, 132, 138, 182-5, 184, 316, 358, 389, 398; Norte global e Sul global *ver* Norte global e Sul global; populações urbanas e 138-9; redistribuição e 405-9, 406; reparações climáticas e 410-4, 429; transição justa e 377, 390-1, 395-6; veículos elétricos e 272; World Inequality Database 406; World Inequality Report (2022) 407
desinformação, campanhas de 27, 29-31
desinvestimento 30, 222, 412, 431
deslizamentos de terra 91, 291
dietas: baseada em plantas 135, 236, 244, 247-9, 251, 327, 329, 335, 338, 342, 433; carne 107, 112, 236, 248-50, 249-50, 253-4, 282, 285, 288, 302, 356, 434; mudança de 11, 150, 239, 244-55, 249, 250-1, 340-3, 342; vegana 281, 328-9, 339, 360, 434; vegetariana 324, 329, 435
dióxido de carbono (CO₂), emissões de: ápice de emissões 25-6; BECCS 212, 216, 237-8, 303; captura e armazenamento de carbono 212, 216-7, 226, 228, 236-8, 264, 303, 370; ciclo do carbono 6-8, 85, 96, 98, 116-8, 252; compensação de carbono 186, 205-6, 209, 212, 236, 258, 269-71, 283, 288, 302-3, 309, 324, 430, 436; complexo dos combustíveis fósseis 29; compromissos vinculativos 27, 41, 90-1, 93, 303, 398, 430, 433; comprovação das mudanças climáticas e 23-8; concentração na atmosfera (1850-2020) 55, 152; concentração na atmosfera (1950-2010) 54; cotas de carbono 408;

créditos de carbono 309; direitos individuais de carbono 407-8; emissões cumulativas per capita (1850-2020) 155; emissões desde a criação do Painel Intergovernamental sobre Mudanças Climáticas (IPCC, na sigla em inglês) 20; emissões dos países do G20 segundo práticas contábeis baseadas em territórios e no consumo 258; emissões históricas 21, 163-4, 206, 207, 257, 304, 308-9, 358, 383, 389, 398; emissões negativas 204, 206, 237, 303, 383, 430; emissões per capita 4-5, 155, 249, 274, 282, 315, 406-7, 408; esquemas de negociação de emissões 30, 204-5, 227, 309; excedente 235; extinção em massa do final do Permiano 7; impactos de carbono , 29, 206, 240, 250, 252-3, 257, 285, 289, 311, 314, 325-6, 334, 373-4, 406, 406, 435; impostos sobre o carbono 27, 407-9; longa história do 6-8; meta de uma tonelada per capita por ano 4-5; neutralidade de carbono 21, 54, 58, 204, 211-3, 239, 252, 261, 263, 264, 303, 309, 400, 407; nível seguro de estabilidade do clima e 241; orçamentos 3, 20, 121, 154-5, 202, 206, 207, 209-11, 226, 241, 269-70, 274, 281, 304, 308-9, 405, 429-31, 433-4, 436; precificação 227; queima de madeira como combustível e 4, 92, 100, 102, 121, 156, 216, 224-6, 229; sequestro de carbono 231-2, 308, 346, 418; sistema terrestre, importância para cada componente do 8; sumidouros de carbono 53, 56, 79, 96, 101, 104-5, 114, 116, 172, 212, 230, 232, 252, 309, 327-8, 325, 430; técnicas contábeis 92, 156, 201, 240, 256-8, 259, 269, 302, 414, 421; tecnologias de remoção de 235-9; tendências de concentração na atmosfera (1960-2020) 28
dissonância cognitiva 338
distinções nítidas 2, 20
ditaduras 42, 180, 362, 364, 366, 400
dodô (ave das ilhas Maurício) 9, 12
doença de Chagas 143
doenças infecciosas: barreira verde contra a difusão de 101; covid-19 ver covid-19; Grande Mortandade e 387; reduções de nutrientes e 149-50; zoonoses 133
doenças transmitidas por vetores 134, 143-6, 183
domo de calor (sistema de alta pressão) 51, 370, 379; do Pacífico 379
Dorian, supertempestade (2019) 170
Durán, Alejandro 299, 300

E

ecocídio 431
economia 8, 29; capitalismo 13, 30-1, 162, 202, 310, 361-2, 390, 399; crescimento 133, 148, 156, 183, 209, 240, 280, 310-2, 390; crise financeira associada ao clima 192-3; crise financeira global (2008) 362; custo socioeconômico das mudanças climáticas 191-3; decrescimento 310-2; desigualdade de riqueza ver riqueza; desinvestimento 30, 222, 412, 431; economia de mercado 30-1, 200, 202, 255, 258, 284, 309, 324, 366, 412; economia extrativa 163, 391; equidade e 308-9; financialização da natureza 204; instituições econômicas, criação de novas 376; mudanças climáticas como fracasso do mercado 30-1; pacotes de resgate financeiro na pandemia de covid-19 217; PIB e ver PIB; políticas de laissez-faire 30; renda ver renda; tendências socioeconômicas desde 1750 29
efeito estufa 23-5, 60
eficiência, ganhos de 251, 258-9, 261, 264, 272, 288, 306, 311, 392
Ehrlich, Paul 112
El Niño 64, 64, 100, 189, 197; ENOS (El Niño/Oscilação Sul) 28
El Salvador 165-6, 168
elefantes 349-50, 400
eletrificação 209, 271, 273n; geração de eletricidade 30, 56, 88, 217, 227-8, 257, 259, 261, 266, 268, 281, 309, 388, 434; processos industriais 260-1; veículos elétricos 28, 209, 221-3, 226-7, 268, 271-5, 283, 324, 326
embalagens de uso único 293, 295-6, 299
emissões biogênicas 4, 156, 213, 389, 429-30
empregos: exploração de mão de obra 362; princípio "nenhum trabalhador esquecido" 393-4; readaptação 376, 393; transição justa e 377, 391-3; verdes 42, 312, 338, 346, 351, 392-3
energia eólica 28, 174, 220, 222, 224-8, 229, 268, 270, 280, 297, 343-6, 376, 388, 431; no mar 220, 228, 343-6; usinas eólicas 220, 228, 343-6
energia geotermal 225, 229
energia hídrica 228
energia nuclear 224, 225, 228-9, 268, 326
energia renovável: ascensão da 224-7, 229; como fonte energética mais barata 220; emissões do setor de transporte marítimo e 270; empregos e 312, 392; estruturas de propriedade descentralizadas e diversificadas 222, 391; necessidades energéticas dos mais pobres e 309, 393, 431; PIB e 311; queima de biomassa 91-2, 211, 229; setor dos combustíveis fósseis e 221, 223; transportes e 271. Ver também fontes de energia específicas
energia solar 28, 56, 60, 164, 220, 222, 224-8, 229, 280, 329, 335, 346, 376, 431
equidade 154; abordagem contábil das emissões associadas ao consumo e 257; Acordo de Paris e 308-9; assunto tabu 208-9; carros/mobilidade pessoal e 274-5; colonialismo e 315; contribuições determinadas em nível nacional (NDC, nationally determined contributions) e 308-9; desejo de ignorar as questões de 218; geoengenharia e 233-4; impostos e 409; intergeracional 172; meta de neutralidade de carbono em 2050 e 21, 304; movimento de greve das escolas e 355; níveis de consumo material e 269; povos indígenas e 177; riqueza e ver riqueza; significado da 396-401; sistema hídrico e 89. Ver também desigualdade
equilíbrio líquido de carbono nos ecossistemas 105, 105
equinodermos 84-5
Equinor 262
eras glaciais 10, 14-5, 18, 33, 72, 74, 80-1, 84, 118-9
erosão 7, 92, 119, 169
escravidão 19, 162-3, 345, 365, 394, 398, 410-2
Espanha 21, 424
espécies-chave 349
esperança, necessidade de 421-2
Estados Unidos da América: Acordo de Paris e 28, 141; afroamericanos 163-4, 412; American Clean Energy and Security Act (2009) 30; comunidades negras, indígenas e de pessoas de cor (Bipoc, Black, Indigenous and People of Colour) 163; Congresso 26-7, 306; consumismo 281-2, 284, 287; contabilidade de emissões de CO_2 territoriais e associadas ao consumo 258; Convenção-Quadro das Nações Unidas a Mudança no Clima e; crimes violentos 190; desmatamento 14; dietas 250, 342; disparidades na emissão de CO_2 406-7; emissões cumulativas de CO_2 per capita (1850-2020) 155; emissões de aerossóis 58; emissões de CO_2 per capita 4; emissões históricas de CO_2 163-4; florestas temperadas 103-5, 105; furacões ver furacões; imigração sueca nos 387-8; impacto de carbono do setor de saúde 334; incêndios florestais 98, 130-1, 133, 378; meta da neutralidade de carbono em 2050 21; migração e 167-8; onda de frio nos estados do Sul e do Meio-Oeste (2021) 25, 62, 65; ondas de calor 25, 50, 65; pacote de estímulos na pandemia de covid-19 381-3; PIB per capita (2019) 164; plásticos 295-6, 298; produção petrolífera 93, 217; Protocolo de Kyoto e 27; queda das emissões de CO_2 nos 224; reciclagem 295-6; renda básica universal e 412; secas 62; Senado 25, 382; Sul global e 163-4; uso de carros nos 220-1; uso de pesticidas 111; uso de veículos elétricos 272; zonas de sacrifício 163, 416
estranhamento global 50-52
estrume 140-1, 248, 252-3

Europa ver União Europeia
eutrofização 246, 249, 249-50, 341
evapotranspiração 99, 101
Ever Given (navio) 424-5
excepcionalismo humano 416-7
expectativa de vida 292, 386-7
extinção em massa do final do Permiano 7
extinções: agricultura e 107-8, 246-7; aves 360; dieta e 341; em massa no final do Permiano 7; evolução do Homo sapiens e extinção da megafauna 9-15; extinções em massa associadas a perturbações do ciclo global do carbono 7-8; Grande Aceleração e 14; insetos 112; mudanças climáticas antropogênicas e 51, 85, 90, 150; renaturalização e ver renaturalização; Sexta Extinção 15; terras indígenas e 415; vida marinha 344-5
ExxonMobil 20, 29-30, 221, 281, 298

F

Facebook 286, 388
falsas equivalências 91, 432
fascismo 157, 181, 356
febre amarela 143
felosa-musical 113
fenologia 113-5
ferro (na dieta) 149-51
ferro/minério de ferro, produção 256, 261, 388
fertilizantes 13, 32, 35, 111, 245-6, 251-4, 340-2, 343, 346, 414
Figueres, Christiana 381
figuras públicas conhecidas ou influentes adotando ações pessoais 329
Filipinas 296, 401
fitoplâncton 84, 87, 237, 345
floresta boreal 38, 91, 93, 102-4, 103-5, 109, 115, 121, 230-1, 245
floresta maia 417
floresta úmida 14, 33, 38, 39, 93, 97, 99-103, 107, 111, 418; amazônica 14, 38, 39, 57, 91, 93, 96-7, 99-101, 176
florestas 3, 6, 14, 24; absorção de carbono 24, 33, 96, 99-100, 102-5, 104, 212, 230-32; agrossilvicultura 112, 254, 418; "barreira verde" contra doenças infecciosas 101; boreais 38, 91, 93, 102-4, 103-5, 109, 115, 121, 230-1, 245; compensação de carbono para 309; COP26 e 93; desmatamento 3, 24, 33, 34, 49, 90-1, 93, 96, 99-101,

206, 207, 229-31, 236, 247-8, 365, 429, 430; distribuição global por zonas climáticas 103; energia de biomassa *ver* energia de biomassa; estratégias de mitigação climática em florestas temperadas (região noroeste dos Estados Unidos) 105; expansão de área de cultivo e 14, 236, 244-6, 246; extração de madeira e 100, 102, 325, 356; floresta amazônica *ver* floresta amazônica; floresta de bétulas (deslocamento para o norte) 115; florestamento 105, 236, 241, 242-3, 302-3, 346, 403-4, 414, 430; florestas manejadas na Colúmbia Britânica deixam de absorver e passam a emitir carbono (2002) 104; incêndios 38, 50, 96-7, 99, 314, 356-7; luta pelas 176-7, 178-9; manguezais 151, 152-3; mitigação climática, papel na 230-32; monocultura industrial 230, 232, 430; pontos de inflexão e 33, 34, 101, 104-5; prazo de paridade 231; primárias 92, 302, 322-3, 325, 350, 388; seca e 39, 98; subtropicais 103; sustentáveis 105; temperadas 102-5; tropicais 34, 102-3. *Ver também nomes de florestas e áreas específicas*
flygskam (vergonha de voar) 325-6, 329
folkbildning (educação pública ampla, livre e voluntária) 325-6
fome 86, 156, 166, 173, 191, 415
foraminíferos 84
força evolutiva, humanos como uma 9-15
Forum Econômico Mundial, Davos 378
fotossíntese 6, 84, 99, 116, 237, 346
fracasso, reconhecimento do 429
França 145-6, 282, 334, 407-8; parâmetros contábeis das emissões de CO2 relativas ao território e ao consumo na 258
Francisco, papa 31
Fridays for Future 157, 317, 326, 338, 354, 383, 384-5
frutos do mar 345
Fukushima, desastre de (2011) 229
fuligem 119, 290
Fundo de Defesa Ambiental, Estados Unidos 25
Fundo Monetário Internacional (FMI) 217, 383
furacões 7, 26, 62, 160, 163, 170, 219, 356, 379; furacão Harvey (2017) 68, 193, 194-5; furacão Ida (2021) 159, 379; furacão Irma (2017) 170; furacão Katrina (2005) 159; furacão Sandy (2021) 68, 191

G

G20 258, 339
gado 24, 108, 140-1, 171, 236, 245, 248, 252-4, 341, 369
gafanhotos 149, 156, 378
gás natural 7, 24, 30, 88, 225, 302, 377
gases do efeito estufa: termo 24; 53-6, 55; tipos. *Ver também nomes dos gases específicos*
Gasodutos da Costa Atlântica, Estados Unidos 164
Gazprom 281
gelo/geleiras, derretimento de 3; Antártica 33, 38-9, 72, 76-7, 80, 82, 85, 91, 114, 124; Ártico 24, 33, 38, 39, 51, 62-6, 63-4, 76-7, 91, 93, 114-5, 124, 173-5, 233; elevação do nível dos mares e 36, 72-3, 80-81, 83, 124-5; manto de gelo da Antártica Ocidental 36, 39; manto de gelo da Groenlândia 38, 39, 46-7, 49, 72-3, 76-7, 80, 82, 91, 120, 204; plataforma de gelo Ronne 77
gelo-albedo, feedback 37, 62, 121
genocídio 19, 42, 387, 389, 394, 417
geoengenharia 233-4
geoengenharia solar 233-4
geopolítica 167, 181, 229, 315-17, 400
Gerhardt, Sue: *The Selfish Society* 335
Glasgow, Acordo de (2021) 93
Global Climate Coalition 30
Golfo do México 198-9, 201, 340
Grande Aceleração 13-14, 18, 30, 32, 34-5
Grande Barreira de Corais 14-5, 16-7
Grande Mortandade 387
Green Belt, movimento 403-4, 403*n*
Greenpeace 297-9
greenwashing 2, 218, 357, 359
greve nas escolas, movimento de 157, 326, 338, 355
Groenlândia, manto de gelo da 38, 39, 72-3, 77, 120
Guardian, The (jornal) 90, 371
Guatemala 166
guerras culturais 326, 433
Guevara, Carlos 165-8
Guterres, António 303, 427-8

H

hábitat, perda de 10, 85, 96, 98, 101-4, 109, 111-12, 170
hambúrgueres 341
Hanói 413
Hansen, James 25, 306, 382
Harambee, movimento 413
Hardy Reef Lagoon, Queensland 15, 16-7
Harvard, Universidade 30
Haudenosaunee, povo indígena 415
hidratos 118-9, 121
hidrocarbonetos halogenados 53, 55
hidrogênio 7, 34, 226, 228-9, 261, 268, 271, 288
Himalaia, geleiras ("Terceiro Polo") 73, 119
Himba 399
Hinkley Point 229
Holoceno 18, 33, 73
homicídio, taxas de 188
Homo sapiens: ímpeto evolucionário do 9-15; surgimento do 11, 18, 22, 43
Howe, C. D. 375
Hypotaenidia dieffenbachii, galinha-d'água 13

I

identidade (como fator de defesa psicológica) 337-8
Ilhas Virgens Britânicas 170
imidacloprida 111
impacto ambiental relativo médio 249-50, 249-50
impacto de materiais, nível nacional de 311
incêndios florestais 50-1, 62, 96-8, 102-5, 104, 130-1, 133, 193, 218, 314, 378-9, 415, 432
incêndios zumbis 379
Índia 28, 69, 88-9, 151, 152-3, 155, 183, 183, 258, 259, 296-7, 308, 315, 397, 413
indígenas, povos: agricultura e conhecimentos tradicionais 172, 420; Bipoc (Black, Indigenous and People of Colour — "negros, indígenas e pessoas de cor"), comunidades 163, 392; colonialismo e 162, 387-8, 399-400, 411; como guardiões da terra 49; comunidades na linha de frente 392; COP26 e 204; estratégias de "desinvestimento/investimento" 412; filosofia ambiental 420; floresta amazônica e 176-7; geoengenharia e 234; lideranças na justiça climática amplificando as vozes entre 418-9; Lumad 401; manejo da terra por 107; núcleos de biodiversidade e 417-18; pastores do Tchade defendem práticas agroecológicas ancestrais 177, 178-9; regeneração da natureza e 351; Sámi 115, 173-5, 388; secas e 399
Indonésia 14, 258, 282, 296, 313-7, 383, 384-5, 408-9
indústria: descompasso com a consciência pública 260; eletrificação de processos industriais 260-1; inércia da indústria para se descarbonizar 258; mapeamento das emissões na 256-9, 257-9; produtos químicos industriais 53, 121, 237
inércia 79, 220-1, 258
influência interpessoal 328-9
informação, consumo de 286
Informed Citizens for the Environment 30
insetos 104, 108, 110-5, 144, 150, 172, 360, 378
Institute for Economic Affairs (IEA) 30
Institute for Economics and Peace (IEP) 187
instituto de pesquisa 27, 30, 316
Instituto Meteorológico Dinamarquês 49
insumos, estratégia para uso mais eficiente de 259, 264
intemperismo aprimorado 237
interesses estabelecidos 221, 234, 367
International Civil Aviation Organization (ICAO) 269
International Maritime Organization (IMO) 269
International Union for the Conservation of Nature (IUCN) 90
inundações 50, 62, 65, 68, 75-6, 79-80, 88, 109, 122, 124, 159, 163, 170, 191, 193, 194-5, 291, 379
Irma, furacão (2017) 170
irrigação 10, 55, 73, 168, 171, 183, 245-6, 255, 341-2, 343, 402
Islândia, usina de remoção de carbono na 216-8

J

Japão 62, 65, 86, 90, 258, 269-70, 297, 304

Jokkmokk 173-4
Jones, Bryan 167
jornalismo 155, 435
justiça 207, 309
justiça climática 154; ação coletiva e 364-8; Acordo de Paris (2015) e 308-9; equidade e 396-7, 399-401; Fridays for Future e 354-5; meios de comunicação e 357-8; meta de neutralidade de carbono até 2050 304; opinião pública e 187; povos indígenas e *ver* indígenas, povos; reparações climáticas e 410-14; transição justa e 187, 377, 390-95, 401

K

Kavango, bacia do 399-400
Keep America Beautiful, grupo lobista 295
Keynes, John Maynard 382
Klemetsrud, usina de CCS de resíduos, Noruega 262
Koch, irmãos 221
Kolkata, Índia 413
Kolyuchin, Chukotka, região autônoma, Federação Russa 125, 126-7
Kyoto, Protocolo de (1997) 27-8, 92, 156, 269

L

La Niña 64, 166
Lakota, povo indígena 387
leishmaniose 143
lenha como combustível 100, 102, 121, 156, 216, 224-6, 229, 233
Lindqvist, Sven: *Exterminate all the Brutes* 388
linha de frente, comunidades 357, 377, 384-5, 392, 426, 433
linha de frente, princípio básico 384-5, 392, 433
lobby/lobistas 30, 218, 222, 227, 295-6, 338, 370
lobos 9, 103, 174, 349-50
Lumad 401

M

Maathai, Wangari 402-4
madeira, extração de 100, 102, 325, 356
Magnitogorsk, Rússia 213, 214-5
maia, floresta 417
Malásia 297, 425

Mali 172
Manabe, Syukuro 23, 23n, 25, 306, 382
Manchin, Joe 221
manguezais 85, 151, 152-3, 253, 317, 318-9, 345-6, 350
manifestações pacíficas 181, 364-8
manter-se informado 324-7, 433
manto de gelo da Antártica Ocidental 38, 39
manto de gelo da Groenlândia 36, 39, 72-3, 77, 120
Maria, furacão 170
mariposas 108, 110, 112
Markey, Ed 382
Marshall, Alfred 331, 333, 335
McNeill, J. R. 13-14
Mediterrâneo 75, 86, 97, 138, 145, 180, 351, 352-3
megafauna, extinções da 9, 107-8, 349
Melomys rubicola, roedor 14-5, 109
Merkel, Angela 27, 330
meta-análise 189
metano 24, 34, 53-6, 55, 59, 96, 118-19, 121, 140-1, 217, 228, 235-6, 238-9, 247-8, 252, 255, 290-1, 297, 346, 416, 434
México 89, 110, 166, 189, 258, 299, 300, 389, 417
mexilhões 84, 346
Mianmar 69, 70-71
microplásticos 86-7, 297
mídia 122, 203, 210, 279, 282, 286-7, 302, 325, 332, 339, 355-9, 377, 399, 427, 432; mudando o discurso da mídia 369-71; produtores de 435
migração: refugiados climáticos 133, 165-70, 180, 186-7, 191-2, 399; crise (2015) 187; espécies 14, 102-3, 110-1, 113-5, 171, 174, 417
milho 149, 165-6, 192, 250, 254, 402
militares: complexo militar-industrial 312; conflitos, dependência de combustíveis fósseis e 181; emissões de gases do efeito estufa e 156, 389, 429, 434; poder e acordo global para uma descarbonização acelerada 315, 317
mineração 24, 27, 103, 222, 237, 369, 388, 394, 413
mitigação, mudanças climáticas. *Ver áreas ou técnicas de mitigação específicas*
moa de Aotearoa 9
Moberg, Vilhelm: *The Emigrants* 386
Mobil, corporação 30
Moçambique 69, 413
moda descartável 3, 283, 302, 312, 332, 356, 425

Moe, Borten 261
Mongstad, refinaria, projeto de CCS, Noruega 261
monóxido de carbono 53, 55
Moody Analytics 192
moradia social 334
moralidade 41-2, 155, 159, 200, 303, 354, 357, 436
mortalidade: fatores de risco, globais e anuais 136; taxas 184, 185
moscas 143, 144
mosquitos 111, 134, 143-5
movimento climático 5, 304, 325, 422; acusado de não propor soluções 201; evolução do 364-8. *Ver também nomes de organizações específicos*
movimentos sociais 226, 254, 330, 365, 395
mudança na modalidade de transporte 273-4
Mudança nas Monções da África Ocidental 58
mudanças climáticas: apatia e 337-9; combustíveis fósseis e *ver* combustíveis fósseis; compensação 159, 302-3, 357, 389, 430; conflitos 188-90, 190; custo socioeconômico das 191; descoberta das 23-8; emergência 266, 278, 288, 357-8, 364, 375-7, 390-1, 426; emissões de dióxido de carbono (CO2) e *ver* dióxido de carbono (CO2); emissões de gases do efeito estufa *ver nomes dos gases específicos*; gravidade da crise, dizer a verdade sobre a 377; multiplicador da ameaça 189; negação das 2, 29, 202, 204-9, 207, 337-8, 370, 372-4, 373, 383; negacionismo e manipulação da ciência pelo setor de combustíveis fósseis 27, 29-31, 204-5, 221-2, 370, 372-3; o que podemos fazer enquanto sociedade 430-32; o que precisa ser feito 429; problema cumulativo das 205-6; refugiados 133, 165-70, 180, 186-7, 191-2, 399; responsabilidade individual (papel do setor de combustíveis fósseis na promoção dessa ideia) 29, 326-7, 330; termo 72-3
mulheres, crise climática e 172, 176-7, 309, 398-9, 402-4
Mullen, A. Kirsten 412
multiplicador de ameaça, mudanças climáticas como 189
Murdoch, Rupert 369

nacionalismo 159, 315, 317, 380, 383
Naess, Arne 338-9
Nakate, Vanessa 357
Namíbia 399-400
Narayanswamy, Anu 213
natureza, soluções baseadas na 206
Navajo, nação indígena 413
navegação 4, 92, 156, 212, 266, 269-71, 273n, 275, 276-7, 297, 389, 424-5, 430
neandertais (*Homo neanderthalensis*) 11-12
negacionismo das mudanças climáticas 2, 29, 202, 204-9, 207, 337-8, 370, 372-4, 373, 383
neoliberalismo 21
Nestlé 295
neutralidade de carbono 54, 58, 400; meta para 2045 (Suécia) 211-13; meta para 2050 (AIE) 21, 239, 261, 263, 262, 304, 309, 407
neve 54, 67, 65, 88, 105, 115, 121, 173-4, 415
New Economics Foundation 335
New Orleans 81, 159
Niger 413
Nigéria 172, 282, 366
nitrato, níveis em água potável 246
nitrogênio: zonas costeiras e 34; ciclos 252; óxidos 34

O

global e 331; reparações climáticas e 411; resíduos plásticos e 296; revolução industrial e 19; sistema econômico no 21; uso de recursos no 424, 434
Noruega 5, 173, 183, 183, 261-2, 388
notificadas, emissões de gases do efeito estufa: descompasso entre emissões efetivas dos países e 212-5
Notomys macrotis, roedor 13
Nova Zelândia 5, 9, 12-3, 155, 250
"novo normal" 48-9
nozes 150, 248, 249
nuvens 24, 51, 57-8, 60-1, 74, 99, 172
nuvens de fumaça 140-1

Objetivos de Desenvolvimento Sustentável (ONU, 2015) 90, 135
oceano(s): acidificação 6-7, 34, 84-5, 344, 346; anóxico 7; aquicultura regenerativa 346; áreas marinhas protegidas 347; calcificação 84-5; carbono azul 346-7; Circulação Meridional de Capotamento do Atlântico (AMOC, na sigla em inglês) 39, 81-3, 82, 344; correntes, alterações 39, 81-3, 82, 149, 344; derretimento do gelo e 37, 76-7; domo de calor do Pacífico 379; energia renovável e 345-6; giros oceânicos 86; nível dos mares e *ver* nível dos mares; ondas de calor 51; plástico no 18, 86-7, 281-2, 291-4, 296, 298, 426; proteção da costa 346-7; sequestro de carbono 53, 56; temperaturas 15, 64, 78-80, 79, 82, 82, 151, 344; velocidades de translação 68
Olkiluoto 3, Finlândia 229
Olsen, Steffen 49
ondas de calor 25-6, 50-2, 58-9, 62, 65, 67-8, 96-9, 106, 122, 124, 134, 137, 163, 172, 187, 344, 415
ONGs (organizações não governamentais) 359
opinião pública 41, 187, 200, 203, 330, 433
orçamento participativo 413
Organização das Nações Unidas (ONU) 25, 218; Acordo de Paris e *ver*

Acordo de Paris (2015); agenda do Programa das Nações Unidas para o Meio Ambiente (PNUMA) 21, 90; Alto-Comissariado das Nações Unidas para os Refugiados (UNHCR, na sigla em inglês) 187; biodiversidade, relatório sobre o declínio da 417; contribuição determinada em nível nacional (NDC, na sigla em inglês) 308-9; Convenção sobre a Diversidade Biológica 234; Convenção-Quadro das Nações Unidas sobre a Mudança do Clima 26, 28, 306; Cúpula da Terra (Rio de Janeiro, 1992) 20, 26, 204, 206, 240; cúpula do clima de Nova York (2018) 354; cúpula do clima em Copenhague (2009) 28, 337; declaração de Nova York (2014) 90; Declaração dos Direitos dos Povos Indígenas 418; Escritório das Nações Unidas para a Redução de Desastres 187; Green Climate Fund 412; IPCC *ver* Painel Intergovernamental sobre Mudanças Climáticas (IPCC, na sigla em inglês); Objetivos de Desenvolvimento Sustentável 90, 135; pesquisa sobre percepção das mudanças climáticas como emergência global 405; Programa Mundial de Alimentos 168; Protocolo de Kyoto (1997) 27, 28, 92, 156, 269; relatório *Emissions Gap* 301; "responsabilidade comum mas diferenciada" no princípio de descarbonização 257; subsídios à pesca 345
Organização Mundial de Saúde (OMS) 134-5; Programa para Emergências Sanitárias 133; Relatório Especial sobre Mudanças Climáticas e Saúde 136
Organização para a Cooperação e o Desenvolvimento Econômico (OECD, na sigla em inglês) 266-7, 382
ostras 87, 340, 345-6, 350
Otieno, Mary 149

ouriços-do-mar 84
Oxfam 132, 192, 331
óxido nitroso 24, 34, 53, 55, 247, 253
ozônio 34, 137, 138, 140-1

Pääbo, Svante 12
Pacífico, domo de calor do 379
padrões de ventos 58, 81-2
padrões sazonais 113, 186
Painel Intergovernamental sobre as Mudanças Climáticas (IPCC, Intergovernmental Panel on Climate Change) 36, 40, 52, 57-8, 97, 125, 171, 192, 324, 337, 372, 380, 402; criação do 20, 26, 157; Primeiro Relatório de Avaliação (1990) 26, 28, 39, 204-5, 235, 337; Quinto Relatório de Avaliação (2014) 30; Sexto Relatório de Avaliação (2021-2) 37-9, 68, 80-1, 158, 427-8; Terceiro Relatório de Avaliação (2001) 39-40, 39, 373
Painel sobre Mudanças Climáticas Abruptas 78
Países Baixos 27, 110, 274, 306, 425
Panteras Negras, partido dos 413
papa-figos 416-7, 420
papa-moscas-preto 113, 115
Paris, Acordo de (2015) 21, 28, 29, 51, 79, 85, 92-3, 101, 122, 125, 135, 141, 142, 154, 159, 171, 210-1, 271, 273n, 278, 290, 301, 304, 305, 308, 311, 350, 355, 381-2
pasto, áreas de 107, 119, 245
Paulson, Hank 382
peixes 13, 32, 14, 84-6, 88, 102, 110, 150-1, 152-3, 169-70, 248, 249-50, 340, 344-5, 347, 350, 397
permafrost 38, 39, 62, 91, 93, 117, 118-21, 120, 191, 379
pessoas mais afetadas em áreas mais vulneráveis 154-5, 174, 279, 305, 355, 357, 366, 379, 422, 433, 436
pesticidas 108, 111-2, 245, 254
petróleo/setor petrolífero: American Clean Energy and Security Act (2009) e 30; Ártico e 121; bacia do Kavango e 399; captura e armazenamento de carbono e 263, 370; ciclo do carbono e 24; combustível de navios e 425; conhecimento das consequências das ações contra as mudanças climáticas no 20; contaminação da água 162; derrames de petróleo

198-9, 201, 379; emissões globais anuais de gases do efeito estufa 225; ênfase na responsabilidade individual manipulada por 330, 373-4; floresta amazônica e 93; golfo do México e 49; grandes companhias petrolíferas 205, 209; guerra na Ucrânia e 356; impostos e 432; influência política do 221; modos de vida contemporâneos e 220; oleodutos e gasodutos 164; perda de postos de trabalho 393; petroquímica e 298; produção do Reino Unido 156; produção dos Estados Unidos 93, 217; regimes autoritários e 181, 356; subsídios 217, 426; transportes e 271
Phillips, Adam 334-5
PIB (produto interno bruto) 78, 169-70, 184, 191, 239, 266, 280, 291, 306-7, 310-1, 311, 331-2, 375-6, 382, 406
Pine Island, geleira 77
Pine Ridge, reserva (Estados Unidos) 386-7
pinguim das ilhas Chatham
planejamento urbano 209
plantas, dieta baseada em 135, 236, 244, 247-9, 251, 327, 329, 335, 338, 342-3
plásticos 18, 91, 231, 260, 302, 326-7, 425-6; microplásticos 86-7; oceanos e 281-2, 292-4, 296, 298, 300; reciclagem 261, 291-2, 294-6, 425; resíduos 290-4
Plistoceno 11, 14
"poço de petróleo à roda", emissões do 268
poder popular 364-8
polinização 101, 108, 110, 112, 114-5, 150
políticos, líderes: ação individual e 161, 364-5; conhecimento das mudanças climáticas por 200-3, 278-9; descarbonização dos transportes e 275; dificuldade para ver o perigo da situação climática 25, 158-61, 200-3; expansão da infraestrutura dos combustíveis fósseis e 358; foco dos 200-3; influência do setor dos combustíveis fósseis nos 27-8, 30, 221; mandato social para ações climáticas 330; metas climáticas e 90-3, 212, 216-8; mudança de hábitos e 273; reparações e 410-1; resposta dos cientistas à falta de ação dos 21

poluição de aquíferos 146
poluição do ar 25, 28, 51-2, 57-9, 96, 133, 135, 137, 139, 140-2, 142, 157, 163, 290, 378-9, 427
poluidores pagam a conta 393-5
pomares 314, 412, 414
pontos de inflexão 20, 32-40, 34-6, 36, 49, 54, 61, 72-3, 77, 82-3, 101, 104, 112, 117, 135, 191-2, 210, 330, 367-8, 421, 426-7, 436; efeito dominó 39
populismo 192
praias 86, 169-70, 296
práticas contábeis, emissões climáticas 92-3, 156, 201, 240, 256-9, 258, 269, 302, 414, 421
precipitações 51, 58-9, 65, 67-8, 75, 79, 82-3, 96-7, 99-101, 106, 111, 119, 122, 123, 124, 134, 144, 144, 171-2, 186, 189, 291, 314, 342, 379, 402
princípios de segurança 432
processos industriais, emissões intrínsecas a 256-7
processos judiciais de grandes poluidores 280
Procter & Gamble 295
proteção da linha da costa 149-7
proteínas 149-50, 247, 253, 341-2, 343
Protocolo de Kyoto (1997) 27-8, 92, 156, 269
Provincial Inventory Report (2021), Colúmbia Britânica 105
publicidade 29, 272, 285-9, 295, 332, 334, 377, 432
Putin, Vladímir 42, 181, 217, 356

Qingdao, China 275, 276-7
Queensland, Austrália 15, 16-7, 22
queima de biomassa 91-2, 99, 211-2, 216, 225-6, 229, 231, 237-8, 280, 302-3, 431
Quênia 149-50, 402-4, 413

racismo ambiental 162-3
reciclagem 87, 164, 261-2, 283, 291-2, 294-9, 328, 333, 425
redes sociais 367
redistribuição 405-9
Reflorestamentes, plataforma 176
refugiados: climáticos 165-6, 180, 187, 192, 415; internos 167, 181, 187-8
regime, mudanças de 37
regimes autoritários 181, 192, 412, 433
restrições termorreguladoras 114

Registro de Ameaças Ecológicas (Institute for Economics and Peace) 187
regra dos 3,5% 366-8
Reino Unido: alegação de liderança na luta contra as mudanças climáticas 27, 156; Climate Change Committee 306; consumo de carne suína e bovina no 250; declínio de insetos e 110; economia e redução das emissões territoriais de CO_2 306; emissões cumulativas de CO_2 per capita (1850-2020) 155; emissões de CO_2 pela usina elétrica de Selby Drax 92; emissões de CO_2 pelo setor de transportes no 267, 272-4; emissões territoriais de CO_2 e emissões associadas ao consumo 258; energia nuclear no 229; espécies-chave no 349; mídia no 369; resíduos no 297-9; Royal Society no 30; vulnerabilidade aos impactos das mudanças climáticas 159-60
relva marinha (Posidonia oceanica) 351, 352-3
renaturalização 348-51, 430
renda: descarbonização e redistribuição de 405-9; desigualdade 182-5, 405-9; divisão das mudanças climáticas segundo a 208; emissões associadas ao padrão de vida 4, 406-7; garantia de numa transição justa 393-5; mudanças climáticas e perda de renda nacional 184, 185; PIB e ver PIB; renda básica universal 412; resíduos e 291-2, 292; taxas de carbono e 408-9; zonas de sacrifício e 163. Ver também riqueza
reparações climáticas 207, 289, 392, 410-4, 429
represas 13, 89, 388
resíduos: agrícolas 99, 140; alimentos 244, 247, 253, 252-3, 255; manejo 87, 155, 281, 290-300, 363, 414; plásticos ver plásticos; projeção da geração de resíduos per capita e por renda (2020-50) 292; projeção da geração total de resíduos por região (2020-50) 292; reciclagem e ver reciclagem
responsabilidade e mudanças climáticas 159, 357

Revolução Industrial 18-9, 22, 24, 50, 155, 162, 219, 344, 372, 392, 411
revolução industrial verde 155
rinocerontes 9, 19, 349-50
rinocerontes-lanudos 9
rios 83, 86, 88-9, 111, 165, 256, 298, 340, 349-51, 379, 386, 403, 425; rio Grande 166; rio Lempe 165
riqueza: classe média global e 282; consumismo e 264, 282-3; contribuição por grupo de renda para as emissões mundiais (2019) 405; direitos individuais de carbono e 407-8; efeitos das mudanças climáticas e disparidades na 182-5, 184; emissões individuais de CO_2 e desigualdades individuais em 3, 4, 132, 154, 159, 161, 208, 282-3, 329, 369, 393-4, 405-9, 408, 432; emissões nacionais de CO_2 e disparidades nacionais de 154-5, 159, 206-7, 204, 308-12, 358, 389, 393-4, 406, 412; mudanças climáticas associadas a desigualdade 42, 132, 138, 182-5, 184, 316, 358, 389, 398; Norte global e Sul global e ver Norte global e Sul global; paraísos fiscais e 412, 424; redistribuição de 405-9; reparações climáticas e disparidades na 410-4, 429; transferência do Norte para o Sul 393; transição justa e 377, 390-1, 395-6; tributos sobre 312, 393, 402, 409; World Inequality Database 406; World Inequality Report (2022) 407. Ver também desigualdade; equidade
Ronne, plataforma de gelo 77
Rossby, onda 64-5
roubo de terras 42, 394
Rússia 42, 64, 65, 96, 98, 102, 118, 121, 125, 126-7, 137, 155, 167, 181, 217, 221, 254, 356, 408

sacrifício, zonas de 163, 416
safras 52, 96; advento da agricultura e 107; agentes de controle biológico 110; deslocamento de áreas de cultivo 109; desmatamento e 236; expansão das áreas cultivadas 100, 244-6, 246; fertilizantes 13, 32, 36, 111, 245-6, 251-4, 340-2, 343, 346, 414; perda/quebra de 165,

168, 172; polinização 108, 110; produtividade 149-50, 183, 245-6, 253-4, 402; realocações de áreas de cultivo 341-2; rotações 251; secas e 172; sistemas alimentares e 253-5; solo e 340-41
Sámi 115, 173-5, 388
Sanders, Bernie
Sápmi, 388
saúde, clima e 134-6
Saudi Aramco, 298
Scientists for Global Responsability
secas 26, 39, 65, 68, 74-5, 88, 96-100, 116, 124, 134, 165-8, 187, 189, 233, 299, 399, 415
Segunda Guerra Mundial (1939-45), 165, 375-7, 380, 382
seguridade social, redes de 190
seguro, custo de 193
Semana Mundial da Água (Estocolmo, agosto de 2019) 186
sementes, 101
Serviço de Monitoramento da Atmosfera Copernicus (CAMS, Copernicus Atmosphere Monitoring Service) 98, 218
serviços básicos universais 333-4
Shell, 262, 298
Sian Ka'an
Sibéria, 65, 91, 93, 98, 118-9, 379
Sibéria Oriental, mar da 118, 121
silos 390
síndrome de critérios mutantes
sistema energético global (desde 1850) 225,
solar, energia 28, 56, 60, 164, 220, 222, 224-8, 280, 329, 335, 346, 376, 431
solidariedade reflexiva
solo 3, 62, 116-7; agricultura e 236, 255, 340-1, 346; árvores e 75, 302; biodiversidade e 106; camada superficial do 340-1; evaporação da água do 88, 91, 97, 192; fertilidade/fertilização 108, 171; insetos e 110-1; mulheres como guardiãs do 404; permafrost ver permafrost; resíduos e 290, 297; sequestro de carbono 99, 102, 116-7, 236, 255, 302, 340-1; temperaturas 100
soluções baseadas na natureza 206
soluções climáticas naturais (NCS, natural climate solutions) 235-9
soluções holísticas 48, 139, 247, 254, 359

Stockholm Environmental Institute (Instituto Ambiental de Estocolmo) 132
subsídios 136, 143, 217, 221, 255, 272, 345, 393, 408-9, 426, 431
Sudão do Sul 379
Suécia 4, 113, 156, 201, 211-13, 326, 387-9, 425
Suíça 5, 50, 91
Sul global: aspirações da classe média no 317; climatologia e 69; crescimento demográfico no 13; descarbonização 383; domínio colonial e 316, 411; emissões de CO_2 dos Estados Unidos e 163-4; emissões de CO_2 per capita 315; energia renovável no 431; impactos das mudanças climáticas no 310; uso de recursos 310-11; veículos elétricos e 272
supremacia branca 162-3, 391, 400
suprimentos, cadeias de 149, 193, 224, 248, 251, 254, 256, 260-1, 265, 285, 287, 289, 412, 424-5
sustentabilidade, crise de 3, 41, 133, 181, 359, 389
Swiss Re (empresa de resseguros) 192, 239

T

tabaco, setor de 30, 222, 332
"taco de hóquei", gráfico 372-3,
tamanho corporal, redução em espécies 114
técnicas de incentivo 338
"tecnologia de transição" 232
tecnologias de remoção de carbono 235-9
temperaturas: Acordo de Paris e 350; alta recorde nas regiões polares (2020) 76-7; alteração na temperatura do ar na superfície do Ártico e do restante do globo desde 1995; aquecimento global de 1,1°C 33, 39, 57, 99, 158-61; aquecimento global de 1,5°C 20, 36, 40, 51, 58, 73, 77, 79, 85, 119, 121-5, 154, 158, 171, 187, 206, 208, 216, 218, 235-6, 241, 250-1, 259, 261-2, 269, 280, 289, 301, 303, 307, 309-10, 324, 331-6, 347, 355, 382, 405, 407, 409, 421, 426, 433-4; aquecimento global de 2°C 40, 77, 97-8, 121-5, 142, 146, 171, 192-3, 206, 208, 216, 235-7, 239, 250, 345, 355, 359, 382, 405, 407, 409, 421,

426; aquecimento global de 3°C 97, 100-1, 125, 191-2, 211, 309, 359, 405; aquecimento global de 3,2°C 157, 280, 303; aquecimento global de 4°C 100, 122-5, 137, 171, 184, 185; ciclo do carbono e 6; cientistas da Exxon predizem elevação das 221; conflitos climáticos e 189-90; corrente de jato e 62-5; danos e 185; de "bulbo úmido" 238; doenças e 143-6; efeito estufa e 24; efeito não linear da temperatura em muitos resultados humanos cruciais 183-5, 163-4; escassez de água e temperatura média 186-7; extinção em massa do final do Permiano e 7; extremos de temperatura alta 50-2; floresta amazônica 99-101; florestas e 99-102; gráfico "taco de hóquei" 372, 173; Grande Aceleração e; incêndios florestais ver incêndios florestais; média global 33, 40, 67; oceano 78-9, 81-2, 87, 347; ondas de calor 25-6, 50-2, 58-9, 62, 65, 67-8, 96-9, 106, 122, 124, 134, 137, 163, 172, 187, 344, 415; pontos de inflexão e 33, 34, 37, 40, 77; resistência aos antibióticos e 148; tendências globais do CO_2 atmosférico versus alterações na temperatura 28
tempestades 51, 64, 67-9, 70-1, 89, 109, 119, 163, 167, 170, 187, 191, 193, 346-7; supertempestade Dorian (2019) 170
terceirização 4, 156, 201, 240, 280
Ternate 313-16
terras úmidas 96, 236, 245, 253, 346, 416
territoriais, emissões (estatísticas) 4, 91, 156, 256-8,
Tesla 283
tetraz-dos-salgueiros 114
Thatcher, Margaret 27
tiamina, deficiência de 150
títulos atrelados a catástrofes 204-5
Tooze, Adam: *Portas fechadas: como a covid abalou a economia mundial* 381
Total (companhia petrolífera) 262, 298
toxinas 87, 292, 393
tráfego rodoviário 57, 272
transição justa 187, 377, 390-5, 401

Transition Network 335
translação, velocidade de 68
transportes 260, 265-77, 281, 333-4, 391; distância total percorrida por passageiros conforme modalidade e região (2000 e 2010) ; elétricos 28, 209, 221-3, 226-7, 268, 271-5, 283, 324, 333, 386; emissões de gases do efeito estufa por subsetores de transporte em 1970, 1990 e 2010; públicos 209, 272-3, 312, 334, 394, 431; tendências desde 1750 26. *Ver também modalidades de transporte específicas*
transumância 171
trens 166, 267, 271, 334
tributos 26-7, 272, 284, 312, 341, 393, 402, 407-9, 412, 424
Trichoptera, insetos 110
trigo 149, 250, 254, 342, 343
turismo 37, 162, 169, 290
Tyria jacobaeae, traça 110, 112

U

Ucrânia, invasão russa da (2022) 356
Uganda 273, 357, 398
umidade 60, 97, 101, 134, 137-8, 144, 167, 192
umidade, técnicas de conservação 255
União Europeia 27, 98, 121, 262; Acordo de Paris e 93; bioenergia florestal e 231; COP26 e 93; COP27 e 93; Guerra na Ucrânia e importação de petróleo e gás russos 356; impacto de carbono dos cidadãos comuns 208; pacotes de estímulos na pandemia de covid-19 na 217, 381; parâmetros contábeis de emissões de carbono baseadas em territórios e no consumo 256; Política Agrícola Comum 93; proibição do imidacloprida 111; Protocolo de Kyoto e 27; queda das emissões de carbono na 224; Serviço de Monitoramento Atmosférico Copernicus 98, 218; técnicas contábeis das emissões de carbono 92
Unilever 295, 297
urânio, mineração de 229, 413
urbanização/população urbana 135, 137, 139, 146, 291-2, 341
urso-polar 51, 91, 113-4, 125, 176-7
usinas eólicas 220, 228, 343-6

uso do solo/terra 91, 244-7, 249; agricultura e 244-55, 249, 249-51; áreas florestadas 99, 103, 230, 245, 247; incêndios florestais e 96, 99; perda da biodiversidade e 109, 212; refletividade 55; sistemas alimentares e 248-55, 249-51; uso misto 253-4
Utopias Pragmáticas 361-3

V

veículos utilitários esportivos (SUVs, na sigla em inglês) 91, 272, 283, 324
velocidade de translação 68
ventos, padrões de 58, 81-2
vetores, doenças transmitidas por 134, 143-6, 183
viagens internacionais 146, 380
vigilância epidemiológica 145
"Vila do Câncer", reserva indígena, Louisiana 163
vitaminas B 150-1
votação 20, 284, 326, 364, 374, 420, 424
vulcões 6-8, 313-14

W

Warren, Dorian 412
Wilkes, bacia, Antártida Oriental 38
Wounded Knee, Estados Unidos 387

Y

Yucatán, península de 417

Z

zika, vírus 143, 145
zinco (na dieta) 149-51
zoonoses 133

Créditos das ilustrações

i "Global Average Temperature 1850-2020", adaptado para 2017-21, de Robert Rohde, "Changes over time of the global sea surface temperature as well as air temperature over land", Berkeley Earth Surface Temperature project, http://berkeleyearth.org/global-temperature-report-for-2020. Reprodução autorizada

ii (acima) "Atmospheric CO_2 concentration", in Hannah Ritchie e Max Roser, "Global average long-term atmospheric concentration of CO_2. Measured in parts per million (ppm)", Our World in Data. Dados: EPICA Dome C CO_2 record, 2015, e NOAA, 2018. Licença Creative Commons

ii (embaixo) Bartosz Brzezinski e Thorfinn Stainforth, "Annual Global CO_2 Emissions (1750-2021)", The Institute for European Environmental Policy, 2020, https://ieep.eu/news/more-than-half-of-all-co2-emissions-since-1751-emitted-in-the-last-30-years. Dados: Carbon Budget Project, 2017; Global Carbon Budget, 2019; Peter Frumoff, 2014. Reprodução autorizada por IEEP; e Hansis et al., "The 10 largest contributors to cumulative CO_2 emissions, by billions of tonnes, broken down into subtotals from fossil fuels and cement", 2015. Carbon Brief, baseado em Highcharts, Global Carbon Project, CDIAC, Our World in Data, Carbon Monitor, e Houghton e Nassikas, 2017

iii "The countries with the largest cumulative emissions 1850-2021", in "The 10 largest

contributors to cumulative CO_2 emissions, by billions of tonnes, broken down into subtotals from fossil fuels and cement", análise dos números do Carbon Brief extraída de Global Carbon Project, CDIAC, Our World in Data, Carbon Monitor, Houghton e Nassikas, 2017, and Hansis et al., 2015. Licença Reprodução autorizada por Carbon Brief

xvi—xvii © Streluk/ istock/Getty Images

4 "Global income and associated lifestyle emissions", in *Extreme Carbon Inequality*, Oxfam Media Briefing, 2015, https://www-cdn.oxfam.org/s3fs-public/file_attachments/mb-extreme-carbon-inequality-021215-en.pdf, fig. 1, atualizada com dados de *Confronting Carbon Inequality*, Oxfam, 2020, https://www.oxfam.org/en/research/confronting-carbon-inequality, e *Carbon Inequality in 2030*, Oxfam, 2021, pp. 3-4, https://www.oxfam.org/en/research/carbon-inequality-2030. Reprodução autorizada por Oxfam

16-7 © Johnny Gaskell

28 Gráfico compósito de "Atmospheric CO_2 at Mauna Loa Observatory", dez. 2021, Scripps Institution of Oceanography; NOAA Global Monitoring Laboratory; #ShowYourStripes — Graphis e cientista responsável: Ed Hawkins, National Centre for Atmospheric Science, University of Reading; Dados: UK Met Office. Design: sustention [PG]. Licença Creative Commons

34-5 Adaptado de "Socioeconomic trends" e "Earth

System Trends", in Will Steffen, Wendy Broadgate, Lisa Deutsch et al., "The trajectory of the Anthropocene: The Great Acceleration", *The Anthropocene Review*, 10 abr. 2015, v. 2(1), pp. 81-98, SAGE Publications, copyright © 2015, SAGE Publications. Reprodução autorizada

36 © Johan Rockström. Reprodução autorizada

38 (acima) Adaptado de T. M. Lenton et al., "Tipping elements in the Earth's climate system", PNAS, 12 fev. 2008, v. 105(6), pp. 1786-93, https://www.pnas.org/content/105/6/1786

38 (embaixo) Adaptado de T. M. Lenton et al., "Climate tipping points — too risky to bet against", *Nature*, 27 nov. 2019, v. 575, pp. 592-95, https://www.nature.com/articles/d41586-019-03595-0

39 © Johan Rockström, com dados de *Global Warming of 1.5 °C*, IPCC, 2018, SPM2; "Climate Change 2014", IPCC, 2014, SPM10; e "TAR Climate Change 2001", IPCC, 2001, copyright © IPCC, https://www.ipcc.ch/. Reprodução autorizada

46-7 © Steffen Olsen, Danish Meteorological Institute

55 Adaptado de "Climate Change 2021: The Physical Science Basis. Contribution of Working Group I to the Sixth Assessment Report of the Intergovernmental Panel on Climate Change, Summary for Policymakers", IPCC, 2021, fig. SPM.2, copyright © IPCC, https://www.ipcc.ch/

63 (acima) "Near-surface air temperature change in the Arctic and the globe as a whole since

1995 for all months", NOAA, ERA-5 reanalysis, NOAA, https://psl.noaa.gov/cgi-bin/data/testdap/timeseries.pl

63 (embaixo) Aerial Superhighway, NASA, 7 fev. 2012: https://svs.gsfc.nasa.gov/10902. copyright © Nasa. Reprodução autorizada

64 "Comparison of conditions with a cold Arctic and relatively straight jet stream and conditions with a relatively warm Arctic and wavy jet stream", NOAA, https://www.climate.gov/news-features/event-tracker/wobbly-polar-vortex-triggers-extreme-cold-air-outbreak

70-1 © Pat Brown/Panos Pictures

79 Adaptado de Robert Rohde, "Changes over time of the global sea surface temperature as well as air temperature over land", Berkeley Earth Surface Temperature project, http://berkeleyearth.org/global-temperature-report-for-2020. Reprodução autorizada

81 © Stefan Rahmstorf, CC by-SA 4.0. Com dados de Sönke Dangendorf et al., "Persistent acceleration in global sea-level rise since the 1960s", in *Nature Climate Change*, Springer Nature, 5 ago. 2019, pp. 705-10, https://www.nature.com/articles/s41558-019-0531-8, copyright © The Authors, 2019, sob licença exclusiva de Springer Nature Limited

82 "The observed sea surface temperature change since 1870", in Levke Caesar, "Observed fingerprint of a weakening Atlantic Ocean overturning circulation", *Nature*, v. 556, 11 abr. 2018, pp. 191-6, https://www.

nature.com/articles/s41586-018-0006-5. Reprodução autorizada

94-5 © Katie Orlinsky/ *National Geographic*

103 "The global distribution of forests, by climatic domain", in Global Forest Resources Assessment 2020, FAO, 2020, https://www.fao.org/documents/card/en/c/ca9825en, com dados de "Proportion of global forest area by climatic domain, 2020", XI, 14, adaptado de United Nations World Map, 2020. Reprodução autorizada pela FAO

104 © Beverly E. Law, com dados de "British Columbia Managed Forests (MMT CO_2e)", in Provincial greenhouse gas emissions inventory, British Columbia, https://www2.gov.bc.ca/gov/content/environment/climate-change/data/provincial-inventory, copyright © 2021, Province of British Columbia

105 Dados de Beverly E. Law, Logan T. Berner, Polly C. Buotte, David J. Mildrexler e William J. Ripple, "Strategic Forest Reserves can protect biodiversity and mitigate climate change in the western United States", *Nature Communications Earth & Environment*, 2021, v. 2(254); e Beverly E. Law, Tara W. Hudiburg e Logan T. Berner, "Land use strategies to mitigate climate change in carbon dense temperate forests", PNAS, 3 abr. 2018, v. 115(14), pp. 3663-8, copyright © 2018 The Authors

108 "The number of severe threats to biodiversity around the world" de D. E. Bowler, A. D. Bjorkman, M. Dornelas, et al., "Mapping human

pressures on biodiversity across the planet uncovers anthropogenic threat complexes", *People & Nature*, 27/02/2020, pp. 380-94, fig. 6. Licença Creative Commons Attribution 4.0

120 "Permafrost in the Northern Hemisphere", copyright © GRID-Arendal/Nunataryuk, https://www.grida.no/resources/13519

123 (acima e embaixo) Summary for Policymakers, IPCC, 2021, fig. SPM.5 (b&C), copyright © IPCC, https://www.ipcc.ch/. Reprodução autorizada

125 Adaptado de "Historical and projected future concentrations of CO_2, CH_4 and N_2O and global mean surface temperatures (GMST)", Climate Change 2021 The Physical Science Basis, IPCC, 2021, fig. 1.26; e "Selected indicators of global climate change under the five illustrative scenarios used in this Report", SPM.8(e), copyright © IPCC, https://www.ipcc.ch/

126-7 © Dmitry Kokh

130-1 © Josh Edelson/AFP via Getty

138 Dados de "Heat-related deaths (2000-19)", in Q. Zhao et al., "Global, regional, and national burden of mortality associated with non-optimal ambient temperatures from 2000 to 2019: a three-stage modelling study", *The Lancet* PH3, jul. 2021, https://www.thelancet.com/journals/lanplh/article/PIIS2542-5196(21)00081-4/fulltext; e <GBD Compare> "Global annual mortality in 2019 attributed to a selection of causes of death or due to specific risk factors", 15 out. 2020 https://www.healthdata.org/data-visualization/gbd-compare, Institute for Health Metrics Evaluation. Usado com permissão. Todos os direitos reservados

141 Adaptado de Drew Shindell et al., "Temporal and spatial distribution of health, labor, and crop benefits of climate change mitigation in the United States", PNAS, 16 nov. 2021, v. 118(46), fig. 7.C, copyright © 2021 The Authors

144 Dados de Felipe J. Colón-González et al., "Projecting the risk of mosquito-borne diseases in a warmer and more populated world: a multimodel, multi-scenario intercomparison modelling study", *The Lancet Planetary Health*, 10 jul. 2021, v. 5(7), E404-E414, https://www.thelancet.com/journals/lanplh/article/PIIS2542-51962100132-7/fulltext

145 Dados de Felipe J. Colón-González et al., "Projecting the risk of mosquito-borne diseases in a warmer and more populated world: a multimodel, multi-scenario intercomparison modelling study", *The Lancet Planetary Health*, 10 jul. 2021, v. 5(7), E404-E414, https://www.thelancet.com/journals/lanplh/article/PIIS2542-51962100132-7/fulltext

152-3 © Rakesh Pulapa

155 "Cumulative emissions (1850-2021) per current population, selected countries", in "The 10 largest contributors to cumulative CO_2 emissions, by billions of tonnes, broken down into subtotals from fossil fuels and cement", Carbon Brief, análise de figuras de Global Carbon Project, CDIAC, Our World in Data, Carbon Monitor, Houghton & Nassikas, 2017, e Hansis et al., 2015. Reprodução autorizada por Carbon Brief

178-9 © Ami Vitale

183 © Solomon M. Hsiang

184 Dados de "GDP per capita in 2019", Banco Mundial, 2021; "Valuing the Global Mortality

Consequences of Climate Change Accounting for Adaptation Costs and Benefit", Working paper 27599, NBER jul. 2020, revisado em ago. 2021, https://www.nber.org/system/files/working_papers/w27599/w27599.pdf; e Marshall Burke, Solomon M. Hsiang e Edward Miguel, "Global non-linear effect of temperature on economic production", *Nature*, 2015, v. 527, pp. 235-9, https://www.nature.com/articles/nature15725

188 Dados de Uppsala Conflict Data Program. Acessados em jan. 2022, *UCDP Conflict Encyclopedia*: https://www.pcr.uu.se/research/ucdp/, Universidade de Uppsala

190 Solomon M. Hsiang, Marshall Burke e Edward Miguel, "Quantifying the Influence of Climate on Human Conflict", *Science*, 2013, p. 341, fig. 2

194-5 © Richard Carson/Reuters

198-9 © Daniel Beltrá

202 Gráfico de Robbie M. Andrew, baseado nas curvas de Raupach et. al. 2014, e dados do Global Carbon Project, licença Creative Commons Attribution 4.0 International. Orçamento de emissões: curvas do IPCC AR 6

207 Gráfico de Kevin Anderson, baseado em dados do IPCC AR6, título orçamento de carbono para uma chance de 67% de ficar abaixo de 1,5°C, 2020, atualizado até o início de 2022 com base em dados do Global Carbon Project, por Robbie M. Andrew, Glen Peters, et al. https://www.globalcarbonproject.org

212 Maria Westholm, "Utsläpp från Sveriges ekonomi", https://www.dn.se/sverige/sverige-ska-ga-fore-anda-ar-

klimat-malen-langt-ifran-till-rackliga/, copyright © *Dagens Nyheter*. Tradução e reprodução autorizadas

214-5 © Pierpaolo Mittica/INSTITUTE

225 Dados de Stoddard et al., "High Strain-rate Dynamic Compressive Behavior and Energy Absorption of Distiller's Dried Grains and Soluble Composites with Paulownia and Pine Wood Using a Split Hopkinson Pressure Bar Technique", Bioresources, dez. 2020, 15(4), pp. 9444-61; e Friedlingstein et al., "Global Carbon Budget 2021", 2021. Licença Creative Commons Attribution 4.0

242-3 © Wang Jiang/VCG via Getty Images

246 Dados de G.C. Hurtt et al., "Harmonization of global land use change and management for the period 1600-2015 (LUH2) for CMIP6", Geoscientific Model Development, 2020, v. 13(11), pp. 5425-64, copyright © The Authors 2020. Creative Commons Attribution 4.0 License

249 Michael A. Clark et al., "Multiple health and environmental impacts of foods", PNAS, 12 nov. 2019, v. 116(46), pp. 23357-62, copyright © 2019 the Authors. Creative Commons Attribution License 4.0

250 Michael A. Clark e David Tilman, "Comparative analysis of environmental impacts of agricultural production systems, agricultural input efficiency, and food choice", *Environmental Research Letters*, 2017, v. 12(6), licença Creative Commons Attribution 3.0

251 Michael A. Clark et al., "Global food system emissions could preclude achieving the 1.5°C and 2°C climate change targets", *Science*, 6 nov. 2020, v. 370(6517), pp. 705-9, American Association

for the Advancement of Science. Reprodução autorizada

257 Van Ruijven et al., "Long-term model-based projections of energy use and CO_2 emissions from the global steel and cement industries", Resources, Conservation and Recycling, set. 2016, v. 112, pp. 15-36, fig. 9, copyright © 2016 The Authors. Publicado por Elsevier B.V. Reproduzido sob licença Creative Commons CC-BY

258 Data from The Global Carbon Project's fossil CO_2 emissions dataset by Robbie M. Andrew and Glen P. Peters, Zenodo, 2021. Licença Creative Commons Attribution 4.0 International

259 Dados de Net Zero by 2050, Data product, IEA, cap. 3, https://www.iea.org/data-and-statistics/data-product/net-zero-by-2050-scenario, fig. 3.15. Reprodução autorizada pela IEA

263 Gráfico de Ketan Joshi, com dados de "Historical" e "Planned 2020 report", Appendices 6.1 and 6.2, https://www.globalccsinstitute.com/wp-content/uploads/2021/03/Global-Status-of-CCS-Report-English.pdf; e "Planned 2021 report", https://www.globalccsinstitute.com/wp-content/uploads/2021/11/Global-Status-of-CCS-2021-Global-CCS-Institute-1121.pdf; The Global Status of CCS, 2020; e 2021, copyright © Global CCS Institute, Austrália. Reprodução autorizada; e dados de "Sum of all point-source capture excluding carbon removal technologies", conjunto de dados gratuitos in Net Zero by 2050, IEA, maio 2021, https://www.iea.org/data-and-statistics/data-product/net-zero-by-2050-scenario, fig. 2.21, copyright © IEA

2021. Reprodução autorizada

266 Adaptado de Climate Change 2014: Mitigation of Climate Change. Contribution of Working Group III to the Fifth Assessment Report of the Intergovernmental Panel on Climate Change, IPCC, 2014, fig. 8.3, copyright © IPCC, https://www.ipcc.ch/, com dados de "CO₂ Emissions from Fuel Combustion", Beyond 2020 Online Database. 2012 Edition, www.iea. org, e adaptado de Emission Database for Global Atmospheric Research (Edgar), release version 4.2 FT2010. Joint Research Centre of the European Commission (JRC)/PBL Netherlands Environmental Assessment Agency

267 Adaptado de Climate Change 2014: Mitigation of Climate Change. Contribution of Working Group III to the Fifth Assessment Report of the Intergovernmental Panel on Climate Change, IPCC, 2014, fig. 8.4, copyright © IPCC, https://www.ipcc.ch/,

with data from "A Policy Strategy for Carbon Capture and Storage", IEA/OECD, https://www. iea.org/ reports/a-policy-strategy-for-carbon-capture-and-storage. Reprodução autorizada pela IEA

268 Dados de "Greenhouse gas reporting: conversion factors 2021", https:// www.gov.uk/ government/ publications/ greenhouse-gas-reporting-conversion-factors-2021, 2/06/2021, atualizado em 24 jan. 2022, © Crown copyright, Open Government Licence v3.0

276-7 © Zhang Jingang/ VCG via Getty Images

292 Dados de Silpa Kaza, Shrikanth Siddarth e Chaudhary Sarur, "More Growth, Less Garbage", Urban Development Series, 2021, Banco Mundial. Creative Commons Attribution CC BY 3.0 IGO

293 Dados de Silpa Kaza, Shrikanth Siddarth e Chaudhary Sarur, "More Growth, Less Garbage", Urban

Development Series, 2021, Banco Mundial. Creative Commons Attribution CC BY 3.0 IGO

300 © Alejandro Durán

304 Alexandra Otto e Dagens Nyheter, "Net Zero targets", fonte: Zeke Hausfather com base em IPCC SR1.5. diagrama 2.2, 2018. Reprodução autorizada

311 Dados de "Global Material Flows Database", UNEP IRP, https://www.resource-panel.org/global-material-flows-database; e "World Bank for GDP", https:// data.worldbank.org/ indicator/NY.GDP.MKTP. KD

318-9 © Alessandra Meniconzi

322-3 © Garth Lenz

343 (acima) Dados de Gidon Eshel et al., "Land, irrigation water, greenhouse gas and reactive nitrogen burdens of meat, eggs & dairy production in the United States", PNAS, 19 ago. 2014, v. 111(33), pp. 11996-12001, copyright © 2004 National Academy of Sciences

343 (embaixo) G. Eshel, A. Shepon, T. Makov e

R. Milo, "Partitioning United States' Feed Consumption Among Livestock Categories for Improved Environmental Cost Assessments", *Journal of Agricultural Science*, 2014, v. 153, pp. 432-5

352-3 © Shane Gross/ naturepl.com

373 (acima) Adaptado de Michael E. Mann, Raymond S. Bradley e Malcolm K. Hughes, "Northern hemisphere temperatures during the past millennium inferences, uncertainties, and limitations", *Geophysical Research Letters*, 15 mar. 1999, v. 26(6), pp. 759-62, fig. 3A, © Michael E. Mann

373 (embaixo) Elijah Wolfson, "The latest version of the 'hockey stick' chart shows unprecedented warming in recent years", adaptado de Michael E. Mann, "'Widespread and Severe':The Climate Crisis Is Here, But There's Still Time to Limit the Damage", *TIME*, 9 ago. 21. Reprodução autorizada por *TIME*; incluindo dados da série

temporal Berkeley Earth, http:// berkeleyearth.lbl.gov/ auto/Global/Land_ and_Ocean_summary. txt

384-5 © Afriadi Hikmal/ Nur Photos/Getty Images

406 (acima) Lucas Chancel e Thomas Piketty, "Global carbon inequality 2019 Average per capita emissions by group (tonnes CO₂/ year)". Reprodução autorizada

406 (embaixo) Lucas Chancel e Thomas Piketty, "Global carbon inequality, 2019 Group contribution to world emissions (%)". Reprodução autorizada

408 Lucas Chancel e Thomas Piketty, "Per capita emissions across the world, 2019". Reprodução autorizada

Nota sobre a capa

Ed Hawkins

Sem palavras. Sem números. Sem gráficos. Apenas uma série de faixas verticais coloridas que mostram o aumento progressivo das temperaturas globais numa única imagem impactante.

Cada faixa na capa deste livro representa a temperatura média global em determinado ano, começando na quarta capa em 1634 e terminando na primeira capa em 2021. Os tons azulados indicam os anos mais frios, e os tons avermelhados mostram os anos mais quentes. A sequência sólida de faixas rubras intensas demonstram o aquecimento inegável e acelerado do nosso planeta nas últimas décadas.

As Faixas de Aquecimento foram concebidas para suscitar discussões indispensáveis sobre mudanças climáticas — e elas vêm cumprindo esse papel. Já foram baixadas e compartilhadas por milhões de pessoas — de políticos e artistas a apresentadores do tempo e rock stars — difundindo a mensagem de que nenhum canto do planeta está imune aos efeitos das mudanças no clima.

Imagens similares relativas a quase todos os países podem ser baixadas de forma gratuita no site **showyourstripes.info**.